"十三五" 高等学校数字媒体专业系列教材

数字媒体
技术及应用

王国省 夏其表 主　编

易晓梅 刘　颖 党改红 副主编

SHUZI MEITI JISHU JI YINGYONG

中国铁道出版社有限公司
CHINA RAILWAY PUBLISHING HOUSE CO., LTD.

内 容 简 介

本书由浅入深、循序渐进地介绍了多媒体技术的相关知识，其中包含了多个 Adobe 公司最新推出的多媒体制作软件的操作方法和使用技巧。全书包含教学篇和实践篇：教学篇主要讲述多媒体技术基础、数字图像处理软件 Photoshop、动画制作软件 Animate、音频制作软件 Audition 和视频编辑软件 Premiere 等；实践篇提供了与理论教学内容相配套的 13 个实验，是对教学内容的实践和补充。

本书内容丰富，结构清晰，语言简练，图文并茂，与实践结合密切，具有很强的实用性和可操作性；每章均包括"本章导读""学习目标""学习重点"，便于读者自学，方便教师授课；可使学生充分体验自由创作的乐趣。

本书适合作为高等院校多媒体技术课程的教材，也可作为社会培训学校的培训教材，以及广大图像处理人员、动画制作人员、音视频编辑人员的自学参考书。

图书在版编目（CIP）数据

数字媒体技术及应用 / 王国省，夏其表主编 . —北京：中国铁道出版社，2018.2（2022.7 重印）
"十三五"高等学校数字媒体专业系列教材
ISBN 978-7-113-24125-4

Ⅰ. ①数… Ⅱ. ①王…②夏… Ⅲ. ①数字技术 – 多媒体技术 – 高等学校 – 教材 Ⅳ. ① TP37

中国版本图书馆 CIP 数据核字（2018）第 023784 号

书　　名：数字媒体技术及应用
作　　者：王国省　夏其表

策　　划：侯　伟　汪　敏　　　　　　　　　　　编辑部电话：（010）51873628
责任编辑：秦绪好　彭立辉
封面设计：郑春鹏
责任校对：张玉华
责任印制：樊启鹏

出版发行：中国铁道出版社有限公司（100054，北京市西城区右安门西街 8 号）
网　　址：http://www.tdpress.com/51eds/
印　　刷：北京铭成印刷有限公司
版　　次：2018 年 2 月第 1 版　2022 年 7 月第 7 次印刷
开　　本：787 mm×1 092 mm　1/16　印张：27　字数：689 千
书　　号：ISBN 978-7-113-24125-4
定　　价：76.00 元

前　言

　　随着多媒体计算机相关技术的突破，从 20 世纪 80 年代起，多媒体计算机技术的应用得到飞速发展，成为当今社会信息技术的重要发展方向之一。

　　多媒体技术是当今计算机科学技术领域的热点技术之一，也是计算机应用中与人关系最为密切的技术之一。多媒体技术应用已经渗透到人们生活的各个领域，如多媒体教学、影视娱乐、广告宣传、数字图书、电子出版、建筑工艺等，并发挥着越来越重要的作用。多媒体技术使计算机具有综合处理文字、声音、图形、图像、视频和动画信息的能力，改善了人机交互界面，改变了人们使用计算机的方式，使计算机融入人们的学习、生活及生产的各个领域。

　　本书共分两篇，其中：教学篇，分为 5 个部分，第一部分介绍多媒体技术，第二部分介绍 Adobe Photoshop CC 2017 数字图像处理，第三部分介绍 Adobe Animate CC 2017 动画制作，第四部分介绍 Adobe Audition CC 2017 音频制作，第五部分介绍 Adobe Premiere Pro CC 2017 视频编辑；实践篇，提供了与理论教学相配套的 13 个实验，是对教学内容的实践和补充。

　　本书是作者在长期从事多媒体技术教学、研发，并积累一定实际经验的基础上编写而成的理论与实践一体化教材，目的是向读者提供通俗易懂、实用性强的多媒体技术指导。

　　本书实例丰富，步骤清晰，从技能培养入手，重点训练学生的实际操作能力；在编写理念上体现认知规律性、内容系统性、结构逻辑性和知识新颖性 4 个原则。

　　本书在编写过程中力求做到：

　　（1）每一章都列出学习目标和学习重点，在详细阐述理论知识后，配备实例来介绍操作技巧，让读者可以利用这些技巧更好地进行多媒体制作。

　　（2）从教学篇的第二部分开始至第五部分加入大量实例，使读者可以学到各种平面设计的方法和技巧，从而将软件和设计方法相统一。

（3）内容阐述循序渐进，条理清晰，便于自学。

（4）配有素材和源文件等教学课件，为读者打开实例操作之门。

（5）实践篇是对理论教学的拓展，帮助读者掌握并巩固知识点和操作技巧。

本书由王国省、夏其表任主编，易晓梅、刘颖、党改红任副主编。其中：教学篇的第一部分（第1章）由王国省、印红群编写，第二部分（第2章~第10章）由王国省、党改红、尹建新、许凤亚、于芹芬、张天荣编写，第三部分（第11章~第17章）由夏其表、张广群、卢文伟、黄美丽、陈芳编写，第四部分（第18章）由易晓梅、赵芸、邓飞编写，第五部分（第19章、第20章）由刘颖、周素茵、王宇熙编写；实践篇由王国省、夏其表、易晓梅和刘颖共同编写。由全书由王国省提出编写思路并统稿。

在本书的编写过程中得到浙江农林大学方陆明、徐爱俊、吴达胜的帮助和支持，在此表示衷心的感谢。

为方便读者实际操作，本书配有多媒体课件，以及完成书中设计任务所需的素材及源文件，可到网站（http://www.tdpress.com/51eds/）下载。

本书是教师教学、学生自学非常实用的教材，虽经多次讨论并反复修改，但限于编者水平，仍难免存在疏漏与不妥之处，欢迎读者提出宝贵意见和建议。

编　者

2017 年 10 月

目 录

 教 学 篇

实 践 篇

教　学　篇

第一部分
多媒体技术

  多媒体技术促进了计算机科学及其相关学科的发展和融合，开拓了计算机在人们日常生活各个领域的应用范围，从而对社会生产结构和人们的生活方式产生了重大影响。多媒体技术加速了计算机进入家庭和社会各个方面的进程，给人类的工作和学习带来了一场革命。

  本部分讲述了多媒体技术的基础知识，包括媒体技术的基本概念、多媒体系统的基本组成和分类、多媒体系统的关键技术，以及多媒体技术的应用等。

第1章
多媒体技术基础

本章导读

如果一台计算机具备了多媒体的硬件条件和适当的软件系统，那么，这台计算机就具备了多媒体功能。此外，一个好的多媒体节目不仅能有声有色地把作品内容表述出来，而且能达到最佳的效果。本章介绍多媒体技术的基本概念、多媒体系统的基本组成、多媒体系统的关键技术和分类，以及多媒体技术的应用。

学习目标

◎ 了解多媒体技术的基本概念。
◎ 掌握多媒体系统的基本组成。
◎ 了解多媒体系统的关键技术和分类。
◎ 了解多媒体技术的应用。

学习重点

◎ 多媒体技术基本概念
◎ 多媒体系统的基本组成

 ## 1.1 多媒体技术的基本概念

多媒体技术是20世纪80年代发展起来的计算机技术。多媒体技术是在对传统计算机应用技术，即对数据处理、字符处理、图形处理、图像处理、声音处理等技术综合继承的基础上，再引进新的技术内容和设备（如影视处理技术、CD-ROM、DVD、各种专用芯片和功能卡等），而后形成的计算机集成新技术。

多媒体技术迅速兴起，蓬勃发展，其应用已遍及国民经济与社会生活的各个角落，正在对人类的生产方式、工作方式乃至生活方式带来巨大的变革。多媒体技术为扩展计算机的应用范围、应用深度和表现能力提供了极好的支持。

1. 媒体

媒体（Medium）是信息的载体，也是存储信息的实体。通常所说的"媒体"包括两层含义：一是指信息的物理载体（即存储和传递信息的实体），如书报、挂图、磁盘、光盘、磁带以及相关的播放设备等；另一层含义是指信息的表现形式（或者说传播形式），如文字、图形、图像、动画、音频、视频等。多媒体计算机中所指的媒体，是指后者，即计算机不仅能处理文字、数值之类的信息，而且还能处理声音、图形、视频等各种不同形式的信息。

国际电话电报咨询委员会（Consultative Committee on International Telephone and Telegraph，CCITT）把媒体分成 5 类：

（1）感觉媒体（Perception Medium）：指直接作用于人的感觉器官，从而使人产生直接感觉的媒体，如声音、文字、图形、图形、气味等。

（2）表示媒体（Representation Medium）：为传输感觉媒体的中介媒体，即用于数据交换的编码，如电报码、二维码、图像编码（JPEG、MPEG 等）、文本编码（ASCII 码、GB 2312 等）和声音编码等。

（3）表现媒体（Presentation Medium）：指数据传输、通信中信息输入和输出的媒体，如键盘、鼠标、扫描仪、传声器、摄像机等为输入媒体；显示器、打印机、投影仪、扬声器等为输出媒体。

（4）存储媒体（Storage Medium）：指用于存储表示媒体的媒体，如磁盘、光盘、硬盘、U 盘等。

（5）传输媒体（Transmission Medium）：指传输表示媒体的物理介质，如同轴电缆、双绞线、光纤等。

媒体主要有以下功能：监测社会环境、协调社会关系、传承文化、提供娱乐、教育市民大众、传递信息、引导群众价值观。

2. 多媒体

多媒体（Multimedia）是指多种媒体信息的集成，包括数据、文本、图形、图像和声音的有机集成。需要强调的是，多媒体并不只是各种媒体元素的叠加，特别是计算机多媒体，交互性是其显著的特点。

多媒体是融合两种或者两种以上媒体的一种人 – 机交互式信息交流和传播媒体，使用的媒体包括文字、图形、图像、声音、动画和电视图像（Video）。多媒体信息的类型及特点如下：

（1）文本是以文字和各种专用符号表达的信息形式，文本是现实生活中使用得最多的一种信息存储和传递方式。用文本表达信息给人充分的想象空间，它主要用于对知识的描述性表示，如阐述概念、定义、原理和问题以及显示标题、菜单等。

（2）图像是多媒体软件中最重要的信息表现形式之一，它是决定一个多媒体软件视觉效果的关键因素。

（3）动画是利用人的视觉暂留特性，快速播放一系列连续运动变化的图形图像，也包括画面的缩放、旋转、变换、淡入淡出等特殊效果。通过动画可以把抽象的内容形象化，使许多难以理解的教学内容变得生动有趣。合理使用动画可以达到事半功倍的效果。

（4）声音是人们用来传递信息、交流感情最方便、最熟悉的方式之一。在多媒体课件中，按其表达形式，可将声音分为讲解、音乐、效果三类。

（5）视频影像具有时序性与丰富的信息内涵，常用于交待事物的发展过程。视频非常类似于大家熟知的电影和电视，有声有色，在多媒体中充当起重要的角色。

3. 多媒体技术

多媒体技术（Multimedia Technology）是实现基于计算机的、对多种媒体集成的技术。多媒体技术是指利用计算机及相关多媒体设备，采用数字化处理技术，对文字、声音、图形、图像、动画、视频等多种媒体信息有机综合处理和管理，使用户与计算机进行实时信息交互的技术，又称为计算机多媒体技术。

多媒体技术综合了计算机声音处理技术、计算机图形处理技术、图像处理技术、计算机通信技术、存储技术、计算机文字处理技术、计算机动画处理技术及活动影像技术、集成电路技术等，这些技术的有机结合对科技界、产业界、教育界、创作、娱乐界及军事指挥等领域产生了强烈的冲击波，为传统的微型计算机、音频、视频设备带来了革命性的变革，对大众传播媒介产生了巨大影响。

计算机多媒体系统所具有的特征如下：

（1）集成性：多媒体技术采用数字信号，综合处理文字、声音、图形、图像、动画、视频等多种信息，并将这些不同类型的信息有机地结合在一起。

（2）交互性：所谓交互性是指人的行为与计算机的行为交流沟通的关系，这也是多媒体与传统媒体的最大不同。信息以超媒体结构进行组织，可以方便地实现人机交互；换而言之，人可以按照自己的思维习惯，按照自己的意愿主动地选择和接收信息，拟定观看内容的路径。

（3）控制性：多媒体技术是以计算机为中心，综合处理和控制多媒体信息，并按人的要求以多种媒体形式表现出来，同时作用于人的多种感官。

（4）易扩展性：可方便地与各种外围设备挂接，实现数据交换，监视控制等多种功能。此外，采用数字化信息有效地解决了数据在处理传输过程中的失真问题。

1.2   多媒体系统的组成与分类

目前，市场上主流的计算机大多是多媒体计算机（MPC）。所谓多媒体计算机，是指配备了声卡、显卡的计算机。多媒体计算机系统是一种将声音、图像、视频、计算机图形学和计算机集成在一起的人机交互系统。现在，多媒体系统通常指的是多媒体计算机系统。

一台完整的多媒体计算机系统包括硬件系统和软件系统。硬件系统是组成计算机的所有物理元件的集合，由电子器件、机械装置等物理部件组成；软件系统是指在硬件设备上运行的各种程序和文档。硬件系统是计算机的物质基础，是软件系统的载体，也称"硬设备"；软件系统是计算机系统的灵魂，它控制、指挥和协调整个计算机系统的运行，也称为"软设备"。

1.2.1   多媒体系统的硬件系统

多媒体系统是软、硬件结合的综合系统。多媒体系统把音频、视频等媒体与计算机系统集成在一起，组成一个有机的整体，并由计算机对各种媒体进行数字化处理。

从整体上划分，一个完整的多媒体硬件系统主要由主机、音频部分、视频部分、基本输入/输出设备、大容量存取设备和高级多媒体设备6部分组成，如图1-1-1所示。

（1）主机：主机部分是整个多媒体系统的核心。主机有一个或多个处理速度较快的中央处理器（CPU）、内存、显示系统和外设接口，如图1-1-2所示。

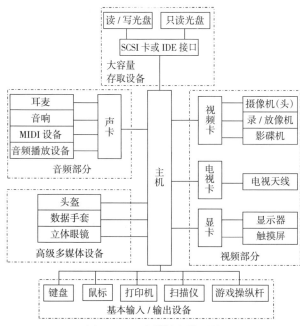

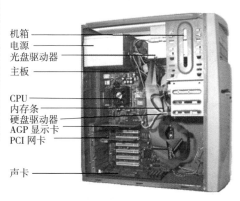

机箱
电源
光盘驱动器
主板

CPU
内存条
硬盘驱动器
AGP 显示卡
PCI 网卡

声卡

图 1-1-1　多媒体硬件系统　　　　　　　　　图 1-1-2　主机

（2）视频部分：视频部分负责多媒体计算机图像和视频信息的数字化获取和回放，主要包括视频卡（见图 1-1-3）、电视卡、显卡等，如图 1-1-3 所示。视频卡主要完成视频信号的 A/D 和 D/A 转换及数字视频的压缩和解压缩功能，其信号源可以是摄像头、录 / 放像机、影碟机等。电视卡（盒）主要完成普通电视信号的接收、解调、A/D 转换以及与主机之间的通信，从而可在计算机上观看电视节目，同时还可以以 MPEG 压缩格式录制电视节目。显卡主要完成视频的流畅输出，是 Intel 公司为解决 PCI 总线带宽不足的问题而提出的图形加速端口。

（3）音频部分：音频部分主要完成音频信号的 A/D 和 D/A 转换及数字音频的压缩、解压缩及播放等功能，主要包括音频卡、外接扬声器、传声器、耳麦、MIDI 设备等。音频卡俗称声卡（见图 1-1-4），在多媒体计算机中，音频卡是基本的必需硬件之一。现在几乎所有的计算机都配置有内置的扬声器和专用的声音处理芯片，无须任何外部硬件和软件即可输入音频。

图 1-1-3　视频卡　　　　图 1-1-4　声卡

（4）大容量存取设备：制作多媒体项目，需要将彩色图像、文本、声音、视频剪辑以及所有元素结合在一起。因此，需要有一定数量的存取空间，如果这些元素大量存在，就需要大量的存取空间。通常，可以使用刻录机将多媒体项目刻录在光盘上。随着蓝光技术的逐步普及，蓝光空白刻录盘的价格也会下降，届时大型的多媒体项目就可以以吉字节为度量来存取。图 1-1-5 所示为部分存储设备。

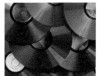

图 1-1-5　存储设备

（5）高级多媒体设备：随着科技的进步，近年来出现了一些新的输入／输出设备，比如用于传输手势信息的数据手套、数字头盔和立体眼镜等。

（6）基本输入／输出部分：在开发和发布多媒体产品时，要使用到各式各样的输入／输出设备，其中视频／音频输入设备包括摄像机、录像机、影碟机、扫描仪、传声器、录音机、激光唱盘和 MIDI 合成器等；视频／音频输出设备包括显示器、电视机、投影电视、扬声器、立体声耳机等；人机交互设备包括键盘、鼠标、触摸屏、光笔等；数据存储设备包括 CD-ROM、磁盘、打印机、可擦写光盘等。图 1-1-6 所示为部分输入／输出设备。

图 1-1-6　输入／输出设备

1.2.2　多媒体系统的软件系统

多媒体软件是综合利用计算机处理各种媒体的最新技术，如数据压缩、数据采样、二维及三维动画等，能灵活地调度使用多媒体数据，使各种媒体硬件和谐地工作，使 MPC 形象逼真地传播和处理信息，所以说多媒体软件是多媒体技术的灵魂。多媒体软件的基本特点如下：

（1）运行于一种多媒体操作系统中。

（2）具有高度集成性，即能高度地综合集成多种媒体信息。

（3）具有良好的交互性，即使用户能随意控制软件及媒体。

多媒体软件系统按层次划分，可以分为 4 个层次，如图 1-1-7 所示，这种层次划分并没有绝对的标准，它是在发展过程中逐渐形成的。

多媒体软件按功能分，可以分为系统软件和应用软件。

1. 多媒体系统软件

多媒体系统软件除了具有一般系统软件的特点外，还反映了多媒体技术的特点，如数据压缩、媒体硬件接口的驱动、新型交互方式等。多媒体系统软件主要包括多媒体驱动软件、多媒体操作系统和多媒体开发工具等 3 种。

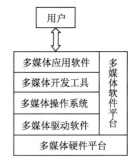

图 1-1-7　多媒体软件系统的层次结构

（1）多媒体驱动软件。多媒体软件中直接和硬件打交道的软件称为驱动程序。多媒体驱动软件完成硬件设备的初始化、设备的各种控制与操作等基本硬件功能的调用。这种软件一般随硬件提供，也可以在标准操作系统中预置。

（2）多媒体操作系统。多媒体操作系统是多媒体计算机系统的核心。多媒体操作系统处于驱动程序之上、应用软件之下，负责多媒体环境下的多任务调度、媒体间的同步、多媒体外设的管理等。

（3）多媒体开发工具。多媒体开发工具是多媒体开发人员用于获取、编辑和处理多媒体信息，编制多媒体应用程序的一系列工具软件的统称。多媒体开发工具可以对文本、图形、图像、动画、音频和视频等多媒体信息进行控制和管理，并把它们按要求连接成完整的多媒体应用软件。多媒体开发工具大致可分为多媒体素材制作工具、多媒体著作工具和多媒体编程语言等三类。

- 多媒体素材制作工具是为多媒体应用软件进行数据准备的软件，其中包括文字特效制作软件 Word（艺术字）、COOL 3D，图形图像编辑与制作软件 CorelDRAW、Photoshop，二维和三维动画制作软件 Animator Studio、3D Studio MAX，音频编辑与制作软件 Wave Studio、Cakewalk，以及视频编辑软件 Adobe Premiere 等。
- 多媒体著作工具又称多媒体创作工具，它是利用编程语言调用多媒体硬件开发工具或函数库来实现的，并能被用户方便地编制程序，组合各种媒体，最终生成多媒体应用程序的工具软件。常用的多媒体创作工具有 PowerPoint、Authorware、ToolBook 等。
- 多媒体编程语言可用来直接开发多媒体应用软件，不过对开发人员的编程能力要求较高。但它有较大的灵活性，适应于开发各种类型的多媒体应用软件。常用的多媒体编程语言有 Visual Basic、Visual C++、Delphi 等。

2. 多媒体应用软件

多媒体应用软件是在多媒体创作平台上设计开发面向应用领域的软件系统，又称多媒体应用系统或多媒体产品，是由各种应用领域的专家或开发人员利用多媒体编程语言或多媒体创作工具编制的最终多媒体产品，是直接面向用户的。多媒体系统是通过多媒体应用软件向用户展现其强大的、丰富多彩的视听功能。例如，各种多媒体教学软件、培训软件、声像俱全的电子图书等，这些产品都可以光盘形式面世。

1.2.3 多媒体系统分类

多媒体系统可以从应用对象和应用角度两方面进行分类。

1. 应用对象

多媒体系统按应用对象划分，可分为开发系统、演示系统、教育系统和家庭系统等类型。

（1）开发系统：多媒体开发系统需要较完善的硬件环境和软件支持，主要目标是为多媒体专业人员开发各种应用系统提供开发环境。它具有开发能力，系统配备有功能强大的计算机、功能齐全的声音、文本、图像信息的外围设备和多媒体演示的著作工具。常用于多媒体系统制作、电视编辑等。

（2）演示系统：多媒体演示系统是一个功能齐全、完善的桌面系统，是增强型的桌面多媒体系统，可以完成多种多媒体的应用，并与网络连接；常用于企业产品展示、科学研究成果发布等。

（3）教育系统：多媒体教育系统属于单用户多媒体播放系统。该系统以 PC 为基础，包含光盘驱动器、声音和图像的接口控制卡以及相应的外围设备。常用于家庭教育、小型商业销售点和教育培训等。

（4）家庭系统：多媒体播放系统，通常配备有光盘驱动器、声卡、音响和传声器，就可以构成一个家用多媒体系统，用于家庭的学习、娱乐等。

多媒体是一项综合性技术，其中包括计算机、通信、电视和电子产品等多个领域。多媒体技术能够迅速发展的关键是实现标准化，使各个厂家的产品之间具有兼容性。目前，已有几个多媒体平台被用户所接受，如 Macintosh 平台、Windows 平台等。

2. 应用角度

多媒体系统按应用角度划分，可分为出版系统、信息咨询系统、娱乐系统、通信系统和数据库系统等类型。

（1）出版系统：以 DVD-ROM 形式出版的各类出版物，已开始大量替代传统出版物，特别对于容量大、要求迅速查找的文献资料等，使用 DVD-ROM 十分方便。

（2）信息咨询系统：现在是大数据时代，对信息的咨询、检索需要大量的信息系统。

（3）娱乐系统：多媒体系统提供的交互播放功能、高质量的数字音响、图文并茂的显示特征，受到广大消费者的欢迎，给文化娱乐带来了新活力。

（4）通信系统：可视电话、视频会议等应用，增强了人们身临其境、如同面对面交流的感觉。

（5）数据库系统：将多媒体技术和数据库技术相结合，在普通数据库的基础上增加声音、图像和视频数据类型，对各种多媒体数据进行统一的组织和管理，如档案、名片管理系统等。

1.3　多媒体的关键技术

在开发多媒体应用系统中，要使多媒体系统能交互地综合处理和传输数字化的声音、文字、图像信息，实现面向三维图形、立体声音、彩色全屏幕运动画面的技术处理和传播的效果，需要使多媒体具有数据压缩、数据存储、网络 / 通信、超文本和超媒体、数据库、输入 / 输出、虚拟现实和多媒体应用开发等技术。

1. 数据压缩技术

信息时代的重要特征是信息数字化，而数字化的数据量相当庞大，给存储器的存储容量、通信主干信道的数据传输速率（带宽）以及计算机的速度带来极大的压力。研制多媒体计算机需要解决的关键问题之一是要使计算机能适时地综合处理声、文、图信息。由于数字化的图像、声音等媒体数据量非常大，致使在微机上开展多媒体应用难以实现。例如，未经压缩的视频图像处理时的数据量每秒约 28 MB，播放一分钟立体声音乐也需要 100 MB 存储空间。视频与音频信号不仅需要较大的存储空间，还要求传输速度快。因此，既要对数据进行压缩和解压缩的实时处理，又要进行快速传输处理，这对目前的微机来说难以实现。因此，必须对多媒体信息进行实时压缩和解压缩。不经过数据压缩，实时处理数字化的较长的声音和多帧图像信息所需要的存储容量、传输速率和计算速度都是目前 PC 难以达到的和不经济实用的。数据压缩技术的发展大大推动了多媒体技术的发展。

压缩分为无损压缩和有损压缩两种形式。无损压缩是指压缩后的数据经解压后还原得到的数据与原始数据相同，不存在任何误差。文本数据的压缩必须是无损失的，因为一旦有损失，信息就会产生歧义。有损压缩是指压缩后的数据经解压后，还原得到的数据与原数据之间存在一定的差异。由于允许有一定的误差，因而这类技术往往可以获得较大的压缩比。在多媒体图像信息处理中，一般采用有损压缩。

计算机技术发展离不开标准。数据压缩技术目前已有以下一些国际标准：

（1）JPEG（Joint Photographic Experts Group，联合图像专家小组）标准：该标准不仅适用于静态图像的压缩，电视图像序列中的帧内图像的压缩编码也常用 JPEG 压缩标准。

（2）MPEG–1（Moving Picture Experts Group，动态图像专家组）标准：用于传输 1.5 Mbit/s 数据传输速率的数字存储媒体运动图像及伴音的编码。

（3）MPEG–2 标准：MPEG–2 是 MPEG–1 的扩充、丰富和完善。主要针对高清电视（HDTV）所需要的视频及伴音信号，数据传输速率为 10 Mbit/s，与 MPEG–1 兼容，适用于 1.5 ~ 60 Mbit/s 编码速率。

（4）MPEG-4 标准：MPEG-4 是基于对象（内容）的、可交互、可伸缩质量的编码标准，适用于各种应用（会话的、交互的和广播的），支持新的交互性。

（5）H.261 标准（视听通信编码、解码标准）：主要适用于视频电话和视频电视会议。

目前的研究结果表明，选用合适的数据压缩技术，有可能将字符数据量压缩到原来的 1/2 左右，语音数据量压缩到原来的 1/2~1/10，图像数据量压缩到原来的 1/2~1/60。数据压缩理论的研究已有 40 多年的历史，技术日趋成熟。如今已有压缩编码 / 解压缩编码的国际标准 JPEG 和 MPEG，并且已经产生了各种各样针对不同用途的压缩算法、压缩手段和实现这些算法的大规模集成电路和计算机软件。

2. 数据存储技术

随着多媒体硬件技术的迅速发展，超大容量的多媒体存储设备随处可见，存储较大容量的音频、视频文件已不成问题。一般意义上的大容量信息存储技术已经得到了很好的解决，但对于海量的视频信息存储仍是值得研究的一个方向，如监控视频等。

多媒体的音频、视频、图像等信息虽经过压缩处理，但仍然需要相当大的存储空间。而且，硬盘存储器的盘片是不可交换的，不能用于多媒体信息和软件的发行。大容量只读光盘存储器（CD-ROM）U 盘、云存储等的出现，解决了多媒体信息存储空间及交换问题。

光盘以存储量大、密度高、介质可交换、数据保存寿命长、价格低廉以及应用多样化等特点成为多媒体计算机中必不可少的设备。利用数据压缩技术，在一张 CD-ROM 上能够存取 74 min 全运动的视频图像或者十几小时的语音信息或数千幅静止图像。CD-ROM 光盘机技术已比较成熟，但速度慢，其只读特点适合于需长久保存的资料。在 CD-ROM 基础上，还开发了 CD-I 和 CD-V，即具有活动影像的全动作与全屏电视图像的交互式可视光盘。在只读 CD 家族中还有称为"小影碟"的 VCD，可刻录式光盘 CD-R，高画质、高音质的光盘 DVD 以及用数字方式把传统照片转存到光盘，使用户在屏幕上可欣赏高清晰度照片的 PHOTO CD。DVD(Digital Video Disc) 是 1996 年底推出的新一代光盘标准，它使得基于计算机的数字视盘驱动器将能从单个盘片上读取 4.7~17 GB 的数据量，而盘片的尺寸与 CD 相同。

U 盘即 USB 盘，属于移动存储设备，用于备份数据，方便携带。使用 USB 接口将 U 盘连接到计算机的主机后，其中的资料就可放到计算机上。U 盘是闪存盘的一种，其特点是小巧便与携带、存储容量大、价格便宜。现在市面常见的 U 盘容量有 32GB、64GB、128GB、256GB 等。

云存储是通过网络将大量普通存储设备构成的存储资源池中的存储和数据服务以统一的接口按需提供给授权用户。云存储属于云计算的底层支撑，它通过多种云存储技术的融合，将大量普通 PC 服务器构成的存储集群虚拟化为易扩展、弹性、透明、具有伸缩性的存储资源池，并将存储资源池按需分配给授权用户，授权用户即可通过网络对存储资源池进行任意的访问和管理。云存储将存储资源集中起来，并通过专门的软件进行自动管理，无须人为参与。用户可以动态使用存储资源，无须考虑数据分布、扩展性、自动容错等复杂的大规模存储系统技术细节，从而可以更加专注于自己的业务，有利于提高效率，降低成本和技术创新。

3. 网络 / 通信技术

当今，人们的工作方式的特点是具有群体性、交互性。传统的电信业务（电话、短信、传真等）通信方式已不能适应社会的需求，迫切需要通信与多媒体技术相结合，为人们提供更加高效和快捷的沟通途径（如 E-mail，视频会议、视频电话等）。

现有的通信网大都不太适应数字化的多媒体数据的传输。人们期望未来能够将多种网络进行统一，包括用于话音通信的电话网、用于计算机通信的计算机网和用于大众传播的广播电视网。对于实时性要求不高且数据量不很大的应用来说，矛盾尚不突出。但一旦涉及大量的数据，许多网络中的特性就难以满足要求，宽带综合业务数字网（B-ISDN）是解决这个问题的一个比较完整的方法，其中ATM（异步传送模式）是在研究和开发上的一个重要成果。

实现多媒体通信，对不同的应用，其技术支持要求有所不同，例如，在信息点播服务中，用户和信息中心为点对点的关系，信息的传输要采用双向通路。电视中心把信息发往各用户则要实现一点对多点的关系，而在协同工作环境CSCW应用中，各用户的关系就成为多点对多点的，所以多媒体通信技术要提供上述连接类型。

4. 超文本和超媒体技术

超文本是一种文本信息管理技术。它提供的方法是建立各种媒体信息之间的网状链接结构。这种结构由结点组成，没有固定的顺序，也不要求必须按某个顺序检索，与传统的线性文本结构有着很大的区别。以结点为基础的信息块容易按照人们的"联想"关系加以组织，符合人们的"联想"逻辑思维习惯。

一般把已组织成的网状的信息称为超文本，而把对其进行管理使用的系统称为超文本系统。典型的超文本系统应具有用于浏览结点、防止迷路的交互式工具，即浏览器。它使超文本网络的结构图与数据中的结点和链形成一一对应的关系。浏览器可以帮助用户在网络中定向和观察信息的连接。如果超文本中的结点的数据不仅有文本，还有图像、动画、音频、视频，则称为超媒体。超文本和超媒体已广泛应用于多媒体信息管理中。

5. 数据库技术

传统的数据库只能解决数值和字符的存储检索；多媒体数据库除了可以处理结构化的数据外，还可以处理大量非结构化的数据。

由于多媒体信息是结构型的，致使传统的关系数据库已不适用于多媒体的信息管理，需要从以下几方面研究数据库：

（1）多媒体数据模型：目前主要采用基于关系模型加以扩充，因为传统的关系数据库将所有的对象都看成二维表，难以处理多媒体数据模型。而面向对象技术的发展推动了数据库技术的发展，面向对象技术与数据库技术的结合导致了基于面向对象模型和超媒体模型的数据库的研究。

（2）数据压缩/解压缩的格式：该技术主要解决多媒体数据过大的空间和时间开销问题。压缩技术要考虑算法复杂度、实现速度以及压缩质量问题。

（3）多媒体数据管理及存取方法：除采用目前常用的分页管理、树和HASH方法外，多媒体数据库还要引入矢量空间模型信息索引检索技术、超位检索技术、智能索引技术以及基于内容的检索方法等。尤其是超媒体组织数据机制更为多媒体数据库操作增加了活力。

（4）用户界面：用户界面除提供多媒体功能调用外，还应提供对各种媒体的编辑功能和变换功能。

由于多媒体数据对通信带宽有较高的要求，需要有与之相适应的高速网络，因此还要解决数据集成、查询、调度和共享等问题，即研究分布式数据库技术。而智能多媒体数据库，将人工智能技术与多媒体数据库技术相结合，会使数据库产生质的飞跃，是重要的发展方向。

6. 输入/输出技术

多媒体输入/输出是处理多媒体信息传输接口的技术，由于人类的视觉和听觉只能感知模拟信号，而计算机处理的是数字信号，因此多媒体技术必须解决各种媒体的信号转换问题。

多媒体输入/输出技术包括多媒体输入/输出设备、媒体显示和编码技术、媒体变换技术、媒体识别技术、媒体理解技术和媒体综合技术。

（1）媒体变换技术：改变媒体的表现形式，如当前广泛使用的视频卡、音频卡（声卡）都属媒体变换设备。

（2）媒体识别技术：对信息进行一对一的映像过程。例如，语音识别是将语音映像为一串字、词或句子；触摸屏是根据触摸屏上的位置识别其操作要求。

（3）媒体理解技术：对信息进行更进一步的分析处理和理解信息内容，如自然语言理解、图像语音模式识别这类技术。

（4）媒体综合技术：把低维信息表示映像成高维的模式空间的过程，例如语音合成器就可以把语音的内部表示综合为声音输出。

媒体变换技术和媒体识别技术相对比较成熟，应用较广泛。而媒体理解和综合技术目前还不成熟，只在某些特定场合用，但这些课题的研究正在受到普遍重视。

7. 虚拟现实技术

虚拟现实技术（Virtual Reality，VR）是用计算机生成现实世界的技术，是多媒体技术的最高境界。虚拟现实的本质是人与计算机之间进行交流的方法，它以其更加高级的集成性和交互性，给用户以十分逼真的体验，可以广泛应用于模拟训练、科学可视化等领域，如飞机驾驶训练、分子结构世界、宇宙作战游戏等。

虚拟现实是利用计算机技术生成的一个逼真的视觉、听觉、触觉及嗅觉等的感觉世界，用户可以用人的自然技能对这个生成的虚拟实体进行交互考察。这个定义有三层含义：首先，虚拟实体是用计算机生成的一种模拟环境，"逼真"就是要达到三维视觉，甚至包括三维的听觉及触觉、嗅觉等；其次，用户可以通过人的自然技能与这个环境交互，这里的自然技能可以是人的头部转动、眼睛转动、手势或其他的身体动作；第三，虚拟现实往往要借助于一些三维传感设备来完成交互动作，常用的如头盔立体显示器、数据手套、数据服装、三维鼠标等。

8. 多媒体应用开发技术

在多媒体应用开发方面，目前还缺少一个定义完整的应用开发方法学。采用传统的软件开发方法在多媒体应用领域中成功的例子很少。多媒体应用的开发会使一些采用不同问题解决方法的人集中到一起，包括计算机开发人员、音乐创作人员、图像艺术家等，他们的工作方法以及思考问题的方法都将是完全不同的。对于项目管理者来说，研究和推出一个多媒体应用开发方法学将是极为重要的。

1.4 多媒体技术的应用

多媒体技术是一个涉及面极广的综合技术，是开放性的没有最后界限的技术。目前，多媒体应用系统丰富多彩、层出不穷，已深入到人们的学习、工作和生活的各个方面，多媒体技术的发展符合信息社会的应用需求。其应用领域从教育培训、医疗卫生、传媒广告、电子出版物、办公自动化、军事到文化娱乐，特别是多媒体技术与网络、通信相结合的远程教育、远程医疗等。这些新的应用领域给人类带来了巨大的变革。

1. 教育培训

在多媒体的应用中，教育、培训应用大约占 40%。科技发展到今天，教室见到多媒体的身影已经不足为奇。教师利用多媒体进行计算机辅助教学（CAI），为教育提供了一种新的途径，使师生的关系发生了变化，以教师为中心的教学变成了以学生为中心的教学。进入 20 世纪 90 年代，多媒体、光盘、网络技术的融合，改变了信息的存储、传输和使用方式。多媒体作为一种新型的教育形式和教学手段，将给传统教育带来极大的冲击和影响。计算机辅助教学有如下明显的优势：

（1）多媒体教学以图文、声像并茂的形式提供信息，提高获取知识的速度，提高教学质量，激发学生的学习积极性。

（2）实现学习个性化，按照学生的能力、特点进行教学。

（3）把多媒体技术与计算机通信技术及知识库相结合，能提供多元化的教学，并可使教育走向家庭。

（4）把以教师为中心的教学模式转换为以学生为中心，增加了学生的主观能动性，使学生产生一种学习责任感。

2. 文化娱乐

随着人们生活水平的提高，精神生活质量的上升，娱乐大众化的进一步推进，家庭个性化娱乐成为目前众多家庭的迫切需求。家庭数码娱乐时代的到来使个性张扬成为了时代的主旋律，娱乐化向广大家庭迅速普及，多媒体技术引领的数字家庭也迅速地在全国扩展，进一步提高了家庭的生活水平和质量，推动了家庭的数字化、现代化、娱乐化。

影视作品和游戏产品是多媒体计算机应用的一个重要方面。随着多媒体技术的不断发展，面向家庭娱乐的多媒体软件琳琅满目，音乐、影像和游戏光盘给人们以更高的娱乐享受，对启迪儿童的智慧，丰富成年人的娱乐活动大有益处。特别是计算机和网络游戏由于多种媒体感官刺激并使游戏者通过与计算机交互而身临其境，画面形象逼真，声音悦耳动听，真正达到娱乐趣味性的效果，受到年轻人的欢迎。

近年来，随着数字化电视的普及，电视机逐渐成为家庭娱乐的主角。乐视、华为、小米等厂商生产的电视机和机顶盒使家庭影院的构想不再渺茫。微软的 Xbox360、索尼的 PS4 使电视机具影视娱乐于一体。随着多媒体技术的发展，家庭的娱乐方向也随之改变。

3. 医疗卫生

现代先进的医疗诊断技术特点是以现代物理技术为基础，借助于计算机技术，对医疗影像进行数字化和重建处理。

多媒体技术以网络技术为依托已经能够实现远程医疗。在远程医疗系统中，利用电视会议双向或双音频及视频，可与病人面对面交谈，进行远程咨询和检查，从而进行远程会诊。除了远程医疗诊断之外，多媒体技术在医疗信息工作中也有很多方面的应用。

信息数字化是当前中医药信息工作的主要任务。中医文献资源的数字化、数字共享平台的建设、中医多媒体电子信息资源的开发利用都需要多媒体技术的支持，如中医古籍数字化工作，就是中医药多媒体的一大项目。中医古籍数字化是利用数字化技术将中医古籍进行扫描、文字识别与转换或录入，并经专门软件使之结构化，制作出新的电子版中医古籍；数字化的中医古籍可用计算机进行方便的检索与阅读，也可在网络上传输、共享。中医药声像信息是中医药信息资源的重要组成部分。

总之，多媒体技术在中医药信息工作中的全面应用，将会加快中医药信息的数字化、现代化工作，并将对中医药的发展产生积极的影响。

4. 传媒广告

随着人类社会步入高度信息化时代，信息的传递正逐渐涉及广泛的领域，从而促使商业展示出其在信息传递方面的重要价值。

商业展示要有强烈的视觉冲击，在具体设计时必须从整体空间出发进行综合设计，使观众初入会场，便能从众多的展位中注意到自己的展位。

多媒体技术不同于传统媒体之处，在于信息的动态更新和即时交互性。在商业展示中，这种智能化的传播方式快速拉近了企业与受众的距离。

多媒体广告系统与 LED 大屏幕、电视墙等显示设备相结合可完成广告制作、广告宣传、商品展示等多种功能。这种广告具有丰富多彩、形象生动的特点。

在商业展示中，多媒体技术的互动性应用，充分实现了交互式沟通的优越性，并且对于观众的兴趣以及问题之所在立即进行响应。因此，互动性为人们提供了一种表达方式，让人能够得到一种时时期待的"个人优先"的感觉。

5. 多媒体通信

多媒体通信是 20 世纪 90 年代迅速发展起来的一项技术。一方面，多媒体技术使计算机能同时处理视频、音频和文本等多种信息，提高了信息的多样性；另一方面，网络通信技术摆脱了人们之间的地域限制，提高了信息的瞬时性。二者结合所产生的多媒体通信技术把计算机交互性、通信的分布性及电视的实效性有效地融合一体，成为当前信息社会的一个重要标志。

多媒体通信涉及的技术面极为宽泛，包括人 – 机界面、数字通信处理、大容量存储装置、数据库管理系统、计算机结构、多媒体操作系统、高速网络、通信协议、网络管理及相关的各种软件工程技术。目前，多媒体通信主要应用于可视电话、视频会议、远程文件传输、浏览与检索多媒体信息资源、多媒体邮件以及远程教学等方面。

6. 电子出版物

多媒体电子出版物是指以数字方式将多媒体元素（图、文、声、像等信息）存储在磁盘或光盘等介质上，通过计算机或类似设备进行阅读使用，并可复制发行的大众传播媒体。

多媒体电子出版物发展非常快，不少大学图书馆中电子图书不断增加，在校园内提供文献检索，未来的图书馆走向数字化、无纸化。电子出版物的内容涉及名胜古迹、风情人土、家庭教育、生活百科、游戏、科普知识等。

7. 办公自动化

多媒体办公系统是视听一体化的办公信息处理和通信系统，主要有以下功能：办公信息管理，将文件、档案、报表、数据、图形、音像资料等进行加工、整理、存储，形成可共享的信息资源；召开可视的电话会议、电视会议；进行多媒体邮件的传递。多媒体办公设备与多媒体系统的集成，真正实现了办公自动化。

8. 军事

多媒体技术已经被广泛应用于作战指挥与作战模拟。在情报侦察、网络信息通信、信息处理、电子地图、战场态势显示、作战方案选优、战果评估等方面大量采用了多媒体技术。多媒体作战对抗模拟系统、多媒体作战指挥远程会议系统、虚拟战场环境等也都大量采用了多媒体技术。

第二部分
数字图像处理

　　Photoshop 是美国 Adobe 公司开发的一款功能强大的图像处理软件。自从 Photoshop 投放市场以来，由于其丰富而强大的图形图像处理功能而深受国内广大从事相关领域的用户的欢迎。它的出现，不仅使人们告别了对图片进行修正的传统手工方式，而且还可以通过自己的创意，制作出从现实世界中无法拍摄到的图像。

　　本部分以 Adobe Photoshop CC 2017 作为介绍的主要对象，在讲解过程中秉承教学的基本理念，突出实用性，从基础功能讲起，几乎每个工具的使用都结合具体实例进行讲解。因此，无论是初学者，还是有一定基础的读者，都可以按照各自的要求有规律地进行学习，从而提高运用 Photoshop 处理图像的能力。

第 2 章
Photoshop 基本操作

 本章导读

Photoshop 为使用者提供了一套方便而奇妙的创作工具。它可使美术工作者完全摒弃传统的笔、橡皮、尺子、调色板、刷子、刀片和画布（画纸），用高度精密的计算方法得到与用高难度的暗房技巧处理所获得的同样效果。计算机对图像的处理也已经超出了传统图像处理的范畴。本章将介绍 Photoshop 处理图像时的一些基本操作，主要包括图像处理基础知识，图像文件的新建、打开和保存等基本操作，图像窗口的操作，图像大小和画布的调整，标尺、标尺工具、网格和参考线的使用，以及调整显示比例的操作等，使读者能快速地了解 Photoshop 中的一些基本功能，为以后的学习奠定牢固的基础。

学习目标

◎ 了解图像处理基础知识。

◎ 了解并掌握文件和图像窗口的操作。

◎ 熟练掌握图像和画布大小的调整及绘图辅助工具。

◎ 了解图像显示比例的调整。

◎ 掌握变换图像。

学习重点

◎ 文件和图像窗口的操作。

◎ 绘图辅助工具的使用。

◎ 图像的变换。

 2.1 图像处理基础知识

图像处理的内容相当丰富，设计的相关知识和领域也非常宽广。本节从应用角度介绍一些与图像和数字处理密切相关的图像基础知识。

2.1.1　图像的基本概念

1. 图像

图像是客观对象的一种相似性的、生动性的描述或写真，是人类社会活动中最常用的信息载体。或者说图像是客观对象的一种表示，它包含了被描述对象的有关信息。

2. 像素

像素（Pixel）又称 Picture Element，实际上是投影光学上的名词。数字图像是由按一定间隔排列的亮度不同的像点构成的，形成像点的单位称为"像素"。也就是说，像素是指由一组数字序列表示图像的最小单位，是组成图像的基本单位。

3. 分辨率

单位长度内所包含的像素值称为分辨率，通常以"像素 / 英寸（ppi）"为单位来表示图像分辨率的大小。常用与图像有关分分辨率包括图像分辨率、显示器分辨率、打印机分辨率等。

（1）图像分辨率：图像中每单位长度上的像素数目，称为图像分辨率，其单位为"像素 / 英寸"或"像素 / 厘米"。尺寸相同情况下，分辨率越高，像素数目越多，像素点更小，图像品质更高，但占用的存储空间也越大。

（2）显示器分辨率：在显示器上单位长度显示的像素或点数称为显示器分辨率，通常以"点 / 英寸（dpi）"来表示。显示器分辨率依赖于显示器尺寸和像素设置，一般个人计算机显示器的典型分辨率为 96 dpi。

（3）打印机分辨率：打印机分辨率以"点 / 英寸"来表示。如果以打印机分辨率为 300 ～ 600 dpi，则图像分辨率最好为 72 ～ 150 ppi；如果打印机分辨率为 1 200 dpi 或更高，则图像分辨率最好为 200 ～ 300 ppi。

2.1.2　图像的种类

计算机图形图像有两种格式：位图与矢量图。

1. 位图

位图也称为点阵图，它是由一系列像素点排列组成的可识别的图形。位图图像都含有有限数量的像素，能够表现细微的阴影和颜色变化，因而常用于保存颜色丰富、过渡细腻的图像，相应文件占用空间大。位图的显示或输出效果与分辨率有关，所以放大数倍后的位图会出现马赛克像素色块，质量模糊不清，如图 1-2-1 所示。

使用数码照相机拍摄的照片、使用扫描仪扫描的图像等一般都是位图。

2. 矢量图

矢量图是指使用线条绘制的各种图形，这样的图形线条非常清晰、光滑、流畅。由于图形在存储时保存的是其形状和填充属性，因此，其优点是占用空间小，且放大后图形线条仍然非常光滑，并保持图形不变形，丝毫不影响其质量。但是，图形的缺点是色彩比较单调，如图 1-2-2 所示。

图 1-2-1　位图图像

图 1-2-2　矢量图形

2.1.3　图像的文件格式

在 Photoshop 中制作好一幅作品后就可以进行存储，存储时选择一种恰当的文件格式非常重要。Photoshop 支持 20 多种文件格式，除了它专用的文件格式（PSD 和 PDD）外，还包括 TIF、JPG、GIF 和 BMP 等常用文件格式。Photoshop 默认的图像文件为 PSD 格式，此格式支持 Photoshop 的保留图层、通道、矢量元素等特性。

2.1.4　图像的颜色模式

颜色模式是指图像在显示或打印时定义颜色的不同方式。计算机中提供了多种颜色模式，主要有位图模式、灰度模式、双色调模式、RGB 模式、CMYK 模式、Lab 模式、索引颜色模式、多通道模式等。

1.　位图模式

位图模式用两种颜色（黑和白）来表示图像中的像素。位图模式的图像也叫黑白图像。在宽度、高度和分辨率相同的情况下，位图模式的图像尺寸最小。

2.　灰度模式

灰度模式可以选择从黑、灰到白共 2^8 种不同的颜色深度，也就是说，灰度图像有 256 种不同的灰度级别。

3.　双色调模式

双色调模式采用 2 ～ 4 种彩色油墨混合其色阶来创建双色调（2 种颜色）、三色调（3 种颜色）和四色调（4 种颜色）的图像。使用双色调模式的重要用途之一就是使用尽量少的颜色表现尽量多的颜色层次。

4.　RGB 模式

RGB 颜色模式是 PhotoShop 默认的颜色模式，这种颜色模式由红（R）、绿（G）和蓝（B）3 种颜色不同的颜色值组合而成，按照 0~255 的亮度值在每个色阶中分配，从而指定色彩。在 RGB 颜色模式中，每个通道的颜色为 8 位，即 256 种亮度级别，3 个通道合并，就能产生 1 670 多万种颜色。

5.　CMYK 模式

CMYK 颜色模式以打印在纸上的油墨的光线吸收特性为基础，它是一种多通道模式，有 4 个颜色通道，分别是青色、洋红、黄色和黑色。

6.　Lab 模式

Lab 颜色模式也是多通道模式，共有 3 个通道，分别是明度（即亮度）、a 和 b。其中，明度通道的明度范围是 0 ～ 100，a 和 b 通道是两个专色通道，其颜色范围都是 –120 ～ +120，颜色范围分别是从绿到红（a 通道）和从蓝到黄（b 通道）。

7.　索引模式

索引模式的图像共有 256 种颜色，但与灰度图像不同，该模式的图像是彩色的。

8.　多通道模式

多通道模式没有固定的通道数，通常可以由其他模式转换而来，不同的模式将会产生不同的颜色通道，即通道数。

为了能够在不同场合正确输出图像，有时需要把图像从一种模式转换为另一种模式。在 Photoshop 中可以通过执行"图像"→"模式"子菜单中的命令，转换所需的颜色模式。

由于有些颜色模式在转换后会损失部分颜色信息，因此在转换前最好为其保存一个备份文件，以便在必要时恢复图像。

2.2　Photoshop 基本操作

本节将讲述 Photoshop 操作界面、文件操作、图像窗口的操作、设置图像和画布、变换图像等操作。

2.2.1　Photoshop 操作界面

启动 Photoshop CC 2017 后，最先出现的是其工作界面。选择“文件”→“打开”命令，或按【Ctrl+O】组合键，打开一幅图像，便可以看到 Photoshop CC 2017 的工作界面。Photoshop CC 2017 的工作界面主要由菜单栏、工具箱、工具属性栏、图像窗口、控制面板以及状态栏等组成，如图 1–2–3 所示。

菜单栏
工具属性栏
工具箱
图像窗口
控制面板
状态栏

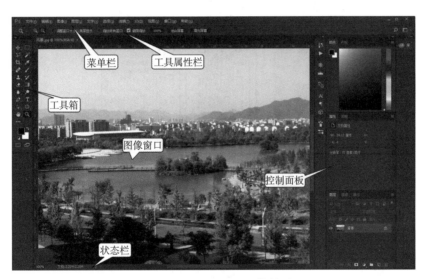

图 1–2–3　Photoshop 工作界面

1. 菜单栏

Photoshop CC 2017 的菜单栏中包含“文件”“编辑”“图像”“图层”“文字”“选择”“滤镜”“3D”“视图”“窗口”和“帮助”11 个主菜单，如图 1–2–4 所示。每个主菜单内包含相同类型或相近用途的菜单命令。

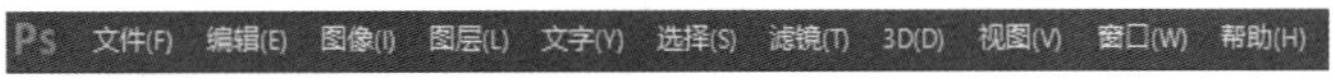

Ps
文件(F)
编辑(E)
图像(I)
图层(L)
文字(Y)
选择(S)
滤镜(T)
3D(D)
视图(V)
窗口(W)
帮助(H)

图 1–2–4　Photoshop 的菜单栏

2. 工具箱

在 Photoshop 中，工具箱中提供了各种图像绘制和处理工具，相关工具被编成一组。工具属性栏显示当前所选择工具的属性，在工具箱中选择不同工具，工具属性栏中属性内容也会随之改变。

Photoshop CC 2017 的工具箱位于程序窗口的左侧，它包含了用于创建和编辑图像、图稿和页面元素的工具。选择"窗口"→"工具"命令可以显示或隐藏工具箱。Photoshop CC 2017 具有自动提示功能，将光标移到工具图标上停留片刻，就会显示该工具的名称和切换至该工具的快捷键。有些工具右下角有一个黑色的三角，表示该工具下有隐藏工具，按住鼠标左键停留片刻，就会弹出隐藏工具。工具箱中的全部工具如图 1-2-5 所示。各种工具的使用方法，将在后续章节中详细讲解。

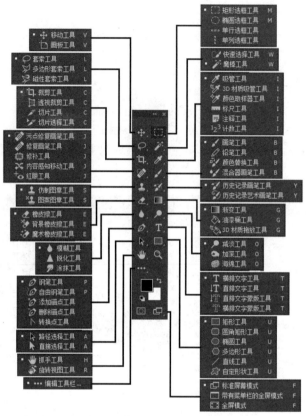

图 1-2-5　工具箱

3. 工具属性栏

当用户在工具箱中选择某个工具后，菜单栏下方的工具属性栏就显示出当前工具的相应属性和参数，以方便用户对这些参数进行设置。在工具箱中选择不同工具，工具属性栏中属性内容也会随之改变。图 1-2-6 所示为矩形选框工具的工具属性栏。

图 1-2-6　矩形选框工具属性栏

单击工具属性栏最左侧工具图标按钮 ，在弹出的列表框中取消选中 仅限当前工具 复选框，其中显示了一些预设的工具选项，选择相应的选项便可切换到相应的工具和已设置好的参数状态下。读者以后也可将一些常用的工具预设进行保存，以方便使用。

4. 图像窗口

程序窗口是 Photoshop 的整个操作界面，在程序窗口中包含图像窗口。图像窗口用来显示和编辑图像。在 Photoshop 中可以打开多个图像，每打开一个图像，便会出现一个图像窗口。

图像窗口最上方的标题栏中显示当前文档的名称、视图比例和颜色模式等信息。如果图像中包含多个图层，则标题栏会显示当前工作的图层的名称，如图 1–2–7 所示。

图 1–2–7　图像窗口

　　如果同时打开多个图像，则单击图像窗口即可将其设置为当前操作窗口。也可以按【Ctrl+Tab】组合键切换不同的图像窗口，或在"窗口"菜单底部选择需要的图像窗口。"窗口"菜单的底部列出了所有已打开的图像文件的名称，单击一个图像的名称，即可将其设置为当前的操作窗口。

　　Photoshop CC 2017 中，程序窗口和图像窗口的最小化按钮 ▬ 、最大化 ▢ / 还原 ▣ 窗口按钮和关闭按钮 ✕ 合二为一，用户可以进行窗口的最大化和最小化。关闭程序窗口的同时会关闭图像窗口，但是图像窗口有一个独立的关闭按钮 风景.jpg @ 100%(RGB/8) ✕ ，可以单独关闭图像窗口；如果图像被修改，则 Photoshop 会弹出对话框，询问用户是否保存修改的图像。

5. 控制面板

　　控制面板用于配合编辑图像、设置工具参数和属性内容的操作。如果将工具箱和工具属性栏算在内，Photoshop CC 2017 中共有 32 个面板。在默认情况下，程序窗口中的面板分为两组：一组为展开的面板；另一组为折叠的面板。用户可以选择"窗口"菜单中的相关命令来显示或隐藏面板，如图 1–2–8 所示。经常使用的控制面板可以通过拖动进行组合，以节省屏幕空间。单击各控制面板右上角的面板菜单按钮 ▤ ，可以打开控制面板菜单，如图 1–2–9 所示。按【Tab】键可以显示或隐藏工具箱、工具属性栏和所有的面板；按【Shift+Tab】组合键，可以在保留显示工具箱的情况下显示或隐藏所有控制面板。

图 1–2–8　"窗口"菜单

图 1–2–9　控制面板菜单

6. 状态栏

　　状态栏位于图像窗口的底部，默认状态下，状态栏将显示当前图像的显示比例 100% 、图像文件的大小 文档:2.25M/2.25M 以及当前工具使用提示或工作状态等提示信息。

2.2.2 文件操作

对于 Photoshop 初学者来说，熟悉和掌握 Photoshop 中的基本操作是非常必要的。掌握图像文件的新建、打开、置入、存储、恢复和关闭等基本操作是处理图像的基础。这些最基本的操作方法可以帮助初学者由浅入深地学习 Photoshop CC 2017 中文版。

1. 新建文件

当要设计制作一幅作品时，应先创建一个新的空白图像文件。可以通过"文件"→"新建"命令或按【Ctrl+N】组合键，打开如图 1-2-10 所示的"新建"对话框。在对话框中可以输入文件名，设置尺寸大小、分辨率、颜色模式和背景颜色等内容。默认情况下，系统创建一个分辨率为 300 ppi、背景色为白色的图像文件。

2. 打开文件

在 Photoshop 中，可以打开一个或多个已有文件。方法是：选择"文件"→"打开"命令或按【Ctrl+O】组合键，也可以单击欢迎界面上的"打开"按钮。

3. 存储文件

在 Photoshop 中，PSD 格式文件是新建图像的默认文件格式，也是唯一支持所有可用图像模式（位图、灰度、双色调、索引颜色、RGB、Lab 和多通道）、参考线、Alpha 通道、专色通道和图层的格式。新建或打开图像文件后，对图像编辑完毕或其编辑过程中应随时对编辑的图像文件进行存储，以避免意外情况造成不必要的损失。

对图像文件第一次存储（以"未标题 -*"为名称的文件）时可选择"文件"→"存储"命令或按【Ctrl+S】组合键，在打开的"存储为"对话框中指定保存位置、保存文件名和文件类型，如图 1-2-11 所示。

图 1-2-10 "新建"对话框　　　　　　　图 1-2-11 "存储为"对话框

对图像文件第一次存储（已经为名称的文件）或另存时可选择"文件"→"存储为"命令或按【Shift+Ctrl+S】组合键，在打开的"存储为"对话框中指定保存位置、保存文件名和文件类型。

4. 恢复文件

在处理图像过程中，如果出现了误操作，可以选择"文件"→"恢复"命令或按【F12】键恢复文件，但是执行该命令只能恢复到最后一次保存时的状态，并不能完全恢复。因此，在实际操作中常通过"历史记录"面板来恢复操作。

5. 关闭文件

如果需要关闭正在编辑的图像文件，可单击当前图像文件窗口右上方的"关闭"按钮 ✕，或者选择"文件"→"关闭"命令，或按【Ctrl+W】组合键。

如果需要关闭 Photoshop 所有的图像文件，可选择"文件"→"关闭全部"命令，或按【Alt+Ctrl+W】组合键。

2.2.3　图像窗口的操作

在进行图像处理时，往往会打开多幅图像素材同时使用，有时会对 Photoshop 界面中出现的多个图像窗口进行操作，以方便对图像的操作。管理这些图像窗口及窗口中图像的显示大小等是进行图像处理的第一步。

1. 新建图像窗口

新建图像窗口是指对当前处理的图像再新建一个新图像窗口。这样在任意窗口中对图像任何部分所做的编辑修改（除放大和缩小图像外）都将在另一窗口中的相同部分反映出来。在修改图像时，可以在新建的图像窗口中放大图像显示，而在原来未放大的窗口中观察修改效果。

具体操作方法是选择"窗口"→"排列"→"为（文件名）新建窗口"命令，新建一个图像窗口，效果如图 1-2-12 所示。

2. 切换图像窗口

在 Photoshop 中只能对当前图像窗口进行操作，如果需要将当前窗口切换到另外的图像窗口中，当图像窗口处于非最大化状态时，单击需切换至窗口的可见部分即可。如果最前的图像窗口遮住了后面的图像窗口，可以将光标置于图像窗口的标题栏上，按住鼠标左键并拖动窗口，将图像窗口移到其他位置后再切换。

3. 排列图像窗口

在编辑两个以上的图像时，为了操作方便，可以根据需要采用不同的方式来排列窗口。排列窗口的方法有层叠、平铺、在窗口中浮动和使所有内容在窗口中浮动等。

4. 切换图像屏幕的显示模式

Photoshop 提供了 3 种屏幕显示模式：标准屏幕模式、带有菜单栏的全屏模式及全屏模式，如图 1-2-13 所示。Photoshop 默认的屏幕显示模式为标准屏幕模式，即显示图像窗口边框大小，而在实际使用过程中可以进入全屏显示模式，以方便观察整幅图像的效果或进行细节的处理。

单击工具箱下方的"改屏幕模式"按钮 或按【F】键可在 3 种模式间切换。

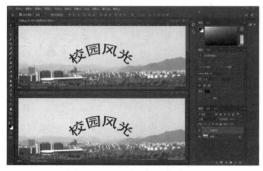

图 1-2-12　新建图像窗口　　　　　　　图 1-2-13　屏幕显示模式按钮

2.2.4　设置图像和画布

图像的大小以千字节（KB）、兆字节（MB）或吉字节（GB）为度量单位，与图像的像素大小成正比，而画布大小是指图像周围的工作区大小。下面将分别讲解如何根据需要调整图像和画布的大小、绘图辅助工具的使用及变换图像。

1. 设置图像大小

扫描或导入图像后，用户可能需要调整其大小。在 Photoshop 中，可以使用"图像大小"对话框来调整图像的像素大小、打印尺寸和分辨率。

打开需要调整图像大小的图像文件，选择"图像"→"图像大小"命令，或按【Alt+Ctrl+I】组合键，打开如图 1-2-14 所示的"图像大小"对话框。可通过设置"宽度""高度"和"分辨率"的值，改变图像的实际尺寸。

> **注意：** 图像中包括的像素越多，图像的细节也就越丰富，打印的效果越好，但需要的磁盘存储空间也会越大，而且编辑和打印的速度可能会越慢。

在图像品质（保留所需要的所有数据）和文件大小难以两全的情况下，图像分辨率成为它们之间的折中办法。可以降低分辨率而不改变像素大小，即图像品质不变；降低分辨率而保持相同的文档大小将减少像素，即降低了图像品质减少了文件大小。

2. 设置画布大小

画布大小是指图像四周的工作区的尺寸大小。"画布大小"命令可用于添加或移去现有图像周围的工作区。该命令还可用于通过减小画布区域来裁剪图像。

打开需要调整的图像，选择"图像"→"画布大小"命令，或按【Alt+Ctrl+C】组合键，打开如图 1-2-15 所示的"画布大小"对话框。各选项的含义如下：

（1）当前大小：显示当前图像画布的大小，默认与图像的"宽度"和"高度"相同。

（2）新建大小：设置新画布的"宽度"和"高度"值，在"定位"栏中单击白色方块的位置，以确定图像在新画布中的位置，可以居中、偏左、偏右、在左上角、在右下角等。选中"相对"复选框并输入希望画布大小增加或减少的数量（输入负数将减小画布大小）。

（3）画布扩展颜色：选择新增画布的颜色，可选择"前景"（用当前的前景颜色填充新画布）、"背景"（用当前的背景颜色填充新画布）"白色"、"黑色"或"灰色"（用这种颜色填充新画布），也可以选择"其他"或□按钮（使用拾色器选择新画布颜色）。如果图像不包含背景图层，则"画布扩展颜色"菜单不可用。

图 1-2-14　图像大小

图 1-2-15　画布大小

如果减小画布，会打开"Adobe Photoshop CC 2017"询问对话框，如图 1-2-16 所示，提示用户要减小画布必须将原图像裁切一部分，单击 继续(P) 按钮，在改变画布大小的同时裁切调部分图像。

3. 使用绘图辅助工具

在编辑图像时还经常会使用标尺、标尺工具、计数工具、网格和参考线等辅助工具，这些绘图辅助工具能够帮助用户在长和宽方向精确地放置图像或图像元素。下面讲解它们具体的使用方法。

（1）使用标尺：在 Photoshop 中，标尺是图像处理最常用的一种辅绘图辅助工具，可帮助用户精确地确定图像或元素的位置。如果显示标尺，会出现在现用窗口的顶部和左侧。当移动指针时，标尺内的标记显示指针的位置。

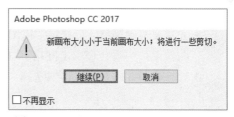

图 1-2-16　"Adobe Photoshop CC 2017"
对话框

选择"视图"→"标尺"命令，或按【Ctrl+R】组合键，在图像窗口中显示出标尺，如图 1-2-17 所示。

默认情况下，标尺的原点在窗口左上角，其坐标值为（0,0）。标尺原点也确定了网格的原点。

如果需要更改图像窗口内的标尺单位，可选择"编辑"→"首选项"→"单位与标尺"命令，打开"首选项"对话框，在"单位"选项组的"标尺"下拉列表框中更改其度量单位；或在图像标尺处右击，在弹出的快捷菜单中设置标尺的单位。

如果要关闭标尺，再次选择"视图"→"标尺"命令，或按【Ctrl+R】组合键即可。

（2）使用标尺工具：在 Photoshop 中，标尺工具可以测量计算工作区域中任意两点之间的距离。标尺工具与吸管工具、2D 材质吸管工具、颜色取样器工具、注释工具和计数工具组合在一起，默认情况下，工具箱上显示的是吸管工具。在吸管工具上按下鼠标左键停留一会儿，即会显示一个工具提示菜单（见图 1-2-18），在其中选择"标尺工具"命令，即可选择标尺工具。

如果需要，则选择工具箱中的标尺工具，在文件图像内从起点拖动到终点，"信息"面板和"工具属性栏"会自动打开并显示度量结果。

图 1-2-17　显示标尺

图 1-2-18　选择标尺工具

（3）使用计数工具：用户可以使用计数工具$1_2{}^3$对图像中的对象计数。要对对象手动计数，可选择工具箱中的计数工具单击图像，Photoshop 将跟踪单击次数。计数数目将显示在项目上和计数工具"属性"面板中。

> **注意：** Photoshop 也可以自动对图像中的多个选定区域计数，并将结果记录在"测量记录"调板中。

（4）使用网格：在 Photoshop 中，网格可帮助用户精确地确定图像或元素的位置。网格对于对称地布置图素很有用。默认情况下网格显示为非打印直线，但也可以显示为点，网格对排列图像元素很有用。

- 如果要显示网格，可选择"视图"→"显示"→"网格"命令，或按【Ctrl+'】组合键，图像窗口中就会显示出网格，如图1-2-19所示。
- 如果要隐藏网格，可再次选择"视图"→"显示"→"网格"命令，或按【Ctrl+'】组合键。

（5）创建参考线：在Photoshop中，参考线也可帮助用户精确地确定图像或元素的位置。参考线是浮动在整个图像上的直线，不会被打印。用户可以移动、删除参考线；也可以锁定参考线，以便不会无意中移动它们。

将鼠标指针置于窗口顶部或左侧的标尺处，按住鼠标左键，当鼠标指针处于↕状态或↔状态时，拖动鼠标到要放置参考线的位置释放鼠标，即可在该位置处创建一条参考线，如图1-2-20所示。

选择"视图"→"新建参考线"命令，打开如图1-2-21所示的"新建参考线"对话框，在"取向"栏和"位置"中进行设置，即可精确添加一条新参考线。

图1-2-19　显示网格　　　　图1-2-20　创建参考线　　　图1-2-21　"新建参考线"对话框

- 如果要移动已建的参考线，可选择移动工具➕，将指针放置在参考线上（指针会变为双箭头），拖移参考线以进行移动。拖移参考线时按住【Shift】键，可使参考线与标尺上的刻度对齐。
- 如果要删除一条参考线，可利用移动工具将该参考线拖移到图像窗口之外；要删除所有参考线，选择"视图"→"清除参考线"命令即可。
- 如果要锁定参考线，以便不会无意中移动它们，可选择"视图"→"锁定参考线"命令或按【Alt+Ctrl+;】键。

4. 调整图像的显示比例

缩放工具、抓手工具、缩放命令，以及"导航器"面板可以使用户以不同的缩放倍数查看图像的不同区域。

（1）使用缩放工具：选择工具箱中的缩放工具🔍，然后点按工具属性栏中的"放大"🔍或"缩小"🔍按钮，单击图像中想要放大或缩小的区域。每单击一次，图像就会放大或缩小到下一个预定的百分比，并以单击点为中心显示。如果达到最大或最小的放大或缩小倍数，缩放工具的中心就会变为空白。当图像到达最大放大级别3 200%或最小尺寸1像素时，放大镜看起来是空的。

如果要缩小图像，一般有两种方式：一是可先选择工具箱中的放大镜工具，然后按住【Alt】键单击要缩小的图像区域；二是可先选择工具箱中的放大镜工具，然后点按工具属性栏中的"缩小"🔍按钮。每单击一次，图像就会缩小到上一个预定的百分比。

此外，还可以使用快捷键来放大或缩小图像显示。要放大图像显示，可按下【Ctrl＋（＋）】组合键；要缩小显示，可按下【Ctrl＋（－）】组合键；要激活放大镜工具，可按下【Ctrl＋空格】组合键；要激活缩小工具，可按下【Alt＋空格】组合键。如需要放大或缩小图像到指定的百分比，可在状态栏中显示图像比例大小的位置输入百分比数值，然后按【Enter】键，使图像以指定的比例显示。

（2）使用抓手工具：当需要查看图像的不同部分时，可使用图像窗口滚动栏滚动图像；也可选择工具箱中的抓手工具在图像窗口中拖动图像。在工具箱中单击"抓手工具"按钮![img]，启动抓手工具，鼠标指针会变成一个小手状，将指针放在图像的适当位置拖动，即可移动图像的位置。

（3）使用"导航器"面板：利用缩览图显示，可以使用"导航器"面板来快速更改图片的视图。"导航器"中的彩色框（称为代理视图区域）对应于窗口中的当前可查看区域。

"导航器"面板中的缩览图可以使用户快速地将要显示的图像部分在图像窗口中显示出来。为显示该面板，可选择"窗口"→"导航器"命令。"导航器"面板如图 1-2-22 所示。

当把鼠标指针放在"导航器"面板中的图像上时，指针形状呈小手状，在视图框中拖动，即可改变图像窗口中显示的图像范围。

图 1-2-22　"导航器"面板

如果要使用"导航器"面板来放大或缩小图像，可以单击面板底部的放大或缩小按钮，或拖动滑块，也可以直接在文本框中输入所需的百分比，并按【Enter】键确定。

2.2.5　变换图像

1. 旋转图像

旋转图像可以采取旋转画布的方法来实现。通过旋转画布可以旋转或翻转整幅图像，但不能用于单个或部分图层、路径或选区。要旋转画布，选择"图像"→"旋转画布"下的子命令即可。

【例 2.1】将画布顺时针旋转 45°，如图 1-2-23 所示。

（1）打开素材文件中的"小狗 .jpg"图片；设置背景色为黑色。

（2）选择"图像"→"旋转画布"→"任意角度"命令，打开"旋转画布"对话框。

（3）在"角度"文本框中输入 45，并选中"度（顺时针）"单选按钮，如图 1-2-24 所示。

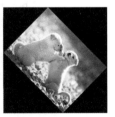

图 1-2-23　旋转图像

图 1-2-24　"旋转画布"对话框

（4）单击"确定"按钮即可。

2. 裁切图像

对图像进行裁切主要通过两种方法来实现：

（1）用选框工具在图像中进行选取，然后选择"图像"→"裁切"命令，可以裁切图像中的任意部分。

（2）使用工具箱中的裁切工具![img]在图像工作区中拖动选择需要裁切的区域，然后双击选中区域即可裁切图像。

用"裁切"命令或裁切工具裁切后的图像可以保持原来图像的分辨率，并且包括图像中所有的层。

3. 扭曲图像

选择"编辑"→"变换"→"斜切"或"扭曲"命令，可以扭曲选定的对象。当选择了这两项命令中的其中之一时，所选区域的周围会出现一个选择框，将指针放在控制柄上拖动即可使图像产生斜切或扭曲效果。如果在进行斜切操作的同时按下【Alt】键，可以对图像内的选定区域以中心点进行斜切或扭曲。

4. 透视图像

对于同一张图片，改变其透视效果能够创造出图像好像从另一个角度观察的视觉效果。选择"编辑"→"变换"→"透视"命令，然后拖动变换框上的控制柄即可使选定图像呈透视效果，这样，同一方向的另一角度会同时反方向移动，得到对称梯形，如图 1–2–25 所示。

图 1–2–25　改变透视效果

【例 2.2】宇宙飞碟效果。

（1）打开素材中的"宇宙飞碟 .psd"文件，如图 1–2–26（a）所示。

（2）在图层面板选择"网格"图层，选择"编辑"→"变换"→"透视"命令，拖动变换框左上角控制柄到右上角，如图 1–2–26（b）所示。单击工具属性栏中的☑按钮。

（3）选择"图层"→"新建"→"通过拷贝的图层"命令，或按【Ctrl+J】组合键，复制网格图层，形成"网格 拷贝"图层。

（4）在图层面板选择"网格 拷贝"图层[见图 1–2–26（c）]，选择"编辑"→"变换"→"顺时针旋转 90 度"命令，旋转图像，结果如图 1–2–26（d）所示。

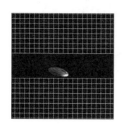
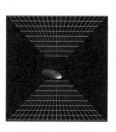

（a）原文件　　　　（b）拖动控制柄后　　　（c）选择"网格拷贝"图层　　　（d）最终结果

图 1–2–26　宇宙飞碟效果

5. 变形图像

选择"编辑"→"变换"→"变形"命令，可以对选定区域实施各种变形效果。变形工具"属性"栏如图 1–2–27 所示。

图 1–2–27　变形工具"属性"栏

【例 2.3】利用变形命令对图像进行变形，如图 1–2–28 所示。

（1）打开素材文件中的"热带雨林 .jpg"图片。

（2）双击图层面板中背景图层缩略图，单击"确定"按钮，使背景图层转换成普通图层。

（3）选择"编辑"→"变换"→"变形"命令，利用鼠标拖动网格中的线条。

（4）单击变形工具"属性"栏中的☑按钮，应用变形效果。

图 1-2-28　对图像实施变形效果

6. 自由变换

"自由变换"命令灵活多变，用户可以完全地自行控制，做出任何变形，一般包括缩放、旋转等。

辅助功能键包括【Ctrl】、【Shift】和【Alt】键。其中，【Ctrl】键控制自由变换；【Shift】键控制方向、角度和等比缩放；【Alt】键控制中心对称。可单键使用，也可多建组合使用。

2.3　应 用 举 例

【案例】本例通过为香皂添加标志（见图 1-2-29 和图 1-2-30）操作，具体效果如图 1-2-31 所示。

图 1-2-29　香皂　　　　图 1-2-30　标志　　　　图 1-2-31　香皂效果

【设计思路】利用图层样式设计出凹凸的效果。

【设计目标】通过本案例，掌握打开图像文件、保存图像文件等基本操作并初步了解图层的转换、图层样式等相关知识。

【操作步骤】

（1）打开"香皂 .jpg"图像文件，如图 1-2-29 所示。选择"文件"→"打开为智能对象"命令，打开 Lego.eps 文件。

（2）在工具箱中选择移动工具 ，拖动 Lego.eps 图像到打开的"香皂 .jpg"窗口中。按【Ctrl+T】组合键，打开自由变换命令，设置工具属性栏，"宽度 (W)"为 15%，"高度 (H)"为 10%，按【Enter】键确认变换，如图 1-2-32 所示。效果如图 1-2-33 所示。

X: 300.00 像素　△　Y: 192.00 像素　W: 15%　∞　H: 10%　△ 0.00　度　H: 0.00　度　V: 0.00　度　插值：两次立方▾

图 1-2-32　工具属性栏

（3）在图层面板中选中"Lego 图层"，选择"图层"→"栅格化"→"智能对象"命令，栅格化智能对象图层，把智能对象图层转换成普通图层，如图 1-2-34 所示。

图 1-2-33　自由变换效果

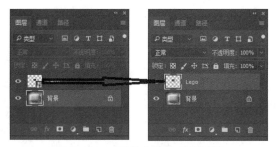
图 1-2-34　栅格化智能对象图层

（4）选择"魔棒工具" <img>，在工具属性栏中设置"添加到选区" <img>，点选"Lego 图层"中的白色区域（包括中间的白色部分），如图 1-2-35 所示；按键盘上的【Delete】键，删除选区中的图像；按【Ctrl+D】组合键取消选择。

（5）选择"横排文字工具" <img>，在工具箱中设置"前景色"为"黑色"，"背景色"为"白色"，在文件窗口中单击插入光标，输入文字 Soap，每两个英文字符之间空一个；选取文字，选择"窗口"→"字符"命令，打开"字符"面板，设置"字体"为"Adobe 黑体 Std"，"字体大小"为"45"，设置如图 1-2-36 所示，效果如图 1-2-37 所示。

图 1-2-35　建立选区

图 1-2-36　"字符"面板

图 1-2-37　输入字符

（6）在图层面板中，选择 Soap 图层，选择"图层"→"栅格化"→"文字"命令，栅格化文字图层，把文字图层转换成普通图层，此原理基本与第（3）步相同，如图 1-2-38 所示。

（7）按【Shift】键，在图层面板中选择 Soap 图层和 Lego 图层，选择"图层"→"合并图层"命令，合并图层，使 Soap 图层和 Lego 图层合并成为一个 Soap 图层，如图 1-2-39 所示。

（8）选择"图层"→"图层样式"→"混合选项"命令，打开"图层样式"对话框；选择"混合选项"样式，设置"高级混合"栏中的"填充不透明度"为 0%，如图 1-2-40 所示；选择"斜面与浮雕"样式，设置"结构"栏中的"样式"为"浮雕效果"、"深度"为 81%、"方向"为"下"、"大小"为"4 像素"、"软化"为"1 像素"，如图 1-2-41 所示；选择"内发光"样式，设置"图素"栏中的"大小"为"8 像素"，如图 1-2-42 所示；单击"确定"按钮。

图 1-2-38　Soap 图层

图 1-2-39　合并图层

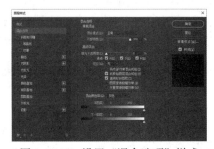
图 1-2-40　设置"混合选项"样式

（9）最后效果如图 1-2-31 所示，选择"文件"→"存储"命令，打开"存储为"对话框，选择实际要保存的路径，文件名为"香皂 .PSD"，单击"保存"按钮。

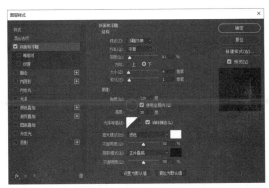 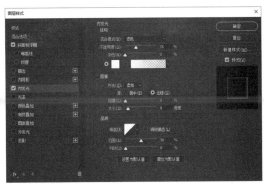

图 1-2-41　设置"斜面与浮雕"样式　　　　　　图 1-2-42　设置"内发光"样式

第3章

区域选择与填充

本章导读

　　Photoshop 中关于处理图像的操作几乎都与当前的选取范围有关，因为操作只对选区内的图像部分有效，对未选区域无效，所以快捷准确的区域选取是提高图像处理质量的关键。在 Photoshop 中选区的作用有两方面：一是创建选区后通过填充等操作，形成相应的形状图形；二是用于选取所需的图像轮廓，以便对选取的图像进行移动、复制等编辑操作。创建选区的方法有很多，如使用工具箱中的选框工具、套索工具、魔术棒工具、菜单中的"色彩范围"命令等。本章将介绍选区的概念及应用，以及选区的编辑和填充等操作。通过本章的学习，可使读者掌握选取图像的方法。

学习目标

◎ 了解并掌握利用选区工具创建选区的操作。

◎ 了解编辑图像选区的形状。

◎ 熟练掌握图像选区的填充。

学习重点

◎ 基本选区工具的使用。

◎ 图像选区的填充。

3.1　基本选区创建工具

　　选区用沿顺时针转动的黑白线表示，是用来编辑的范围，一切命令只对选区内有效，对选区外无效。

3.1.1　选框工具

　　使用选框工具选取图像区域是最常用且最基本的方法。选框工具组包括矩形选框工具、椭圆选框工具、单行选框工具和单列选框工具（见图 1-3-1），分别用于创建矩形选区、

圆形选区、单行和单列等选区，快捷键为【M】键。

图 1-3-1　选框工具

1. 矩形选框工具

Photoshop 工具箱中各个工具的属性面板统一归于菜单栏下的工具属性栏，所以选中矩形选框工具后，工具属性栏也相应变为矩形选框工具的属性栏。矩形选框工具的属性栏分为 4 部分：修改选择方式、羽化与消除锯齿、样式和调整边缘，如图 1-3-2 所示。

图 1-3-2　矩形选框工具的属性栏

部分选项含义如下：

（1）修改选择方式：修改选择方式 ■■■■ 有 4 种：新选区、添加到选区、从选区减去和与选区交叉，用于控制选区的增减。

- 新选区■：表示创建新选区，原选区将被覆盖，如图 1-3-3（a）所示。
- 添加到选区■：表示创建的选区将与已有的选区进行合并成为新的选区，如图 1-3-3（b）所示。
- 从选区减去■：表示从原选区中减去重叠部分成为新的选区，如图 1-3-3（c）所示。
- 与选区交叉■，表示将创建选区与原选区的重叠部分作为新的选区，如图 1-3-3（d）所示。

（a）创建新选区　　　　（b）添加到选区　　　（c）从选区减去重叠部分　　（d）选择选区交叉部分

图 1-3-3　修改选择方式的效果

（2）羽化与消除锯齿：

- 羽化：0像素：指通过创建选区边框内外像素的过渡来使选区边缘柔化，羽化值越大，则选区的边缘越柔和。羽化的取值范围在 0 ～ 250 像素之间。
- 消除锯齿复选框：用于消除选区锯齿边缘，只能在选择了椭圆选框工具后才可用。

（3）样式："样式"样式：正常 用于设置选区的形状，有正常、固定比例和固定大小 3 种模式。

- 正常：选择此项后，用户可以不受任何约束，自由创建选区。
- 固定比例：选择此项后，将激活此后的"宽度"和"高度"文本框，在其中输入宽度和高度后，创建选区时将按指定比例建立新选区。系统默认值为 1:1，如图 1-3-4 所示。
- 固定大小：选择此项后，将激活此后的"宽度"和"高度"文本框，在其中输入宽度和高度后，创建选区时将按指定大小建立新选区。系统默认值为 64 px（像素）× 64 px（像素），如图 1-3-5 所示。

图 1-3-4　创建固定比例的选区 　　　　图 1-3-5　创建固定大小的选区

在矩形选框工具属性栏中设置好参数后将鼠标指针移到图像窗口中，单击并按住鼠标左键

不放，拖动至适当大小后释放鼠标，即可创建出一个矩形选区。

> **注意**：按住【Shift】键不放，拖动鼠标可以创建正方形选区。

2. 椭圆选框工具

使用椭圆选框工具可以在图层上创建椭圆选区，椭圆选框工具属性栏的参数设置及使用方法与矩形选框工具完全相同，这里不再赘述。图 1-3-6 所示为绘制的一个椭圆选区，在绘制时若按【Shift】键不放再按住鼠标左键并拖动鼠标，则可以绘制一个正圆选区，如图 1-3-7 所示。

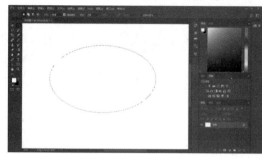
图 1-3-6　绘制椭圆选区

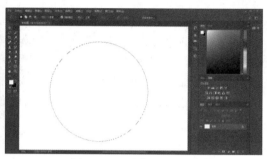
图 1-3-7　绘制正圆选区

3. 单行选框工具

单行选框工具可以创建高度为 1 像素选区，在使用时可以将图像进行放大后再进行选取。其参数设置与矩形选框工具相同，不同的是选择工具后只需在图像窗口中单击便可创建选区，羽化值只能为 0 像素，样式不可选，如图 1-3-8 所示。

4. 单列选框工具

单列选框工具可以创建宽度为 1 像素的选区，在使用时也可以将图像进行放大后再进行选取。其参数设置也与矩形选框工具相同，不同的也是选择工具后只需在图像窗口中单击便可创建选区，羽化值只能为 0 像素，样式不可选，如图 1-3-9 所示。

图 1-3-8　绘制一个像素高的选区

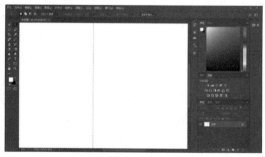
图 1-3-9　绘制一个像素宽的选区

【例 3.1】利用选框工具绘制一个圆柱体。

具体操作步骤如下：

（1）新建图像文件，选择渐变工具，把背景图层填充白色到浅蓝色效果。

（2）新建"图层 1"，选择矩形选框工具，创建如图 1-3-10 所示的矩形选区。

（3）选择椭圆选框工具，修改选择方式为"添加到选区"，在矩形的上方和下方各绘制一个椭圆选区，如图 1-3-11 所示。

（4）选择渐变工具，设置渐变色为"灰色（R：177，G：177，B：177）"到"白色"到"灰色"，对选区进行线性渐变填充，如图 1-3-12 所示。

图 1-3-10　绘制矩形选区　　　　　　　　图 1-3-11　添加椭圆选区

（5）新建"图层 2"，利用椭圆选框工具的"新选区"模式在原来选区的上部建立一个新的椭圆选区，并用灰色（R：152，G：152，B：152）填充，如图 1-3-13 所示。

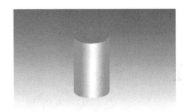

图 1-3-12　渐变填充选区　　　　　　　　图 1-3-13　圆柱体上部椭圆效果

（6）利用椭圆选框工具的"新选区"模式在原来选区中央建立一个新的较小椭圆选区，按【Delete】键，将其中的填充色删除，如图 1-3-14 所示。

图 1-3-14　圆柱体最终效果

3.1.2　套索工具

套索工具也是一种常用的范围选取工具，可用来创建直线线段或徒手描绘外框的选区，也用于选取图像中的不规则图像区域，如花朵和动物等不规则图像的选取。它包含 3 种不同形状的套索工具：套索工具、多边形套索工具、磁性套索工具，如图 1-3-15 所示。

图 1-3-15　套索工具

1. 套索工具

使用套索工具 可以绘制出图像边框的直边和不规则的线段，它以自由手控的方式进行区域选择。使用套索工具选取时，一定要注意选取速度，要一气呵成。使用索套工具选取图像的方法是：将鼠标指针移到要选取图像的起始点，单击并

图 1-3-16　使用套索工具建立选区

按住鼠标左键不放，沿图像的轮廓移动鼠标，当回到图像的起始点时释放鼠标，即可选取图像，如图 1-3-16 所示。

套索工具的工具属性栏  中各选项含义可参考选框工具中的相关部分。

使用套索工具选取时，有以下几种操作技巧：

（1）如果选取的曲线终点与起点未重合，则 Photoshop 会自行封闭成完整的曲线。

（2）按住【Alt】键在起点与终点处单击，可绘制出直线外框。

（3）按住【Delete】键，可删除最近所画的线段，直到剩下想要留下的部分，松开【Delete】键即可。

2. 多边形套索工具

使用套索工具选取图像时不易控制选取的精确度，而使用多边形套索工具 可以选取比较精确的图形，尤其适用于边界多为直线或边界曲折的复杂图形的选取，如图 1-3-17 所示。

当使用多边形套索工具创建选区且鼠标指针回到起点时，指针右下会出现一个小圆圈 ，（见图 1-3-18），表示选区已封闭，此时再单击即完成操作。如果终点和起点不重合，在终点双击，则终点和起点将自动连接一条直线，使选区封闭。

图 1-3-17　使用多边形套索工具建立选区　　　　图 1-3-18　封闭选区

使用多边形套索工具创建选区时，有以下几种操作技巧：

（1）按住【Alt】键可徒手描绘选区。

（2）按住【Delete】键可删除最近所画的线段，直到剩下想要留下的部分，松开【Delete】键即可。

3. 磁性套索工具

磁性套索工具 是一种可以自动捕捉图像中对比度较大的图像边界，从而快速、准确地选取图像的轮廓区域。顾名思义，仿佛是有磁性一样，它可以沿物体的边缘来创建选区。图 1-3-19 所示为利用磁性套索工具选取鸟的嘴部图像。

（a）产生的定位点　　　　　　　　（b）选取鸟的嘴部

图 1-3-19　磁性套索工具

3.1.3　快速选择工具

利用快速选择工具![icon]可以调整的圆形画笔笔尖快速"绘制"选区。拖动时，选区会向外扩展并自动查找和跟随图像中定义的边缘。

选择工具箱中的快速选择工具，打开快速选择工具属性栏，如图 1-3-20 所示。各选项含义如下：

图 1-3-20　快速选择工具属性栏

（1）修改选择方式：有![icon]3 种：新选区、添加到选区和从选区减去，用于控制选区的增减。

（2）画笔笔尖大小：要更改快速选择工具的画笔笔尖大小![icon]，可单击属性栏中的"画笔"菜单并输入像素大小或移动"大小"滑块，如图 1-3-21 所示。使用"大小"弹出菜单选项，使画笔笔尖大小随钢笔压力或光笔轮而变化。

> **注意**：在建立选区时，按右方括号键（】）可增大快速选择工具画笔笔尖的大小；按左方括号键（【）可减小快速选择工具画笔笔尖的大小。

（3）对所有图层取样：基于所有图层（而不是仅基于当前选定图层）创建一个选区。

（4）自动增强：减少选区边界的粗糙度和块效应。"自动增强"自动将选区向图像边缘进一步流动并应用一些边缘调整，也可以通过在"调整边缘"对话框中使用"平滑""对比度""半径"选项手动应用这些边缘调整。

利用快速选择工具在要选择的图像部分绘画，选区将随着用户绘画而增大，如图 1-3-22 所示。如果更新速度较慢，应继续拖动以留出时间来完成选区上的工作。在形状边缘的附近绘画时，选区会扩展以跟随形状边缘的等高线。

图 1-3-21　"画笔"菜单　　　　图 1-3-22　扩展选区

> **注意**：如果停止拖动，然后在附近区域内单击或拖动，选区将增大以包含新区域。要临时在添加模式和相减模式之间进行切换，则按住【Alt】键。

3.1.4　魔棒工具

魔棒工具![icon]可以选择图像内色彩相同或者相近的区域，而无须跟踪其轮廓。还可以指定该工具的色彩范围或容差，以获得所需的选区。在一些具体的情况下既可以节省大量的精力，又能达到意想不到的效果。

选择工具箱中的魔棒工具，打开魔棒工具属性栏，其中除了修改方式选项部分和调整边缘按钮外，还包括容差、消除锯齿、连续和对所有图层取样选项，如图 1-3-23 所示。

图 1-3-23 魔棒工具属性栏

各选项的含义如下：

（1）容差 容差：32 ：用于设置颜色取样时的范围。输入的数值越大，选取的颜色范围也越大；数值越小，选取的颜色就越接近，选取的范围就越小。其有效值为 0 ~ 255，系统默认为 32。

（2）连续：选中表示只选取相邻的颜色区域，未选中时表示可将不相邻的区域也加入选区。

（3）对所有图层取样：当图像含有多个图层时，选中该复选框表示对图像中所有的图层起作用。

使用魔棒工具选取图像时，只需单击需要选取图像区域中的任意一点，附近与它颜色相同或相似的区域便会自动被选取。图 1-3-24 所示为"容差"为"10"时用魔棒工具单击图像右上角蓝天部分选取的结果；图 1-3-25 所示为"容差"为"32"时用魔棒工具单击图像右上角蓝天部分选取的结果。

图 1-3-24 "容差"为"10"选取结果　　图 1-3-25 "容差"为"32"选取结果

3.1.5 "色彩范围"命令

"色彩范围"命令与魔棒工具的作用类似，但其功能更加强大。它可以从现有的选区或整个图像内选择所指定的颜色或颜色子集，使用取样的颜色来选择一个色彩范围，然后建立选区，即它可以选取图像中某一颜色区域内的图像或整个图像内指定的颜色区域。

选择"选择"→"色彩范围"命令，打开如图 1-3-26 所示的"色彩范围"对话框。

各选项含义如下：

（1）选择：在其下拉列表框中，可选择所需的颜色范围，其中"取样颜色"表示可用吸管工具 在

图 1-3-26 "色彩范围"对话框

图像中吸取颜色，取样颜色后可通过设置"颜色容差"选项来控制选取范围，数值越大，选取的颜色范围则越大；其余选项分别表示将选取图像中红色、黄色、绿色、青色、蓝色、洋红、高光，中间色调和暗调等颜色范围。

（2）选择范围(E)：选中该单选按钮后，在预览窗口内将以灰度显示选取范围的预览图像，白色区域表示被选取的图像，黑色区域表示未被选取的图像，灰色区域表示选取的图像区域为半透明。

（3）图像(M)：选中该单选按钮后，在预览窗口将以原图像的方式显示图像的状态。

（4）选区预览：在其下拉列表框中可选择图像窗口中的选区预览方式，其中"无"表示不

在图像窗口中显示选取范围的预览图像；"灰度"表示在图像窗口中以灰色调显示未被选择的区域（与 ⦿ 选择范围(E) 预览框中显示的效果相同）；"黑色杂边"表示在图像窗口中以褐色显示未被选择的区域；"白色杂边"表示在图像窗口中以白色显示未被选择的区域；"快速蒙版"表示在图像窗口中以蒙版颜色显示未被选择的区域。

（5）▨ 反相(I)：用于实现选择区域与未被选择区域之间的相互切换。

（6）🖉 🖉 🖉 吸管工具：🖉 工具用于在预览图像窗口中单击取样颜色，🖉 和 🖉 工具分别用于增加和减少选择的颜色范围。

【例3.2】用"色彩范围"命令选取图1-3-27中的红色花朵图像，从图中可以看出，如果用本章前面所讲的区域选择工具都不容易选取。

具体操作步骤如下：

（1）选择"文件"→"打开"命令，打开"打开"对话框，选择实际要打开的路径，打开"花1.jpg"图像文件，如图1-3-27所示。

（2）选择"选择"→"色彩范围"命令，打开"色彩范围"对话框，在"选择"下拉列表框中选择"取样颜色"选项，选中 ⦿ 图像(M) 单选按钮，在将鼠标指针移到图像预览框中红色的花朵上单击取样，如图1-3-28所示。

图1-3-27　"花1"图片　　　　　　　图1-3-28　取样颜色

（3）选中 ⦿ 选择范围(E) 单选按钮，在预览框中查看选择范围，此时有大部分的红色花朵仍呈灰色显示，因此将"颜色容差"滑块向右滑动，直到需选取的花朵图像呈白色显示，注意不要把不需要的图像选取，如图1-3-29所示。

（4）单击 🖉 工具，在呈灰色显示的花朵上再次单击取样扩大选取范围。

（5）单击"确定"按钮，其选取结果如图1-3-30所示。

图1-3-29　调整颜色容差　　　　　　图1-3-30　选取结果

3.2 编辑选区

在编辑和改变图像的过程中，都会遇到一些调整和修正选区的操作，以真正得到所需的选区。创建选区后还可根据需要对选区的位置、大小和形状等进行修改和编辑。本节介绍如何调整选区，使读者更好地了解调整选区的操作。

3.2.1 移动和复制选区

建立选区以后，用户可以自由地移动图像内的选区，以便于图像内元素与元素之间距离、位置的调整，操作起来也非常便捷。

在任一选框工具状态下，将鼠标指针移至选区区域内，待鼠标指针变成 ▶ 形状后按住鼠标不放，拖动至目标位置即可移动选区，如图1-3-31所示。

图1-3-31　移动选区

移动选区还有以下几种常用的方法：

（1）按键盘的方向键可以每次以1像素为单位移动选择区域；按住【Shift】键不放再使用光标键，则每次以10像素为单位移动选择区域。

（2）在用鼠标拖动选区的过程中，按住【Shift】键不放可使选区在水平、垂直或45°斜线方向移动。

（3）待鼠标变成 ▶ 形状后，按住鼠标左键拖动选区，可将选择区域复制后拖动至另一个图像的窗口中。

3.2.2 修改选区

1. 增减选区

通过增减选区可以更加准确地控制选区的范围及形状。增减选区有以下几种方法：

（1）利用快捷键来增减选区范围；在图像中创建一个选区后，按住【Shift】键不放，此时即可使用选择工具增加其他图像区域，同时在选择工具右下角会出现"+"号，完成后释放鼠标即可。若要增加多个选区，可一直按住【Shift】键不放，同时如果新添加的选区与原选区有重叠部分，将得到选区相加后的形状选区。若选取了不需的图像范围，则要去掉这些多余的被选中区域，可以按住【Alt】键不放，当选择工具右下角出现"—"号时，使用选择工具选中或单击要去掉的区域即可。

（2）利用 ▣▣▣▣ 来增减选区范围；创建选区后根据选择工具属性栏中的 ▣▣▣▣ 按钮也可实现选区的增减修改，各按钮的作用可参考选框工具中的相关部分。

2. 扩大选区

扩大选区是指在原选区的基础上向外扩张，选的形状实际上并没有改变，可以使选区内容得以增加，以进行编辑和修正。方法是选择"选择"→"修改"→"扩展"命令，打开"扩展选区"对话框，在"宽度"文本框中输入1～16之间的整数，即可扩大现有选区。

除了扩大图像内现有的选区之外，还可以根据颜色来扩大选区。有以下两种操作方法：一种是选取相邻的像素；另一种是选取相似的像素。

（1）选取相邻的像素；要通过选取相邻的像素来扩大选区，应选择工具箱中的套索工具，并在图像中选取一种相邻的像素，然后选择"选择"→"扩大选取"命令，这时图像内的相邻像素将被选取，扩大了选取范围。

（2）选取相似的像素：用选取相似的像素来扩大选区的方法是建立选区后选择"选择"→"选取相似"命令，图像内的相似像素将被选取，而不是相邻像素被选取。

> **注意**：在位图模式下，"扩大选取"和"选取相似"命令不起作用。

3. 收缩选区

收缩选区与扩大选区的效果刚好相反，它通过"收缩"命令在原选区的基础上向内收缩，选区的形状也没有改变。其方法是选择"选择"→"修改"→"收缩"命令，打开"收缩选区"对话框，在"收缩量"文本框中输入 1 ~ 16 之间的整数，然后单击按钮"确定"即可。

4. 平滑选区

"平滑"命令可以将选区变得连续且平滑，一般用于修整使用套索工具建立的选区，因为用套索选择时，选区很不连续。选择"选择"→"修改"→"平滑"命令，打开"平滑选区"对话框，在"取样半径"文本框输入 1 ~ 100 之间的整数，然后单击按钮"确定"即可。

5. 羽化选区

通过羽化操作，可以使选区边缘变得柔和及平滑，使图像边缘柔和地过渡到图像背景颜色中，常用于图像合成实例中。

羽化选区的方法是创建选区后选择"选择"→"修改"→"羽化"命令或按【Alt+Ctrl+D】组合键，将打开如图 1-3-32（a）所示的"羽化选区"对话框，在"羽化半径"文本框中输入 0.2 ~ 250 之间的羽化值，然后单击"确定"按钮即可。图 1-3-32（b）所示为羽化值为 5 时对图像选区的影响效果；图 1-3-32（c）所示为羽化值为 20 时对图像选区的影响效果。

（a）"羽化选区"对话框　　　（b）羽化值为 5 时的效果　　　（c）羽化值为 20 时的效果

图 1-3-32　羽化选区

> **注意**：羽化选区后并不能立即通过选区查看到图像效果，需要对选区内的图像进行移动、填充等编辑后才可看到图像边缘的柔和效果。

3.2.3　变换选区

Photoshop 能够对选区进行变换。它应用几何变换来更改选取范围边框的形状，能够对整个图层、路径和选区边框进行缩放、旋转、斜切、扭曲，也可以旋转和翻转图层的部分或全部、整个图像或选区边框。

对图像内的选区进行变换时，选择"选择"→"变换选区"命令。对选区进行变换时可以使用缩放、旋转、斜切和扭曲操作，而无须从菜单中选择相应的命令。

3.2.4　反选选区

反选是指重新选取除现有选区之外的图像的其他部分。在选取图像中的一部分时，有时要选取的部分无论是形状、色彩都不便于使用其他选取工具进行选取，但图像中的其余部分却色彩单调，这时，就可用反选功能。用户可以选取图像中易选取的部分，然后利用反选功能选取所需的图像部分。

选择"选择"→"反向"命令，或按【Shift+Ctrl+I】组合键，则选取原选区相反的区域，形成新的选区。

3.2.5　取消、重新选择和全选

创建选区后选择"选择"→"取消选择"命令或按【Ctrl+D】组合键可取消选区。取消选区后选择"选择"→"重新选择"命令或按【Ctrl+Alt+D】组合键，即可重新选取前面的图像。选择"选择"→"全部"命令或按【Ctrl+A】组合键，即可全选选区。

3.2.6　存储和载入选区

Photoshop 提供了存储选区的功能。存储后的选区将成为一个蒙版保存在通道中，需用时再从通道中载入。

存储选区的方法是选择"选择"→"存储选区"命令，打开如图 1-3-33 所示的"存储选区"对话框。

载入选区时，选择"选择"→"载入选区"命令，打开如图 1-3-34 所示的"载入选区"对话框。

图 1-3-33　"存储选区"对话框　　　　　图 1-3-34　"载入选区"对话框

3.3　填　充　选　区

创建选区后可以对其进行填充颜色，这是表现选区的一种方式，能够更好地表现出图像效果。

3.3.1　设置前景色和背景色

在 Photoshop 中设置颜色是一项最基本的操作，填充图像颜色和绘图前需要进行设置。在 Photoshop 中可以使用"拾色器"、"颜色"面板、"色板"面板、吸管工具以及颜色取样器工具等设置颜色。

1. 使用拾色器设置

单击工具箱下方的前景色工具或背景色工具都可以打开如图 1-3-35 所示的 "拾色器" 对话框。在 "拾色器" 对话框左侧的主颜色框中单击可选取颜色，该颜色会显示在右侧上方颜色方框内，同时右侧文本框中的数值会随之改变。

用户可以在右侧的颜色文本框中输入数值来确定颜色，也可以拖动主颜色框右侧颜色滑杆的滑块来改变主颜色框中的主色调。

在英文输入状态下，按【D】键也可以将前景色和背景色恢复成默认颜色（图层的前景色为黑色，背景色为白色）。单击颜色调整工具右上角的 图标，可以在前景色和背景色之间进行切换；单击左下角的 图标，可以恢复到默认的前景色和背景色。

2. 使用 "颜色" 面板设置

选择 "窗口" → "颜色" 命令或按【F6】键，则打开如图 1-3-36 所示的 "颜色" 面板。单击前景色或背景色的图标 ，拖动 R、G、B 的滑块或直接在 R、G、B 的文本框中输入颜色值，即可改变前景色或背景色的颜色。颜色变化的同时会在工具箱的前景色或背景色工具中显示出来，直接双击可以打开 "拾色器" 对话框进行设置。

图 1-3-35　"拾色器" 对话框

图 1-3-36　"颜色" 面板

> **注意：** 在设置颜色时，用户要搞清到底是设置前景色还是背景色。

3. 使用 "色板" 面板设置

在颜色面板组中单击 "色板" 标签，或选择 "窗口" → "色板" 命令，打开如图 1-3-37 所示的 "色板" 面板。"色板" 面板中包含了许多个颜色块，将鼠标指针置于要选择的颜色块中，当鼠标指针的形状变为吸管状时单击该色块，则被选取的颜色为当前前景色，同时该颜色体现在工具箱的前景色中。按住【Ctrl】键不放并单击鼠标左键，则可以设置为当前背景色。

"色板" 面板中的颜色并不是固定不变的，可以在其中添加一个新的颜色块，也可以将其中原有的颜色删除。添加一个新的颜色块的方法是使要添加的颜色成为前景色，再切换到 "色板" 面板中单击鼠标右键，在弹出的快捷菜单中选择 "新色板" 命令即可；要删除色块，用鼠标左键拖动需要被删除的色块到面板底部的 "删除色板" 按钮上释放鼠标即可。

4. 使用吸管工具设置

吸管工具 主要用于在一幅图片中吸取需要的颜色，也可以在 "色板" 面板中吸取，吸取的颜色会表现在前景色或背景色中。图 1-3-38 所示为当前的前景色在用吸管工具吸取颜色后的变化。按住【Alt】键不放并单击鼠标左键，则可以吸取背景色。

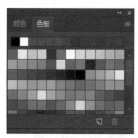

图 1-3-37　"色板"面板

图 1-3-38　使用"吸管工具"前后前景色的变化

3.3.2　使用"油漆桶工具"

使用油漆桶工具可以在选区或图层的图像中填充指定的颜色或图案。选择工具箱中的油漆桶工具（油漆桶工具隐含在渐变工具下），打开如图 1-3-39 所示的油漆桶工具属性栏。

图 1-3-39　油漆桶工具属性栏

用油漆桶工具填充时，默认是以前景色填充，选择"图案"选项后，后面的图案列表才被激活，可选择不同的图案。模式下拉列表框中可以选择填充的着色模式，其作用与画笔等描绘工具中的着色模式相同。不透明度用于设置填充内容的不透明度。容差用于设置颜色取样时的范围；输入的数值越大，选取的颜色范围也越大；输入的数值越小，选取的颜色就越接近，选取的范围就越小。

3.3.3　使用"渐变工具"

使用渐变工具可以对图像选区或图层进行各种渐变填充。选择工具箱中的渐变工具，打开如图 1-3-40 所示的渐变工具属性栏。

图 1-3-40　渐变工具属性栏

各选项的含义如下：

（1）：单击右侧的，在弹出的下拉列表中默认提供了 16 种颜色渐变模式供用户选择。单击颜色编辑部分将打开如图 1-3-41 所示的"渐变编辑器"对话框，用于对需要使用的渐变颜色进行编辑。在对话框的"预设"列表框中可选择预设的几种渐变颜色，颜色条上方，色标代表"透明度"，可创建透明；在颜色条的下方单击可添加一个色标，并通过下方的"颜色"等选项设置该色标的颜色和位置等；在颜色条上拖动各色标可改变各渐变的多少，如图 1-3-42 所示。

图 1-3-41　"渐变编辑器"对话框

图 1-3-42　设置色标

（2）![渐变模式图标]：分别代表 5 种渐变模式，包括：线性渐变、径向渐变、角度渐变、对称渐变和菱形渐变。

置好渐变颜色和渐变模式等参数后，将鼠标指针移到图像窗口中适当的位置单击并拖动到另一位置后释放鼠标即可。但要注意在进行渐变填充时拖动直线的出发点和拖动直线的方向及长短不同，其渐变效果将各有所不同。

【例 3.3】用渐变工具为图 1-3-43 所示的人物添加渐变效果，如图 1-3-44 所示。本例将使用建立选区和渐变填充插图的背景。

图 1-3-43　"人物"原图　　　　　　图 1-3-44　本例的效果图

具体操作步骤如下：

（1）选择"文件"→"打开"命令，打开"打开"对话框，选择实际要打开的路径，打开"人物 .jpg"图像文件。

（2）在工具箱中选择"魔棒工具"，在工具属性栏中单击"添加到选区"选项，然后单击背景的不同部分，将其设置为选区，如图 1-3-45 所示。

（3）在工具箱中选择"渐变工具"，在工具属性栏中设置为"径向渐变"选项。

（4）单击颜色编辑部分![渐变色条]，打开"渐变编辑器"对话框，改变渐变的颜色。

（5）双击渐变条下方的右侧"色标"滑块，打开"拾色器（色标颜色）"对话框，将颜色设置为"蓝色"，本实例中设置颜色为 R：0，G：186，B：255（见图 1-3-46），单击"确定"按钮。

图 1-3-45　建立选区　　　　　　　图 1-3-46　设置"蓝色"

（6）双击渐变条下方的中间"色标"滑块，打开"拾色器（色标颜色）"对话框，将颜色设置为"黄色"，本实例中设置颜色为 R：255，G：255，B：0，单击"确定"按钮。

（7）双击渐变条下方的左侧的"色标"滑块，打开"拾色器（色标颜色）"对话框，将颜色设置为"棕色"，本范例中设置颜色为 R：133，G：40，B：9，单击"确定"按钮。

（8）在"渐变编辑器"中将显示从"棕色"到"黄色"到"蓝色"的渐变（见图 1-3-47），单击"确定"按钮。

（9）保持选区，选择"图层"→"新建"→"图层"命令或按【Shift+Ctrl+N】组合键，打开"新建图层"对话框，单击"确定"按钮。

（10）查看工具属性栏中是否设置为"径向渐变"选项，然后从左上角向右下角拖动鼠标，利用新设置的渐变填充方式填充背景，如图1-3-48所示。

图1-3-47　设置完成的"渐变编辑器"　　　　　图1-3-48　径向渐变

（11）选择"选择"→"取消选择"命令，或按【Ctrl+D】组合键，取消选区，完成图像的渐变填充，保存文件。

3.3.4　使用"填充"命令

"填充"命令是Photoshop常用的一种填充方法，使用"填充"命令可以对选区或图层进行前景色、背景色和图案等填充。选择"编辑"→"填充"命令，或按【Shift+F5】组合键，将打开如图1-3-49所示的"填充"对话框，其中大部分选项的作用与"油漆桶工具"属性栏相同。

3.3.5　使用"描边"命令描边选区

使用"描边"命令可以使用当前前景色描绘选区的边缘。选择"编辑"→"描边"命令，打开如图1-3-50所示的"描边"对话框。可以设置描边的宽度、颜色、位置、混合等。

图1-3-49　"填充"对话框　　　　　图1-3-50　"描边"对话框

 3.4　应用举例

【案例】利用Photoshop进行图像区域选择和填充的最基本操作绘制如图1-3-51所示图画。本例中还涉及新的知识，将在后续章节中介绍。

【设计思路】绘制蓝天、白云以及草地、草丛效果。

【设计目标】通过本例，掌握选框工具、套索工具、填充工具、填充命令、描边命令等的使用，以及如何设置前景、背景颜色等操作。

【操作步骤】

1. 新建文件

选择"文件"→"新建"命令，打开"新建"对话框，设置"名称"为"争奇斗艳"，16厘米 ×12 厘米 @72ppi，RGB 颜色模式（见图 1-3-52），单击"创建"按钮。

图 1-3-51　"争奇斗艳"效果

图 1-3-52　设置"新建"对话框

2. 绘制蓝天

（1）在工具箱中选择"渐变工具"，在工具属性栏中设置为"线性渐变"选项。

（2）单击颜色编辑部分，打开"渐变编辑器"对话框，改变渐变的颜色。

（3）双击渐变条下方的左侧"色标"滑块，打开"拾色器（色标颜色）"对话框，将颜色设置为"浅蓝色"。本步骤中设置颜色为 R：94，G：184，B：251（见图 1-3-53），单击"确定"按钮。

（4）双击渐变条下方的右侧"色标"滑块，打开"拾色器（色标颜色）"对话框，将颜色设置为"白色"。本步骤中设置颜色为 R：255，G：255，B：255（见图 1-3-54），单击"确定"按钮。

图 1-3-53　"选择色标颜色"中设置"浅蓝色"

图 1-3-54　"选择色标颜色"中设置"白色"

（5）在"渐变编辑器"中将显示从"浅蓝色"到"白色"的渐变（见图 1-3-55），单击"确定"按钮。

（6）选择"图层"→"新建"→"图层"命令，或按【Shift+Ctrl+N】组合键，打开"新建图层"对话框，设置"名称"为"蓝天"（见图 1-3-56），单击"确定"按钮，新建一个名为"蓝天"的普通图层。

（7）查看工具属性栏中是否设置为"线性渐变"选项，然后从上向下拖动鼠标，利用新设置的渐变填充方式填充"蓝天"图层，如图 1-3-57 所示。

图 1-3-55　浅蓝到白色渐变　　　图 1-3-56　新建"蓝天"图层　　图 1-3-57　线性渐变"蓝天"图层

3. 绘制绿草地

（1）按【Shift+Ctrl+N】组合键，打开"新建图层"对话框，设置"名称"为"绿草地"，单击"确定"按钮，新建一个名为"绿草地"的普通图层。

（2）选择工具箱中"矩形选框工具" ，选取图像窗口的下半部分，如图 1-3-58 所示。

（3）单击工具箱中"设置前景色"按钮，打开"拾色器"对话框，将颜色设置为"绿色"，本步骤中设置颜色为 R：90，G：182，B：0，单击"确定"按钮。

（4）选择工具箱中的"油漆桶工具"，点选"选区"部分，填充选区，按【Ctrl+D】组合键，取消选区，如图 1-3-59 所示。

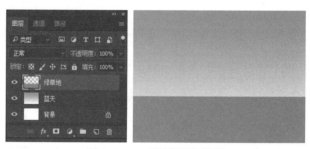

图 1-3-58　选取图像下半部分　　　　　图 1-3-59　"绿草地"效果

4. 绘制小草

（1）选择"图层"→"新建"→"组"命令，打开"新建组"对话框，设置"名称"为"小草"，（见图 1-3-60），单击"确定"按钮，新建一个名为"小草"的图层组。

（2）按【Shift+Ctrl+N】组合键，打开"新建图层"对话框，设置"名称"为"小草 1"（见图 1-3-61），单击"确定"按钮，新建一个名为"小草 1"的普通图层。

图 1-3-60　新建"小草"图层组　　　　　图 1-3-61　新建"小草 1"图层

（3）选择工具箱中的"钢笔工具" （"钢笔工具"的使用将在后续的章节中介绍），绘制"小草 1"路径，如图 1-3-62 所示。如果对绘制的路径不满意，可以用"直接选择工具"

来修改路径。

（4）按【Ctrl+Enter】组合键，将路径转换成选区，如图 1-3-63 所示。

（5）在工具箱中选择"渐变工具"![icon]，在工具属性栏中设置为"线性渐变"选项；在"渐变编辑器"中设置从"浅绿色"到"深绿色"的渐变（具体设置方法与"绘制蓝天"相同）。本步骤中设置"浅绿色"为 R：41，G：220，B：19，"深绿色"为 R：22，G：98，B：0。

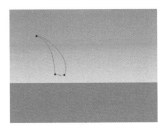

图 1-3-62　绘制"小草 1"路径　　　　图 1-3-63　路径转换成选区

（6）查看工具属性栏中是否设置为"线性渐变"选项，然后在选区中从左向右拖动鼠标，利用新设置的渐变填充方式填充"小草 1"选区，如图 1-3-64 所示。

（7）为了在"小草 1"选区上绘制小草边线，选择"编辑"→"描边"命令，打开"描边"对话框（见图 1-3-65），设置"宽度"为 2px 将其边线绘制为粗线；设置"颜色"为"绿色"，本步骤中设置"绿色"为 R：80，G：210，B：50（见图 1-3-65），单击"确定"按钮。按【Ctrl+D】组合键，取消选区，描边后的效果如图 1-3-66 所示。

图 1-3-64　线性渐变"小草 1"　图 1-3-65　设置"小草 1"描边　图 1-3-66　"描边"后的"小草 1"

（8）选择"编辑"→"自由变换"命令，或【Ctrl+T】组合键，根据自己绘制的小草形状自行设置，按【Enter】键确认变换，如图 1-3-67 所示。

（9）选择"图层"→"复制图层"命令，打开"复制图层"对话框，设置"为(A)：小草2"的文本框内容为"小草 2"，单击"确定"按钮。

（10）在工具箱中选择"移动工具"![icon]，移动"小草 2"图层中的小草；选择"编辑"→"变换"→"水平翻转"命令，水平翻转"小草 2"，利用键盘中的方向键轻移调整"小草 2"的位置，如图 1-3-68 所示。

图 1-3-67　"自由变换"小草 1　　　　图 1-3-68　小草 1 与小草 2 及图层面板

（11）利用步骤（9）、（10）同样的方法，以及"自由变换"命令，建立"小草3""小草4""小草5""小草6""小草7""小草8"图层，链接小草组中所有的小草图层，如图1-3-69所示。

（12）在"图层面板"中选择"小草"图层组，选择"图层"→"复制组"命令，打开"复制组"对话框，其设置为默认值，单击"确定"按钮，复制"小草 拷贝"图层组。

（13）在工具箱中选择"移动工具" ，移动并调整"小草"和"小草 拷贝"图层组中的小草位置（可以结合键盘中的方向键），如图1-3-70所示。

图1-3-69　图层面板和小草效果　　　　图1-3-70　两簇小草

（14）利用步骤（12）、（13）同样的方法，建立"小草 拷贝2"到"小草 拷贝9"的图层组，如图1-3-71所示。

5. 白云的绘制

（1）选择"图层"→"新建"→"组"命令，打开"新建组"对话框，设置"名称"为"白云"，单击"确定"按钮，新建一个名为"白云"的图层组。

（2）按【Shift+Ctrl+N】组合键，打开"新建图层"对话框，设置"名称"为"白云1"，单击"确定"按钮，新建一个名为"白云1"的普通图层。

图1-3-71　图层面板和多簇小草

（3）在工具箱中选择"套索工具" ，设置"套索工具"属性栏中的"羽化"为5 px，在"白云1"图层上建立如图1-3-72所示的选区。

（4）单击工具箱中"设置前景色"按钮，打开"选择色标颜色"对话框，将颜色设置为"白色"，本步骤中设置颜色为R：255，G：255，B：255，单击"确定"按钮。

（5）按【Shift+F5】组合键，打开如图1-3-73所示的"填充"对话框，设置 内容：前景色 ，单击"确定"按钮，填充选区。

图1-3-72　建立"白云"选区　　　　图1-3-73　设置"填充"对话框

（6）按【Ctrl+D】组合键，取消选区，填充后的效果如图 1-3-74 所示。

（7）利用"自由变换"命令和"移动工具"  调整"白云"的大小和位置。利用上述步骤再绘制一朵"白云 2"，步骤与上述类同，如图 1-3-75 所示。

图 1-3-74　填充白云

图 1-3-75　两朵白云

6．太阳的绘制

（1）在"图层"面板中，选中"白云"图层组，按【Shift+Ctrl+N】组合键，打开"新建图层"对话框，设置"名称"为"太阳"，单击"确定"按钮，新建一个名为"太阳"的普通图层。

（2）在工具箱中选择"椭圆选框工具" ，按住【Shift】键，拖动鼠标，建立如图 1-3-76 所示的圆形选区。

（3）在工具箱中选择"渐变工具" ，在工具属性栏中设置为"径向渐变"选项；设置从"红色"到"浅蓝色"的渐变，本步骤中设置"红色"为 R：243，G：24，B：50，"浅蓝色"为 R：94，G：184，B：251；设置右侧色标不透明度为 80%。

（4）查看工具属性栏中是否设置为"径向渐变"选项，然后在选区中从中心向外拖动鼠标，利用新设置的渐变填充方式填充"太阳"选区。按【Ctrl+D】组合键，取消选区。

（5）可以利用"自由变换"命令和"移动工具" 调整"太阳"的大小和位置，效果参见图 1-3-51。最终图层面板效果如图 1-3-77 所示。

图 1-3-76　建立圆形选区

图 1-3-77　最终图层面板效果

7．保存文件

选择"文件"→"存储"命令，打开"存储为"对话框，选择实际要保存的路径，文件名为"争奇斗艳 .PSD"，单击"保存"按钮。

第4章

图像的绘制与修复

 **本章导读**

在设计作品时，一般都要对图像进行一些描绘和修饰从而得到所需要的效果。本章主要介绍图像的绘制、图像的编辑，包括画笔、铅笔、形状、修复、图章、渲染等工具的设置与应用，以及相应的"属性"面板等，为以后深入学习 Photoshop 奠定坚实的基础。通过本章的学习，希望读者能够熟练掌握绘制基本图像、处理基本图像的方法。

 **学习目标**

◎掌握使用画笔、铅笔、形状工具绘制图形的方法。
◎掌握使用修复工具组修复图像的方法。
◎掌握图像渲染工具、图章工具、橡皮擦工具组、颜色替换工具、历史记录画笔组的用法。

学习重点

◎使用画笔、铅笔、形状工具绘制图形的方法。
◎掌握修饰图像的方法。

4.1　绘制图像工具

绘图是制作图像的基础。绘图的基本工具是画笔工具和铅笔工具，此外，还可以使用形状绘制工具来绘制各种形状。

4.1.1　使用画笔工具

画笔工具可通过鼠标拖动或单击实现边缘柔软的绘图效果，画笔绘图的颜色为工具箱中设置的前景色。画笔可产生笔触感柔和的线条。

选择工具箱中的画笔工具，其工具属性栏如图 1-4-1 所示。

在工具属性栏中各选项参数含义如下：

（1）"画笔"：单击画笔选项右侧的下拉按钮可预设笔尖样式，相当于画笔面板的"画笔预设"选项，如图 1-4-2 所示。单击其右上角的 按钮，弹出画笔选项菜单，（见图 1-4-3），利用其最下方的一组命令可选择画笔笔尖的形态类别。

图 1-4-1　画笔工具属性栏

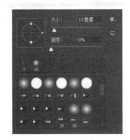

图 1-4-2　画笔预设

图 1-4-3　画笔选项菜单

（2）"模式"：用于选择色彩混合模式，色彩混合模式是通过不同的算法对色彩进行混合而获得最终的色彩效果。

（3）"不透明度"：表示绘画颜色的不透明度，可以输入 1~100 的整数来决定不透明度的深浅，也可以单击文本框中的下拉按钮打开滑杆，用鼠标拖动滑块进行调整。值越小，其透明度越大。

（4）"流量"：用于设置图像颜色的压力程度，该值越大，绘制效果越浓。

（5） 按钮：单击该按钮，将启动喷枪效果，这时如果绘线条的过程中有所停顿，则画笔的图样颜色仍会不断"喷出"，在停顿处形成一个颜色堆积点。停顿的时间越长，色点的颜色越深，面积越大。

（6） 按钮：单击该按钮，可弹出画笔面板，如图 1-4-4 所示，画笔面板用于设置各种绘图工具的画笔大小和形状及相关动态参数。整个画笔面板分为选择区、预览区、设置区几大块。单击左边的设置选项，右边将出现相应的参数对话框，设置好的画笔可以在最下方显示预览效果。

- 画笔预设：可在右边的画笔形状列表中选择不同的画笔形态。
- 画笔笔尖形状：对选定的画笔样式进行选择和设置，这里可以修改参数，设置相关选项，创建画笔样式，以期得到理想的绘图效果，如图 1-4-5 所示。

画笔的效果设置如下：

- "形状动态"：决定绘制的线条中画笔标记点的变化，即画笔一笔一画的形状，进一步设置画笔的外形，包括"大小抖动"（动态元素的自由随机度）、"角度波动"、"圆度抖动"、"最小直径"等。"控制"项用于定义如何控制动态元素的变化，如图 1-4-6 所示。
- "散布"：控制画笔的散开程度，通过调节相应参数值的大小也可以得到不同的散落结果。这个选项用于一些特殊的图形，如星星、树叶之类的效果，如图 1-4-7 所示。
- "纹理"：可直接在样式中选择，单击纹理预览窗口右上角的按钮，从弹出的菜单中定义预览窗口的显示样式、选择纹理图案，如图 1-4-8 所示。
- "双重画笔"：在已经选择好的画笔上再增加一个不同样式的画笔，即以两种画笔样式合成一种画笔效果，如图 1-4-9 所示。

图 1-4-4　画笔面板

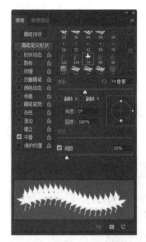
图 1-4-5　画笔笔尖形状面板

图 1-4-6　"形状动态"面板

图 1-4-7　"散布"面板

图 1-4-8　"纹理"面板

图 1-4-9　"双重画笔"面板

- "颜色动态"：让画笔的线条以某种规律产生不同的颜色，随着线条的增加颜色逐渐变化。
- "其他动态"：主要设置控制线条过程中的不透明度抖动和流量抖动的动态变化，可以设置画笔绘制效果跟随不同波动参数变化，效果如图 1-4-10 所示。

图 1-4-10　"颜色动态"和"其他动态"效果

- "其他选项"：在画笔面板设置区的最后，还有几个选择控制选项，可以根据需要进行选择。

"杂色"：为画笔增加自由随机效果。

"湿边"：为画笔增加水笔效果。

"喷枪"：使画笔模拟传统的喷枪，体现色调渐变的效果。

"平滑"：使绘制的线条曲线更加流畅。

- "保护纹理"：对所有的画笔执行相同的纹理图和缩放比例。

在使用画笔时，除了可以使用软件中自带的画笔笔触之外，还可以通过自定义得到专用的个性画笔。

【例 4.1】自定义画笔笔尖，绘制气泡。

具体操作步骤如下：

（1）新建一个默认 Photoshop 大小（16 厘米 ×12 厘米 @300ppi）的文档；选择"画笔工具"，单击画笔选项右侧的下拉按钮，在弹出的画笔预设中选择一个画笔，如图 1-4-11 所示。

（2）新建图层 1，将前景色设为梅红色，用画笔在画面中单击，如图 1-4-12 所示。

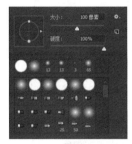

图 1-4-11　选择画笔　　　　　　　　图 1-4-12　绘制

（3）选择橡皮擦工具，单击画笔选项右侧的下拉按钮，在弹出的画笔预设中选择一个画笔，如图 1-4-13 所示。

（4）用橡皮擦在画面中的原点上单击，使原点成为空心气泡状，效果如图 1-4-14 所示。

图 1-4-13　再次选择画笔　　　　　　图 1-4-14　再次绘制

（5）单击背景图层前面的眼睛，隐藏白色背景层，效果如图 1-4-15 所示。

（6）选择"编辑"→"定义画笔预设"命令，弹出"画笔名称"对话框，如图 1-4-16 所示。在"名称"文本框中输入画笔名称"气泡"，单击"确定"按钮即可将气泡保存在画笔预设中。

（7）打开画笔预设列表，查看到的最后一个画笔就是刚定义的"气泡"，如图 1-4-17 所示。

图 1-4-15　隐藏白色背景层

图 1-4-16 定义画笔预设

图 1-4-17 选择气泡画笔

（8）在画面中随意单击或拉动画笔，不断变化笔触大小或参照上述画笔参数设置，将散布（数量设为 1）与形状动态（大小抖动设为 100%）选项进行修改，就可以得到有趣的画面，如图 1-4-18 所示。

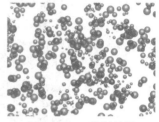

图 1-4-18 绘制效果

4.1.2 使用铅笔工具

用铅笔工具绘图时如同平常使用铅笔绘制的图形一样，棱角分明，其使用方法同画笔工具类似。

选择工具箱中的铅笔工具 ，其工具属性栏如图 1-4-19 所示，其中大部分参数与画笔工具相同。 自动抹除复选框用于实现擦除功能，选中该复选框后，当用户在与前景色颜色相同的图像区域内描绘时，会自动擦除前景色颜色而填入背景颜色。

图 1-4-19 铅笔工具属性栏

4.1.3 使用形状绘制工具

形状绘制工具可以绘制多种形状、路径或填充区域。形状工具包括直线工具、椭圆工具、矩形工具、圆角矩形工具、多边形工具和自定形状工具。

1. 直线工具

选择工具箱中的直线工具 ，其工具属性栏如图 1-4-20 所示。

图 1-4-20 直线工具属性栏

在工具属性栏中，各选项参数含义如下：

（1）形状：带图层矢量蒙版的填充图层，填充图层定义图形的颜色或填充样式，而图层矢量蒙版定义图形的几何轮廓。普通绘图并要求填充时应选择此项。

（2）路径：新建工作路径，是一个临时路径，用于定义图形轮廓。

（3）像素：创建像素图形，所创建的图形自动由当前的前景色填充。但创建了像素图形后，将不能作为矢量对象进行编辑。

（4）粗细：用于设置直线的粗细值。

（5）填充：用于设置填充颜色。

（6）描边：用于设置描边颜色和粗细等。

（7）W、H：用于设置形状的宽度和高度。

（8）⚙按钮：

- 起点：绘制的直线的起点有箭头。
- 终点：绘制的直线的终点有箭头；两个都选中，则绘制的直线两端都有箭头。
- 宽度：用于设置箭头的宽度与直线宽度的比率。
- 长度：用于设置箭头长度与直线宽度的比率。
- 凹度：用于设置箭头最宽处的弯曲程度，取值范围 –50% ~ 50%，正值为凹，负值为凸。

2. 椭圆和矩形工具

椭圆和矩形工具的基本使用方法及工具属性栏与直线工具基本相同，这里不再赘述。

3. 圆角矩形和多边形工具

选择工具箱中的圆角矩形工具，该工具栏属性栏与矩形工具属性栏基本相同，只多了半径。设置绘制的矩形四角的圆弧半径，值越小，4 个角越尖锐；值越大，4 个角越圆滑。

选择工具箱中的多边形工具，与矩形工具属性栏基本相同，其中的边，用于设置多边形的边数。

4. 自定形状工具

选择工具箱中的自定形状工具，其工具属性栏如图 1–4–21 所示。形状：单击右侧小箭头，弹出下拉列表，该列表用于选择常用图形。

图 1–4–21 自定义形状工具属性栏

注意： 在绘制过程中按住【Shift】键同时拖动鼠标，可实现约束绘制相应图形、垂直、水平或 45° 倍增量倾角；按住【Alt】键同时拖动鼠标，则图形以鼠标绘图起点为中心，向四周扩充。

【例 4.2】用形状工具中的"椭圆工具""多边形工具"绘制雪人效果，用形状工具中的"自定形状工具""椭圆工具"绘制雪景中的其他图像元素。最终效果如图 1–4–22 所示。

具体操作步骤如下：

（1）选择"文件"→"新建"命令，在弹出的对话框中设置相关参数，新建一个文件，如图 1–4–23 所示。

（2）在工具箱中选择"渐变工具"，打开"渐变编辑器"对话框，设置浅蓝色（R：94，G：184，B：251）到白色（R：255，G：255，B：255）的渐变，选择工具属性栏中的"线性渐变"，然后从上向下拖动鼠标，如图 1–4–24 所示。

（3）单击"椭圆工具"，在其工具属性栏中选择"像素"，将前景色设置为白色，在图像上绘制多个不规则的椭圆，组合成雪地效果；再利用椭圆工具，在图像上绘制两个椭圆，组成如图 1-4-25 所示的雪人身体部分效果。

图 1-4-22　雪景效果图

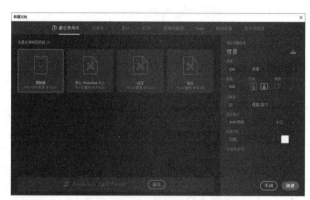

图 1-4-23　"新建"对话框

图 1-4-24　渐变效果

图 1-4-25　雪地和雪人身体效果

（4）选择工具箱中的多边形工具，工具属性栏按图 1-4-26 进行设置：将前景色设置为红色，为雪人绘制红色的帽子；选择工具箱中的椭圆工具，分别将前景色设置为黑色、白色绘制雪人的眼睛；再选择工具箱中的画笔工具，设置画笔的粗度为 3，前景色黑色，绘制雪人的鼻子与嘴巴，效果如图 1-4-27 所示。

图 1-4-26　设置工具属性栏

（5）选择工具箱中的自定形状工具，再单击"形状"下拉列表框右侧的 █ 按钮，弹出下拉列表框，单击 ⚙ 按钮，在弹出的快捷菜单中分别选择"自然"和"动物"选项，在弹出的对话框中分别单击"追加"按钮，如图 1-4-28 所示。

图 1-4-27　雪人的绘制效果

图 1-4-28　追加对话框

（6）单击"形状"下拉列表框右侧的 按钮，在弹出的下拉列表框中分别选择雪花图形、树图形和动物的脚印，如图 1-4-29 所示。将前景色设置为白色，然后在图像窗口中绘制的一组雪花和一组树，如图 1-4-30 所示。

図 1-4-29　选择雪花图形、树图形和动物的脚印　　　图 1-4-30　雪花与树的绘制效果

（7）将前景色设置为黑色，在图像上绘制动物的脚印，最终完成效果参见图 1-4-22。

4.2　修复工具组

　　修复工具组常用于修复图像中的杂点、划痕和红眼等瑕疵，在婚纱照片处理方面应用最广泛。该工具组由污点修复画笔工具、修复画笔工具、修补工具、内容感知移动工具和红眼工具组成，在工具箱中按下 不放，即会弹出修复工具组，如图 1-4-31 所示。

图 1-4-31　修复工具组

4.2.1　污点修复画笔工具

　　污点修复画笔工具 可以快速移去照片中的污点和其他不理想部分。它自动从所修饰区域的周围取样，以此样本像素进行绘画，并将样本像素的纹理、光照、透明度和阴影与所修复的像素相匹配。选择工具箱中的污点修复画笔工具，其工具属性栏如图 1-4-32 所示。

图 1-4-32　污点修复画笔工具属性栏

　　（1）模式：指定混合模式。选择"替换"可以在使用柔边画笔时，保留画笔描边的边缘处杂色、胶片颗粒和纹理。

　　（2）内容识别：自动识别选择区域内的像素内容，可以自动修复图像或去除杂物。

　　（3）创建纹理：利用选区内的像素创建一个用于修复该区域的纹理。

　　（4）近似匹配：利用选区边缘周围的像素来取样，对选区内的图像进行修复。

　　（5）对所有图层取样：选中此复选框，则从所有可见图层中对数据进行取样；取消选择，则只从现用图层中取样。

> **注意**：该工具主要用来修复图像中小面积的污点，若要修复面积较大的区域最好使用修复画笔工具。

　　图 1-4-33 所示为老照片修复前后效果。

（a）修复前　　　　　　　　　　　（b）修复后

图 1-4-33　老照片修复前后效果

4.2.2　修复画笔工具

修复画笔工具 ![icon] 可用于校正瑕疵，使其避免出现在周围的图像中。与仿制工具一样，使用修复画笔工具可以利用图像或图案中的样本像素来绘画。修复画笔工具可以消除图像中的人工痕迹，包括划痕、蒙尘及褶皱等，并同时保留阴影、光照和纹理等效果，从而使修复后的像素不留痕迹地融入图像的其余部分。它的工作方式与污点修复画笔工具类似，但不同的是，它要求指定样本点。选择工具箱中的修复画笔工具，其工具属性栏如图 1-4-34 所示。

图 1-4-34　修复画笔工具属性栏

（1）对齐：连续对像素进行取样，即使松开鼠标，也不会丢失当前取样点。

（2）样本：从指定的图层中进行数据取样。

（3）取样：需要先取样，再进行复制，复制的是取样的图像。

（4）图案：不需要取样，复制的是所选择的图案。

（5）扩散：控制粘贴的区域以怎样的速度适应周围的图像。图像中如果有颗粒或精细的细节，则选择较低的值；图像如果比较平滑，则选择较高的值。

注意：使用修复画笔工具可以按住【Alt】键，在图像中取样后，在图像窗口中拖动鼠标可复制一个对象或多个，效果如图 1-4-35 所示。

图 1-4-35　取样花中心和复制后图像

4.2.3　修补工具

修补工具 ![icon] 和修复画笔工具的效果基本相同，都可用于修复图像，但两者的使用方法却大不相同，使用修补工具可以自由选取需要修复的图像范围。选择工具箱的修补工具，其工具属性栏如图 1-4-36 所示。

图 1-4-36　修补工具属性栏

（1）源：将选区定义为需要修复的区域。

（2）目标：将选区定义为用来修复源的样本区域。

（3）透明：要从取样区域中抽出具有透明背景的纹理。

修补工具的操作方法：在需要修补的地方选中一块区域，在工具属性栏中选中"源"，并将此区域拖动到附近完好的区域实现修补，如图 1-4-37 所示。

图 1-4-37　修复过程

4.2.4　红眼工具

红眼工具 可以去除照片中人物的红眼，选择工具箱中的红眼工具，其工具属性栏如图 1-4-38 所示。使用红眼工具，只需在设置参数后，在图像中红眼位置单击即可。图 1-4-39 所示为使用红眼工具应用示例。

（1）瞳孔大小：增大或减小受红眼工具影响的区域。

（2）变暗量：设置校正暗度。

图 1-4-38　红眼工具属性栏　　　　　图 1-4-39　红眼工具的使用

4.3　图像渲染工具

用于图像渲染的工具有模糊工具、锐化工具、涂抹工具、减淡工具、加深工具和海绵工具。按下模糊工具按钮不放，按下减淡工具按钮不放，将显示出如图 1-4-40 所示的图像渲染工具组。

图 1-4-40　图像渲染工具

4.3.1 模糊工具

使用模糊工具 ⬤ 可以产生模糊的图像效果。模糊工具的原理是降低图像相邻像素之间的反差，使图像的边界或区域变得柔和，产生一种模糊的效果。使用模糊工具的方法很简单，用户只需在选中模糊工具后，移动鼠标指针在图像中来回拖动即可。对图 1-4-41（a）所示的图像眼睛部位进行模糊操作后，效果如图 1-4-41（b）所示。

模糊工具属性栏如图 1-4-42 所示，其中的"强度"用来设置画笔的力度。所选择的压力越大，其效果也越明显。

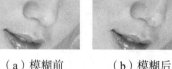

（a）模糊前　　　（b）模糊后
图 1-4-41　模糊效果　　　　　　　　　图 1-4-42　模糊工具属性栏

4.3.2 锐化工具

锐化工具 ▲ 与模糊工具刚好相反，它用于增大图像相邻像素间的反差，从而使图像看起来清晰、明了。使用锐化工具的方法很简单，用户只需在选中锐化工具后，移动鼠标指针在图像中来回拖动即可。对图 1-4-41(b)所示的图像眼睛部位进行锐化操作后，效果如图 1-4-43 所示。"锐化工具"和"模糊工具"的属性栏基本相同，可参阅模糊工具相关内容。

4.3.3 涂抹工具

涂抹工具 ⬤ 是模拟用手指搅拌绘制的效果。使用涂抹工具能把最先单击处的颜色提取出来，并与鼠标拖动之处的颜色相融合。使用时只需在图像中单击并拖动鼠标即可。对图 1-4-41（a）所示的图像的眉毛部位进行涂抹操作后，效果如图 1-4-44 所示。

图 1-4-43　使用锐化工具后得到的效果图　　　图 1-4-44　使用涂抹工具后得到的效果图

"涂抹工具"也和"模糊工具"的属性栏基本相同，只是涂抹工具多一个手指绘画选项，如图 1-4-45 所示。选中"手指绘画"复选框后，用鼠标拖动时，涂抹工具使用前景色与图像中的颜色相融合；不选中此复选框，涂抹工具使用的颜色来自于每次单击开始之处。

图 1-4-45　涂抹工具属性栏

4.3.4　减淡工具

减淡工具 使图像变亮。选择工具箱中的减淡工具，其工具属性栏如图 1-4-46 所示。

图 1-4-46　减淡工具属性栏

（1）在"范围"下拉列表中选择一种使用减淡工具的工作方式：

● 暗调：选中此选项后，只更改图像暗色区域的像素。

● 中间调：选中此选项后，只更改中间色调区域的像素。

● 高光：选中此选项后，只更改图像亮部区域的像素。

（2）曝光度：曝光度越大，减淡的效果越明显。

对图 1-4-47 所示图像的下半部分进行减淡操作后，效果如图 1-4-48 所示。

图 1-4-47　原图　　　　图 1-4-48　图像下半部分减淡

4.3.5　加深工具

加深工具 使图像变暗。加深工具和减淡工具的工具栏设置是一样的。

对图 1-4-47 所示的图像的下半部分进行加深操作后，效果如图 1-4-49 所示。

4.3.6　海绵工具

使用海绵工具 能够非常精确地增加或减少图像区域的饱和度。在灰度模式图像中，海绵工具通过将灰阶远离或靠近中间灰色来增加或降低对比度。选择工具箱中的海绵工具，其工具属性栏如图 1-4-50 所示。

图 1-4-49　图像
下半部分加深

图 1-4-50　海绵工具属性栏

使用海绵工具，可以设置画笔和流量，海绵工具有两种工作方式：

（1）去色：以此方式处理图像时，能降低图像颜色的饱和度，使图像中的灰度色调增加。当对灰度图像作用时，会增加中间灰度色调颜色。

（2）加色：以此方式处理图像时，可增加图像颜色的饱和度，使图像中的灰度色调减少。当对灰度图像作用时，会减少中间灰度色调颜色，图像更鲜明。

对图 1-4-47 所示的图像的下半部分分别进行去色和加色操作后，效果如图 1-4-51 所示。

（a）图像下半部分去色　　　　（b）图像下半部分加色

图 1-4-51　使用海绵工具后得到的效果图

4.4　其他修复工具

其他修复工具是对图像进行基本修复的工具，包括图章工具、橡皮擦工具组、颜色替换工具、历史记录画笔工具组等。

4.4.1　图章工具

图章工具分为两类：仿制图章工具与图案图章工具。使用仿制图章工具能够将一幅图像的全部或部分复制到同一幅图或其他图像中；使用图案图章工具可以将用户定义的图案内容复制到同一幅图或其他图像中。

1. 仿制图章工具

选择仿制图章工具 用于将图像的一部分绘制到同一图像的另一部分，或绘制到具有相同颜色模式的任何打开文档的另一部分，也可以将一个图层的一部分绘制到另一个图层。仿制图章工具对于复制对象或移去图像中的缺陷很有用。

使用仿制图章工具时，要从其中复制（仿制）像素的区域上设置一个取样点，如图 1-4-52（a）所示，并在另一个区域上绘制，如图 1-4-52（b）所示。要在每次停止并重新开始绘画时使用最新的取样点进行绘制，可在工具属性栏中选中"对齐"选项；取消"对齐"选项，从初始取样点开始绘制，与停止并重新开始绘制的次数无关。

可以对仿制图章工具使用任意的画笔笔尖，从而能够准确控制仿制区域的大小。也可以通过不透明度和流量设置来控制仿制区域的绘制应用程序。

注意：使用仿制图章工具后效果与使用修复画笔工具相似，但有差别。仿制图章工具只是将取样点附近的像素直接复制到需要的区域，而修复画笔工具可以将样本像素的纹理、光照和阴影与源像素进行匹配，从而使修复后的像素不留痕迹地融入图像的其他部分。这与图 1-4-35 所示的用修复画笔工具复制出来的花朵是有区别的。

（a）设置取样点　　　　（b）复制图像

图 1-4-52　仿制图章复制图像

2. 图案图章工具

选择图案图章工具 ，其工具栏属性如图 1-4-53 所示。

图 1-4-53　图案图章工具属性栏

该工具的功能和使用方法类似于仿制图章工具，但它的取样方式不同。在使用此工具之前，用户必须先定义一个图案。图案既可选择预设的图案，也可使用自定义的图案，然后才能使用图案图章工具在图像窗口中拖动复制出图案。

【例 4.3】使用图案图章工具制作一幅多个蝴蝶连在一起的图像。

具体操作步骤如下：

（1）打开图像素材"蝴蝶 .psd"，用矩形选框工具选择区域，如图 1-4-54 所示。

（2）选择"编辑"→"定义图案"命令，在打开的"图案名称"对话框中输入图案的名称，然后单击"确定"按钮，如图 1-4-55 所示。

图 1-4-54　选择区域　　　　　　图 1-4-55　"图案名称"对话框

（3）选择图案图章工具，在其工具属性栏的"图案"下拉列表框中可以看到定义为图案的"蝴蝶"图形，如图 1-4-56 所示。

（4）单击该图形，然后新建一个 16 厘米 ×12 厘米、72 ppi 的图像窗口，在其中按住鼠标左键来回拖动，即可得到如图 1-4-57 所示的效果。

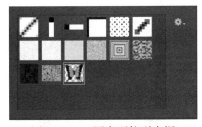

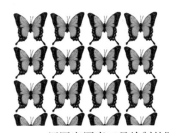

图 1-4-56　图案下拉列表框　　　　图 1-4-57　用图案图章工具绘制的图像

4.4.2　橡皮擦工具组

按住工具箱中的橡皮擦工具  不放，显示出橡皮擦工具组，如图 1-4-58 所示。下面分别介绍橡皮擦工具、背景色橡皮擦工具和魔术橡皮擦工具的使用方法。

图 1-4-58　橡皮擦工具组

1. 橡皮擦工具

橡皮擦工具 是用来擦除图像颜色的工具，对于背景层来说，它在擦除的位置填入背景色颜色。若擦除的是普通图层中的颜色，擦除后会变成透明。使用橡皮擦工具时只需按住鼠标拖动即可。选择工具箱中的橡皮擦工具，其工具属性栏如图 1-4-59 所示。

图 1-4-59　橡皮擦工具属性栏

在工具属性栏中各选项参数的含义如下：

（1）画笔：同其他绘制工具一样，可单击并由弹出的菜单设置擦除痕迹的线形。

（2）模式：可以从中选择橡皮擦的擦除方式，包括画笔、铅笔和块，选择画笔和铅笔时工具属性栏将出现相关绘图工具的工具属性栏属性（不透明度、流量、喷枪功能、打开画笔面板等），选择"块"时，禁用这些绘图工具的相关属性，仅作为一个方形橡皮擦。

（3）抹到历史记录：能够通过历史面板设置后有选择性地恢复图像至快照或某一操作步骤的画面。

使用橡皮擦工具擦除图像时，先设置好背景色和擦除模式，再将鼠标移到图像窗口需擦除的区域按下鼠标左键不放并拖动，即可将图像颜色擦除并以背景色填充。图 1-4-60 所示为用橡皮擦工具擦除图像后的效果。

2. 背景橡皮擦工具

使用背景橡皮擦工具，也可以擦除图层的一部分区域使之透明，它主要用于擦除背景而突出某一个图像元素。同时，背景图层转换成普通图层，如图 1-4-61 所示。

（1）取样：选择擦除取样方式。

● ：在图像窗口中拖动鼠标时，会选取连续的多个样本颜色。若使用这一选项，则与任何一种样本颜色相似的像素都被擦除。

● ：仅将首次点击处的颜色作为样本色，并擦除与该样本颜色相似的区域。

● ：仅擦除颜色与当前背景色相似的区域。

（2）限制：选择擦除方式。

● 不连续：擦除该层中任何地方出现的，与样本颜色类似的像素。

● 连续：只擦除那些和选定的像素相连接的相似像素。

● 查找边缘：只擦除那些和选定的像素相连接的像素，但同时保护图像的边缘不被擦除。

（3）保护前景色：与前景色颜色相同的区域不会被擦除。

3. 魔术橡皮擦工具

魔术橡皮擦工具与橡皮擦工具的功能一样，可以用来擦除图像中的颜色，但该工具有其独特之处，即使用它可以擦除一定容差度内的相邻颜色，擦除颜色后不会以背景色来取代擦除颜色，最后会变成透明图层。同时，背景图层转换成普通图层。所以，魔术橡皮擦工具的作用相当于魔棒工具再加上背景橡皮擦工具的功能。

使用魔术橡皮擦工具时，先设置工具属性栏，然后在图像中单击需要擦除的颜色，即可将图像中与鼠标单击处颜色相近的颜色擦除，如图 1-4-62 所示。

图 1-4-60　橡皮擦效果

图 1-4-61　背景橡皮擦效果

图 1-4-62　魔术棒橡皮擦效果

4.4.3 颜色替换工具

颜色替换工具  主要针对图片中出现色彩不满意等现象进行处理。颜色替换工具能在保留照片原有材质感觉与明暗关系的同时，轻而易举地更换任一部位的色彩。

按住工具箱中的画笔工具 不放（见图 1-4-63），选择颜色替换工具，其工具属性栏如图 1-4-64 所示。

图 1-4-63 画笔工具组　　　　　　　　　图 1-4-64 颜色替换工具属性栏

颜色替换工具属性栏同前面讲的背景橡皮擦工具栏类似，所不同的是颜色替换工具指的是替换的颜色区域，而背景橡皮擦工具指的是擦除的颜色区域，如图 1-4-65 所示。

图 1-4-65 用颜色替换工具更换裙子的颜色

4.4.4 历史记录画笔工具组

按住工具箱中的历史记录画笔工具 不放，显示出历史记录画笔工具组，如图 1-4-66 所示。下面分别介绍历史记录画笔工具、历史记录艺术画笔的使用方法。

1. 历史记录画笔工具

使用历史记录画笔工具可以在图像的某个历史状态上恢复图像，在图像的某个历史状态上着色，以取代当前图像的颜色。选择工具箱中的历史记录画笔工具 ，其工具属性栏如图 1-4-67 所示。其工具属性栏的含义和画笔工具的基本相同，可参阅画笔工具相关内容。

图 1-4-66 历史记录画笔工具组 　　　　　图 1-4-67 历史记录画笔工具属性栏

在工具属性栏中设置好画笔大小、模式等参数后，在图像中需要恢复的图像处拖动鼠标即可恢复图像，图像中未被修改过的区域将保持不变。例如，将工具属性栏按如图 1-4-67 所示进行设置，使用历史记录画笔工具在被颜色替换工具替换的裙子下半区域拖动鼠标，可以恢复到被替换前的效果，如图 1-4-68 所示。

图 1-4-68 恢复裙子的部分颜色

2. 历史记录艺术画笔

历史记录艺术画笔与历史记录画笔工具的使用方法类似，但效果有一定区别，使用历史记录艺术画笔恢复图像时可以产生一定的艺术效果。选择工具箱中的历史记录艺术画笔工具，其工具属性栏如图 1-4-69 所示。

图 1-4-69 历史记录艺术画笔工具属性栏

工具属性栏中各选项参数的含义如下：

（1）样式：选择不同的样式，在恢复"历史记录画笔的源"的状态时可得到不同的艺术处理效果。

（2）区域：设置操作时鼠标指针作用的区域。

（3）容差：该数值用于限定可应用特殊艺术效果的区域。低容差时可允许在图像中的任何地方应用特殊艺术效果；高容差时将应用特殊艺术效果的区域限定在与源状态中的颜色明显不同的区域。

4.5 应用举例

【案例】设计海报。上述各节中介绍了 Photoshop 进行图像绘制与编辑的最基本的操作知识，本节将通过一个实例"海报"来巩固所学的基础知识，效果如图 1-4-70 所示。

【设计思路】利用素材"小花"定义画笔，并设置画笔预设；利用加深工具、减淡工具对图像进行修饰的背景设计；用素材"小男孩"设计出人形图案的创意设计，得到完美的海报效果。

【设计目标】通过本案例，掌握"加深工具""减淡工具""画笔工具""自定义画笔"等的使用。

【操作步骤】

1. 自定义画笔

（1）打开文件"小花 .jpg"图片；选择魔棒工具，将花朵外围白色区域选中，再反选，将选中花朵，如图 1-4-71 所示。

（2）选择"编辑"→"定义画笔预设"命令，弹出"画笔名称"对话框，如图 1-4-72 所示。在"名称"文本框中输入画笔名称"花朵"，单击"确定"按钮；此时在"画笔"面板中就会显示新的画笔，如图 1-4-73 所示。

图 1-4-70 绘制海报效果　图 1-4-71 选中花朵　　　　图 1-4-72 "画笔名称"对称框

2. 背景制作

（1）选择"文件"→"新建"命令，新建一个"名称"为"海报"，600 像素 × 900 像素 @72ppi，RGB 颜色模式的图像文件。

（2）设置前景色为浅蓝色（#4ad0fc），按【Alt+Delete】组合键填充前景色。

（3）使用"减淡工具"在图像窗口中间处随意涂抹；选择椭圆选框工具，在画面上绘制一个椭圆，按住【Shift】键，鼠标指针显示为一个"+"状，表示选区的相加，再画一个选区，与刚才的选区相加，执行两次"反选"命令，如图 1-4-74（a）所示。

（4）设置前景色为浅绿色（#20a120），按【Alt+Delete】组合键在选区内填充前景色，如图 1-4-74（b）所示；选择加深工具，在图形的边缘处，来回使用鼠标涂抹数次，完成的效果如图 1-4-74（c）所示，按【Ctrl+D】组合键取消选区。

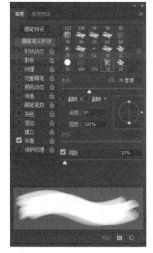

图 1-4-73　中新画笔

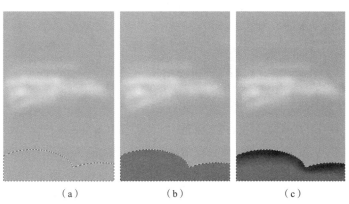

（a）　　　　　　　　　（b）　　　　　　　　　（c）

图 1-4-74　背景制作

> **提示：** 画选区时，不放开鼠标左键，同时按住空格键，拖动鼠标就可移动正在绘制的选区，放开空格键又可接着拖动鼠标改变选区的大小。

3. 创意设计

（1）打开"小男孩"图片，选择"图像"→"图像旋转"→"顺时针 90 度"，并选择"图像"→"图像大小"，设置图像大小为 600 像素 ×900 像素。

（2）用快速选择工具，抠取小孩，如图 1-4-75 所示；利用移动工具，将其移动到海报窗口中，如图 1-4-76 所示。

图 1-4-75　旋转并调整大小

图 1-4-76　移动图像

（3）选中图层 1，选择"图像"→"调整"→"色阶"，打开"色阶"对话框，按图 1-4-77 所示设置参数。效果如图 1-4-78 所示。

（4）在工具箱中选择"渐变工具" ，在工具属性栏中设置为"线性渐变"选项；单击颜

色编辑部分 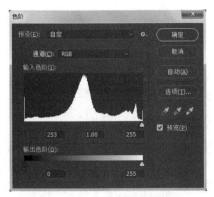，打开"渐变编辑器"对话框，设置从"浅黄色"（#f8f975）到"无色"的渐变。

（5）新建"图层2"，在人物头附近画一个椭圆选框，然后在选区中从斜上角向右下角拖动鼠标，利用新设置的渐变填充方式填充"椭圆"选区，按【Ctrl+D】组合键取消选区，如图1-4-79所示。

图1-4-77 "色阶"对话框　　　图1-4-78 调整后的效果　图1-4-79 线性渐变的效果

（6）在工具箱中选择画笔工具，打开"画笔"面板，在画笔笔尖形状列表中选择刚才定义的"花朵"画笔样式，拖动"间距"滑动，调整画笔间距，如图1-4-80所示。

（7）单击"形状动态"选项，拖动"大小抖动"滑块，如图1-4-81所示。单击"散布"选项，拖动"散布"滑块，并选中"两轴"复选框，如图1-4-82所示。单击"颜色动态"选项，拖动"前景/背景抖动"滑块到最右边，如图1-4-83所示。

图1-4-80 画笔笔尖形状　图1-4-81 形状动态　　图1-4-82 散布　　　图1-4-83 颜色动态

（8）将前景色设置为紫色（#ff00f6），背景色设置为红色（#ff0000），新建图层3，在图像下方拖动鼠标，即可得到大小不等且颜色不同的小花图案，如图1-4-70所示。

（9）追加"混合画笔"类，将前景色设置为白色，使用大小不等的"虚线圆2"画笔在图像中绘制虚线圆，最终效果如图1-4-70所示。

第5章
图层的使用

本章导读

Photoshop 中的图像都是建立在图层基础上的，任何图像的合成效果、都离不开对图层的操作，对于同一个图像文件，通过改变图层的顺序、不透明度以及混合模式等，都能产生不同的、意想不到的效果。本章将介绍图层面板、图层的基本操作、设置图层混合模式、为图层添加样式、图层样式的查看与编辑等。

学习目标

◎了解图层的含义与图层面板的作用。
◎掌握图层的基本操作。
◎掌握图层混合模式等图层调整与设置方法。
◎掌握各种图层样式的设置方法，并熟悉各种样式的效果。

学习重点

◎图层的操作。
◎设置图层混合模式。
◎设置图层样式。

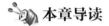 ## 5.1 图层的基本操作

"层"的概念在 Photoshop 中非常重要，它是构成图像的重要组成单位。图像通常由多个图层组成，可以处理某一图层的内容而不影响图像中其他图层的内容。每一个图层都是由许多像素组成的，而图层又通过上下叠加的方式来组成整个图像。打个比喻，每一个图层就好像是一个透明的"玻璃"，而图层内容就画在这些"玻璃"上，如果"玻璃"什么都没有，这就是个完全透明的空图层，当各"玻璃"都有图像时，自上而下俯视所有图层，从而形成图像显示效果。

5.1.1　图层面板

Photoshop 的图层操作主要是通过图层面板来完成的，下面就认识一下图层面板的组成以及它的使用方法。

选择"窗口"→"图层"命令或按【F7】键可以显示图层面板，如图 1-5-1 所示。其中将显示当前图像的所有图层信息。

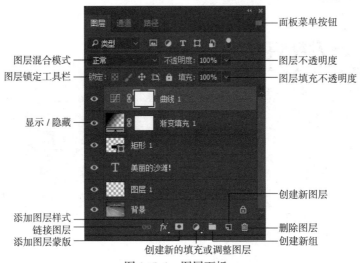

图 1-5-1　图层面板

"图层"面板中的各个选项的功能如下：

（1）"设置图层的混合模式" 正常 ：单击该列表框可以打开一个下拉菜单，从中选择不同色彩混合模式，制作这一层图像与其他图层叠合在一起的效果。

（2）"图层名称"：每个图层都可以设置自己的名称，以便区分和管理图层，如果在建立新图层时没有给它命名，Photoshop 会自动命名为：图层 1、图层 2……

（3）"不透明度"：用于设置图层的不透明度，经常用于多图层混合效果的制作。

（4）"显示 / 隐藏" ：用于显示或隐藏图层，不显示眼睛图标时表示这一层中图像是被隐藏的，反之表示这一层图像是显示的。用鼠标单击眼睛图标就可以切换显示或隐藏状态，注意当某个图层隐藏时，将不能对它进行任何编辑。

（5）"图层缩略图"：在图层名称的左侧有一个小方框形的预览图，显示该层图像内容，其作用也是为了便于辨识图层，预览缩图的内容随着对图像的改变而改变。

（6）"链接图层" ：表示该图层与另一图层有链接关系。对有链接关系的图层进行操作时，所加的影响会同时作用于链接的两个图层。

（7）"使用图层样式" ：单击此图标会弹出图层样式对话框，从中可以为当前作用图层的图像制作各种样式效果。

（8）添加"图层蒙版" ：单击此图标可以建立一个图层蒙版。

（9）"创建新组" ：利用图层组工作时，便于对繁杂众多的图层进行有序的管理。

（10）"创建新的填充或调整图层" ：使用调整图层可以通过蒙版对图像进行颜色校正和色调调整，而不会破坏原图像。

（11）"创建新图层" ：单击此图标可以创建一个新图层，如果用鼠标把某个图层拖动到这个图标上就可以复制该图层。

（12）"删除图层" ：单击该图标可将当前选中的图层删除，用鼠标拖动图层到该按钮图标上也可以删除图层。

5.1.2　图层的分类

Photoshop 有以下 6 类图层：

（1）背景图层：位于图像的最底层，可以存放和绘制图像。

（2）普通图层：主要功能是存放和绘制图像，可以有不同的透明度。

（3）文字图层：只能输入与编辑文字内容。

用户可以在背景图层与普通图层之间互换，方法是双击背景图层，此时出现如图 1-5-2 所示的对话框，在"名称"框中输入图层名称，然后单击"确定"按钮就可以将背景图层转换为普通图层，背景图层变成了"图层 0"。

图 1-5-2　背景图层转换成普通图层

（4）形状图层：主要存放矢量形状信息。

（5）调整图层：主要用于存放图像的色彩调整信息。

（6）填充图层：可以指定图层所包含的内容形式。

5.1.3　图层的基本操作

1. 创建图层

方法一：在"图层"面板上单击"创建新图层"按钮 ，就可以新建一个空白图层，如图 1-5-3 所示。

方法二：选择"图层"→"新建"→"图层"命令或者按【Shift + Ctrl + N】组合键创建新图层，此时会弹出"新建图层"对话框，如图 1-5-4 所示。在对话框中设置图层的名称、不透明度和颜色等参数，然后单击"确定"按钮即可。

图 1-5-3　建立新图层

注意： 用户可以更改图层名称，方法是在"图层"面板上双击要重新命名的图层，然后直接输入新名称即可，如图 1-5-5 所示。

图 1-5-4　"新建图层"对话框

图 1-5-5　重命名图层

方法三：单击"图层"面板右上角的  按钮，在弹出的菜单中选择"新建图层"命令，打开"新建图层"对话框。

方法四：通过剪切和复制创建图层。Photoshop 在"图层"→"新建"子菜单中提供了"通过拷贝的图层"和"通过剪切的图层"命令，如图 1-5-6 所示。使用"通过拷贝的图层"命令，可以将选取范围中的图像复制后，粘贴到新创建的图层中；而使用"通过剪切的图层"命令，则可将选取范围中的图像剪切后粘贴到新创建的图层中。

> **注意**：使用"通过拷贝的图层"和"通过剪切的图层"命令之前要选取一个选区。

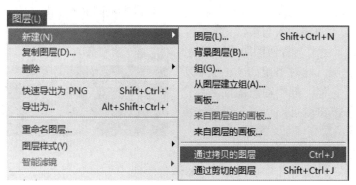

图 1-5-6　图层菜单

2. 复制、移动和删除图层

（1）复制图层：

方法一：同一图像中复制图层，直接在"图层"面板中选中要复制的图层，然后将图层拖动至"创建新图层"按钮 ▣ 上。

方法二：按【Ctrl+J】组合键，可以快速复制当前图层。

方法三：在不同的图像之间复制图层，首先选择这些图层，然后使用移动工具 ✛ 在图像窗口之间拖动复制。

方法四：先选中要复制的图层，然后选择"图层"→"复制图层"命令，打开"复制图层"对话框，如图 1-5-7 所示。在"为"文本框中可以输入复制后的图层名称，在"目标"选项组中可以为复制后的图层指定一个目标文件，在"文档"下拉列表框中列出当前已经打开的所有图像文件，从中可以选择一个文件以便在复制后的图层上存放；如果选择"新建"选项，则表示复制图层到一个新建的图像文件中，此时"名称"文本框将被激活，用户可在其中为新文件指定一个文件名，单击"确定"按钮即可将图层复制到指定的新建图像中。

方法五：单击"图层"面板右上角的 ▤ 按钮，在弹出的菜单中选择"复制图层"命令，打开"复制图层"对话框。

> **注意**：复制图层后，新复制的图层出现在原图层的上方，并且其文件名以原图层名为基底并加上"拷贝"两字，如图 1-5-8 所示。

（2）移动图层：实际上就是改变图层的叠放顺序。图层的叠放顺序直接影响着一幅图像的最终效果，调整图层顺序会导致整幅图像的效果发生改变。

方法一：在"图层"面板中选择要改变顺序的图层，使其成为当前层，然后选择"图层"→"排列"命令，在弹出的子菜单中选择所需的命令。

方法二：在"图层"面板中将鼠标指针移到要移动的图层上，然后按住鼠标左键不放向上或向下拖动到所需的位置处释放即可。

图 1-5-7　"复制图层"对话框

图 1-5-8　复制后的图层

（3）删除图层：对于不需要的图层，可以将其删除。删除图层后，该图层中的图像也将被删除。

方法一：在"图层"面板中选中需要删除的图层，单击面板底部的"删除图层"按钮。

方法二：在"图层"面板中将需要删除的图层拖放到"删除图层"按钮上。

方法三：在"图层"面板中选中要删除的图层后，选择"图层"→"删除"命令。

方法四：在"图层"面板中要删除的图层上右击，在弹出的快捷菜单中选择"删除图层"命令。

3. 创建图层组

Photoshop 允许将多个图层编成组，这样在对许多图层进行同一操作时（比如，改变图层的混合模式）只需要对组进行操作，从而大大提高了图层较多的图像的编辑工作效率。

（1）创建空图层组：单击"图层"面板底部的"创建新组"按钮◻或选择"图层"→"新建"→"组"命令，即可在当前图层上方创建图层组。然后，通过拖动的方法将图层移动至图层组中，在需要移动的图层上按下鼠标，然后拖动至图层组名称或◻图标上释放即可，如图 1-5-9 所示。

图 1-5-9　创建空图层组

（2）从图层创建组：组也可以直接从当前选择图层得到。按住【Shift】键或【Ctrl】键，选择需要添加到同一图层组中的所有图层，然后选择"图层"→"新建"→"从图层建立组"命令或按【Ctrl+G】组合键，这样新建的图层组将包括所有当前选择的图层，如图 1-5-10 所示。

（3）使用图层组：完成图层组的创建后，可以将图层分门别类地置于不同的图层组中。当图层组中的图层比较多时，单击图层组三角形图标◢，可以折叠图层组以节省"图层"面板空间，如图 1-5-11 所示。再次单击图层组三角形图标◢又可展开图层组各图层。

图 1-5-10　从图层创建组

图 1-5-11　折叠图层组

4. 图层的链接与合并

图层的链接是指将多个图层链接成一组，可以同时对链接的多个图层进行移动或变换等编辑操作。

（1）选中所需的链接图层，再单击"链接图层"按钮。

（2）选中所需的链接图层，再选择"图层"→"链接图层"命令。

> **注意：** 链接图层后选择"图层"→"对齐"子菜单中的命令可以对所有链接图层中的图像进行左对齐、顶对齐等操作。

通过合并图层可以将几个图层合并成一个图层，这样可以减小文件大小或方便对合并后的图层进行编辑。Photoshop 的图层合并方式共有 3 种：

（1）向下合并：可以将当前图层与它下面的一个图层进行合并。

（2）合并可见图层：可以将"图层"面板中所有显示的图层进行合并，而被隐藏的图层将不合并。

（3）拼合图层：用于将图像窗口中所有的图层进行合并，并放弃图像中隐藏的图层。

5. 锁定图层

Photoshop 提供了锁定图层的功能，可以锁定某一个图层和图层组，使它在编辑图像时不受影响，从而可以给编辑图像带来方便。锁定功能主要通过图层面板中锁定选项组中的 4 个选项来控制，它们的功能如下：

（1）锁定透明像素▨：会将透明区域保护起来。因此，在使用绘图工具绘图（以及填充和描边）时，只对不透明的部分（即有颜色的像素）起作用。

（2）锁定图像像素✎：可以将当前图层保护起来，不受任何填充、描边及其他绘图操作的影响。因此，此时在这一图层上无法使用绘图工具，绘图工具在图像窗口中将显示为⊘图标。

（3）锁定位置✛：单击此图标，不能对锁定的图层进行移动、旋转、翻转和自由变换等编辑操作，但可以对当前图层进行填充、描边和其他绘图的操作。

（4）锁定全部🔒：将完全锁定这一图层，此时任何绘图操作、编辑操作（包括删除图像、图层混合模式、不透明度、滤镜功能、色彩和色调调整等功能）都不能在这一图层上使用，而只能够在图层面板中调整这一层的叠放次序。

　5.2　设置图层的混合模式

图层的混合模式决定了当前图层中的图像如何与下层图像的颜色进行色彩混合，可用于合成图像、制作选区和特殊效果。除"背景"图层外，其他图层都支持混合模式。在"图层"面板中左上方的"图层混合模式"下拉列表框中选择所需的混合模式即可，如图 1-5-12 所示。

各种模式的作用如下：

（1）正常：使用正常的方式和下面一层混合，效果受不透明度影响。

（2）溶解：当前层的颜色随机地被下一层的颜色替换，被替换的强度和程度取决于不透明度的设置。

（3）变暗：下面图层比当前图层颜色浅的像素会因被当前层的替换而加深，而比当前层颜色深的像素保持不变。

（4）正片叠底：利用减色原理，把当前层的颜色和下一层的颜色相乘，产生比这两种颜色都深的第三种颜色。

（5）颜色加深：根据当前层颜色的深浅来使下一层像素的颜色变暗。

（6）线性加深：将图像中的颜色按线性加深。

（7）变亮：与变暗相反，比当前层颜色深的像素被替换，浅的像不变而使图像变亮。

（8）滤色：和正片叠底相反，利用加色原理使下一层的颜色变浅。

（9）颜色减淡：与颜色加深相反，使图像变亮。

（10）线性减淡：按图像中的颜色按线性减淡。

（11）叠加：综合正片叠底和屏幕两种模式效果，这种模式对图像中的中间色调影响大，而对高亮和阴影部分作用不大。

（12）柔光：图像产生柔和的光照效果，使当前图层比下面图层亮的区域更亮，暗的区域更暗。

（13）强光：图像产生强烈的光照效果。

（14）亮光：使图像的色彩变得鲜明。

（15）线性光：线性的光照效果。

（16）点光：限制减弱光照效果。

图 1-5-12　图层混合模式

（17）实色混合：将底色和选择的颜色进行混合，使其达成统一的效果。

（18）差值：用当前层的颜色值减去下面层的颜色值，比较绘制的颜色值，从而产生反相效果。

（19）排除：与差值类似，但颜色要柔和一些。

（20）色相：只用当前层的色度值去影响下一层，而饱和度和亮度不会影响下一层。反过来说，就是当前层的色相属性保留，合成时饱和度与亮度都受下一层影响。

（21）饱和度：与色相模式相似，它只用饱和度影响下一层，而色度和亮度不会影响。

（22）颜色：是饱和度与色相模式的综合效果，即用当前层的饱和度和色相影响下一层，而亮度不影响。

（23）明度：和颜色模式相反，只用当前层的亮度影响下一层。

（24）深色：比较混合色和基色的所有通道值的总和并显示值较小的颜色。"深色"不会生成第三种颜色（可以通过"变暗"混合获得），因为它将从基色和混合色中选择最小的通道值来创建结果颜色。

（25）浅色：比较混合色和基色的所有通道值的总和并显示值较大的颜色。"深色"不会生成第三种颜色（可以通过"变亮"混合获得），因为它将从基色和混合色中选择最大的通道值来创建结果颜色。

【例 5.1】换衣效果。本实例将应用图层混合模式将如图 1-5-13 所示的图像中的人物的服装更换成如图 1-5-14 所示的图案，并调整混合模式，使其融合在一起，效果如图 1-5-15 所示。

具体操作步骤如下：

（1）分别打开如图 1-5-13 所示的"小男孩 .jpg"和如图 1-5-14 所示的"卡通图 .jpg"图像。

图 1-5-13　人物图像　　　　　图 1-5-14　图案　　　　　图 1-5-15　换衣后的效果

（2）切换到"小男孩 .jpg"图像窗口，用多边形套索工具选取小男孩的服装，如图 1-5-16 所示。

（3）切换到"卡通图 .jpg"图像窗口中，按【Ctrl+A】组合键选取图像，按【Ctrl+C】组合键复制图像。

（4）切换到"小男孩 .jpg"图像窗口中，选择"编辑"→"选择性粘贴"→"粘入"命令或按【Alt+Shift+Ctrl+V】组合键粘贴到服装选区内，如图 1-5-17 所示。

（5）在图层面板中设置图层的混合模式为"正片叠底"或"线性加深"，不透明度设置为 70% 左右，如图 1-5-18 所示。最终效果如图 1-5-15 所示。

图 1-5-16　选取图像

图 1-5-17　换衣　　　　　　　　　图 1-5-18　选取混合模式

5.3　使用图层样式

在 Photoshop 中还可以对图层添加各种样式效果，包括阴影、发光、斜面和浮雕等，利用这些样式为图像制作一些常见的特效。

图层样式可以应用于普通图层、文字图层、形状图层等，但不能用于背景图层。应用图层样式后，用户可以将获得的样式效果复制并粘贴到其他图层。

添加图层样式的方法如下：

（1）选中需要添加图层样式的图层。

（2）单击"图层"面板下方的"添加图层样式"按钮 fx，弹出"图层样式"菜单，如图 1-5-19 所示。

（3）此时可以选取一种图层样式进行设置，如果单击"混合选项"菜单，将打开如图 1-5-20 所示的对话框。

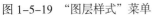
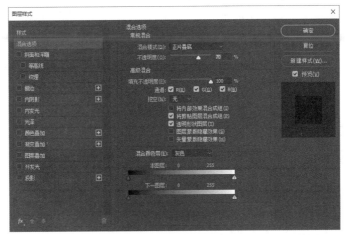

图 1-5-19　"图层样式"菜单　　　　　　图 1-5-20　"混合选项"对话框

1. 投影效果

"投影"能给图层加上一个阴影。打开"图层样式"对话框，选中"投影"复选框可以打开"投影"面板，如图 1-5-21 所示。

（1）混合模式：设置阴影与下方图层的混合模式。

（2）不透明度：设置阴影效果的不透明程度。

（3）角度：设置阴影的光照角度。

（4）距离：设置阴影效果与原图层内容偏移的距离。

（5）扩展：用于扩大阴影的边界。

（6）大小：用于设置阴影边缘模糊的程度。

（7）等高线：用于设置阴影的轮廓形状，可以在其下拉列表框中进行选择。

（8）消除锯齿：使投影边缘更加平滑。

（9）杂色：用于设置是否使用噪声点来对阴影进行填充。

（10）图层挖空投影：用于控制半透明图层中投影的可视性。

2. 内阴影效果

内阴影可使图层产生内陷的阴影效果。打开"图层样式"对话框，选中"内阴影"复选框可以打开"内阴影"面板，如图 1-5-22 所示。内阴影的设置项和投影的设置基本相同，只是两者产生的效果有所差异。

3. 外发光效果

外发光效果可以给图层边缘加上一个光芒环绕的效果。打开"图层样式"对话框，选中"外发光"复选框可以打开"外发光"面板，如图 1-5-23 所示。

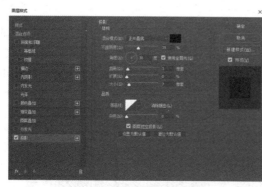

图 1-5-21　"投影"面板

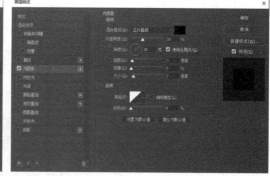

图 1-5-22　"内阴影"面板

（1）单击色块可以设置光晕颜色。

（2）单击色块可以打开"渐变编辑器"编辑设置光晕的渐变色。

（3）方法：用于选择处理蒙版边缘的方法，可以选择"柔和"和"精确"两种设置。

（4）扩展：设置光晕向外扩展的范围。

（5）大小：控制光晕的柔化效果。

（6）等高线：控制外发光的轮廓样式。

（7）范围：控制等高线的应用范围。

（8）抖动：控制随机化发光光晕的渐变。

4. 内发光效果

打开"图层样式"对话框，选中"内发光"复选框可以打开"内发光"面板，如图 1-5-24 所示。与"外发光"效果的面板类似，只是产生的辉光效果方向不同。其中 源：居中(E) 单选按钮表示光线将从图像中心向外扩展，边缘(G) 单选按钮表示将从边缘内侧向中心扩展。

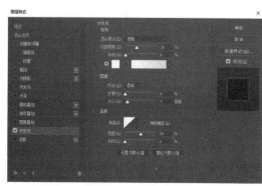

图 1-5-23　"外发光"面板

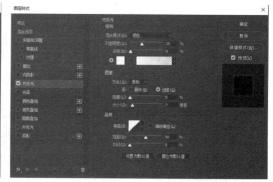

图 1-5-24　"内发光"面板

5. 斜面和浮雕效果

斜面及浮雕效果可以给图层加上斜面和浮雕的效果。打开"图层样式"对话框，选中"斜面和浮雕"复选框可以打开"斜面和浮雕"面板，如图 1-5-25 所示。

（1）样式：指定斜面样式。"内斜面"在图层内容的内边缘上创建斜面；"外斜面"在图层内容的外边缘上创建斜面；"浮雕效果"模拟使图层内容相对于下层图层呈浮雕状的效果；"枕状浮雕"模拟将图层内容的边缘压入下层图层中的效果；"描边浮雕"将浮雕限于应用于图层的描边效果的边界。如果未将任何描边应用于图层，则"描边浮雕"效果不可见。

（2）方法：用来设置斜面和浮雕的雕刻精度。有 3 个选项："平滑""雕刻清晰"和"雕刻柔和"。

（3）深度：指定斜面深度。

（4）大小：指定阴影大小。

（5）软化：模糊阴影效果可减少多余的人工痕迹。

（6）角度：所采用的光照角度。

（7）高度：设置光源的高度。值为 0 表示底边；值为 90 表示图层的正上方。

（8）光泽等高线：创建有光泽的金属外观。"光泽等高线"是在为斜面或浮雕加上阴影效果后应用的。

（9）高光或阴影模式：指定斜面或浮雕高光或阴影的混合模式。

（10）等高线：在斜面和浮雕中，可以使用"等高线"勾画在浮雕处理中被遮住的起伏、凹陷和凸起。

（11）纹理：应用一种纹理。使用"缩放"来缩放纹理的大小。如果要使纹理在图层移动时随图层一起移动，则选择"与图层链接"。"反相"使纹理反相。"深度"改变纹理应用的程度和方向（上/下）。"贴紧原点"使图案的原点与文档的原点相同（如果取消选择"与图层链接"），或将原点放在图层的左上角（如果"与图层链接"处于选定状态）。拖动纹理可在图层中定位纹理。

6. 光泽效果

用光泽效果能给图层加上类似绸缎的光泽。打开"图层样式"对话框，选中"光泽"复选框，将显示"光泽"面板，如图 1-5-26 所示。其中的各项参数与其他样式中同名的参数含义相同，这里不再赘述。

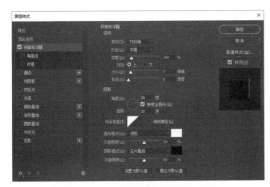

图 1-5-25　"斜面和浮雕"面板

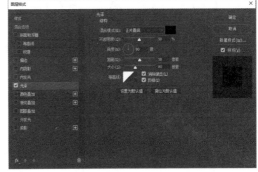

图 1-5-26　"光泽"面板

7. 颜色叠加效果

颜色叠加效果能给图层加上一个带有混合模式的单色图层。在"图层样式"对话框中选中"颜色叠加"复选框，将显示"颜色叠加"面板，如图 1-5-27 所示。

8. 渐变叠加效果

使用渐变叠加效果能给图层加上一个层次渐变的效果。在"图层样式"对话框选中"渐变叠加"复选框，将显示"渐变叠加"面板，如图 1-5-28 所示。

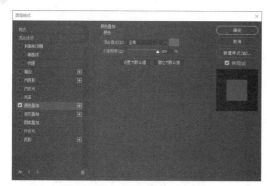　　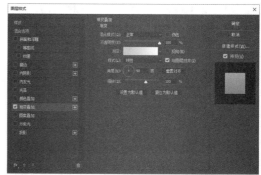

图 1-5-27　"颜色叠加"面板　　　　　　　　图 1-5-28　"渐变叠加"面板

9. 图案叠加效果

使用"图案叠加"面板能给图层加上一个图案化的图层叠加效果。在"图层样式"对话框中选中"图案叠加"复选框，将显示"图案叠加"面板，如图 1-5-29 所示。其中的设置与"斜面和浮雕"面板中的图案选项相似。

10. 描边效果

使用描边效果能给图层加上一个边框的效果。在"图层样式"对话框中选中"描边"复选框，将显示"描边"面板，如图 1-5-30 所示。

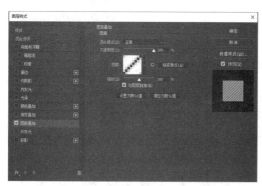　　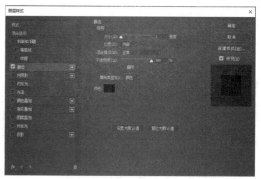

图 1-5-29　"图案叠加"面板　　　　　　　图 1-5-30　"描边"面板

【例 5.2】制作卷角效果照片，效果如图 1-5-31 所示。具体操作步骤如下：

（1）新建一个默认 Photoshop 大小（16 厘米 × 12 厘米 @300 ppi）的文档，新建"图层 1"，设置前景色为金色（#cd7f32），按【Alt+Delete】组合键为"图层 1"填充前景色。

（2）选择"图层 1"，选择"滤镜"→"杂色"→"添加杂色"命令，打开"添加杂色"对话框，设置数量为30%，如图 1-5-32 所示。

图 1-5-31　卷角照片效果

（3）选择"滤镜"→"模糊"→"动感模糊"命令，打开"动感模糊"对话框，设置距离为 1999，如图 1-5-33 所示。

（4）给"图层 1"添加"斜面和浮雕"效果的图层样式，默认参数，如图 1-5-34 所示。再选择"滤镜"→"液化"命令，打开"液化"对话框，设置笔尖大小 250，按住鼠标左键不放在图像上涂抹（根据个人喜好），制作出弯曲纹理效果，如图 1-5-35 所示。

图 1-5-32　添加杂色

图 1-5-33　动感模糊

图 1-5-34　斜面和浮雕效果

图 1-5-35　液化效果

（5）打开"小女孩 .jpg"文件，按【Ctrl+A】组合键，全选照片，按【Ctrl+C】组合键，复制照片；切换到新建文件上，按【Ctrl+V】组合键，粘贴照片内容到新建文件中，此时会新建"图层 2"。按【Ctrl+T】组合键，打开"自由变换"命令，适当地调整图片的大小和位置，按【Enter】键确认变换，如图 1-5-36 所示。

（6）给"图层 2"添加"投影"和"描边"效果的图层样式，设置描边大小"5 像素"，位置"内部"，颜色"白色"；设置投影的角度 125°，距离 30 像素；其他参数默认，如图 1-5-37 所示。

图 1-5-36　添加素材

图 1-5-37　设置投影和描边

（7）选择"滤镜"→"扭曲"→"切变"命令，打开"切变"对话框，设置图像扭曲程度，如图 1-5-38 所示。

（8）在"图层 2"缩略图右边的 fx 图标上右击，在弹出的快捷菜单中选择"创建图层"命令，将图层样式效果从图层中分离出来，如图 1-5-39 所示。

（9）选择"图层 2"的"投影"图层。选择"编辑"→"变换"→"水平翻转"命令，再将投影图像移动到合适的位置，如图 1-5-40 所示。

图 1-5-38　切变效果　　　　　　　　　　　　图 1-5-39　分离图层样式

（10）选择"图层 2"，使用"直排文字蒙版工具"，设置字体"华文行楷"，大小为 40 点，输入"三周岁纪念"5 个字，确认输入后创建了文字选择范围，可以利用选框工具恰当地调整选区位置，如图 1-5-41 所示；按【Ctrl+J】组合键，将选区内的图像复制到新建的"图层 3"中。

图 1-5-40　调整投影效果　　　　　　　　　　图 1-5-41　创建文字选区

（11）给"图层 3"添加"投影"和"斜面和浮雕"效果的图层样式，所有参数默认，最终效果如图 1-5-31 所示。

5.4　创建填充图层和调整图层

调整图层用于对图像进行色彩与色调调节，其优点是改变图像显示效果，而不改变图像像素本身。不需要时，可删除调节层，原图像不受影响。调整图层能影响在它之下的所有图层，这就意味着用户能通过制作一个简单的调整图层纠正多个图层，而胜于对每个图层进行单独的调整。填充图层能让用户通过纯色、渐变色或图案填充图层。与调整图层不同的是，填充图层不会影响在它下面的图层。

单击"图层"面板下方的 按钮，从弹出的菜单中可以看见图层调整和图层填充的所有选项，如图 1-5-42 所示。图中的前 3 项纯色、渐变色或图案是图层填充项，而后几项都是图层调整项。图 1-5-43 所示为添加"渐变"填充图层后的效果。如图 1-5-44 所示为添加"色彩平衡"调整图层后的效果。

使用调整图层和使用"图像"→"调整"下的命令功能非常相似，但是使用调整图层还具有以下特点：

（1）使用调整图层可以调整其下面所有图层的内容，而使用调整命令只能调整一个图层的内容。

（2）使用调整图层并没有改变其下面图层的实际内容，当不需要调整时，只需删除该调整图层即可；而使用调整命令将改变被调整图层的实际内容，当不需要调整时，只能通过"历史记录"还原，而且调整之后的所有操作将一起被撤销，如果调整之后的步骤过多将无法还原。

图 1-5-42　填充和调整图层菜单　　　　　　图 1-5-43　添加"渐变"填充图层

图 1-5-44　添加"色彩平衡"调整图层

【例 5.3】利用调整图层调整图像的色彩，效果如图 1-5-45 所示。

 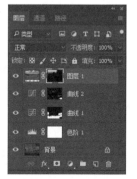

图 1-5-45　利用调整图层调整色彩效果

具体操作步骤如下：

（1）打开"房子 .jpg"文件，单击图层面板 ■ 按钮，创建一个色阶调整图层，调整高光输入色阶，调亮图像，如图 1-5-46 所示。

图 1-5-46 色阶调整图层

（2）单击图层面板中的按钮，创建一个曲线调整图层，在属性面板中选择"绿"通道，调节曲线的形状，提高图像中的绿色色调；选中蒙版，使用画笔涂抹需要遮盖的区域，如图 1-5-47 所示。

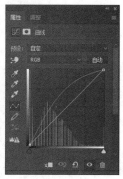

图 1-5-47 提高绿色色调

（3）同样方法，再创建一个调整红通道的曲线调整图层，提高图像中的红色色调。

（4）打开"天空 .jpg"，利用移动工具把它拖动到"房子 .jpg"文件窗口，单击图层面板中的"添加矢量蒙版"按钮，为"图层 1"添加一个图层蒙版；选择图层蒙版，应用渐变工具，使用白到黑的线性渐变，从上到中间拉一根直线填充的渐变色。再使用画笔工具，调整合适的不透明度，修饰需要遮盖的区域，结果如图 1-5-45 所示。

5.5　应用举例

【案例】火焰字，制作金属燃烧的火焰字效果。

【设计思路】这个火焰字分两部分制作出来，然后做出底部的火焰烟雾纹理，设计红色和叠加纹理填充图案做出火焰效果，再用金属填充图案把顶部的金属字做出来即可。最终效果如图 1-5-48 所示。

【设计目标】通过本案例，掌握文本图层及图层样式的使用。

【操作步骤】

（1）打开"金属纹理 1.jpg"和"金属纹理 2.jpg"，选择"编辑"→"定义图案"，分别定义命名为"金属纹理 1"和"金属纹理 2"。

（2）新建一个"名称"为"火焰字"，1000 像素 × 454 像素 @72 ppi，RGB 颜色模式，黑色背景的图像文件。

（3）选择横排文字工具，输入想要的文字，字体"Adobe 黑体 Std"，字号 320 点，颜色为黄褐色（#9B7B0C）；利用移动工具调整好文字的位置，效果如图 1-5-49 所示。

图 1-5-48　火焰字效果

图 1-5-49　输入文字

（4）双击图层面板中"火焰字"图层右侧灰色部分打开图层样式 1，然后设置参数"斜面和浮雕"和"纹理"，如图 1-5-50 所示。确定后在图层面板把填充改为 0%，效果如图 1-5-51 所示。

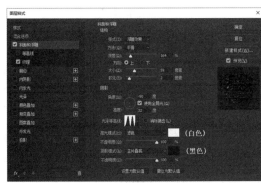

（a）斜面和浮雕

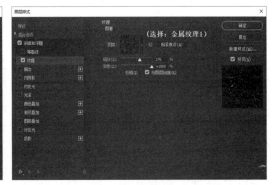

（b）纹理

图 1-5-50　图层样式 1

（5）按两次【Ctrl+J】组合键，把"火焰字"图层复制两层，选择"火焰字 拷贝 2"图层，在图层缩略图后面的灰色区域右击，选择"清除图层样式"命令，效果如图 1-5-52 所示。

图 1-5-51　图层样式 1 效果

图 1-5-52　清除图层样式 1

（6）设置"火焰字 拷贝 2"图层的图层样式 2，设置"投影"和"外发光"参数，如图 1-5-53 所示；确定后在图层面板把填充改为 0%，效果如图 1-5-54 所示。

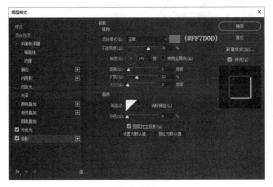

（a）投影

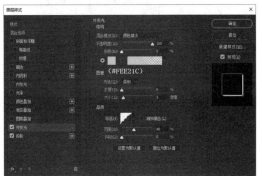

（b）外发光

图 1-5-53　图层样式 2

（7）按【Ctrl＋J】组合键，把"火焰字 拷贝 2"图层复制一层"火焰字 拷贝 3"图层，按上述方法清除图层样式，效果如图 1-5-55 所示。

（8）设置"火焰字 拷贝 3"图层的图层样式 3，设置"内阴影""光泽""颜色叠加""渐变叠加""图案叠加"和"描边"参数；确定后在图层面板把填充改为 0%。

图 1-5-54　图层样式 2 效果

图 1-5-55　清除图层样式 2

- 设置"内阴影"：混合模式"亮光"、"白色"；设置"光泽"：混合模式"颜色减淡"，颜色为橙红色：#FF6407，然后设置等高线；其他参数如图 1-5-56 所示。

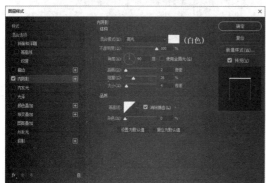

（a）内阴影　　　　　　　　　　　　（b）光泽

图 1-5-56　图层样式 3-1

- 自定义"光泽"中"等高线"；设置"颜色叠加"：混合模式"柔光"；颜色：#0B0B0B；其他参数如图 1-5-57 所示。

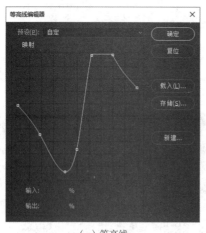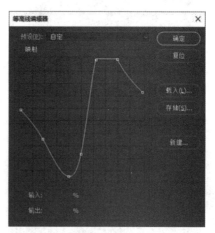

（a）等高线　　　　　　　　　　　　（b）颜色叠加

图 1-5-57　图层样式 3-2

● 设置"渐变叠加"：混合模式"强光"，渐变设置等如图 1-5-58 所示。

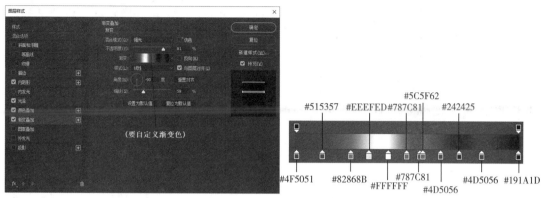

（a）渐变叠加　　　　　　　　　　　　　　（b）设置渐变色

图 1-5-58　图层样式 3-3

● 设置"图案叠加"：图案选择自定义的"金属纹理 2"图案；设置"描边"：填充类型选择"渐变"，渐变选择自带的"透明条纹渐变"；其他参数如图 1-5-59 所示。效果如图 1-5-60 所示。

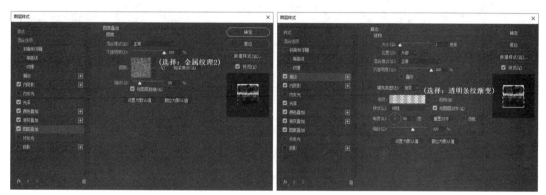

（a）图案叠加　　　　　　　　　　　　　　（b）描边

图 1-5-59　图层样式 3-4

（9）按【Ctrl + J】组合键，把"火焰字 拷贝 3"图层复制一层"火焰字 拷贝 4"图层，按上述方法清除图层样式，效果如图 1-5-61 所示。

图 1-5-60　图层样式 3 效果

图 1-5-61　清除图层样式 3

（10）设置"火焰字 拷贝 4"图层的图层样式 4，设置"投影""外发光""斜面和浮雕"和"纹理"参数；确定后在图层面板把填充改为 0%。

● 设置"投影"：混合模式"强光""白色"；设置"外发光"：混合模式"线性光"，颜色为橙红色（#FD7E0D）；其他参数如图 1-5-62 所示。

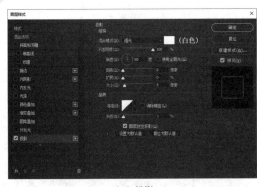 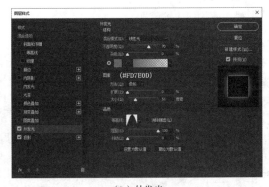

（a）投影　　　　　　　　　　　　　　（b）外发光

图 1-5-62　图层样式 4-1

- 设置"斜面和浮雕"：样式"外斜面"；设置"纹理"：图案选择自定义的"金属纹理 1"图案；其他参数如图 1-5-63 所示。效果如图 1-5-64 所示。

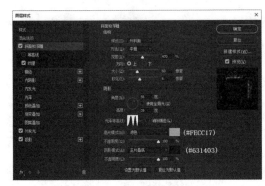 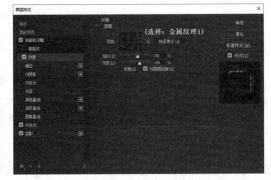

（a）斜面和浮雕　　　　　　　　　　　（b）纹理

图 1-5-63　图层样式 4-2

（11）按【Ctrl + J】组合键，把"火焰字 拷贝 4"图层复制一层"火焰字 拷贝 5"图层，按上述方法清除图层样式，效果如图 1-5-65 所示。

图 1-5-64　图层样式 4 效果　　　　　图 1-5-65　清除图层样式 4

（12）设置"火焰字 拷贝 5"图层的图层样式 5，设置"内阴影""内发光""斜面和浮雕""等高线"和"图案叠加"参数；确定后在图层面板把填充改为 0%。

- 设置"内阴影"：混合模式"颜色减淡"，颜色"#F28729"；设置"内发光"：混合模式"叠加"，颜色"#FBFBFB"；其他参数如图 1-5-66 所示。
- 设置"斜面和浮雕"：样式"内斜面"，颜色都为"#010101"；设置"等高线"：范围 61%；其他参数如图 1-5-67 所示。
- 设置"图案叠加"：图案选择自定义的"金属纹理 2"图案；其他参数如图 1-5-68 所示。最终图层面板如图 1-5-69 所示；最终效果如图 1-5-48 所示。

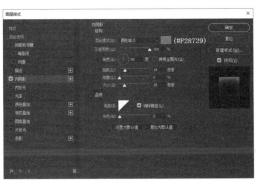

（a）内阴影

（b）内发光

图 1-5-66　图层样式 5-1

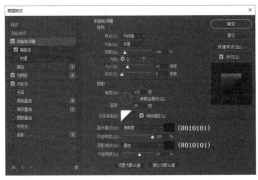

（a）斜面和浮雕

（b）等高线

图 1-5-67　图层样式 5-2

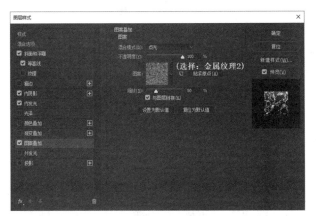

图 1-5-68　图层样式 5-3

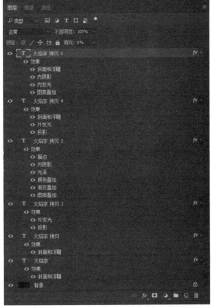

图 1-5-69　最终图层面板

第6章
蒙版与通道的使用

本章导读

本章主要讲解 Photoshop 的蒙版和通道的基本操作和使用技巧，如各种蒙版的建立和使用。通过本章的学习，读者可了解 Photoshop 中文版在蒙版和通道使用方面的强大功能，并能通过蒙版和通道做出精美的图像效果。

学习目标

◎ 掌握蒙版和通道的概念。
◎ 掌握蒙版的作用及使用方法。
◎ 掌握应用通道处理图片的方法。

学习重点

◎ 使用蒙版。
◎ 通道操作。

 **6.1 使用蒙版**

Photoshop 强大的功能，很大一部分体现在蒙版技术的成熟与专业化上，而且 Photoshop 中几乎所有的高级应用，都体现了蒙版技术的精髓。

Photoshop 中的蒙版主要分为两大类：一类的作用类似于选择工具，用于创建复杂的选区，主要包括快速蒙版、横排文字蒙版和直排文字蒙版；另一类的作用主要是为图层创建透明区域，而又不改变图层本身的图像内容，主要包括图层蒙版、矢量蒙版和剪贴蒙版。

6.1.1 快速蒙版的使用

快速蒙版、横排文字蒙版工具和直排文字蒙版工具都是用来创建选区的，其中快速蒙版可以快速地将一个选区变成一个蒙版，然后对这个快速蒙版进行编辑，以完成一些精确的选取。

在工具箱中有如图 1-6-1 所示的"以快速蒙版模式编辑"按钮，此按钮可进入和退出快速蒙版编辑状态。双击此按钮，可打开如图 1-6-2 所示的"快速蒙版选项"对话框。

图 1-6-1 快速蒙版按钮　　　　图 1-6-2 "快速蒙版选项"对话框

其中各项含义如下：

（1）被蒙版区域：选择该单选按钮，则在编辑时被蒙版颜色覆盖的区域为非选择区域。

（2）所选区域：选择该单选按钮，则在编辑时被蒙版颜色覆盖的区域为选择区域。

（3）颜色：用于设置蒙版颜色。

（4）不透明度：用于设置蒙版颜色的不透明度。

【例 6.1】利用快速蒙版处理皮肤。最终效果如图 1-6-3 所示。

具体操作步骤如下：

（1）按【Ctrl+O】组合键打开"人物 1.jpg"图像，如图 1-6-4 所示。

（2）双击"以快速蒙版模式编辑"按钮，打开"快速蒙版选项"对话框，设置成如图 1-6-2 所示，然后单击"确定"按钮。

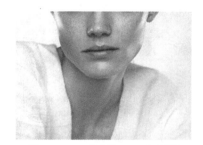

图 1-6-3 磨皮效果　　　　　　图 1-6-4 "人物 1.jpg"图像

（3）在图层面板中复制一层，选中复制的图层，按【Q】键进入快速蒙板，如图 1-6-5 所示。

（4）打开画笔，调整画笔的大小为 17，鼻子和嘴不要画进去，画好之后如图 1-6-6 所示。

图 1-6-5 复制好的图层　　　　图 1-6-6 画好的效果

（5）按【Q】键退出快速蒙板，这个时候有个选区出现，选择"滤镜"→"模糊"→"高斯模糊"命令，打开"高斯模糊"对话框，设置半径为 2，单击"确定"按钮，最终效果如图 1-6-3 所示。

6.1.2 图层蒙版的使用

创建图层蒙版可以控制图层中的不同区域被隐藏或显示，也可以通过对蒙版上颜色的改变来达到对原图层透明效果的设置，白色表示不透明，黑色表示全透明，灰色表示半透明。通过更改图层蒙版，可以将大量特殊效果应用到图层，而实际上不会影响该图层上的像素。

1. 创建图层蒙版

除"背景"外，其他所有图层都可以添加图层蒙版。创建图层蒙版的方法如下：

方法一：单击图层面板中的 ▣ 按钮，即可为图层添加一个图层蒙版。

方法二：选择"图层"→"图层蒙版"→"显示全部"命令，也可为图层添加一个图层蒙版。

> **注意：** 在对图片层进行操作时，要注意区分一下所操作的是图层还是图层的蒙版，图层上有一个白色的框表示当前所选中的是当前层的图层还是图层蒙版。

2. 删除图层蒙版

使用鼠标将要删除的图层蒙版的缩略图拖到"图层"面板的 🗑 按钮上，将打开如图 1-6-7 所示的对话框，单击 应用 按钮将删除图层蒙版，并保留添加图层蒙版后的效果；单击 删除 按钮删除图层蒙版并恢复图层原先的状态，单击 取消 按钮，将取消删除蒙版操作。

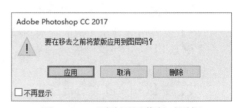

图 1-6-7 删除图层蒙版对话框

【例 6.2】利用图层蒙版制作校园宣传海报，效果如图 1-6-8 所示。

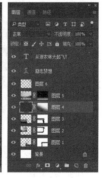

图 1-6-8 校园宣传海报

具体操作步骤如下：

（1）新建一个 Photoshop 默认大小（16厘米 ×12 厘米 @300 ppi）的文档，打开"校园风光 1.jpg""校园风光 2.jpg"和"校园风光 3.jpg"，利用移动工具 ⊕ 分别拖动 3 张校园风光图片到新建的文件窗口中，如图 1-6-9所示。

（2）单击图层面板中的 ▣ 按钮，分别为"图层 1""图层 2"和"图层 3"添加图层蒙版，利用画笔工具 ✐，设置前景色为黑色，分别在"图层 1""图层 2"和"图层 3"的图层蒙版上

图 1-6-9 拖动素材

绘制，使每张图片边缘处于半透明状态，绘制时要配置不同不透明度，如图 1-6-10 所示。

图 1-6-10　添加图层蒙版

（3）在"图层 3"上方新建"图层 4"，设置前景色为金色（#004a00），按【Alt+Delete】组合键为"图层 4"填充前景色。

（4）选择"图层 4"，选择"滤镜"→"杂色"→"添加杂色"命令，打开"添加杂色"对话框，设置数量为 30%；选择"滤镜"→"模糊"→"动感模糊"命令，打开"动感模糊"对话框，设置距离为 600。

（5）单击图层面板中的 按钮为"图层 4"添加图层蒙版，利用画笔工具 ，设置前景色为黑色，设置画笔笔尖大小 1000，在"图层 4"的图层蒙版左下角绘制，绘制时要配置不同的不透明度，如图 1-6-11 所示。

图 1-6-11　添加背景

（6）打开"校园风光 4.jpg"，利用移动工具将其拖动到新建的文件窗口中，为"图层 5"添加图层蒙版；选择渐变工具，设置前景色为黑色，背景色为白色，从图层 4 的中下部向下拉一个线性渐变，效果如图 1-6-12 所示。

图 1-6-12　添加校名

（7）打开"校标.psd"，利用移动工具拖动校标到新建的文件窗口中，按【Ctrl+T】组合键打开自由变换命令，等比缩放校标。

（8）选择横排文本工具 **T**，设置字体"华文行楷"，大小"36点"，颜色"#013901"，输入"励志梦想"；单击工具属性栏中的 **工** 按钮，打开"变形文字"对话框，设置样式为"波浪"，垂直扭曲为"+66"如，图1-6-13所示。

（9）再次利用横排文本工具，输入"从浙农林大起飞！"，效果如图1-6-8所示。

图1-6-13　"变形文字"对话框

6.1.3　矢量蒙版的使用

矢量蒙版与图层蒙版类似，它可以控制图层中不同区域的透明，不同的是图层蒙版是使用一个灰度图像作为蒙版，而矢量蒙版是利用一个路径作为蒙版，路径内部的图像将被保留，而路径外部的图像将被隐藏。

打开一个图片文件，选择工具箱中的钢笔工具 **∅**，在图像中绘制一条路径，如图1-6-14（a）所示。在"图层"面板中选中要创建矢量蒙版的图层，选择"图层"→"矢量蒙版"→"当前路径"命令，或按住【Ctrl】键不放，单击"图层"面板中的按钮 **◻**，即可为该图层创建一个矢量蒙版，如图1-6-14（b）所示。

（a）绘制路径　　　　　　　　　　（b）创建矢量蒙版

图1-6-14　添加矢量蒙版

单击"图层"蒙版中矢量蒙版的缩略图，可以在图像窗口中显示或隐藏该矢量蒙版的路径，然后使用钢笔工具 **∅** 修改该路径。

6.1.4　剪贴蒙版的使用

如果要为多个图层使用相同的透明效果，为每一个图层都创建一个图层蒙版会非常麻烦，而且也容易出现不一致的情况，这时就可以使用剪贴蒙版来解决这个问题。剪贴蒙版是利用一个图层作为一个蒙版，在该图层上的所有被设置了剪贴蒙版的图层都将以该图层的透明度为标准。

创建剪贴蒙版的方法：选择"图层"→"创建剪贴蒙版"即可为所有的链接图层创建剪贴蒙版，如图1-6-15所示。

在"图层"面板中选择一个添加有剪贴蒙版的图层，再选择"图层"→"释放剪贴蒙版"命令，即可将该图层以及其上面的所有添加蒙版效果的图层从剪贴蒙版中释放出来。

图 1-6-15　创建剪贴蒙版

6.2　通道和"通道"面板

在 Photoshop 中，每一幅图像由多个颜色通道（如红、绿、蓝通道或青、品、黄、黑通道）构成，每一个颜色通道分别保存相应颜色的颜色信息。

通道用来存放图像的颜色信息，当打开一个新的图像时，就会自动创建颜色信息通道。图像的颜色模式决定了所创建的颜色通道的数目。例如，RGB 图像就有 4 个默认的通道（分别为红色通道、绿色通道、蓝色通道以及复合通道）。

通道的可编辑性很强，如色彩选择、套索选择、笔刷等都可以改变通道，几乎可以把通道作为一个位图来处理，而且还可以实现不同通道相交集、叠加、相减的动作来实现对所需选区的精确控制。

简单地说，通道就是选区。通道既是选区又是保存着图像的颜色信息，而图像又是由一个个有着色彩信息的像素构成，于是可以这样理解通道的本质：通道是一个保存着不同种颜色的选区。

6.2.1　通道面板

当打开一个新图像时，就自动创建了颜色信息通道。单击工作界面右侧的"通道"标签或选择"窗口"→"通道"命令，打开"通道"面板，如图 1-6-16 所示。

"通道"面板具体各项功能如下：

（1）通道缩览图：用于显示该通道的预览缩略图。单击右上角的通道快捷菜单按钮，在弹出的菜单中选择"面板选项"命令可调整预览缩略图的大小。

图 1-6-16　"通道"面板

（2）通道显示控制框：用来控制该通道是否在图像窗口中显示出来。要隐藏某个通道，只需单击该通道对应的眼睛图标，让眼睛图标消失即可。

（3）通道名称：显示对应通道的名称，通过按名称后面的快捷键，可以快速切换到相应的通道。

（4）通道快捷菜单：单击右上角的通道快捷菜单按钮，将弹出一个快捷菜单，用来执行与通道有关的各种操作。

（5）"将通道作为选区载入"按钮：单击该按钮可以根据当前通道中颜色的深浅转化为选区。该按钮与选择"选择"→"载入选区"命令作用相同。

（6）"将选区存储为通道"按钮：单击该按钮可以将当前选区转化为一个 Alpha 通道，该按钮与选择"选择"→"存储选区"命令作用相同。

（7）"创建新通道"按钮 ：单击该按钮可以新建一个 Alpha 通道。

（8）"删除当前通道"按钮 ：单击该按钮可以删除当前选择的通道。

6.2.2 通道的类型

通道作为图像的组成部分，是与图像的格式密不可分的，图像颜色、格式的不同决定了通道的数量和模式，在通道面板中可以直观地看到。

在 Photoshop 中涉及的通道主要有以下几种：

1. 复合通道

复合通道（Compound Channel) 不包含任何信息，实际上它只是同时预览并编辑所有颜色通道的一个快捷方式。它通常被用来在单独编辑完一个或多个颜色通道后使通道面板返回到它的默认状态。对于不同模式的图像，其通道的数量是不一样的。在 Photoshop 中，对于一个 RGB 图像，有 RGB、R、G、B 四个通道；对于一个 CMYK 图像，有 CMYK、C、M、Y、K 五个通道；对于一个 Lab 模式的图像，有 Lab、L、a、b 四个通道。

2. 颜色通道

当用户在 Photoshop 中编辑图像时，实际上就是在编辑颜色通道（Color Channel）。这些通道把图像分解成一个或多个色彩成分，图像的模式决定了颜色通道的数量，RGB 模式有 3 个颜色通道，CMYK 图像有 4 个颜色通道，灰度图只有一个颜色通道，它们包含了所有将被打印或显示的颜色。

查看一个 RGB 通道时，其中暗调表示没有这种颜色，而亮色调表示具有该颜色。也就是说，当一个红色通道非常浅时表明图像中有大量的红色，反之一个非常深的红色通道表明图像中的红色较少，整个图像的颜色将会呈现红色的反向颜色——青色。

CMYK 模式的图像文件主要用于印刷，而印刷是通过油墨对光线的反射来显示颜色的，而不像 RGB 模式是通过发光来显示颜色，所以 CMYK 是用减色法来记录颜色数据的。在一个 CMYK 通道中，暗调表示有这种颜色，而亮色调表示没有该颜色，这正好与 RGB 通道相反。

Lab 模式的颜色空间与前面两种完全不同。Lab 不是采用为每个单独的颜色建立一个通道，而是采用两个颜色极性通道和一个明度通道。其中，"a"通道为绿色到红色之间的颜色；"b"通道为蓝色到黄色之间的颜色；"明度"通道为整个画面的明暗强度。

3. 专色通道

专色通道（Spot Channel）是一种特殊的颜色通道，它可以使用除了青色、洋红、黄色、黑色以外的颜色来绘制图像。专色通道一般人用得较少且多与打印相关。

4. Alpha 通道

Alpha 通道（Alpha Channel）是计算机图形学中的术语，指的是特别的通道。有时，它特指透明信息，但通常的意思是"非彩色"通道。这是人们真正需要了解的通道，可以说人们在 Photoshop 中制作出的各种特殊效果都离不开 Alpha 通道，它最基本的用处在于保存选取范围，并不会影响图像的显示和印刷效果。

5. 单色通道

单色通道的产生比较特别，也可以说是非正常的。如果在通道面板中随便删除其中一个通道，就会发现所有的通道都变成"黑白"的，原有的彩色通道即使不删除也会变成灰度的。

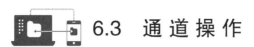 **6.3　通道操作**

对图像的编辑实质上是对通道的编辑，因为通道才是真正记录图像信息的地方，无论色彩的改变、选区的增减、渐变的产生，都可以追溯到通道中。

6.3.1　创建通道

单击"通道"面板底部的"创建新通道"按钮 ，可以快速新建一个 Alpha 通道。另外，也可以单击面板右上角的 按钮，在弹出的快捷菜单中选择"新建通道"命令，将打开"新建通道"对话框，如图 1-6-17 所示。在"名称"文本框中输入新通道的名称，在"色彩指示"栏中设置色彩的显示方式，其中 被蒙版区域(M) 单选按钮表示将设置蒙版区为淡色， 所选区域(S) 单选按钮表示将设置选定区为深色。单击"颜色"栏下的颜色方框可以设置填充的颜色，在"不透明度"文本框中可以设置不透明度的百分比。设置完成后单击"确定"按钮，即可新建一个 Alpha 通道，如图 1-6-18 所示。

图 1-6-17　"新建通道"对话框　　　　　图 1-6-18　新建通道

6.3.2　复制通道

如果需要直接对通道进行编辑，最好先复制该通道后再进行编辑，以免编辑后不能还原。在需要复制的通道上右击，在弹出的快捷菜单中选择"复制通道"命令即可打开如图 1-6-19 所示"复制通道"对话框，在"为"文本框中输入复制后通道的名称，单击"确定"按钮，即复制出一个新的通道，如图 1-6-20 所示。

图 1-6-19　"复制通道"对话框　　　　　图 1-6-20　复制通道

6.3.3　删除通道

由于包含 Alpha 通道的图像会占用更多的磁盘空间，所以存储图像前，应删除不需要的 Alpha 通道。在要删除的通道上右击，在弹出的快捷菜单中选择"删除通道"命令即可。也可以用鼠标将要删除的通道拖动到"通道"面板下方的 按钮上。

6.3.4 存储和载入选区

可以选择一个区域存储到一个 Alpha 通道中，在以后需要使用该选区时，再从这个 Alpha 通道中载入这个选区即可。

1. 存储选区

先绘制一个选区（见图 1-6-21），然后单击通道面板下的将选区存储为通道按钮，此时，选区已作为通道被保存，通道中白色区域是选区。

2. 载入选区

存储选区后，使用时即可将其调出。

当要载入选区时，先按住【Ctrl】键，同时单击要载入的选区的通道，则选区直接被载入。

图 1-6-21 选区载入通道

6.3.5 通道的分离和合并

"通道"面板提供了一种强大的工具，可以将彩色图像中的通道分离为独立的文件。通道分离后可以对图像进行单独编辑，然后将它们合并起来。

1. 分离通道

单击"通道"面板右上角的██按钮，在弹出的快捷菜单中选择"分离通道"命令即可分离通道。分离后生成的文件数与图像的通道数有关，例如，将这幅 RGB 图像分离通道后将生成 3 个独立的文件。

2. 合并通道

使用合并通道可以将多个灰度图像合并成一幅多通道彩色图像。

6.3.6 专色通道的使用

专色通道是特殊的预混油墨，用来替代或补充印刷（CMYK）油墨，每增加一个专色通道都将会增加一个印版，在对一个含有专色通道的图像进行分色打印时，专色通道都将被单独打印输出。

【例 6.3】移动图像的透明阴影。

利用通道合成一张具有透明阴影的图像，在这个例子中，

图 1-6-22 透明的阴影

不仅要抠出主体以及其中的阴影，还要使抠出的阴影保持图像中原始的透明状态，最后将其合成到其他背景图像上时，就能看到一种很好的效果。最终效果如图 1-6-22 所示。

具体操作步骤如下：

（1）按【Ctrl+O】组合键打开"哑铃.jpg"图像，如图 1-6-23 所示。

（2）利用选择工具选中哑铃部分，如图 1-6-24 所示。

图 1-6-23 打开"哑铃.jpg"图像   图 1-6-24 选中哑铃

（3）按【Ctrl+J】组合键将选区内的哑铃复制到自己独立的图层上，如图 1-6-25 所示。

（4）选中背景层，切换到通道面板，按住【Ctrl】键的同时用鼠标点击 RGB 通道选中背景层的高光区域，如图 1-6-26 所示，然后再按【Ctrl+Shift+I】组合键反向选区，从而选中图像内的阴影区域，如图 1-6-27 所示。

图 1-6-25　复制哑铃图层

图 1-6-26　选中图像的高光区

（5）切换到"图层"面板，在"图层"面板中新建一个空白图层。接着，将前景色设置为黑色，然后选中新建的图层，按【Alt+Delete】组合键用相应的黑色填充与背景层内对应的浅红色阴影，效果如图 1-6-28 所示。

图 1-6-27　反选后效果

图 1-6-28　填充黑色

（6）在"图层"面板中删除背景层，将图层 1 向下和图层 2 合并，此时，图像内的图层中只有哑铃和需要的浅灰色阴影，效果如图 1-6-29 所示。

（7）按【Ctrl+O】组合键打开"背景 1.jpg"图像，然后把刚才处理好的图层 2 拖动到背景1.jpg 中后调整大小即可。此时，拖动哑铃时，它的透明阴影随之移动，最终效果如图 1-6-22所示。

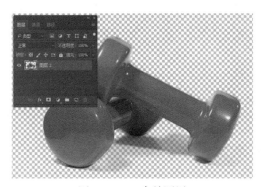

图 1-6-29　合并图层

6.4　应用举例

【案例】本案例介绍如何快速利用通道抠出黑色背景的玻璃杯,抠这类黑色背景的方法很多,这里用的是通道抠图的方法,效果如图 1-6-30 所示。

【设计思路】首先找出黑白对比最强烈的通道,利用色价调整对比度,抠出杯子高光部分,填充颜色;再利用图层蒙版组合到桌子等素材上。

【设计目标】通过本案例,掌握通道、图层蒙版的使用。

【操作步骤】

(1)打开"透明玻璃杯.jpg"图像文件,如图 1-6-31 所示;切换到通道面板,单击观察红、绿、蓝 3 个通道,选择黑白对比最强烈的通道,此素材黑白对比最强烈的为"蓝"通道,复制一份,如图 1-6-32 所示。

图 1-6-30　抠图效果　　　　　　　图 1-6-31　透明玻璃杯

(2)选择"蓝 拷贝"通道,选择"图像"→"调整"→"色价"命令,或按【Ctrl+L】组合键,打开"色价"对话框,调整蓝色通道的色价,如图 1-6-33 所示。

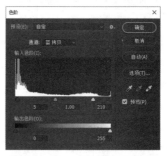

图 1-6-32　"通道"面板　　　　　　图 1-6-33　"色价"对话框

(3)按住【Ctrl】键,单击复制的"蓝 拷贝"通道的缩略图,载入透明的玻璃部分选区,如图 1-6-34 所示。

(4)切换回"图层"面板,新建一图层并命名为"透明玻璃杯",设置前景色为白色,按【Alt+Delete】组合键,为选区填充白色,取消选区,如图 1-6-35 所示。

(5)打开"桌子.jpg"场景素材图片,选择移动工具,将"透明玻璃杯"图层拖移到刚打开的图片上,如图 1-6-36 所示。

(6)选择"透明玻璃杯"图层,按【Ctrl+T】组合键,打开"自由变换"命令,可以按住工具属性栏的链接等比按钮,缩小玻璃杯,并移动到适合的位置。按【Enter】键确认变换,如图 1-6-37 所示。

图 1-6-34　载入选区　　　　　　　　　图 1-6-35　填充选区

　　　　图 1-6-36　移动玻璃杯　　　　　　　　　图 1-6-37　缩小玻璃杯

　　（7）连续按两次【Ctrl+J】组合键，复制两次"透明玻璃杯"图层（目的在于强化玻璃杯），如图 1-6-38 所示；连续按两次【Ctrl+E】组合键，合并图层。

　　（8）做杯子的倒影。按【Ctrl+J】组合键，复制"透明玻璃杯"图层，重命名为"倒影"；并按【Ctrl+{】组合键，下移一层，如图 1-6-39 所示。

　　　图 1-6-38　复制"透明玻璃杯"　　　　　　　　　图 1-6-39　倒影图层

　　（9）选择"倒影"图层，选择"编辑"→"变换"→"垂直翻转"命令，翻转玻璃杯；利用移动工具，移动图像到恰当位置，如图 1-6-40 所示。

　　（10）设置"倒影"图层透明度设为 40%；对"倒影"图层新建图层蒙版，利用渐变工具，设置前景色和背景色为默认颜色（黑白色），线性渐变，前景色到背景色渐变，从中上向中下拉，倒影即成，如图 1-6-31 所示。图层面板如图 1-6-41 所示。

　　　　图 1-6-40　倒杯子　　　　　　　　　图 1-6-41　最终图层面板

第 7 章

路径的使用

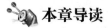 **本章导读**

路径工具是编辑矢量图形的工具，对矢量图形进行放大和缩小，不会产生失真现象。本章主要介绍路径的基本元素和路径面板、创建和编辑路径以及对路径进行填充或描边等方面的知识。

学习目标

◎ 掌握使用钢笔工具绘制直线或曲线路径的方法。

◎ 掌握路径编辑的方法。

◎ 掌握路径应用的方法。

学习重点

◎ 路径编辑。

◎ 路径应用。

7.1 路径和"路径"面板

在 Photoshop 中路径工具是绘图的一个得力助手。使用路径工具绘制出的路径是由一系列点和其所连接起来的线段或曲线构成，路径可闭合也可不闭合。利用路径工具可以绘制各种复杂的图形，并能够生成各种复杂的选区。

7.1.1 路径的基本元素

1. 路径

路径是一种用于进一步产生别的类型线条的工具线条，它由一段或者多段直线或曲线构成，如图 1-7-1 所示。在路径上存在着锚点、方向线和方向点这样一些辅助绘图的工具。

2. 锚点

锚点是一些标记路径线段端点的小方框，如图 1-7-1 所示，它又根据当前的状态显示为填充与不填充两种形式。若锚点被当前操作所选择，该锚点将被填充一种特殊的颜色，成为填充形式；若锚点未被当前操作所选择，该锚点将成为不填充形式。

3. 方向线

方向线对应于一段路径线，可以产生一条曲线，该曲线的曲率与凹凸方向将由方向线来确定，选中锚点将出现方向线，移动方向线可改变曲线的曲率与凹凸方向，如图 1-7-1 所示。

4. 方向点

方向线的端点称为方向点，移动方向点可以改变方向线的长度和方向从而改变曲线的曲率，如图 1-7-1 所示。

7.1.2　"路径"面板

路径与形状统称向量对象，管理向量对象是由路径面板进行的。选择"窗口"→"路径"命令，可以打开"路径"面板，如图 1-7-2 所示。

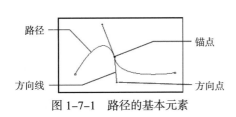

图 1-7-1　路径的基本元素　　　　　图 1-7-2　"路径"面板

"路径"面板中各选项含义如下：

（1）当前路径：面板中以深色条显示的路径为当前活动路径，用户所做的操作都是针对当前路径的。

（2）路径缩略图：用于显示该路径的缩略图，可以在这里查看路径的大致样式。

（3）"填充路径"按钮：单击该按钮，用前景色在选择的图层上填充该路径。

（4）"描边路径"按钮：单击该按钮，用前景色在选择的图层上为该路径描边。

（5）"将路径转为选区"按钮：单击该按钮，可以将当前路径转换为选区。

（6）"将选区转为路径"按钮：单击该按钮，可以将当前选区转换为路径。

（7）"新建路径"按钮：单击该按钮，将建立一个新路径。

（8）"删除路径"按钮：单击该按钮，将删除当前路径。

7.2　创建和编辑路径

在图像处理与图形处理过程中，路径应用非常广泛，能精确创建矢量图形，在一定程度上弥补了位图的不足。本节主要讲述了路径的创建和编辑方法。

7.2.1　路径工具

1. 创建路径工具

在 Photoshop 中进行路径的创建主要用到钢笔工具组的"钢笔工具""自由钢笔工具"及形状工具组中的"矩形工具""圆角矩形工具""椭圆工具""多边形工具""直线工具""自定形状工具"，如图 1-7-3 所示。

2. 编辑路径工具

任何工作都不可能一劳永逸，创建路径之后对其进行编辑修改，使其更加符合用户的需求是十分必要的工作。在 Photoshop 中进行路径的编辑主要用到钢笔工具组中的"添加锚点工具""删除锚点工具"和"转换锚点工具"及路径选择工具组的"路径选择工具""直接选择工具"两种，如图 1-7-4 所示。

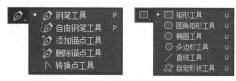

图 1-7-3　创建路径工具

图 1-7-4　编辑路径工具

7.2.2　创建路径

1. 使用钢笔工具绘制路径

钢笔工具 属于矢量绘图工具，其优点是可以勾画平滑的曲线，在缩放或者变形之后仍能保持平滑效果。钢笔工具画出来的矢量图形称为路径，路径是矢量的路径，允许是不封闭的开放状，如果把起点与终点重合绘制就可以得到封闭的路径。钢笔工具可以创建直线和平滑流畅的曲线。"钢笔工具"的属性栏如图 1-7-5 所示。

图 1-7-5　创建"路径"时"钢笔工具"的属性栏

（1）绘制直线路径：将钢笔指针定位在直线段的起点并点按，以定义第一个锚点。在直线第一段的终点再次点按，或按住【Shift】键点按将该段的角度限制为 45° 角的倍数。继续点按，为其他的段设置锚点，如图 1-7-6 所示。

（2）绘制曲线路径：在单击绘制锚点时按住左键不放，此时将出现方向点和方向线。继续按住左键不放，拖动调整方向点和方向线的位置直到得到用户满意的曲线形状松开左键，得到带有两个锚点的曲线路径，如图 1-7-7 所示。

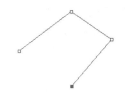

图 1-7-6　绘制直线路径

绘制不同类型的曲线路径，需要合理控制方向点和方向线。下面简单介绍 2 种绘制曲线的常用技巧：

● 要急剧改变曲线的方向，在第 2 锚点处按住【Alt】键调整方向线，然后绘制第 3 锚点，如图 1-7-8 所示。

● 要间断锚点一侧的方向线，按住【Alt】键的同时在锚点上单击，如图 1-7-9 所示。

图 1-7-7　绘制曲线路径　　图 1-7-8　急剧改变曲线方向　　图 1-7-9　间断锚点一侧的方向线

2. 使用自由钢笔工具绘制路径

自由钢笔工具 使用时只需按住左键拖动，Photoshop 会自动沿鼠标指针经过的路线穿过路径和锚点。自由钢笔工具的属性栏与钢笔工具大同小异。

　　选中工具属性栏中的 <u>磁性的</u> 复选框，"自由钢笔工具"与"磁性套索工具"的应用方法相似，它可以沿着图像的边缘绘制工作路径，并且自动产生锚点，如图 1-7-10 所示。

3. 使用形状工具绘制路径

　　使用形状工具也可以创建路径，选择一个形状工具后，在工具属性栏中选择"路径"，然后在图像窗口中拖动鼠标即可创建一条封闭的路径。

图 1-7-10　沿图像的边缘
自动产生路径

7.2.3　编辑路径

　　下面通过制作一颗心形图来掌握编辑工具的使用。

　　在工作区用钢笔工具绘制 3 个点，如图 1-7-11 所示。

1. 添加锚点工具

　　选择添加锚点工具 ，把指针移动放置到路径上想要添加的位置，这时指针右下方会出现一个"+"号，单击即可，如图 1-7-12 所示。

图 1-7-11　绘制三个点

图 1-7-12　添加锚点

2. 删除锚点工具

　　选择删除锚点工具 ，把指针移动放置到路径上想要删除锚点的位置，这时指针右下方会出现一个"-"号，单击即可，如图 1-7-13 所示。

3. 直接选择工具

　　直接选择工具 有两种功能：第一是移动锚点；第二是改变方向线的方向与长度。这个锚点仍然保持为曲线锚点，即两个方向线保持呈直线状态。把图 1-7-13 中新加上的锚点向下移动，再点住左边的方向线向上拉，如图 1-7-14 所示。

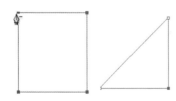

图 1-7-13　删除锚点

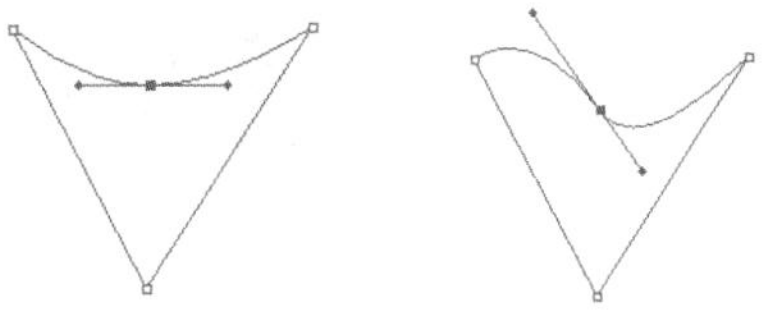

图 1-7-14　直接选择工具的应用

　　注意：按住【Ctrl】键将暂时切换到"直接选择工具"。

4. 转换锚点工具

转换锚点的作用是把平滑锚点转换成转折锚点或把转折锚点转换成平滑锚点。

要把图 1–7–14 的中间锚点转换成转折锚点，可用转换锚点去拉其右边的方向线，结果如图 1–7–15 所示。

转折锚点的特点是两个曲线以很不自然的方式结合在一起，各有各的弯曲度，各有各的弯曲方向。如果想把它再变回去，变成曲线锚点，可以用"转换锚点工具 $\blacktriangleright$"去点中间这个锚点，然后不松手，向一边拖动，就会拖出 180° 的两个方向线。

左上角这个锚点是一条直线与一条曲线相结合，叫作"半曲线锚点"，要把它转换成曲线锚点，可用"转换锚点工具"点中这个锚点不松手，向一边拖动，拖出两个 180° 的方向线。右上角也用同样的方法处理，如图 1–7–16 所示。

用直接选择工具调整好锚点的位置，如图 1–7–17 所示。

图 1–7–15　转换锚点　　　　图 1–7–16　转换锚点　　　　图 1–7–17　直接选择工具的应用

注意：按住【Alt】键即可暂时切换到"转换点工具"进行调整。

5. 路径选择工具

选择路径选择工具 $\blacktriangleright$ 后，可以选中整条路径，按住左键拖动就可以移动路径。如果在拖动的同时按住【Alt】键可以复制整条路径。选择整条路径后，用户还可以通过"编辑"→"自由变换路径"命令或"变换路径"子菜单中的命令对路径进行变形操作，其方法与对图像的变形操作一致，如图 1–7–18 所示。

图 1–7–18　路径选择工具的应用

7.3　应用路径

本节从路径的填充、描边、选区的转换、管理等来讲述路径的应用。

7.3.1　填充路径

使用钢笔工具创建的路径只有在经过描边或填充处理后，才会成为图素。"填充路径"命令可用于使用指定的颜色、图像状态、图案或填充图层来填充包含像素的路径。

（1）在"路径"面板中选择路径。

（2）要填充路径，执行下列任一操作：

- 单击"路径"面板底部的"填充路径"按钮 ■。
- 若要设置填充路径的各项参数，可从"路径"面板菜单中选取"填充路径"或按住【Alt】键并单击"路径"面板底部的"填充路径"按钮 ■，打开"填充子路径"对话框，如图 1-7-19 所示。

将前景色设为红色，将图 1-7-18 所示的心形填充路径后效果如图 1-7-20 所示。

图 1-7-19　"填充子路径"对话框

图 1-7-20　填充后的效果

7.3.2　描边路径

"描边路径"命令可用于绘制路径的边框。"描边路径"命令可以沿任何路径创建绘画描边（使用绘画工具的当前设置）。这和"描边"图层的效果完全不同，它并不模仿任何绘画工具的效果。

（1）在"路径"面板中选择路径。

（2）执行下列任一操作：

- 单击"路径"面板底部的"描边路径"按钮 ■。
- 从"路径"面板菜单中选取"描边路径"或按【Alt】键并单击"路径"面板底部的"描边路径"按钮 ■，打开"描边于路径"对话框，如图 1-7-21 所示。

将前景色设为紫色，将图 1-7-20 所示的心形描边路径后效果如图 1-7-22 所示。

图 1-7-21　"描边子路径"对话框

图 1-7-22　描边后的效果

7.3.3　路径和选区的转换

1. 将路径转换为选区

在"路径"面板中选择路径。要转换路径，可执行下列任一操作：

（1）单击"路径"面板底部的"将路径作为选区载入"按钮 ■。

（2）按住【Ctrl】键，单击"路径"面板中的路径缩览图。

（3）若要设置建立选区的各项参数，从"路径"面板菜单中选择"建立选区"或按住【Alt】键并单击"路径"面板底部的"将路径作为选区载入"按钮 ■，打开"建立选区"对话框，如图 1-7-23 所示。

2. 将选区转换为路径

建立选区，然后执行下列操作之一：

（1）单击"路径"面板底部的"从选区创建工作路径"按钮 以使用当前的容差设置，而不打开"建立工作路径"对话框。

（2）从"路径"面板菜单中选取"建立工作路径"或按住【Alt】键，并单击"路径"面板底部的"从选区生成工作路径"按钮 ，打开"建立工作路径"对话框，如图1-7-24所示。

图1-7-23 "建立选区"对话框　　图1-7-24 "建立工作路径"对话框

7.3.4 管理路径

1. 存储工作路径

当使用钢笔工具或形状工具创建工作路径时，新的路径以工作路径的形式出现在"路径"面板中。工作路径是临时的，必须存储以免丢失其内容。如果没有存储便取消选择了工作路径，当再次开始绘图时，新的路径将取代现有路径。

（1）要存储路径但不重命名，可将工作路径名称拖动到"路径面板"底部的"创建新路径"按钮 。

（2）要存储并重命名路径，可从"路径"面板菜单中选取"存储路径"，然后在"存储路径"对话框中输入新的路径名，单击"确定"按钮。

2. 重命名存储的路径

双击"路径"面板中的路径名，输入新的名称，然后按【Enter】键即可。

3. 删除路径

在"路径"面板中单击路径名，执行下列操作之一：

（1）将路径拖动到"路径"面板底部的"删除"按钮 中。

（2）从"路径"面板菜单中选取"删除路径"。

（3）单击"路径"面板底部的"删除"按钮，然后单击"确定"。

【例】本实例制作了一个"轻纱"效果图（见图1-7-25），主要用到了路径的创建方法及路径与画笔工具配合使用的方法。

具体操作步骤如下：

（1）选择"文件"→"新建"命令，打开"新建"对话框，设置"名称"为"绘制轻纱"，如图1-7-26所示，单击"创建"按钮。

（2）单击"钢笔工具"，在其工具属性栏中选择"路径"，用钢笔工具绘制路径，如图1-7-27所示。

（3）选择画笔工具，选择如图1-7-28所示的画笔，描边路径，用画笔描边。

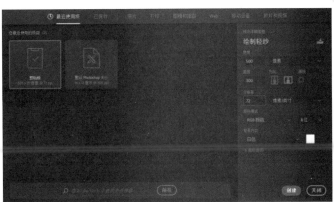

图 1-7-25 最终效果　　　　　　　　　　　图 1-7-26 "新建"对话框

图 1-7-27 绘制路径

图 1-7-28 选择画笔

（4）选中路径，选择"编辑"→"定义画笔预设"命令，弹出如图 1-7-29 所示的对话框。

（5）新建"图层 1"，选择刚才定义的画笔，调出画笔预设，选择画笔笔尖形状，调整笔尖大小为 70，间距为 1%，如图 1-7-30 所示。

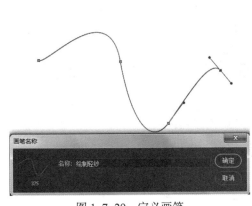

图 1-7-29 定义画笔

图 1-7-30 画笔笔尖形状的设置

（6）设置自己喜欢的颜色做前景色，然后用画笔画，最终效果如图 1-7-25 所示。

7.4 应用举例

【案例】绘制卡通图，效果如图 1-7-31 所示。

图 1-7-31 卡通效果图

【设计思路】本案例制作的是一幅简单的卡通插图，在插图中使用路径和形状图层的各种功能制作出画面中的奶牛、草地和白云等元素。

【设计目标】通过本案例，掌握使用路径和形状图层可轻松地制作矢量风格的插图。

【操作步骤】

（1）新建一个"名称"为"卡通图"，1 024 像素 ×768 像素 @72ppi，RGB 颜色模式，白色背景的图像文件，如图 1-7-32 所示。

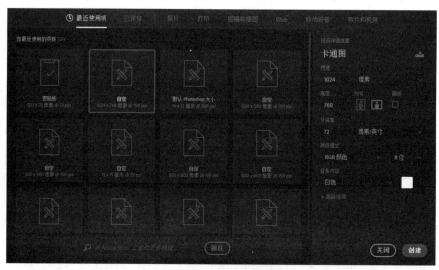

图 1-7-32 新建图像文件

（2）选择"钢笔工具"，设置"工具属性栏"中绘制模式为"形状"；设置前景色为"黑色"，绘制奶牛身体外轮廓（其中：可以配合添加锚点工具、删除锚点工具、直接选择工具等，调整奶牛身体外轮廓的形状），并命名图层为"奶牛身体外轮廓"，如图 1-7-33 所示。

（3）复制"形状 1"图层，并重命名为"奶牛身体内轮廓"；选择"奶牛身体内轮廓"图层，按【Ctrl+T】组合键，打开"自由变换路径"命令，等比缩小一点路径，使形成奶牛身体内轮廓，并填充成"白色"，如图 1-7-34 所示。

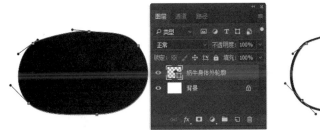 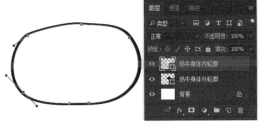

图 1-7-33　绘制外轮廓　　　　　　　　　　1-7-34　绘制内轮廓

（4）复制"奶牛身体内轮廓"图层，重命名图层为"奶牛身体斑纹 1"，设置前景色为 #584fa0；选择"钢笔工具"，设置"工具属性栏"的路径操作为"与形状区域相交" ，绘制一个形状和奶牛身体内轮廓交叉重叠作为奶牛的一个斑纹，如图 1-7-35 所示。

（5）按同样的方法，复制"奶牛身体内轮廓"图层，重命名图层分别为"奶牛身体斑纹 2""奶牛身体斑纹 3""奶牛身体斑纹 4"，并分别在这几个图层上绘制其他斑纹，如图 1-7-36 所示。

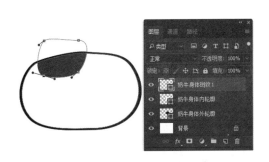 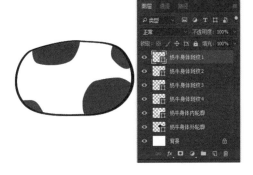

图 1-7-35　绘制斑纹　　　　　　　　　　图 1-7-36　其他斑纹

（6）选择"钢笔工具"，设置"工具属性栏"的路径操作为"新建图层" ，绘制奶牛头部外轮廓，填充黑色，重命名图层为"奶牛头部外轮廓"；利用步骤（3）同样的方法处理头部内轮廓，得到"奶牛头部内轮廓"图层，如图 1-7-37 所示。

（7）复制"奶牛头部内轮廓"图层，得到"奶牛头部斑纹"图层，设置前景色为 #584fa0；利用步骤（4）同样方法处理头部斑纹，如图 1-7-38 所示。

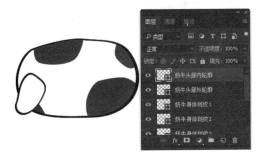 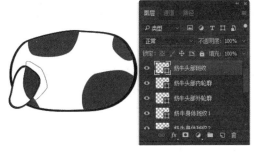

图 1-7-37　绘制头部轮廓　　　　　　　　图 1-7-38　绘制头部斑纹

（8）利用"钢笔工具"会奶牛左耳朵，重命名图层为"奶牛左耳外轮廓"，并填充黑色；再绘制左耳的内轮廓，填充 #584fa0 颜色，并得到"奶牛左耳内轮廓"图层；调整"奶牛左耳外轮廓"图层和"奶牛左耳内轮廓"图层到"奶牛头部外轮廓"图层下方。用同样的方法绘制右耳朵，如图 1-7-39 所示。

（9）利用"钢笔工具"绘制奶牛左角，重命名图层为"奶牛左角外轮廓"，并填充黑色；再绘制左角的内轮廓，填充白色，并得到"奶牛左角内轮廓"图层；调整"奶牛左角外轮廓"图层和"奶牛左角内轮廓"图层到"奶牛头部外轮廓"图层下方。用同样的方法绘制右耳角，如图 1-7-40 所示。

图 1-7-39　绘制耳朵

图 1-7-40　绘制牛角

（10）选择"椭圆工具"，设置"工具属性栏"中绘制模式为"形状"；设置前景色为"黑色"，绘制奶牛的眼睛，得到"奶牛左眼"和"奶牛右眼"图层，如图 1-7-41 所示。

（11）选择"椭圆工具"，设置"工具属性栏"中绘制模式为"形状"；设置前景色为"黑色"，绘制牛鼻环的外轮廓。设置"工具属性栏"的路径操作为"排除重叠形状" 🔲，绘制牛鼻环的内轮廓，形成镂空，将其移到"奶牛头部外轮廓"下方，如图 1-7-42 所示。

图 1-7-41　绘制眼睛

图 1-7-42　绘制牛鼻环

（12）选择"钢笔工具"，绘制出奶牛左后腿的外轮廓，填充黑色，重命名图层为"左后腿外轮廓"；再绘制内轮廓，填充白色，重命名图层为"左后腿内轮廓"；然后在内轮廓上绘制一个图形，填充黑色，重命名为"区别图形"以区别左后腿和左后蹄，如图 1-7-43 所示。

（13）按住【Ctrl】键，选择"左后腿外轮廓""左后腿内轮廓""区别图形"图层，选择"图层"→"新建"→"从图层建立组"命令，新建"组 1"，重命名为"左后腿"组；并调整至"奶牛身体外轮廓"图层下，如图 1-7-44 所示。

图 1-7-43　绘制左后腿

图 1-7-44　调整左后腿

（14）复制"左后腿"组，并重命名为"右后腿"组；按【Ctrl+T】组合键，打开"自由变换"命令，调整右后腿的大小、位置等；用同样的方法处理"左前腿"和"右前腿"组，如图 1-7-45 所示。

（15）选择"钢笔工具"，绘制出牛尾巴的外轮廓，填充黑色，重命名图层为"牛尾巴外轮廓"；再绘制内轮廓，填充 #584fa0 颜色，重命名图层为"牛尾巴内轮廓"；并移动"牛尾巴外轮廓"和"牛尾巴内轮廓"图层到"奶牛身体外轮廓"图层下，如图 1-7-46 所示。

图 1-7-45　绘制牛腿

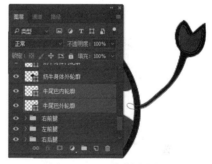

图 1-7-46　绘制牛尾巴

（16）选择除背景图层外的所有图层和图层组，选择"图层"→"新建"→"从图层建立组"命令，新建"组 1"，重命名为"奶牛"组，此时便于操作奶牛的大小、位置等。

（17）选择"钢笔工具"，在"工具属性栏"中设置绘制模式为"路径"，绘制一个闭合路径作为草地轮廓，如图 1-7-47 所示。在图层面板上"奶牛"组下方新建图层，并命名为"草地"。

（18）选择"草地"图层，设置前景色为 #95c53b，单击"路径"面板中的"前景色填充路径"按钮，填充路径；拖动"工作路径"到"创建新路径"按钮，保存路径；选择"画笔工具"，设置画笔大小 5 px，笔尖形状为"柔边圆"，设置前景色为 #18692e 单击路径面板中的"用

图 1-7-47　草地轮廓

画笔描边路径"按钮 ◯，对路径进行描边，如图 1-7-48 所示。

（19）新建图层，并重命名为"草丛"以图 1-7-49，在 "路径"面板中单击"创建新路径"按钮 ◳，新建"路径 2"；选择"钢笔工具"，绘制草丛轮廓路径，按照上述的方法填充 #249e46 和描边 #18692e 路径。

图 1-7-48　填充描边路径　　　　　　　　　　　图 1-7-49　绘制草丛

（20）选择"移动工具"，按住【Alt】键，多拖动草丛图像，把草丛摆放在不同位置，得到"草丛拷贝"～"草丛拷贝 6"，同时利用"自由变换"命令调整草丛的大小、形状，合并"草丛"～"草丛拷贝 6"为新的"草丛"图层，如图 1-7-50 所示。

图 1-7-50　合并草丛

（21）新建图层，并重命名为"白云"，在"路径"面板中单击"创建新路径"按钮，新建"路径 3"；选择"钢笔工具"，绘制白云轮廓路径，如图 1-7-51 所示。

（22）选择"画笔工具"，设置画笔大小 8 px，笔尖形状为"柔边圆"，设置前景色为 #36a7e9，在路径面板中单击调板菜单按钮 ☰，在打开的菜单中选择"描边路径"命令，在打开的"描边路径"对话框中选择画笔，选中"模拟压力"复选框，单击"确定"按钮，为白云描边，如图 1-7-52 所示。效果如图 1-7-31 所示。

图 1-7-51 绘制白云轮廓

图 1-7-52 "描边路径"对话框和最终图层

第 *8* 章
色彩与色调的调整

本章导读

图像的编辑与修饰是制作图像的关键环节，而色彩的运用则在图像中占据着非常重要的地位。Photoshop 提供了很多色彩和色调调整命令，利用这些命令可以轻松地改变一幅图像的色调及色彩，从而使图像编辑更加方便。

学习目标

◎ 了解图像色彩的基本属性。
◎ 熟练掌握校正图像色调的方法。
◎ 熟练掌握调整图像颜色的方法。

学习重点

◎ 图像色调调整。
◎ 图像色彩调整。
◎ 特殊色调控制。

8.1 图像色调调整

图像色调的调整主要是调整图像的明暗程度。在 PhotoShop 中，用户可以通过"色阶""自动色阶"和"曲线"等命令调整图像的色调。在进行图像色调调整时，主要使用"图像"→"调整"子菜单中的各个命令。

8.1.1 "色阶"命令

"色阶"命令允许用户通过修改图像的暗调、中间调区和高光的亮度水平来调整图像的色调范围和颜色平衡。选择"图像"→"调整"→"色阶"命令，打开"色阶"对话框，如图 1-8-1 所示。各选项的含义如下：

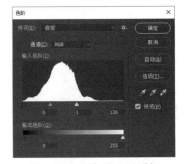

图 1-8-1 "色阶"对话框

（1）通道：用于选择要进行色调调整的颜色通道。一般都选择 RGB 选项，表示对整幅图像进行调整。

（2）输入色阶：第一个文本框用于设置图像的暗部色调，低于该值的像素将变为黑色，取值范围为 0 ~ 253；第二个文本框用于设置图像的中间色调，取值范围为 0.01 ~ 9.99；第三个文本框用于设置图像的亮部色调，高于该值的像素将变为白色，取值范围为 2 ~ 255。

（3）输出色阶：第一个文本框用于提高图像的暗部色调，取值范围为 0 ~ 255；第二个文本框用于降低图像的亮度，取值范围为 0 ~ 255。

（4）"自动"按钮：用于对图像色阶做自动调整。

（5）"选项"按钮：用于对自动色阶调整进行修正。

（6）"取消"按钮：用于取消所做的设置并关闭对话框。如果按住【Alt】键，此按钮将变成"复位"按钮，单击此按钮可以将图像恢复到调整前的状态。

（7）吸管工具 ：用于在原图像窗口中单击选择颜色。各工具的作用如下：

- 黑色吸管：用该吸管单击图像，图像上所有像素的亮度值都会减去选取色的亮度值，使图像变暗。
- 灰色吸管：用该吸管单击图像，Photoshop 将用吸管单击处的像素亮度来调整图像所有像素的亮度。
- 白色吸管：用该吸管单击图像，图像上所有像素的亮度值都会加上该选取色的亮度值，使图像变亮。

利用"色阶"命令设置图 1-8-1 所示调整图像的色调。调整前后的图像如图 1-8-2 所示。

图 1-8-2　色阶调整前后效果

8.1.2　"曲线"命令

使用"曲线"命令不仅可以调整图像的整体色调，还可以精确地控制多个色调区域的明暗度及色调，常用于改变物体的质感。选择"图像"→"调整"→"曲线"命令，打开"曲线"对话框，如图 1-8-3 所示。各选项的含义如下：

（1）通道：用于选择要调整的色调的通道。

（2）图表：表格的横坐标代表源图像的色调，纵坐标代表图像调整后的色调，其变化范围均在 0 ~ 255 之间。调整曲线时，首先单击曲线上的点，然后拖动即可改变曲线形状。当曲线形状向左上角弯曲时，图像色调变亮；当曲线形状向右下角弯曲时，图像色调变暗。

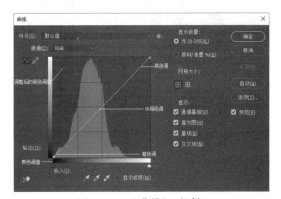

图 1-8-3　"曲线"对话框

（3）曲线工具：用来在图表中添加调节点。若想将曲线调整成比较复杂的形状，可以添加多个调节点进行调整。对于不需要的调节点可以单击选中后按【Delete】键删除。

（4）铅笔工具：可直接在坐标区内画出一个形状，表示曲线调整后的形状。

利用曲线命令对图像进行调整，调整前后的图像如图 1-8-4 所示。

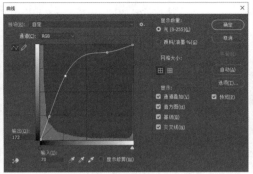

图 1-8-4　曲线调整前后效果

8.1.3 "亮度/对比度"命令

选择"图像"→"调整"→"亮度/对比度"命令，可以方便地调整图像的明暗度，弹出的对话框如图 1-8-5 所示。

（1）亮度：用于调整图像的亮度，数值为正时，增加图像亮度；数值为负时，降低图像亮度。

（2）对比度：用于调整图像的对比度。数值为正时，增加图像的对比度；数值为负时，降低图像的对比度；如果数值为 −100，图像呈现一片灰色。

图 1-8-6 所示为调整图像亮度/对比度后的效果。

图 1-8-5　"亮度/对比度"对话框　　　图 1-8-6　调整图像的亮度和对比度

8.1.4 "自动色调"命令

选择"图像"→"自动色调"命令，可以自动调整图像的明暗程度，去除图像中不正常的高亮区和黑暗区。

8.1.5 "自动对比度"命令

选择"图像"→"自动对比度"命令，可以自动调整整幅图像的对比度。它将图像中最亮和最暗的像素分别转换为白色和黑色，使得高光区显得更亮，暗调区显得更暗，从而增大图像的对比度。

8.1.6 "自然饱和度"命令

"自然饱和度"命令可以调整图像的饱和度，并且可以在增加图像饱和度的同时有效防止颜色过于饱和而出现的溢色现象。自然饱和度最适合于调整照片，使色彩变浓或者变淡，而比

较安全；而进行设计时，若想完全改变色彩关系，可用饱和度命令；调整时会保护本身饱和度较高的像素，只调图中饱和度低的像素。选择"图像"→"调整"→"自然饱和度"命令，打开"自然饱和度"对话框，如图 1-8-7 所示。

图 1-8-7　"自然饱和度"对话框

8.1.7　"照片滤镜"命令

"照片滤镜"命令可以模仿在照相机镜头前面加彩色滤镜，以便调整通过镜头传输的光的色彩平衡和色温，产生胶片曝光的效果；同时它也提供了多种预设的颜色滤镜。

选择"图像"→"调整"→"照片滤镜"命令，打开"照片滤镜"对话框，如图 1-8-8 所示。

（1）滤镜(E)：选中该单选按钮，可以在其下拉列表框中选择预设的滤镜。

（2）颜色(C)：选中该单选按钮，单击右侧的颜色框，将打开"拾色器"对话框，用户可以自定颜色滤镜。

（3）浓度：用于调整应用于图像的颜色数量。"浓度"越大，应用的颜色调整越大。

（4）保留明度(L)：选中该复选框，可以在添加照片滤镜的同时保持图像原来的亮度。

例如，为一幅图像应用 100% 的加温滤镜（85），其前后对比效果如图 1-8-9 所示。

图 1-8-8　"照片滤镜"对话框

图 1-8-9　为图像应用加温滤镜

8.1.8　"阴影／高光"命令

"阴影／高光"命令可以基于暗调或高光中的周围像素进行增亮或变暗，适用于校正由强逆光而形成剪影的照片，或者校正由于太接近照相机闪光灯而有些发白的焦点。选择"图像"→"调整"→"阴影／高光"命令，打开"阴影／高光"对话框，如图 1-8-10 所示。通过分别调整阴影和高光的数量值，即可调整光照的校正量。选中"显示更多选项"复选框，可将该命令下的所有选项显示出来，如图 1-8-10 所示。

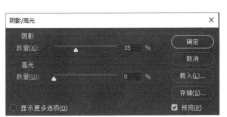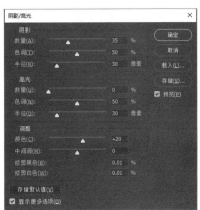

图 1-8-10　"阴影／高光"对话框

其各选项的含义如下：

（1）数量：分别调整阴影和高光的数量，可以调整光线的校正量。阴影数量越大，则阴影越亮，而高光越暗；高光数量越大，则高光越亮，而阴影越暗。

（2）色调：控制所要修改的阴影或高光中的色调范围。

（3）半径：调整应用阴影和高光效果的范围，设置该尺寸，可决定某一像素是属于阴影还是属于高光。

（4）颜色：可以微调彩色图像中已被改变的区域的颜色。

（5）中间调：调整中间色调的对比度。

使用"阴影/高光"命令将偏暗的图像进行调整，在"阴影"栏的"数量"文本框设置数值90，其他数值保持不变，调整后的效果如图1-8-11所示。

图1-8-11　阴影/高光调整前后图像

8.1.9　"曝光度"命令

选择"图像"→"调整"→"曝光度"命令，弹出"曝光度"对话框，如图1-8-12所示。如果有一张图片的曝光度不足，就可以使用"曝光度"命令将其调整到正常效果，如图1-8-13所示。"曝光度"命令也可以调整曝光过度的照片。

图1-8-12　"曝光度"对话框　　　　图1-8-13　曝光不足的图像调整效果

 ## 8.2　图像色彩调整

调整图像的色彩是Photoshop的重要功能之一，利用Photoshop色彩调整命令可以对图像进行相应处理，从而得到所需要的效果。在进行图像色调调整时，主要使用"图像"→"调整"子菜单中的各个命令。

8.2.1　"色彩平衡"命令

"色彩平衡"命令可以调整图像暗调区、中间调区和高光区的各色彩成分，并混合各色彩达到平衡。选择"图像"→"调整"→"色彩平衡"命令，打开"色彩平衡"对话框，如图1-8-14所示。

其各选项的含义如下：

图1-8-14　"色彩平衡"对话框

（1）色彩平衡：在"色阶"后的文本框中输入数值可以调整 RGB 三原色到 CMYK 色彩模式间对应的色彩变换，其设置范围为 –100 ～ +100。用户也可直接用鼠标拖动文本框下方的 3 个滑块的位置来调整图像的色彩。

（2）色调平衡：用于选择需要调节色彩平衡的色调区，包括阴影、中间调、高光 3 个单选按钮，选中某一单选按钮后可对相应色调的颜色进行调整。选中"保持明度"复选框表示调整色彩时保持图像亮度不变。

使用"色彩平衡"命令将图像的颜色进行调整，
"阴影"选项设置 +40 –64 +25，"中间调"选项设
置 +38 –30 +26，"高光"选项设置 +26 –16 +16，调
整前后的效果如图 1–8–15 所示。

图 1–8–15 色彩平衡调整前后效果

8.2.2 "色相 / 饱和度"命令

"色相 / 饱和度"命令可以调整图像中单个颜色的三要素，即色相、饱和度和明度。选择"图像"→"调整"→"色相 / 饱和度"命令，打开"色相 / 饱和度"对话框，如图 1–8–16 所示。

其各选项的含义如下：

（1）编辑：在下拉列表框中可以选择要调整的颜色。"全图"表示对图像中所有颜色像素起作用，其余的选项表示对某一颜色的像素进行调整。

（2）色相：调整图像颜色的色彩，取值范围为 –180 ～ +180。

（3）饱和度：调整图像颜色的饱和度。

（4）明度：调整图像颜色的亮度。

（5）吸管工具：当选择单色时，3 个吸管工具就变成了可选项。选择普通吸管工具 可以具体编辑所调色的范围，选择带 "+" 号的吸管工具 可以增加所调色的范围，选择带 "–" 号的吸管工具 可以减少所调色的范围。

（6）着色：选中该复选框，可以对灰色或黑白图像进行单彩色上色操作。

"色相 / 饱和度"以图 1–8–16 所示参数进行设置，效果如图 1–8–17 所示。

图 1–8–16 "色相 / 饱和度"对话框　　　图 1–8–17 色相 / 饱和度调整前后的图像

8.2.3 "去色"命令

选择"图像"→"调整"→"去色"命令可以去除图像中的所有色彩，将图像转换为灰度图像。在去色过程中，每个像素都保持原来的亮度。

8.2.4 "匹配颜色"命令

使用"匹配颜色"命令可以调整图像的亮度、色彩饱和度和色彩平衡，同时还可以将当前图层中的图像颜色与其他图像颜色相匹配。选择"图像"→"调整"→"匹配颜色"命令，打

开如图 1-8-18 所示的"匹配颜色"对话框。

其各选项的含义如下：

（1）"图像选项"栏：拖动"明亮度"滑块可以增加或减少图像的亮度；拖动"颜色强度"滑块可以增加或减少图像中的颜色像素值；拖动"渐隐"滑块可以控制应用于匹配图像的调整量，向右移动表示减小；选中"中和"复选框表示可自动移去图像中的色痕。

（2）"图像统计"栏：在"源"下拉列表框中选择需要匹配的源图像，如果选择"无"，表示用于匹配的源图像和目标图像相同。

8.2.5 "替换颜色"命令

"替换颜色"命令可以替换图像中某个特定区域的颜色。选择"图像"→"调整"→"替换颜色"命令，打开"替换颜色"对话框，如图 1-8-19 所示。

需要替换图像中某个区域的颜色时，应先选择吸管工具，在需要替换颜色的图像区域上单击取样，这时预览框中出现的白色部分表示原图像的相应区域已经做了选区，然后拖动"色相""饱和度"和"明度"滑块调节选区的色相、饱和度和亮度，在"结果"框中会显示出调节后的颜色。

图 1-8-18 "匹配颜色"对话框

图 1-8-19 "替换颜色"对话框

【例】 替换图像中的部分颜色（红色花朵替换成蓝色花朵），如图 1-8-20 所示。

具体操作步骤如下：

（1）选择"文件"→"打开"命令，打开名为"花朵"的图像文件，选择"图像"→"调整"→"替换颜色命令"，打开"替换颜色"对话框。

（2）单击吸管工具 和添加到取样工具 ，在图像中的花朵区域单击取样。

图 1-8-20 替换图像中的部分颜色

（3）在"替换"选项组中，拖动"色相"滑块，使其值为 -108，拖动饱和度滑块，使其值为 +29，拖动"明度"滑块，使其值为 +8。

（4）单击"确定"按钮，此时图像中的花朵颜色由红色变为蓝色。

8.2.6 "可选颜色"命令

"可选颜色"命令可以有选择性地修改任何原色中印刷色的数量，而不会影响其他原色，这也是校正高端扫描仪和分色程序使用的一项技术。选择"图像"→"调整"→"可选颜色"命令，打开"可选颜色"对话框，如图 1-8-21 所示。

其各选项的含义如下：

（1）颜色：用于选择要调整的主色，可选项有红色、黄色、绿色、青色、蓝色、洋红、白色、中性色和黑色。

（2）4 个滑块：通过 CMYK 四种印刷基本色来调节它们在选定主色中的成分。

（3）方法：用于选择增加或减少每种印刷色的改变量的方法。可以选择"相对"或"绝对"两种方式。

8.2.7　"通道混合器"命令

"通道混合器"命令可以通过从每个颜色通道中选取它所占的百分比来创建色彩。选择"图像"→"调整"→"通道混合器"命令，打开"通道混合器"对话框，如图 1-8-22 所示。

图 1-8-21　"可选颜色"对话框

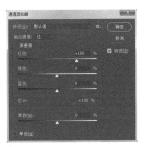
图 1-8-22　"通道混合器"对话框

其各选项的含义如下：

（1）输出通道：用于选择要调整的颜色通道。对于不同的颜色模式，其中的颜色通道选项也各不相同。

（2）源通道：通过拖动滑块或在文本框种输入数值，可增大或减小该通道颜色对输出拖动的贡献，其有效数值范围是 −200 ～ +200。

（3）常数：用于调整输出通道的灰度值，负值将增加更多的黑色，正值将增加更多的白色。

（4） 选中该复选框，将创建仅包含灰色值的彩色图像。

8.2.8　"自动颜色"命令

"自动颜色"命令通过搜索实际图像（而不是通道的用于暗调、中间调和高光的直方图）来调整图像的对比度和颜色。根据在"自动校正选项"对话框中设置的值来中和中间调并剪切白色和黑色像素。选择"图像"→"自动颜色"命令即可。

8.3　特殊效果调整

特殊效果调整是 Photoshop 的特殊的色彩色调调整命令。

8.3.1　"渐变映射"命令

使用"渐变映射"命令可以根据各种渐变颜色对图像颜色进行调整。选择"图像"→"调整"→"渐变颜色"命令，打开"渐变映射"对话框，如图 1-8-23 所示。

图 1-8-23　"渐变映射"对话框

其各选项的含义如下：

（1）灰度映射所用的渐变：用于选择渐变方案。

（2）■ 仿色(D)：选中该复选框，表示为转变色阶后的图像增加仿色处理。

（3）■ 反向(R)：选中该复选框，表示将转变色阶后的图像颜色反转，呈现负片效果。

图1-8-24所示为图像设置色谱渐变映射。

图1-8-24　渐变映射效果

8.3.2　"反相"命令

选择"图像"→"调整"→"反相"命令，可以将图像中的颜色改变为其补色。图1-8-25所示为图像进行反相操作前后的效果图。

8.3.3　"黑白"命令

选择"图像"→"调整"→"黑白"命令，打开"黑白"对话框，如图1-8-26所示。"黑白"命令可以将彩色图像转换为灰度图像，同时保持对各颜色转换方式的完全控制。也可以通过对图像应用色调来为灰度着色。"黑白"命令也可以将彩色图像转换为单色图像。

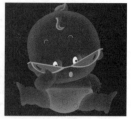

图1-8-25　使用"反相"命令

使用颜色滑块手动调整转换，选择"色调"选项并根据需要调整"色相"滑块和"饱和度"滑块。"色相"滑块可更改色调颜色，而"饱和度"滑块可提高或降低颜色的集中度，单击色卡可打开拾色器并进一步微调色调颜色。

8.3.4　"色调均化"命令

"色调均化"命令可以重新分配图像中像素的亮度值，使它们能够更加均匀地表现所有亮度级别。应用该命令时，图像中最暗的像素将被填上黑色，最亮的像素将被填上白色，其他亮度均匀变化。色调均化的效果如图1-8-27所示。

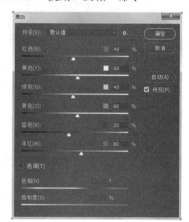

图1-8-26　"黑白"对话框

图1-8-27　色调均化效果

8.3.5 "阈值"命令

使用"阈值"命令，可以将图像中所有亮度值比它小的像素都变成黑色，所有亮度值比它大的像素都变成白色，从而将一张彩色图像或灰度图像转变为高对比度的黑白图像。

选择"图像"→"调整"→"阈值"命令，打开"阈值"对话框，如图 1-8-28 所示。在"阈值色阶"文本框中修改数值或者拖动滑块均可改变阈值。

图 1-8-29 所示为一张彩色图像在使用"阈值"命令前后的对比效果图。

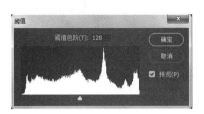

图 1-8-28　"阈值"对话框　　　　图 1-8-29　使用"阈值"命令前后的效果

8.3.6 "色调分离"命令

选择"图像"→"调整"→"色调分离"命令，弹出"色调分离"对话框，如图 1-8-30 所示。"色调分离"命令可以指定图像中每个通道（或亮度值）的数目，并将这些像素映射为最接近的匹配色调，减少并分离图像的色调。对话框中的"色阶"参数用于设置图像色调变化的程度，"色阶"数值越小，颜色级数越少，图像的色彩过渡就越粗糙。

图 1-8-31 所示为执行"色调分离"命令后的效果图。

图 1-8-30　"色调分离"对话框　　　图 1-8-31　色调分离前后的对比图

 8.4　应　用　举　例

【案例 1】照片的上色处理。本实例是对如图 1-8-32 所示的黑白照片进行上色处理，上色后的最终效果如图 1-8-33 所示。

【设计思路】本实例首先利用"色相 / 饱和度"和"色彩平衡"对背景部分的色彩进行调整，再利用"色彩平衡"对人物的头部、手部及台布的色彩进行调整，最后利用"色彩平衡"和"照片滤镜"对衣服和嘴唇部分的色彩进行调整。

【设计目标】通过本案例，掌握"色相／饱和度""色彩平衡""照片滤镜"等的使用。

【操作步骤】

（1）选择"文件"→"打开"命令，打开如图 1-8-32 所示的"黑白照片"文件。

（2）选择工具箱中的快速选择工具 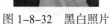 和魔棒工具 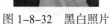，选取背景部分，如图 1-8-34 所示。

图 1-8-32　黑白照片　　　图 1-8-33　处理后的照片效果　　　图 1-8-34　选取人物图像

（3）在"色板"面板中设置前景色为"20% 灰"，按【Shift+F5】组合键，打开"填充"对话框，设置使用"前景色"填充，单击"确定"按钮。

（4）选择"图像"→"调整"→"色相／饱和度"命令，按如图 1-8-35 所示进行设置，单击"确定"按钮。

（5）选择"图像"→"调整"→"色彩平衡"命令，按如图 1-8-36 所示进行设置，单击"确定"按钮，效果如图 1-8-37 所示。按【Ctrl+D】组合键取消选区。

 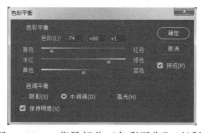 

图 1-8-35　"色相／饱和度"对话框　图 1-8-36　背景部分"色彩平衡"对话框　图 1-8-37　背景上色

（6）选择工具箱中的快速选择工具 和魔棒工具 ，选取图像中的人物的头部和手部，如图 1-8-38 所示。选择"图像"→"调整"→"色彩平衡"命令，并进行如图 1-8-39 所示的设置，单击"确定"按钮，效果如图 1-8-40 所示。按【Ctrl+D】组合键取消选区。

图 1-8-38　选取头和手　　　图 1-8-39　"色彩平衡"对话框　　　图 1-8-40　头和手上色

（7）选择工具箱中的快速选择工具 ，选取图像中人物两腿之间区域的"台布"，如

图 1-8-41 所示。

（8）选择"图像"→"调整"→"色彩平衡"命令，按如图 1-8-42 所示进行设置，单击"确定"按钮，效果如图 1-8-43 所示。按【Ctrl+D】组合键取消选区。

图 1-8-41　选取"台布"

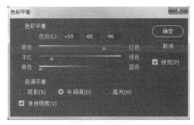
图 1-8-42　台布"色彩平衡"对话框

图 1-8-43　台布上色

（9）利用快速选择工具选取人物的黑色衣服部分，选择"图像"→"调整"→"色彩平衡"命令，按如图 1-8-44 所示进行设置，单击"确定"按钮。按【Ctrl+D】组合键取消选区。效果如图 1-8-45 所示。

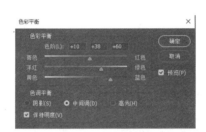
图 1-8-44　衣服部分的"色彩平衡"对话框

图 1-8-45　衣服上色

（10）利用快速选择工具选择人物中的嘴唇部分，选择"图像"→"调整"→"色彩平衡"对话框，进行如图 1-8-46 所示的设置，单击"确定"按钮，效果如图 1-8-47 所示。按【Ctrl+D】组合键取消选区。

（11）此时，基本上完成了照片的上色操作，但整个画面偏向青色，不是很自然，所以需对整个画面的色调进行调整。取消任何选区，选择"图像"→"调整"→"照片滤镜"命令，进行如图 1-8-48 所示的参数设置。最终效果如图 1-8-33 所示。

图 1-8-46　"嘴唇"部分的色彩平衡设置

图 1-8-47　嘴唇上色

图 1-8-48　"照片滤镜"对话框设置

【案例 2】给风光片调出层次感，效果如图 1-8-49 所示。

【设计思路】本实例虽然使用的是"色价"调整图层，但也属于图像色彩/色调调整。首先利用"色价"调整图层对阳光区的色调进行调整，再利用"色价"调整图层对人和天空的色调进行调整，最后利用"色价"调整图层对地面的色调进行调整。

【设计目标】通过本案例，掌握"色价"调整图层以及图层蒙版等的使用。

【操作步骤】

（1）打开"风光图 .jpg"图像文件，在图层面板中把"背景"图层拖到"创建新图层"  按钮上，复制一个"背景 拷贝"图层；设置图层模式为"柔光"后加蒙版将上部天空和下部擦去，只保留中间光区（柔光模式提高了光区的反差），如图 1-8-50 所示。

图 1-8-49　层次风光片　　　　　　　　　　图 1-8-50　柔光效果

（2）按住【Ctrl】键，单击"背景 拷贝"图层中图层蒙版缩略图载入选区，在图层面板单击"创建新的填充或调整图层"  按钮，创建"色价"调整图层，并命名为"色阶 调整阳光区"；利用色阶处理阳光区，继续加大了反差并提高了色彩饱和度，如图 1-8-51 所示。

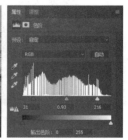

图 1-8-51　利用色阶调整阳光区

（3）按住【Ctrl】键，单击"背景 拷贝"图层中图层蒙版缩略图载入选区，按【Shift+Ctrl+I】组合键反选选区；利用矩形选框工具的"从选区中减去"模式减去天空以外部分，再次创建"色价"调整图层（与上述操作相同），并命名为"色阶 压暗天空"；利用色阶处理天空，使天空变暗，如图 1-8-52 所示。

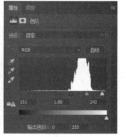

图 1-8-52　利用色阶压暗天空

（4）按住【Ctrl】键，单击"色阶 压暗天空"图层中图层蒙版缩略图载入选区，再次创建"色价"调整图层（与上述操作相同），并命名为"色阶 调出红色天空"；利用色阶处理天空，调出红色天空，如图 1-8-53 所示。

  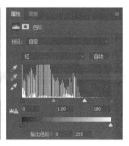

图 1-8-53　利用色阶调出红色天空

（5）按住【Ctrl】键，单击"背景 拷贝"图层中图层蒙版缩略图载入选区，按【Shift+Ctrl+I】组合键反选选区；利用矩形选框工具的"从选区中减去"模式减去地面以外部分，再次创建"色价"调整图层（与上述操作相同），并命名为"色阶 压暗地面"；利用色阶处理地面，使地面变暗，如图 1-8-54 所示。

  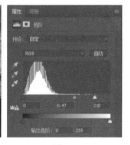

图 1-8-54　色阶压暗地面 1

（6）选择"色阶 压暗地面"图层，在属性中选择"蓝"通道，使地面变微蓝，如图 1-8-55 所示。

 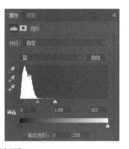

图 1-8-55　色阶压暗地面 2

第 **9** 章

滤镜的使用

 **本章导读**

滤镜，即摄影过程中的一种光学处理镜头。为了使图像产生特殊的效果，使用这种光学镜头过滤掉部分光线中的元素，从而改进图像的显示效果。

Photoshop 中的滤镜同样可以达到上述效果，而且还能通过不同方式改变像素数据，对图像进行抽象、艺术化的特殊处理，产生比实际生活中的滤镜更多的图像处理效果。本章主要介绍 Photoshop 中各种滤镜的作用及参数的设置，并通过实例展示各种滤镜的特殊效果。

 **学习目标**

◎ 了解各种滤镜的功能。

◎ 能使用常用滤镜对图像进行各种特效处理。

学习重点

◎ 各类滤镜的作用及使用步骤。

◎ 运用滤镜效果制作各种有创意的美术图片。

9.1 滤镜概述

Photoshop 中的滤镜可分为两种类型：内置滤镜（自带滤镜）和外挂滤镜（第三方滤镜）。Photoshop 中一共提供了 100 多种内置滤镜，"滤镜"菜单包括了 Photoshop 中的全部滤镜，如图 1-9-1 所示。其中"滤镜库""液化"和"消失点"滤镜等是特殊的滤镜，它们被单独列出，而其他滤镜按照不同的处理效果主要分为 11 类，被放置在不同类别的滤镜组中。

9.1.1 滤镜的基础操作

使用滤镜处理图像时，只需选择"滤镜"菜单中的滤镜命令即可执行相应的滤镜功能。

有些滤镜选择后直接执行，有些滤镜执则会打开对话框（见图 1-9-2），要求用户设置参数以控制滤镜的效果。

　　　图 1-9-1　滤镜菜单　　　　　　　　　　图 1-9-2　对话框

　　（1）在如图 1-9-2 所示的滤镜对话框中单击 按钮，或按住【Ctrl】键并单击预览框，可将预览区图像的显示比例放大一倍；单击 按钮，或按住【Alt】键并单击预览框，则可将预览区图像的显示比例缩小一倍。

　　（2）鼠标移到预览框中，会变成抓手工具 ，此时按下鼠标拖动可以移动预览框中的图像。

　　（3）鼠标移动到图像上时，会显示为一个方框状，此时单击，预览框中心位置会显示该处的图像，如图 1-9-3 所示。

图 1-9-3　预览框

　　（4）在任意一个滤镜对话框中，按住【Alt】键时，对话框中的"取消"按钮都会变成为"复位"按钮，单击"复位"按钮可将滤镜的参数设置恢复为初始默认设置。

　　（5）单击"确定"按钮可以应用滤镜，单击"取消"按钮则取消操作，并关闭对话框。

　　（6）当使用较为复杂的滤镜时，执行过程需要很长时间，如果在执行滤镜的过程中，希望在完成处理前停止滤镜的应用，可按下【Esc】键终止滤镜的执行。

　　（7）当执行完一个滤镜命令后，选择"编辑"→"渐隐…"命令或按【Shift+Ctrl+F】组合键，在打开的"渐隐"对话框中通过调整不透明度和混合模式可将滤镜效果与原图像混合，如图 1-9-4 所示。

图 1-9-4　渐隐前后效果对比

9.1.2　滤镜的使用规则

在使用滤镜命令处理图像时，必须遵守以下操作规则：

（1）滤镜只对当前图层或选区有效。图像上创建了选区时，滤镜只作用于选区内的图像，如图 1-9-5 所示。没有创建选区时，滤镜则只对当前图层中的图像进行处理；如果当前选择的是一个通道，滤镜只对该通道进行处理。

图 1-9-5　滤镜应用于选区

（2）滤镜只对可见图层或有色区域有效。如果选中图层的状态为隐藏，或选中区域为透明区域，则不能执行滤镜命令。

（3）"RGB 颜色"模式的图像可以使用全部的滤镜，"CMYK 颜色"模式的图像只能使用部分滤镜。而"索引颜色"模式和"位图颜色"模式的图像则不能使用滤镜，只有转化成"RGB 颜色"模式后才能使用。

（4）"8 位 / 通道"模式的图像可以使用全部的滤镜，"16 位 / 通道"模式的图像和"32 位 / 通道"模式的图像只能使用部分滤镜，例如"高反差保留""最大值""最小值"以及"位移"滤镜等。

9.2　滤镜效果

滤镜用来实现图像的各种特殊效果，在 Photoshop 中具有非常神奇的作用。本节主要讲述各种内置滤镜的效果。

9.2.1　3D 类滤镜

3D 类滤镜对图像的部分区域作三维立体变形，产生三维效果。3D 类滤镜的典型应用是将图案附着在特定形状的物体上，包括立方体、球体和圆柱体等。对于圆柱体来说，还可以通过添加节点来改变其外形。3D 类滤镜包括：生成凹凸图和生成法线图。

图 1-9-6 所示为"生成凹凸图"对话框。

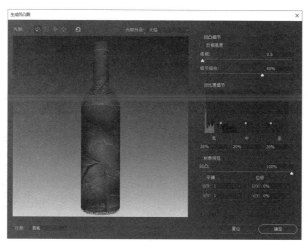

图 1-9-6 "生成凹凸图"对话框

9.2.2 风格化类滤镜

风格化类滤镜的作用是通过强化图像的色彩边界，提高图像中的对比度，创建生成绘画或印象派的效果。

风格化类滤镜包括查找边缘、等高线、风、浮雕效果、扩散、拼贴、曝光过度、凸出、油画 9 种滤镜。

"浮雕效果"滤镜的作用是将选区的颜色转化为灰色，然后生成凸出的浮雕效果。对比度越大，浮雕的效果越明显。

【例 9.1】对图像素材"小狗 2.jpg"应用"浮雕效果"滤镜，效果如图 1-9-7 所示。

具体操作步骤如下：

（1）启动 Photoshop，选择"文件"→"打开"命令或按【Ctrl+O】组合键，打开图像素材"小狗 2.jpg"，如图 1-9-8 所示。

（2）选择"滤镜"→"风格化"→"浮雕效果"命令，打开"浮雕效果"对话框，如图 1-9-9 所示。

（3）在"浮雕效果"的对话框中，进行参数设置。拖动"角度"圆盘上的指针设置光源照射的角度，拖动"高度"滑块设置浮雕的凹凸程度，拖动"数量"滑块设置凸出图像的色值来突出图像的细节，单击"确定"按钮产生如图 1-9-7 所示的效果。

图 1-9-7 "浮雕效果"效果图

图 1-9-8 小狗 2

图 1-9-9 "浮雕效果"对话框

"查找边缘"滤镜的作用是用黑色线条在白色背景上勾画图像的边缘，得到图像的大致轮廓。

【例9.2】对图像素材"小狗3.jpg"应用风格化类滤镜制作返璞归真效果，如图1-9-10所示。具体操作步骤如下：

（1）启动 Photoshop，选择"文件"→"打开"命令或按【Ctrl+O】组合键，打开图像素材"小狗3.jpg"，如图1-9-11所示。

（2）选择"图像"→"调整"→"去色"命令，效果如图1-9-12所示。

图1-9-10 "返璞归真"效果图

图1-9-11 小狗3

图1-9-12 去色效果

（3）选择"图像"→"调整"→"亮度/对比度"命令，在打开的"亮度/对比度"对话框中，设置图像对比度为"+30"，单击"确定"按钮，效果如图1-9-13所示。

（4）选择"滤镜"→"风格化"→"浮雕效果"命令，在打开的"浮雕效果"对话框中设置高度为5像素，其他保持默认设置，单击"确定"按钮，效果如图1-9-14所示。

图1-9-13 增加对比度

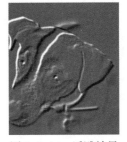

图1-9-14 浮雕效果

（5）选择"滤镜"→"风格化"→"查找边缘"命令，产生"返璞归真"效果，如图1-9-10所示。

9.2.3 模糊类滤镜

模糊类滤镜的作用是降低图像的清晰度，淡化、柔和图像中不同色彩的边界，使图像看起来更朦胧，达到掩盖图像的缺陷或创建出特殊效果的目的。

模糊类滤镜包括表面模糊、动感模糊、方框模糊、高斯模糊、进一步模糊、径向模糊、镜头模糊、模糊、平均模糊、特殊模糊、形状模糊11种滤镜。

"动感模糊"滤镜的作用是将图像沿着指定的方向，以指定的强度进行模糊。例如，对图像素材"盛开.jpg"应用"动感模糊"滤镜，效果如图1-9-15所示。

"高斯模糊"滤镜的作用是通过对模糊半径的设置来快速模糊选中的图像部分，产生一种朦胧的效果。对图像素材"盛开.jpg"应用"高斯模糊"滤镜后的效果如图1-9-16所示。

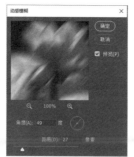

图 1-9-15　"动感模糊"效果

图 1-9-16　"高斯模糊"效果

9.2.4　模糊画廊类滤镜

使用模糊画廊，可以通过直观的图像控件快速创建截然不同的照片模糊效果。每个模糊工具都提供直观的图像控件来应用和控制模糊效果。完成模糊调整后，可以使用散景控件设置整体模糊效果的样式。Photoshop 使用模糊画廊效果时提供完全尺寸的实时预览。

模糊画廊类滤镜包括场景模糊、光圈模糊、移轴模糊、路径模糊、旋转模糊 5 种滤镜。

移轴模糊在一般情况下可使图像达到近处清楚而远处逐渐模糊的效果。这种模糊效果可以让图片达到近景清楚然后慢慢向远处模糊的效果，如图 1-9-17 所示。

路径模糊可达到旋转模糊的效果，但只能部分达到。旋转模糊工具显然要精确得多。把它与路径模糊工具一起结合使用，就可以实现类似于星空的效果。同样，也可以实现拍摄星星移动轨迹的长期曝光效果，如图 1-9-18 所示。

图 1-9-17　"移轴模糊"效果　　　　　　　图 1-9-18　"旋转模糊"效果

9.2.5　扭曲类滤镜

扭曲类滤镜的作用是对图像进行几何扭曲和变形，形成拉伸、扭曲、模拟水波、模拟火光等变形效果。

扭曲类滤镜包括波浪、波纹、极坐标、挤压、切变、球面化、水波、旋转扭曲、置换 9 种滤镜。

"切变"滤镜的作用是使图像按照一条曲线的设置扭曲变形。例如，对图像素材"企鹅群.jpg"应用"切变"滤镜，效果如图 1-9-19 所示。

图 1-9-19 "切变"效果

"旋转扭曲"滤镜的作用是以中心点来旋转扭曲图像，产生一种漩涡的效果。

【例 9.3】对图像素材"麦田 .jpg"应用扭曲类滤镜制作起伏的麦浪效果，如图 1-9-20 所示。

具体操作步骤如下：

（1）启动 Photoshop，选择"文件"→"打开"命令或按【Ctrl+O】组合键，打开图像素材"麦田 .jpg"。

（2）在"图层"面板的"背景"图层上双击，将其转化为普通图层"图层 0"。按下鼠标拖动"图层 0"到图层面板右下角的"创建新图层"按钮 上，产生"图层 0 副本"。选择快速选择工具 ，在图像上按下鼠标拖动在天空区域产生选区，如图 1-9-21 所示。

（3）按【Delete】键删除所选区域，按【Ctrl+D】组合键取消选区。将"图层 0"的状态设置为隐藏，选择"滤镜"→"扭曲"→"旋转扭曲"命令，打开"旋转扭曲"面板，拖动"角度"滑块设置旋转的角度，如图 1-9-22 所示。

（4）单击"确定"按钮，设置"图层 0"的状态为显示，完成起伏的麦浪效果，如图 1-9-20 所示。

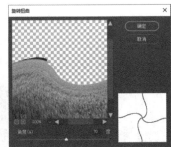

图 1-9-20 起伏的麦浪　　　图 1-9-21 建立选区　　　图 1-9-22 "旋转扭曲"对话框

9.2.6 锐化类滤镜

锐化类滤镜的作用是通过增加相邻像素间的对比度来使模糊图像变清晰。

锐化类滤镜包括 USM 锐化、防抖、进一步锐化、锐化、锐化边缘、智能锐化 6 种滤镜。

"USM 锐化"滤镜的作用是调整图像边缘细节的对比度，来提高图像整体的清晰度。使用"USM 锐化"滤镜，当两种不同颜色相交时，不改变颜色本身，而只将其相交线变得清楚一些，

即可提高图像清晰度。例如，对图像素材"别墅 .jpg"应用"USM 锐化"滤镜，效果如图 1-9-23
所示。

图 1-9-23　"USM 锐化"效果

9.2.7　视频类滤镜

视频类滤镜属于 Photoshop 的外部接口程序，用来从摄像机输入图像或将图像输出到录像
带上，实现视频图像与普通图像的互相转化。视频类滤镜包括 NTSC 颜色、逐行 2 种滤镜。

NTSC 是一种国际通用的电视颜色制式。"NTSC 颜色"滤镜的作用是在将计算机图像转换
为视频图像时，将图像的色域限制在电视机可接受的范围内，以防止过饱和的颜色渗过电视的
扫描线引起电视机无法准确地重现图像。

"逐行"滤镜的作用是消除视频图像中的奇数或偶数的隔行线，使在视频上捕捉的运动图
像变得平滑。

9.2.8　像素化类滤镜

像素化类滤镜的作用是将图像像素进行分块化处理。将图像中色彩相近或相邻的像素聚集
起来进行分块，形成彩块、点状或马赛克等特殊效果，使图像看起来像是由许多晶格组成。

像素化滤镜包括彩块化、彩色半调、点状化、晶格化、马赛克、碎片、铜板雕刻 7 种滤镜。

"马赛克"滤镜的作用是将图像像素结成方块，块内的像素颜色相同，块颜色代表选区的
颜色。例如，利用"马赛克"滤镜制作"保护肖像权"效果，如图 1-9-24 所示。

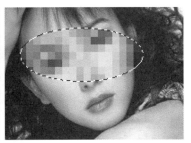

图 1-9-24　"马赛克"效果图

9.2.9　渲染类滤镜

渲染类滤镜的作用是使图像产生照明、三维映射云彩，以及特殊的纹理效果。

渲染类滤镜包括火焰、图片框、树、分层云彩、光照效果、镜头光晕、纤维、云彩 8 种滤镜。

"光照效果"滤镜的作用是模拟光源照射在图像上的效果。它包括 17 种光照样式、3 种光

照类型和 4 套光照属性。

【例 9.4】利用"光照效果"滤镜制作"倒霉的采花大盗"效果，如图 1-9-25 所示。

具体操作步骤如下：

（1）启动 Photoshop，选择"文件"→"打开"命令或按【Ctrl+O】组合键，打开图像素材"采花 .jpg"，如图 1-9-26 所示。

（2）选择"图像"→"调整"→"去色"命令，效果如图 1-9-27 所示。

图 1-9-25 "倒霉的采花大盗"效果　　图 1-9-26 采花　　图 1-9-27 去色效果

（3）选择"滤镜"→"风格化"→"查找边缘"命令，效果如图 1-9-28 所示。

（4）选择"滤镜"→"渲染"→"光照效果"命令，打开"光照效果"属性和工具属性栏，在工具属性栏中选择"三处点光"，如图 1-9-29 所示。

 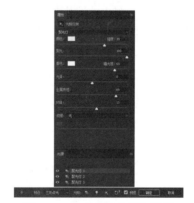

图 1-9-28 "查找边缘"效果　　　　图 1-9-29 "光照效果"设置

（5）在如图 1-9-29 所示的对话框中，进行参数设置。在"光照类型"下拉列表中选择光源，Photoshop 提供了点光、聚光灯和无限光 3 种光源，"点光"投射的是一束圆形的光柱；"聚光灯"是远处照射光，均匀地投射在整个图像上；"无限光"是从正上方向直射，投射成圆形光圈。拖动"强度"滑块调节灯光的亮度；拖动"聚光"滑块调节灯光的衰减范围；拖动"光泽"滑块设置图像表面反射光线的多少；在"纹理"下拉列表中选择要创建凹凸效果的通道，可以是 Alpha 通道或红、绿、蓝通道。

（6）单击"确定"按钮，"倒霉的采花大盗"效果产生，如图 1-9-25 所示。

9.2.10　杂色类滤镜

杂色类滤镜的作用是为图像添加或去除杂色以及带有随机分布色阶的像素。增加杂色可以将图像的一部分更好地融合于其他周围的背景中；去除图像中不必要的杂色可以提高图像的质量。

杂色类滤镜包括中间值、去斑、添加杂色、减少杂色、蒙尘与划痕 5 种滤镜。

"添加杂色"滤镜的作用是在图像中添加随机分布的杂点，使图像有一些沙石质感的效果。

【例 9.5】对图像素材"小女孩 .jpg"应用"添加杂色"滤镜，效果如图 1-9-30 所示。

具体操作步骤如下：

（1）启动 Photoshop，选择"文件"→"打开"命令或按【Ctrl+O】组合键，打开图像素材"小女孩".jpg，如图 1-9-31 所示。

（2）选择"滤镜"→"杂色"→"添加杂色"命令，打开"添加杂色"对话框，如图 1-9-32 所示。

（3）在如图 1-9-32 所示的对话框中，进行参数设置。拖动"数量"滑块设置添加杂色的数量；选择"平均分布"可随机分布杂点；选择"高斯分布"可根据高斯曲线分布杂点；选中"单色"设置添加的杂色只影响图像的色调，而不会改变图像的颜色。

（4）单击"确定"按钮，产生"原始的影像"效果，如图 1-9-30 所示。

图 1-9-30 "添加杂色"效果　　　图 1-9-31 小女孩　　　图 1-9-32 "添加杂色"对话框

【例 9.6】制作礼花绽放效果。

具体操作步骤如下：

（1）新建一个 15 cm×15 cm、72 ppi 分辨率、RGB 颜色模式、黑色背景内容的新文档。

（2）选择"滤镜"→"杂色"→"添加杂色"命令，打开"添加杂色"对话框，如图 1-9-33 所示。

（3）选择"滤镜"→"像素化"→"晶格化"命令，打开"晶格化"对话框，如图 1-9-34 所示。

 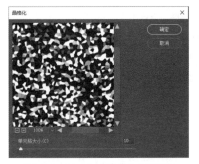

图 1-9-33 "添加杂色"对话框　　　图 1-9-34 "晶格化"对话框

（4）选择"图像"→"调整"→"阈值"命令，打开"阈值"对话框，如图 1-9-35 所示。

（5）选择"滤镜"→"扭曲"→"极坐标"命令，设置"极坐标到平面坐标"，效果如图 1-9-36 所示。

（6）选择"图像"→"图像旋转"→"逆时针90度"命令；再选择"滤镜"→"风格化"→"风"命令，打开"风"对话框中，设置方法为"风"，方向选择"从右"，按【Alt+Ctrl+F】组合键，可以多执行几次风滤镜（此例再执行一次就可以），效果如图1-9-37所示；选择"图像"→"图像旋转"→"顺时针90度"命令。

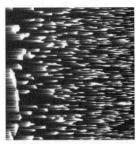

图1-9-35　"阈值"对话框　　图1-9-36　"极坐标"滤镜效果　　图1-9-37　"风"滤镜效果

（7）选择"滤镜"→"扭曲"→"极坐标"命令，设置"平面坐标到极坐标"，效果如图1-9-38所示。

（8）选择"渐变工具"，选择七彩的"色谱"，设为"径向渐变"，模式为"颜色"，在"背景"图层上，由中心向外拖动，如图1-9-39所示。

（9）选择"滤镜"→"扭曲"→"球面化"命令，设置数量"25%"，效果如图1-9-40所示。

图1-9-38　"极坐标"效果　　图1-9-39　"色谱"效果　　图1-9-40　"球面化"效果

9.2.11　其他滤镜

其他滤镜是一组单独的不适合分类的滤镜。其他滤镜包括位移、最大值、最小值、自定、高反差保留5种滤镜。

"自定"滤镜的作用是用户通过自己设置对话框中的数值来更改图像中每个像素的亮度值，从而模拟出锐化、模糊或浮雕的效果，如图1-9-41所示。

在如图1-9-41所示的"自定"对话框中，在中心文本框输入当前像素亮度增加的倍数，在周围相邻文本框输入数值，就可以控制与中

图1-9-41　"自定"对话框

心文本框中表示的相邻像素的亮度，Photoshop将相邻像素的亮度值与这个数值相乘。在"缩放"文本框中设置亮度值总和的除数（用该值去除计算中包括像素的亮度总和），在"位移"文本框中输入与缩放计算结果相加的值。

当中心文本框的数值为正时，周围相邻文本框的数值也为正数，在"缩放"文本框中填入所有这些数值之和，即可创建模糊滤镜的效果。

当中心文本框周围相邻文本框的数值正负平衡时，即可创建浮雕滤镜的效果，正值和负值的位置可决定光线照射的方向。

9.3　特殊滤镜

本节主要讲述滤镜库、液化、消失点等滤镜效果。

9.3.1　滤镜库

"滤镜库"是 Photoshop CS 后新增的功能，通过"滤镜库"可以浏览 Photoshop 中常见的滤镜及其对话框。"滤镜库"提供了风格化、画笔描边、扭曲、素描、纹理及艺术效果 6 组滤镜。

在如图 1–9–42 所示的"滤镜库"对话框中，展开滤镜组，单击滤镜名称就可添加该滤镜，在右边的滤镜参数设置区域可调整其参数，预览区可预览滤镜效果，单击"确定"按钮，该滤镜将应用于图像。

图 1–9–42　"滤镜库"对话框

"滤镜库"可以累积应用，并可以多次应用单个滤镜，还可以重新排列滤镜并更改已应用的每个滤镜的参数设置，以实现对同一幅图像应用多个滤镜的叠加效果。

9.3.2　液化

"液化"滤镜的作用是对图像进行像液体一样的流动变形，如旋转扭曲、收缩、膨胀以及映射等，变形的程度可以随意控制。

（1）在使用"液化"滤镜时，可先将受保护的区域冻结起来。在如图 1–9–43 所示的工具箱中选择冻结蒙版工具，在图像预览区中拖动，红色所覆盖的区域为被保护区（颜色可以在"蒙版颜色"下拉列表中设置）。

（2）单击冻结区域选项组中的"全部反相"按钮，可将冻结区域与非冻结区域进行转换。单击"无"按钮，可取消所有冻结区域。单击解冻蒙版工具，在图像预览区中涂抹，所涂抹区域将撤销图像的冻结状态。

（3）选择变形工具，在图像预览区中拖动鼠标，则鼠标经过区域图像的像素会沿着鼠标移动的方向产生扭曲变形。

（4）选择顺时针旋转扭曲工具，在图像预览区中拖动鼠标，则鼠标经过区域图像的像素会按顺时针方向旋转。

图 1-9-43 "液化"对话框

（5）选择褶皱工具■，在图像预览区中单击，鼠标以下图像的像素会向中心移动，产生挤压效果。

（6）选择膨胀工具■，在图像预览区中单击，鼠标以下图像的像素会向外移动，产生膨胀效果。

（7）选择左推工具■，在图像预览区中拖动鼠标，则鼠标经过区域图像的像素会与鼠标移动方向垂直移动，产生图像位移的效果。

（8）选择重建工具■，在图像预览区中涂抹，可恢复变形的区域。如果要恢复到原始图像，可单击"恢复全部"按钮。

9.3.3 消失点

"消失点"滤镜的作用是在保证图像透视角度不变的情况下，对图像的指定平面应用绘画、仿制、复制、粘贴以及变换等编辑操作。利用消失点来修饰、添加或移去平面内容时，结果将更加逼真，因为系统可准确确定这些编辑操作的方向，并且将它们缩放到透视平面。

> **注意：** 在使用"消失点"滤镜时，首先要创建一个透视网格，以定义图像的透视关系，然后使用"消失点"对话框的选框工具■或图章工具■进行透视编辑操作，如图 1-9-44 所示。

图 1-9-44 "消失点"对话框

9.4　应用举例

【**案例 1**】鲤鱼打挺，如图 1-9-45 所示

【**设计思路**】本实例首先利用魔棒工具抠图得到鱼的形状；再利用通道得到填充选区；最后利用滤镜功能得到鲤鱼打挺效果。

【**设计目标**】通过本案例，掌握"玻璃"滤镜、"水波"滤镜、"液化"滤镜和"高斯模糊"滤镜制作鲤鱼打挺的效果。

【**操作步骤**】

（1）启动 Photoshop，选择"文件"→"打开"命令或按【Ctrl+O】组合键，打开图像素材"湖光山色 .jpg"，拖动"背景"图层到图层面板下方的"创建新图层"按钮上创建"背景 拷贝"。

（2）打开图像素材"鱼 .jpg"，利用魔术棒工具将鱼从背景中抠出，复制到"背景 拷贝"图层上方作为"图层 1"，选择"图像"→"调整"→"去色"命令，按【Ctrl+T】组合键利用自由变换工具调整"鱼"的位置和大小，效果如图 1-9-46 所示。

（3）将"背景"和"背景 拷贝"图层的状态设置为隐藏，按【Ctrl+S】组合键，保存当前文件为"鲤鱼 .psd"，如图 1-9-47 所示。

图 1-9-45　"鲤鱼打挺"效果图　　　图 1-9-46　去色　　　　　图 1-9-47　隐藏图层

（4）将"图层 1"的状态设置为隐藏，显示"背景 拷贝"图层。选中"背景 拷贝"图层，选择"滤镜"→"滤镜库"命令，选择"扭曲"类下的"玻璃"滤镜，参数设置如图 1-9-48 所示，载入"鲤鱼 .psd"作为纹理。

（5）显示"图层 1"，隐藏"背景 拷贝"图层。选中"图层 1"，切换到"通道"面板，将"图层 1"的红色通道拖到"创建新通道"按钮上，创建"红 拷贝"通道。在"图层"面板中，按住【Ctrl】键同时单击"红 拷贝"通道的缩略图，将此通道作为选区载入，按【Shift+Ctrl+I】组合键反选选区，如图 1-9-49 所示。

 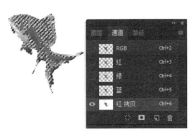

图 1-9-48　"玻璃"对话框　　　　　　图 1-9-49　载入选区

（6）保留选区，切换到"图层"面板，隐藏"图层 1"，显示"背景 拷贝"图层。单击"创建新图层"按钮在"背景 拷贝"图层上方创建"图层 2"，选择"编辑"→"填充"命令填充白色，效果如图 1-9-50 所示。

（7）按【Ctrl+D】组合键，取消选区；选中"背景 拷贝"图层，选择"滤镜"→"液化"命令，选用合适大小的画笔涂抹模拟出水被往上抽的效果，效果如图 1-9-51 所示。

图 1-9-50 填充选区

图 1-9-51 "液化"对话框

（8）利用矩形选框工具在"背景 拷贝"图层上拉出一个矩形选框，选择"滤镜"→"扭曲"→"水波"命令，参数设置如图 1-9-52 所示，单击"确定"按钮，效果如图 1-9-53 所示。

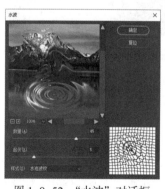

图 1-9-52 "水波"对话框

图 1-9-53 水波效果

（9）选择"滤镜"→"模糊"→"高斯模糊"命令，设置半径为 1 像素，单击"确定"按钮；按【Ctrl+D】组合键，取消选区；把"图层 2"的图层不透明度设置为 35% 左右；"鲤鱼打挺"最终效果如图 1-9-45 所示。

【案例 2】绘制几何图形，效果如图 1-9-54 所示。

【设计思路】本实例首先利用渐变工具得到黑白渐变效果；再利用"波浪"滤镜和"极坐标"滤镜得到花形效果；最后利用"铬黄"描到边缘，修改图层的混合模式得到彩色的几何图形效果。

【设计目标】通过本案例，掌握滤镜的设置方法，并了解极坐标的妙用，从而实现设计效果。

【操作步骤】

（1）新建一个 10 厘米 ×10 厘米、72 ppi 分辨率、RGB 颜色模式、白色背景内容的新文档；按【D】键，设置默认的前景色和背景色，分别为黑色和白色。

（2）选择"渐变工具"，在工具属性栏中选择"前景色到背景色"的渐变，类型"对称渐变"，按住鼠标左键拖动鼠标，从画布中央向中下，绘制一条对称的黑白渐变，如图 1-9-55 所示。

（3）选择"滤镜"→"扭曲"→"波浪"命令，设置波形为正弦，其他参数如图 1-9-56 所示。

图 1-9-54　几何图形

图 1-9-55　黑白渐变

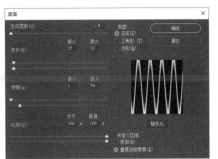

图 1-9-56　波浪滤镜

（4）选择"滤镜"→"扭曲"→"极坐标"命令，设置"平面坐标到极坐标"，效果如图 1-9-57 所示。

（5）选择"滤镜"→"滤镜库"命令，在打开的滤镜库中选择"素描"类下的"铬黄"滤镜，参数默认，效果如图 1-9-58 所示。

（6）新建"图层 1"，利用渐变工具填充个人喜欢的渐变色，本案例用"色谱"，左上角向右下角拉，如图 1-9-59 所示。

图 1-9-57　极坐标

图 1-9-58　铬黄

图 1-9-59　色谱渐变

（7）在图层面板上，选择"图层 1"的图层混合模式为"颜色"，最终效果如图 1-9-54 所示。

【案例 3】添加彩色铅笔背景效果，如图 1-9-60 所示。

【设计思路】本实例首先利用"纹理"类滤镜、"模糊"类滤镜和"画笔描边"类滤镜得到彩色渲染效果；再利用"风格化"类滤镜得到铅笔素描效果；最后修改图层的混合模式得到彩色铅笔效果。

图 1-9-60　彩色铅笔效果

【设计目标】通过本案例，掌握综合利用各种滤镜实现设计效果。

【操作步骤】

（1）打开"彩色铅笔 - 源 .psd"文件，在图层面板上把"背景"图层拖到"创建新图层"按钮上，连续拖两次，复制 2 层（背景 拷贝、背景 拷贝 2）。

（2）隐藏"背景 拷贝 2"图层，选择"背景 拷贝"图层，选择"滤镜"→"滤镜库"命令，在打开的"滤镜库"对话框中选择"纹理"类滤镜下的"颗粒"，设置参数：强度 25，对比度 40，颗粒类型：喷洒，如图 1-9-61 所示。

图 1-9-61 颗粒

（3）选择"滤镜"→"模糊"→"动感模糊"命令，设置参数：角度 40 度，距离 20 像素，如图 1-9-62 所示。

图 1-9-62 动感模糊

（4）选择"滤镜"→"滤镜库"命令，在打开的"滤镜库"对话框中选择"画笔描边"类滤镜下的"成角的线条"，设置参数：方向平衡 40，描边长度 7，锐化程度 3，如图 1-9-63 所示。

图 1-9-63 成角的线条效果

（5）在"图层"面板中，将"背景拷贝"图层的图层混合模式设置为"颜色"，效果如图 1-9-64 所示。

图 1-9-64 图层叠加

（6）显示"背景 拷贝 2"，选择"背景 拷贝 2"图层，选择"滤镜"→"风格化"→"查找边缘"命令，效果如图 1-9-65 所示。

图 1-9-65　查找边缘

（7）选择"图像"→"调整"→"色相 / 饱和度"命令，设置参数：饱和度 –44，明度 34，如图 1-9-66 所示。

图 1-9-66　色相 / 饱和度

（8）在图层面板中，将"背景 拷贝 2"图层的图层混合模式设置为"颜色减淡"，效果如图 1-9-67 所示。

图 1-9-67　图层叠加

（9）"人物"图层若也做彩色铅笔效果，也可以采用上述类似方法。

第*10*章
动作与动画

 **本章导读**

在 Photoshop 中使用动作可以简化图像编辑处理的过程，而动作主要用于简化处理图像效果的过程。Photoshop 除了用来制作比如海报、印刷稿等静态图像，也具备制作动画的能力。在 Photoshop 中可创建一个由多个帧组成的动画，把单一的画面扩展到多个画面，并在这多个画面中营造一种影像上的连续性，令动画成型。本章主要讲解动作和动画制作方法。

学习目标

◎ 掌握如何通过"动作"面板播放动作。
◎ 了解新建动作、编辑、存储和载入动作的方法。
◎ 掌握 GIF 动画的创建和编辑。
◎ 掌握动画的存储及导出方法。

学习重点

◎ 录制与播放动作。
◎ 创建和编辑 GIF 动画。

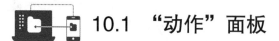 **10.1 "动作"面板**

动作是指单个文件或一批文件上自动播放的一系列任务。也就是可以将用户对一幅图像的多个步骤操作以一个快捷键录制成一个动作，在需要将其他图像或图像选区进行相同操作时，就可以按所设置的该快捷键来进行播放，以节省很多步骤的操作过程，提高工作效率。

使用动作命令组，只需按设置的快捷键即可自动地执行所有存储在其中的命令。动作主要有以下功能：

（1）使用"动作"面板可记录、播放、编辑和删除动作，还可存储载入和替换动作。

（2）将一系列命令组合为单个动作，在需要选择上述命令时，直接选择该动作即可，从而使选择任务自动化。而且，这个动作可以在以后的应用中反复使用。

（3）可以创建一个动作，该动作应用一系列滤镜来体现用户设置的效果。

（4）可同时处理多幅图像，也可在一个文件或一批文件上使用相同的动作。

使用"动作"面板可以记录、播放、编辑和删除动作，还可用于存储和载入动作文件。选择"窗口"→"动作"命令，或按【Alt+F9】组合键，或在打开的面板中单击"动作"标签，都可以打开"动作"面板，如图 1-10-1 所示。

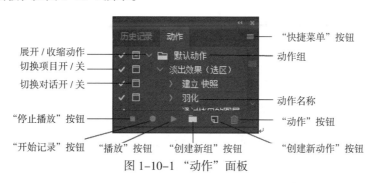

图 1-10-1　"动作"面板

其中各项含义如下：

（1）"展开 / 收缩动作"按钮：单击此按钮可以展开动作集或动作的操作步骤，展开后的动作按钮向下。

（2）"切换项目开 / 关"：若该框是空白，则表示该动作集是不能播放的；若该框内有一个红色的"√"，则表示该动作集中有部分动作不能播放；若该框内有一个黑色的"√"，则表示该动作集中所有动作都能播放。

（3）切换对话开 / 关：开关动作，切换后无法恢复。

（4）"停止播放"按钮：用于停止录制当前的动作，该按钮只有在录制按钮处于按下状态时才可用。

（5）"开始记录"按钮：用于开始录制一个新的动作，在录制过程中，该按钮的颜色为红色。

（6）"播放"按钮：单击此按钮，可以播放当前选定的动作。

（7）"创建新组"按钮：单击此按钮，可以新建一个新组，用于存放动作。

（8）"创建新动作"按钮：单击此按钮，可以新建一个动作。

（9）"删除动作"按钮：单击此按钮，可以将当前的动作或组删除。

（10）动作名称：显示动作的名称。

（11）动作组：一组动作的集合，在文件夹右侧是该组的名称。

（12）"快捷菜单"按钮：单击此按钮，可以弹出面板的下拉菜单，用户可以对组或动作进行新建、复制、删除和播放等操作；可以载入、替换、重置、存储动作；还可以添加各种动作组，如命令动作组、框架动作组、图像效果动作组、产品动作组、文本效果动作组和纹理动作组等。

10.2　动作的使用

在 Photoshop 中，用户可以通过"动作"面板创建、记录、播放和编辑动作，还可存储载入和替换动作。

10.2.1　创建和记录动作

在 Photoshop 中，除了系统提供的默认动作以外，用户还可以根据需要自定义动作，有针对性地进行图像处理。

要创建和记录新动作，可单击"动作"面板上的"创建新动作"按钮■，或选择面板"快捷菜单"■中的"新建动作"命令，打开"新建动作"对话框，进行所需的设置，如图 1-10-2 所示。各选项的功能如下：

（1）名称：用于设置新建动作的名称。

（2）组：用于选择新建动作所属的组。

（3）功能键：用于设置新建动作的热键。

（4）颜色：用于设置新建动作在按钮模式下显示的颜色。

在选择组时，默认情况下，只有"默认动作"一个组可选择，如果要将所创建和记录的动作放到不同的组中，可单击"动作"面板上的"创建新组"按钮■，打开"新建组"对话框，设置组名，单击"确定"按钮即可，如图 1-10-3 所示。

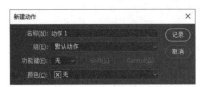

图 1-10-2　"新建动作"对话框　　　　图 1-10-3　"新建组"对话框

【例 10.1】打开如图 1-10-4 所示的"花 1.jpg"图像，再使用"动作"面板新建一个动作，并将图像另存为 TIFF 格式，再将"花 2.jpg"进行相同的操作。

具体操作步骤如下：

（1）启动 Photoshop，选择实际要打开的路径，打开如图 1-10-4 所示的"花 1.jpg"图像，再单击"动作"面板中"新建动作"按钮■，打开"新建动作"对话框，如图 1-10-5 所示。

图 1-10-4　"花 1.jpg"图像　　　　图 1-10-5　"新建动作"对话框

（2）设置新动作的名称为"图像大小和存储"，功能键为【F12】键，"颜色"为"红色"，（见图 1-10-5），单击"确定"按钮即可开始记录接下来的操作步骤。

（3）按【Alt+Ctrl+I】组合键，打开"图像大小"对话框，选中"约束比例"按钮，设置宽度为"500 像素"，单击"确定"按钮，如图 1-10-6 所示。

（4）按【Shift+Ctrl+S】组合键，打开"存储为"对话框，选择实际要保存的路径，设置文件格式为 TIFF，单击"保存"按钮，如图 1-10-7 所示。再关闭该图像窗口，此时的"动作"面板如图 1-10-8 所示。单击"停止播放"按钮■，结束动作记录。

（5）打开如图 1-10-9 所示的"花 2.jpg"图像，按【F12】键或单击"播放"按钮▶即可进行动作播放，同时与"花 1.tif"图像相同的路径下生成"花 2.tif"图像。

图 1-10-6　"图像大小"对话框

图 1-10-7　"另存为"对话框

图 1-10-8　"动作"面板

图 1-10-9　"花 2.jpg"图像

10.2.2　播放动作

如果要在图像文件上播放所需的动作或动作组，可以分为以下几种情况选取需要播放的内容，再进行播放。

（1）若要播放动作组，可使用鼠标单击选中此组的名称；若要完整地播放动作，选择动作的名称。

（2）若要播放动作中的部分命令，选中要执行的具体命令。

（3）若要加入一个命令在动作中播放，选择并检查动作名称左边的注记框。在"动作"面板中单击"播放"按钮，或从"动作"面板"快捷菜单"中的下拉菜单中选择"播放"命令。

（4）若要连续播放动作中的一个命令，首先选择"播放"命令，然后定义播放速度。

10.2.3　编辑动作

用户在记录动作以后，若感觉动作的效果并不是特别理想，或者想要复制一个新的动作，以方便在此基础上制作出该动作更多的版本，需要掌握动作编辑方面的相关知识。

1. 重命名、移动、复制、删除动作

（1）重命名动作：在"动作"面板中的列表模式下双击动作名称，此动作名称即进入编辑状态，输入新名称即可。

（2）移动动作：选择某个动作，然后按住鼠标左键拖动该动作到相应的位置即可。

（3）复制动作：选择某个动作，然后按住鼠标左键拖动该动作到面板下方的"创建新动作"按钮上，即可复制一个该动作的副本。

（4）删除动作：选择某个动作，然后单击面板下方的"删除动作"按钮即可。

2. 编辑动作中的内容

用户可以编辑动作中的内容。例如，当需要在某个动作中添加操作时，可以在选中该动作后，

单击"开始记录"按钮，然后执行新操作就可以记录下来，添加到该动作中。

用户还可以更改某一个具体操作中的内容，方法是双击所要更改的操作，然后更改操作内容。此时"开始记录"按钮和"播放"按钮同时启用，用户更改的操作被记录下来，并替换原有的操作。

当用户应用完修改后的动作后，如果想要将先前"动作"面板中默认的动作中一些修改再次恢复时，可选择面板"快捷菜单"中的下拉菜单中的"复位动作"命令，恢复 Photoshop 默认的参数设置。

【例 10.2】修改例 10.1 中的"图像大小"和"存储"文件格式操作，并添加"旋转"。

具体操作步骤如下：

（1）打开"花 1.jpg"图像，在"动作"面板中，双击"图像大小"操作，打开"图像大小"对话框，选中"约束比例"按钮，设置宽度为"1200 像素"，单击"确定"按钮。

（2）在"动作"面板中，双击"存储"操作，打开"存储为"对话框，选择实际要保存的路径，设置文件格式为 Photoshop PDF，单击"保存"按钮。

（3）单击"开始记录"按钮，选择"图像"→"图像旋转"→"180 度"命令，则将图像旋转 180 度。

（4）单击"停止播放"按钮，结束动作记录。

（5）选择"旋转 第一文档"动作，然后按住鼠标左键拖动该动作到"图像大小"操作的下方位置。此时的"动作"面板如图 1–10–10 所示。

（6）按【F12】键或单击"播放"按钮即可进行动作播放。

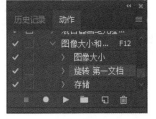

图 1–10–10 "动作"面板

10.2.4 存储和载入动作

对于用户创建的有价值的动作，可以将其保存下来，以便以后调用，如果觉得动作不够丰富，还可以通过"载入动作"对话框载入其他动作。

在"动作"面板"快捷菜单"中，还有"存储动作"和"载入动作"命令，用于将用户设置的动作进行存储和重新载入。

1. 存储动作

"存储动作"命令用于存储用户自己录制的动作。尽管当时录制的动作并不会在面板中消失，但用户可能经常使用"复位动作"命令。复位动作后，用户所编辑的动作将不再保留在"动作"面板中。因此，如果用户认为某个自行设置的动作很有用，就有必要将该动作进行存储。

要存储动作，先选中要保存的动作组，单击"动作"面板右上角的按钮，在弹出的"快捷菜单"中选择"存储动作"命令，打开如图 1–10–11 所示的"存储"对话框。选择存放动作文件的目标文件夹并输入要保存的动作名称后，单击"保存"按钮即可。

2. 载入动作

Photoshop 在"动作"面板菜单中预置了一些已编辑好的复杂动作，包括命令、图像效果、处理、文字效果、画框、纹理和视频动作，用户可以通过载入并使用这些预置的动作来快速完成对图像的批量操作。

载入动作的过程和保存动作的过程一样，选择"动作"面板"快捷菜单"中的"载入动作"命令，在打开的"载入"对话框中双击需要的动作即可调出 Photoshop 自带的或用户定义的动作。

此外，用户还可以直接在"动作"面板"快捷菜单"的底部选择所需要的动作组。

图 1-10-11　"存储"对话框

10.2.5　设置动作选项

在"动作"面板"快捷菜单"中有两个重要的选项：组选项和回放选项。

1. 组选项

选择"动作"面板"快捷菜单" ▤ 中的"组选项"命令，打开"组选项"对话框，如图 1-10-12 所示。在该对话框中，用户可以对选择的组进行重命名。

2. 回放选项

有的动作时间太长导致不能正常播放，此时可以设置其播放速度使其正常播放。其方法是：单击"动作"面板右上角的按钮 ▤，在弹出的菜单中选择"回放选项"命令，打开"回放选项"对话框，如图 1-10-13 所示。在"性能"栏中设置如下选项，再单击"确定"按钮即可。

图 1-10-12　"组选项"对话框　　　图 1-10-13　"回放选项"对话框

（1） ⦿ 加速(A)：选中该单选按钮，动作将以正常速度播放。该选项是 Photoshop 的默认选项，动作播放速度最快。

（2） ⦿ 逐步(S)：选中该单选按钮，动作执行速度较慢，但有利于用户在设置并测试动作过程中看清楚每一步操作后的效果。

（3） ⦿ 暂停(P)：　　秒：选中该单选按钮，可以设置每一步的暂停时间。

 ## 10.3　动画的使用

Photoshop 除了做图像处理和平面设计外，还可以做动画效果。在平时工作项目中，会碰上要做简单 gif 动画的需求。以往做 gif 动画最麻烦的就是逐帧制作，一旦修改起来也很麻烦。随着 Photoshop 版本的不断升级，其功能的优化和增加，已可通过时间轴对视频进行简易剪辑。

10.3.1　创建动画

动画是在一段时间内显示的一系列图像或帧。每一帧较前一帧有轻微的变化，当连续、快

速地显示这些帧时会产生仿佛运动的效果。可以使用"时间轴"面板和"图层"面板来创建动画帧。每个帧表示"图层"面板中的一个图层配置。

1. 添加帧

添加帧是创建动画的第一步。如果打开了一个图像，则"时间轴"面板将该图像显示为新动画的第一帧。选择"窗口"→"时间轴"命令即可显示"时间轴"面板，如图 1-10-14 所示。

如果要添加其他的帧，可以在"时间轴"面板中单击"复制所选帧"按钮。用户所添加的每一个帧开始时都是上一个帧的副本。

> **注意：** 可以更改"时间轴"面板中缩略图的大小，方法是单击"时间轴"面板右上角的选项按钮，弹出面板菜单，选择"面板选项"命令，然后在弹出的"时间轴面板选项"对话框中选择所需的缩略图大小。

2. 将帧拼合到图层

打开并创建一个动画文件后，还需要使各帧的图像具有差别，这样才会有动画效果。要修改动画帧的内容，需先将动画帧拼合到图层中，然后使用"图层"面板对帧进行更改。

将帧拼合到图层将为每一帧创建一个复合图层，它包含该帧中的所有图层。还可以隐藏该帧中原来的图层，但将其保留，以备其他帧需要时使用。

单击"时间轴"面板右上角的选项按钮，弹出面板菜单，选择"将帧拼合到图层"命令，即可将动画的所有帧拼合到图层中，如图 1-10-15 所示。

图 1-10-14　"时间轴"面板　　　　　图 1-10-15　将帧拼合到图层

> **注意：** 也可以创建一个新图像文件，在其中置入图像，然后通过复制帧来创建动画。

【例 10.3】创建一个两帧动画文件，如图 1-10-16 所示。

具体操作步骤如下：

（1）选择"文件"→"打开"命令，在打开的"打开"对话框中双击所需图片。在"时间轴"面板中，单击"创建帧动画"按钮，此图片即作为动画的第 1 帧显示在"时间轴"面板中。

（2）在"时间轴"面板底部单击"复制所选帧"按钮，创建第 2 帧。

（3）在"时间轴"面板菜单中选择"将帧拼合到图层"命令。

（4）设置帧 2 图层的"不透明度"为 30%。

3. 创建帧时添加新图层

在创建新图层时，该图层在动画的所有帧中都是可见的，如果想在特定帧中隐藏图层，可在"时间轴"面板中选择该帧，然后在"图层"面板中隐藏要隐藏的图层。但是，如果要使一个新图层在某一帧中是可见的，而在其他帧中是隐藏的，只需在每次创建帧时，在"时间轴"面板菜单中选择"为每个新建帧创建新图层"命令，自动将新图层添加到图像中即可。

图 1–10–16　两帧动画

如果创建的动画要求将新的可视图素添加到每一帧，也可以使用该命令以节省时间。

4. 指定循环和延迟时间

在使用 Photoshop 制作动画文件时，可以为每个帧指定延迟时间并指定循环，以使动画连续运行。

1）指定循环：通过选择循环选项，可以指定动画序列在播放时重复的次数。

要指定动画的循环选项，可在"时间轴"面板左下角单击"选择循环选项"下拉按钮，在弹出的下拉菜单中选择所需的选项。可选择的选项有："一次""永远"和"其他"。选择"其他"选项时可以设置重复播放的具体次数。

【例 10.4】设置循环选项，使动画序列重复播放 3 次。

具体操作步骤如下：

（1）在"时间轴"面板左下角单击"选择循环选项"下拉按钮，在弹出的下拉菜单中选择"其他"命令，如图 1–10–17 所示。

（2）在弹出的"设置循环计数"对话框的"播放"文本框中输入"5"，如图 1–10–18 所示。

（3）单击"确定"按钮。

2）指定延迟时间：可以为动画中的单个或多个帧指定延迟，即显示帧的时间。延迟时间以秒为单位显示，秒的几分之一以小数值显示。例如，当指定延迟时间为四分之一秒时，该值的表现形式应为 0.25。

当在当前帧上设置延迟后，之后创建的每个帧都将记忆并应用该延迟值。如果选择了多个帧，则为一个帧指定延迟值时会将该值应用于所有帧。

指定延迟时间的方法是在"时间轴"面板中单击所选帧下面的延迟值，然后在弹出的下拉菜单中选择所需要的值，如图 1–10–19 所示。

图 1–10–17　选择循环选项　　　图 1–10–18　设置循环次数　　　图 1–10–19　选择帧延迟时间

【例10.5】为动画的第1帧设置延迟时间为0.25 s。

具体操作步骤如下：

（1）在"时间轴"面板中单击第1帧，以选定该帧。

（2）单击该帧下方的延迟值，弹出"选择帧延迟时间"下拉菜单。

（3）选择"其他"命令，弹出"设置帧延迟"对话框，在"设置延迟"文本框中输入"0.25"，如图1-10-20所示。

（4）单击"确定"按钮。此时在"时间轴"面板的第1帧下方显示的延迟值即变为0.25 s，如图1-10-21所示。

图1-10-20　设置帧延迟

图1-10-21　"时间轴"面板中显示当前的延迟值

10.3.2　编辑动画

当制作了一个简单动画时，要使它更加完善，还需要做进一步的编辑，例如编辑帧的内容、处理帧、使用过渡帧使动画更加形象等。

1. 选择帧

在处理帧之前，必须将其选择为当前帧。当前帧的内容将会显示在文档窗口中。

选择帧的方法有多种，要选择某一帧，可在"时间轴"面板中执行下列操作之一：

（1）单击所需帧的缩略图。

（2）单击"选择下一帧"按钮，选择序列中的下一帧作为当前帧。

（3）单击"选择上一帧"按钮，选择序列中的前一帧作为当前帧。

（4）单击"选择第一帧"按钮，选择序列中的第一帧作为当前帧。

如果要选择多个帧，可在"时间轴"面板中执行下列操作之一：

（1）要选择多个连续的帧，选择第1帧后，再按住【Shift】键单击第2个帧，这两帧之间所有的帧都被选中。

（2）要选择多个不连续的帧，选择第1帧后，再按住【Ctrl】键分别单击其他帧，即可选中这些帧。

（3）要选择全部帧，弹出"时间轴"面板菜单，选择"选择全部帧"命令。

当选择了多帧后，如果要取消某一帧，按住【Ctrl】键单击该帧即可。

2. 修改帧

修改帧的内容包括编辑帧的图像内容，更改帧的位置，反转帧的顺序，删除帧及在帧之间复制和粘贴图层等。

1）编辑帧的图像内容

动画中常常需要图像的变幻，其实就是使每一帧的图像内容做一些变化。可以使用"图层"面板来修改所选帧的图像。对于帧的图层，用户可以执行下列任何操作：

（1）打开和关闭各种图层的可视性。

（2）更改图层位置以移动图层内容。

（3）更改不透明度以渐显或渐隐内容。

（4）更改图层的混合模式。

（5）在图层中添加样式。

【例 10.6】修改帧的图像内容，如图 1-10-22 所示。

具体操作步骤如下：

（1）创建一个图像文件，打开所需的图片；在"时间轴"面板中，单击"创建帧动画"按钮。

（2）选择第 1 帧，单击"复制选中的帧"按钮，复制一帧。

（3）在"时间轴"面板菜单中选择"将帧拼合到图层"命令，选择第 2 帧。

（4）设置"帧 2"图层的"混合模式"为"亮光"；在"图层"面板双击"帧 2"图层，打开"图层样式"对话框。

（5）选择"颜色叠加"，设置颜色"#28f17"，"不透明度"为 40%，如图 1-10-23 所示。

（6）单击"确定"按钮。

图 1-10-22　修改第 2 帧图像内容后的"时间轴"面板　　　图 1-10-23　设置混合模式

2）更改帧的位置

在"时间轴"面板中选择要移动的帧，然后将选区拖移到新的位置，即可更改该帧的位置。但是，如果拖移多个不连续的帧，则这些帧将连续地放置到新的位置。

3）反转帧的顺序

反转帧是指反向调整帧的顺序。要反转的帧不必是连续的，可以反转选中的任何帧。选择要反转的帧，然后从"时间轴"面板菜单中选择"反向帧"命令，即可反转帧的顺序。

4）删除帧

如果要删除一个或多个帧，在"时间轴"面板中选中所需的帧后，可执行下列操作之一：

（1）从面板菜单中选择"删除帧"命令。

（2）单击"时间轴"面板底部的"删除选中的帧"按钮，弹出如图 1-10-24 所示的提示对话框，单击"是"按钮，确认删除。

（3）将选定帧拖移到"删除选中的帧"按钮上，使其呈按下状态。

> **注意：** 如果要删除整个动画，可以从"时间轴"面板菜单中选择"删除动画"命令。

5）在帧之间复制和粘贴图层

在复制和粘贴时，为了便于理解，可以将帧视为具有给定图层配置的图像副本。在复制帧时，图层的配置即每一图层的可视性设置、位置和其他属性也同时被复制；而粘贴则是将图层的配置应用到目标帧。可以同时复制多个帧。

在"时间轴"面板中选择要复制的帧，然后选择"时间轴"面板菜单中的"拷贝帧"命令，再在当前动画或另一动画中选择一个或多个目标帧，选择"时间轴"面板菜单中的"粘贴帧"命令，弹出如图 1-10-25 所示的"粘贴帧"对话框，选择粘贴方法，即可完成在帧之间拷贝和粘贴图层的操作。

图 1-10-24　删除帧时的提示对话框　　　图 1-10-25　"粘贴帧"对话框

在"粘贴帧"对话框中，可以选择以下几种粘贴方法：

（1）替换帧：用于使用复制的帧替换所选帧。如果将这些帧粘贴到同一图像，则不会在该图像中添加任何新图层；目标帧中现有的每一图层的属性都将替换为所复制的每一图层的属性。如果在不同图像之间粘贴帧，则在图像中添加新的图层；但是，在目标中只有粘贴的图层是可见的（现有图层将被隐藏）。

（2）粘贴在所选帧之上：用于将粘贴的帧的内容作为新图层添加到图像中。将这些帧粘贴到同一图像时，使用此选项可使图像中的图层数量加倍。在目标帧中，新粘贴的图层是可见的，原来的图层将被隐藏。在非目标帧中，新粘贴的图层被隐藏。

（3）"粘贴在所选帧之前"或"粘贴在所选帧之后"：用于在目标帧之前或之后添加复制的帧。如果在不同图像之间粘贴帧，则在图像中添加新的图层；但是，在新帧中只有粘贴的图层是可见的（现有图层将被隐藏）。

此外，如果在对话框中选中了"链接添加的图层"复选框，可以在"图层"面板中链接粘贴的图层。当需要将粘贴的图层作为一个单元重新定位时，即可使用该选项。

3. 帧的处理

帧的处理方法指定在显示下一帧之前是否删除当前帧。在处理包含背景透明度的动画时可选择一种处理方法，以指定当前帧是否透过下一帧的透明区域可见。帧的处理方法有"自动""不处理"和"处理" 3 种。

（1）自动：用于确定当前帧的处理方法，如果下一帧包含图层透明度，则删除当前帧。对于大多数的动画，"自动"选项都可得到所需的结果，因此它是默认选项。

（2）不处理：用于在显示下一帧时保留当前帧。当前帧（和前一帧）可以透过下一帧的透明区域显示出来。使用该选项可以在浏览器中查看准确的动画预览。

（3）处理：用于在显示下一帧之前中止显示当前帧。使用该选项时，在任何时候都只显示一个帧，并且当前帧不会透过下一帧的透明区域显示出来。

当把某一帧的处理方法设置为"不处理"或"处理"时，在该帧的左下角会显示一个图标，表示当前的状态，如图 1-10-26 所示。将处理方法设置为"自动"时不显示图标。

在"时间轴"面板中，右击要为其选择处理方法的帧的缩略图，在弹出的快捷菜单中选择某一命令，即可为该帧应用相应的处理方法，如图 1-10-27 所示。

图 1-10-26　处理和不处理帧时显示的图标　　　图 1-10-27　"处理方法"快捷菜单

4. 使用过渡帧

用户可以借助于"过渡"命令来自动添加或修改两个现有帧之间的一系列帧，这是一种在屏幕上快速移动对象或渐隐对象的方法。

使用"过渡"命令可以均匀地改变新帧之间的图层属性（位置、不透明度或效果参数）以创建移动外观。例如，如果要渐隐一个图层，可将起始帧的图层的不透明度设置为 100%，然后将结束帧的同一图层的不透明度设置为 0%。在这两个帧之间过渡时，该图层的不透明度在整个新帧上均匀减小。"过渡"命令大大减少了创建动画效果所需的时间。创建过渡帧之后，可以分别对它们进行编辑。

要将过渡应用到特定图层，应先在"图层"面板中选择该图层，然后选择所需的帧。选择帧时，要注意以下问题：

（1）如果选择单一帧，则应选取是否用上一帧或下一帧来过渡该帧。

（2）如果选择两个连续帧，则在这两个帧之间添加新帧。

（3）如果选择的帧多于两个，过渡操作将改变所选的第一帧和最后一帧之间的现有帧。

（4）如果选择动画中的第一帧和最后一帧，则这些帧将被视为连续的，并且过渡帧将添加到最后一帧之后。当需要将动画设置为多次循环时，这种过渡方法很有用。

选择所需帧后，单击"时间轴"面板中的"动画帧过渡"按钮，或者在"时间轴"面板菜单中选择"过渡"命令，打开如图 1-10-28 所示的"过渡"对话框，设置所需的选项即可。

图 1-10-28 "过渡"对话框

（1）过渡方式：用于选择在何处添加帧。如果选择的是多帧，则程序自动指定的选项为"选区"；如果选择的是单一帧，则需要在下拉列表框中选择在何处添加帧。

- 下一帧：在所选的帧和下一帧之间添加帧。当在"时间轴"面板中选择最后一帧时，该选项不可用。
- 第一帧：在最后一帧和第一帧之间添加帧。只有在"时间轴"面板中选择最后一帧时，该选项才可用。
- 上一帧：在所选的帧和上一帧之间添加帧。当在"时间轴"面板中选择第一帧时，该选项不可用。
- 最后一帧：在第一帧和最后一帧之间添加帧。只有在"时间轴"面板中选择第一帧时，该选项才可用。

（2）要添加的帧数：用于输入要添加的帧数。如果选择的帧多于两个，则该选项不可用。

（3）图层：用于指定要在添加的帧中改变的图层。

- 所有图层：改变所选帧中的全部图层。
- 选中的图层：只改变所选帧中当前选中的图层。

（4）参数：用于指定要改变的图层属性。

- 位置：在起始帧和结束帧之间均匀地改变图层内容在新帧中的位置。
- 不透明度：在起始帧和结束帧之间均匀地改变新帧的不透明度。
- 效果：在起始帧和结束帧之间均匀地改变图层效果的参数设置。

【例 10.7】为动画添加过渡帧，如图 1-10-29 所示。

具体操作步骤如下：

（1）在"时间轴"面板中选择第 1 帧，复制选中的帧。

（2）将帧拼合到图层，设置帧2的不透明度为"50%"。

（3）选中第2帧，单击"动画帧过渡"按钮，打开"过渡"对话框。

（4）在"过渡"下拉列表框中选择"上一帧"选项。

（5）在"要添加的帧数"文本框中输入"3"。

（6）在"图层"选项组中选中"所有图层"单选按钮。

（7）单击"确定"按钮。

图 1–10–29　添加过渡帧

5. 使用视频时间轴

视频时间轴动画是 PhotoShop 动画的主要编辑器，不需要过渡，只要在变化过程中设置关键帧即可。单击"时间轴"面板左下角的■按钮，即可切换到时间轴方式。面板的名称变为"动画（时间轴）"，而之前的是"动画（帧）"。右下角的按钮变为■■■，单击此按钮将会切换到原来的帧方式。在时间轴编辑器中想要移动位置，可把位置前面的小钟打开，将拉杆拖动一段距离，在画布中拖移对象到指定地点，时间轴上就会产生一个关键帧。记住先拖拉杆，再动对象，可以多设几个关键帧，对象也多改变几个位置，单击播放按钮就可以看到效果。

【例 10.8】利用视频时间轴动画制作运动小球。

具体操作步骤如下：

（1）新建文件，在黑色背景上绘制两个不同图层的不同颜色的小球，如图 1–10–30 所示。

（2）单击"时间轴"面板右上角，设置文档时间为 10 s。

（3）切换到视频时间轴方式，设置小球运动路线。选择图层 1 上的红色小球，把它放置在最左边，打开位置前面的小钟，生成一个起始帧黄色小棱角。然后，拖动拉杆一段距离（也就是时间），把红球移动进来并放好位置，此时会自动生成一个关键帧。然后又移动拉杆，再动红球。

（4）做蓝球的工作。先把蓝球放外面，把拉杆移动一段距离再开启小钟，这样就有一个红球运动一段时间蓝球再丢进来的效果，如图 1–10–31 所示。

图 1–10–30　"图层"面板

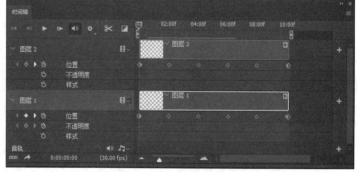

图 1–10–31　"时间轴"面板

6. 预览动画

在"时间轴"面板中单击"播放动画"按钮▶，就会在文档窗口中按指定的次数播放动画。

此时"播放动画"按钮自动变成"停止动画"按钮 ■，单击该按钮可停止播放动画。要倒回动画，可单击"选择第一帧"按钮 ◄◄ 。

10.3.3　优化、存储和导出动画

完成动画后，应优化动画以便快速下载到 Web 浏览器。可以使用下面两种方法优化动画：

（1）优化帧，使之只包含各帧之间的更改区域。这会大大减小动画 GIF 的文件大小。

（2）将动画存储为 GIF 图像，像任何 GIF 图像一样优化它。可以将一种特殊仿色技术应用于动画，确保仿色图案在所有帧中都保持一致，并防止在播放过程中出现闪烁。由于使用了这些附加的优化功能，与标准 GIF 优化相比，可能需要更多的时间来优化动画 GIF。

1. 优化动画帧

要优化动画帧，可从"时间轴"面板菜单中选择"优化动画"命令，弹出"优化动画"对话框，进行所需设置，如图 1-10-32 所示。

（1）外框：用于将每一帧裁剪到相对于上一帧发生了变化的区域。使用该选项创建的动画文件比较小，但与不支持该选项的 GIF 编辑器不兼容。此选项为默认选项，建议使用。

（2）去除多余像素：用于使一个帧中相对于上一帧没有发生变化的所有像素变为透明。此选项为默认选项，建议使用。使用该选项时，应将帧处理方法设置为"自动"。

2. 存储动画

在 Photoshop 中，可以使用多种格式将动画帧作为单个文件进行存储。如果要便于在 Web 上查看，可以使用 GIF 标准格式来存储动画图像。

GIF 文件是一种信息量小，动画形式简洁，包含颜色数量少的文件，非常方便用于网络传输。

选择"文件"→"存储"或"存储为"命令，即可以原来的格式或指定格式来存储当前动画。若要将动画存储为用于 Web 所用的格式，则需选择"文件"→"导出"→"存储为 Web 所用格式（旧版）"命令，打开如图 1-10-33 所示的"存储为 Web 所用格式"对话框，进行所需设置后，单击"存储"按钮即可。

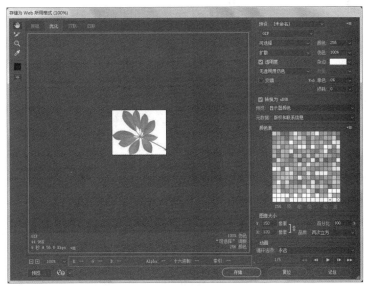

图 1-10-32　"优化动画"对话框　　　　　　图 1-10-33　"存储为 Web 所用格式"对话框

> **注意：** 如果动画文件尚未保存过，在"存储为 Web 所用格式"对话框中单击"存储"按钮后，将弹出"将优化结果存储为"对话框，指定保存位置、保存类型和文件名称，然后单击"保存"按钮即可。

3. 导出动画

在 Photoshop 中，用户可以使用 PSD、BMP、JPEG、PDF、Targa 和 TIFF 格式将动画帧导出为文件。

在"时间轴"面板菜单中选择"将帧拼合到图层"命令，并在"图层"面板中确保只显示了依据动画帧所创建的图层，然后选择"文件"→"导出"→"将图层导出到文件"命令，打开如图 1-10-34 所示的"将图层导出到文件"对话框，进行所需的设置。然后单击"运行"按钮，即可将动画帧作为文件导出。

图 1-10-34 "将图层导出到文件"对话框

"将图层导出到文件"对话框中各选项功能如下：

（1）目标：用于为导出的文件选择一个目标，可单击"浏览"按钮进行选择。默认情况下，生成的文件存储在与源文件相同的文件夹下。

（2）文件名前缀：用于为各文件输入一个通用名称。

（3）仅限可视图层：用于导出在"图层"面板中启用了可视性的图层。如果要只导出依据动画帧创建的图层，则使用此选项。

（4）文件类型：用于选择文件格式，然后可在对话框下方对所选格式进行配置。

（5）包含 ICC 配置文件：用于在导出的文件中嵌入工作区配置文件。对于有色彩管理的工作流程，设置此选项很重要。

图 1-10-35 "脚本警告"提示对话框

导出成功后，会弹出一个"脚本警告"提示对话框，如图 1-10-35 所示。单击其中的"确定"按钮即可。

> **注意：** 如果有不是依据动画帧创建的图层，必须禁用它们的可视性。这一点对于只导动画帧十分重要。

10.4 应用举例

前面介绍了动画制作过程中的各种知识，包括动画的创建与编辑、动画的预览、动画的优化，以及动画的存储和导出。

【案例1】创建一个奔跑马的动画实例。

【设计思路】本例应用了帧动画的原理，制作过程中应注意马形态的绘制。

【设计目标】通过本案例，掌握帧动画的应用技巧。

【操作步骤】

（1）新建一个 500 像素 ×350 像素 @72ppi、RGB 模式，白色背景内容的图像文件。

（2）单击"图层"面板右下方的"创建新图层"按钮，新建"图层 1"，选择"图层 1"使其处于工作状态，在"图层 1"中绘制一个如图 1-10-36 所示的动作。

（3）隐藏"图层 1"，新建"图层 2"，选择"图层 2"使其处于工作状态，在"图层 2"中绘制一个如图 1-10-37 所示的动作。

图 1-10-36　绘制图形一　　　　　　　图 1-10-37　绘制图形二

（4）隐藏"图层 2"，新建"图层 3"，选择"图层 3"使其处于工作状态，在"图层 3"中绘制一个如图 1-10-38 所示的动作。

（5）隐藏"图层 3"，新建"图层 4"，在"图层 4"中绘制一个如图 1-10-39 所示的动作。

图 1-10-38　绘制图形三　　　　　　　图 1-10-39　绘制图形四

（6）隐藏"图层 4"，新建"图层 5"，在"图层 5"中绘制一个如图 1-10-40 所示的动作。

（7）完成以上的 5 个动作以后，选择"窗口"→"时间轴"命令，打开"时间轴"面板。隐藏除"背景"和"图层 1"以外的所有图层；单击"创建帧动画"按钮，创建动画的第 1 帧显示在"时间轴"面板中。

（8）单击"时间轴"面板左下方的"复制所选帧"按钮，将当前帧复制为 2，如图 1-10-41 所示。将"图层 1"隐藏，显示"图层 2"，注意调整"图层 2"中马的位置，在以下的马动作位置的调整中要注意结合现实奔跑的动作，这样做出的动画效果才会逼真。

图 1-10-40　绘制图形五　　　　　　　图 1-10-41　复制选中的帧

（9）完成"图层 2"位置调整后，参照步骤（8）把第 3、4、5 帧做出来如图 1-10-42 所示；单击"播放动画"按钮，就会看到一匹马在原地不停地奔跑了。

【案例 2】创建一个动态的下雨效果。

【设计思路】本例先把照片调暗，用杂色滤镜做出下雨的效果，再利用帧动画制作出下雨效果。

【设计目标】通过本案例，掌握雨丝的制作，掌握帧动画的应用技巧。

【操作步骤】

（1）打开"东湖 jpg"图像文件，添加"曲线"调整图层，降低一点高光，如图 1-10-43 所示。

图 1-10-42　第 3、4、5 帧效果图

（2）新建"雨丝"图层，填充黑色；在"雨丝"图层上右击，在弹出的快捷菜单中选择"转换为智能对象"命令，把"雨丝"图层转换为智能图层，如图 1-10-44 所示。

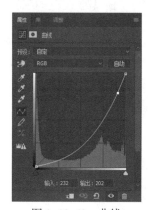

图 1-10-43　曲线

图 1-10-44　"雨丝"图层

（3）选择"滤镜"→"杂色"→"添加杂色"命令，添加杂色；选择"滤镜"→"模糊"→"高斯模糊"命令，模糊图像；选择"滤镜"→"模糊"→"动感模糊"命令，再次模糊图像，如图 1-10-45 所示。效果如图 1-10-46 所示。

图 1-10-45　添加杂色、高斯模糊和动感模糊

（4）按【Ctrl+T】组合键，打开自由变换命令，高宽比例放大到 200%，如图 1-10-47 所示。

（5）设置"雨丝"图层的图层混合模式为"滤色"；创建"色阶"调整图层，单击色阶属性中的■按钮，创建剪切蒙版，调整色阶参数，如图 1-10-48 所示。

<table>
<tr><td>图 1-10-46　滤镜后效果</td><td>图 1-10-47　自由变换雨丝</td></tr>
</table>

（6）把"雨丝"图层和"色阶 1"调整图层合并，并重新命名为"雨丝 1"图层，设置图层混合模式为"滤色"，如图 1-10-49 所示。

<table>
<tr><td>图 1-10-48　色阶</td><td>图 1-10-49　合并图层</td></tr>
</table>

（7）复制"雨丝 1"图层，得到"雨丝 1 拷贝"图层，利用自由变换命令把"雨丝 1 拷贝"图层的图像高宽比例放大到 200%；选择"滤镜"→"锐化"→"USM 锐化"命令，锐化图像，效果如图 1-10-50 所示。

图 1-10-50　USM 锐化

（8）创建"色阶"调整图层，单击色阶属性中的■按钮，创建剪切蒙版，调整色阶中的中间调为 0.8，使第 2 层的雨丝少一些，如图 1-10-51 所示；把"雨丝 1 拷贝"图层和"色阶 1"调整图层合并，并重新命名为"雨丝 2"图层，设置图层混合模式为"滤色"。

（9）复制"雨丝 2"图层，得到"雨丝 2 拷贝"图层，利用自由变换命令把"雨丝 2 拷贝"图层的图像高放大到 200%（注意：宽不放大）；创建"色阶"调整图层，单击色阶属性中的■按钮，创建剪切蒙版，调整色阶中的中间调为 0.9，使第 3 层的雨丝少一些；把"雨丝 2 拷贝"图层和"色阶 1"调整图层合并，并重新命名为"雨丝 3"图层，设置图层混合模式为"滤色"，如图 1-10-52 所示。

（10）在"图层"面板中，选择雨丝 3 个图层，按【Ctrl+G】组合键，建立图层组，并重命名为"雨丝"；按【Ctrl+J】组合键，复制新图层组，再合并组，修改图层名称为"雨丝"，修改图层混合模式为"滤色"，隐藏"雨丝"图层组。

图 1-10-51　设置第 2 层雨丝

图 1-10-52　静态雨丝效果

（11）双击"背景"图层，将"背景"图层转换成普通图层，即默认为"图层 0"；按住【Ctrl】键，单击"图层 0"的缩略图，载入选区；利用"裁剪工具"，在选区内双击，可以裁剪多余的图像（前面"雨丝 2"和"雨丝 3"图层的图像放大过）。

（12）选择"窗口"→"时间轴"命令，打开"时间轴"面板，单击"创建帧动画"按钮，创建动画的第 1 帧显示在"时间轴"面板中；选择"雨丝"图层，按【Ctrl+T】组合键，打开自由变换命令，设置"参考点位置"为左下角，即单击工具属性栏的█按钮，拉动右上角，使雨丝放大，如图 1-10-53 所示。

（13）在"时间轴"面板中，单击"复制所选帧"按钮，复制 1 帧；选择第 2 帧，利用移动工具，将雨丝往左下角拖动，一直拖到顶，如图 1-10-54 所示。

图 1-10-53　放大雨丝　　　　　　　　图 1-10-54　拖动雨丝

（14）在"时间轴"面板中，选择第 1 帧，打开"时间轴"面板菜单，选择"过渡"命令，打开"过渡"对话框，如图 1-10-55 所示。

（15）选择所有的帧，把延迟时间设置为 0.1 s，设置循环为"永远"，如图 1-10-56 所示。

（16）选择"文件"→"导出"→"存储为 Web 所用格式（旧版）"命令，打开如图 1-10-57 所示的"存储为 Web 所用格式"对话框，设置文件类型为"GIF"、循环选项为"永远"、其他参数默认，单击"存储"按钮即可。

图 1-10-55　过渡

图 1-10-56　设置延迟时间和循环

图 1-10-57　存储为 Web 所用格式

第三部分
动 画 制 作

　　Animate CC 由原 Adobe Flash Professional CC 更名得来，是 Adobe 公司推出的一款经典、优秀的矢量动画编辑软件，除维持原有 Flash 开发工具支持外，还新增了 HTML 5 创作工具，为网页开发者提供了更适应现有网页应用的音频、图片、视频、动画等创作支持。该软件对动画制作者的计算机知识要求不高，简单易学，效果流畅生动，对于动画制作初学者来说是非常适合的一款软件。

　　本部分主要介绍 Animate 的基本功能、动画对象的绘制和编辑方法、各种类型简单动画的设计制作及图层特效动画的设计与制作、各种交互动画的制作方法等。通过本部分的学习，使得读者能够轻松地了解计算机动画的相关理论知识，熟悉 Animate 的各项功能，熟练掌握各种 Animate 动画类型的设计与制作。

第 *11* 章

Animate CC 动画制作

 **本章导读**

　　Animate CC 是 Adobe 公司推出的一款经典、优秀的矢量动画编辑软件，利用该软件制作的动画尺寸要比位图动画文件（如 GIF 动画）尺寸小得多，用户不但可以在动画中加入声音、视频和位图图像，还可以制作交互式的影片或者具有完备功能的网站等。该软件简单易学，效果流畅生动，对于动画制作初学者来说是非常适合的一款软件。通过本章的学习，读者应熟悉 Animate 动画的特点、Animate CC 的界面组成元素、动画制作的步骤，并通过制作实例了解用 Animate 制作动画的一般步骤。

学习目标

◎ 了解 Animate 概念和功能。
◎ 熟悉 Animate CC 的工作环境和文档基本操作。
◎ 理解动画制作的一般过程。

学习重点

　　熟悉 Animate CC 的工作环境。

 **11.1　初识 Animate CC**

　　Animate CC 是 Adobe Flash Professional CC 的升级版本，是 Adobe 公司推出的一款经典、优秀的动画编辑软件，简单易学，效果流畅生动，是非常适合动画制作初学者的一款软件。

11.1.1　动画的概念

　　动画是一种逐帧拍摄或制作对象并连续播放而形成运动的影像技术，通过一定速度投放画面以达到连续的动态效果；或者，动画是通过连续播放一系列画面，给视觉造成连续变化的图画。

　　计算机动画是采用连续播放静止图像的方法产生景物运动的效果，即使用计算机产生图形、图像运动的技术。Animate 动画特别适用于创建通过 Internet 传播的内容，因为它的文件非常小、画面效果却很精美。Animate 动画设计的三大基本功能是整个 Animate 动画设计知识体系中最重要、也是最基础的，包括：绘图和编辑图形、补间动画（逐帧）和遮罩。

11.1.2　了解 Animate

Animate 主要用于制作矢量图像和网络动画。它是一种创作工具，设计人员和开发人员可使用它来创建演示文稿、应用程序和其他允许用户交互的内容。Animate 可以包含简单的动画、视频内容、复杂演示文稿和应用程序以及介于它们之间的任何内容。通常，使用 Animate 创作的各个内容单元称为应用程序，即使它们可能只是很简单的动画。用户可以通过添加图片、声音、视频和特殊效果，构建包含丰富媒体的 Animate 应用程序。

Animate 的用途很广泛，涉及网页、网络动画、网络广告、网络游戏以及教学软件等领域。Animate 特别适用于创建通过 Internet 提供的内容，因为它的文件非常小。Animate 是通过广泛使用矢量图形做到这一点的。与位图图形相比，矢量图形需要的内存和存储空间小很多，因为它们是以数学公式而不是大型数据集来表示的。位图图形之所以更大，是因为图像中的每个像素都需要一组单独的数据来表示。

要在 Animate 中构建应用程序，可以使用 Animate 绘图工具创建图形，并将其他媒体元素导入 Animate 文档。

Animate 文档的文件扩展名为 .fla（.FLA），主要由 4 部分组成：

（1）舞台：舞台是在回放过程中显示图形、视频、按钮等内容的位置。在后面的章节中将对舞台做详细介绍。

（2）时间轴：用来通知 Animate 显示图形和其他项目元素的时间，也可以使用时间轴指定舞台上各图形的分层顺序。位于较高图层中的图形显示在较低图层中的图形的上方。

（3）面板：Animate 软件中的面板主要包括属性面板、库面板等。属性面板主要用于设置对象的大小、位置、颜色等信息，库面板用于显示 Animate 文档中的媒体元素列表的位置。

（4）工具箱：Animate 有功能齐全的工具箱，其中排放着各种常用工具按钮，单击某个按钮，就是选择了某一个工具。

完成 Animate 文档的创作后，可以选择"文件"→"发布"命令发布。这时会创建文件的一个压缩版本，其扩展名为 .swf（SWF）。然后，就可以使用 Flash Player 在 Web 浏览器中播放 SWF 格式的文件，或者将其作为独立的应用程序进行播放。

11.1.3　Animate CC 的新增功能

Adobe Animate CC 是 Adobe 公司开发的动画设计软件，是 Flash Professional 的升级产品，该版本在原有版本的基础上对软件功能进行了改进，并增加了许多新的功能。改进和新增的功能使用户可以更轻松地进行绘图创作以及各种交互应用程序的开发。这里将简要介绍 Animate CC 新增的主要功能。

1. HTML 5 Canvas 模板

通过在 Animate 中创建可重复使用的 HTML 5 Canvas 包装模板（可利用任何代码编辑器进行修改），轻松制作丰富的交互式广告和其他内容。

2. 改进的画笔和铅笔

通过改进的画笔和铅笔可以轻松地沿曲线绘制平滑、精确的矢量轮廓，并获得更快的实时预览。同时，新的矢量图画笔可让用户修改绘制好的笔触路径，并根据任何分辨率进行调整，而不会降低图像的质量。

3. 360° 可旋转画布

绘制时可在任何轴心点上旋转画布以获得完美的角度和笔触，就像用纸笔绘制时一样。

4. 更多功能

新增的功能还包括：高级 PSD 和 AI 导入选项、位图对齐、新的 Flash Player 和 Adobe AIR SDK 集成等；跳过手动方法，直接在 Animate 的其他图层上素描；对标记的颜色命名，这样在用户更改一个颜色后，该颜色会在整个构图中自动更新。

11.1.4 Animate CC 的工作环境

Animate CC 以便捷、完美、舒适的动画编辑环境，深受广大动画制作爱好者的喜爱。在制作动画之前，先对工作环境进行介绍，包括一些基本的操作方法和工作环境的组织和安排。安装好 Animate CC 后，可以通过"开始"→"程序"→"Adobe Animate CC"命令或双击"桌面"上的快捷图标 启动它，启动该软件新建文档后的主界面如图 1-11-1 所示。

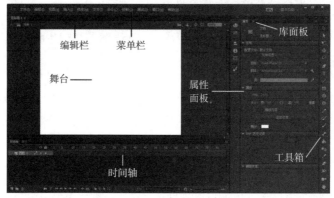

图 1-11-1　Animate CC 主界面

在 Animate CC 的主界面中，位于主界面最上面的是编辑栏和菜单栏；主界面中间的为动画主舞台；主界面的最右侧是工具箱，其中包括 Animate CC 中最常用的绘图工具和辅助工具选项；主界面的底部和右侧是浮动面板。默认的情况下，底部有"时间轴""输出"2 个面板，右侧主要有"属性"和"库"面板。

1. 开始页

打开 Animate CC，首先进入"开始页"。"开始页"将常用的任务都集中放在一个页面中，包括"打开最近的项目""新建""模板""Adobe Exchange"等，如图 1-11-2 所示。具体功能如下：

（1）打开最近的项目：用于打开最近的文档。也可以通过单击"打开"图标显示"打开文件"对话框。

（2）新建：通过单击列表中所需的文件类型快速创建新的文件。

（3）模板：列出创建新的 Animate 文档最常用的模板。可以通过单击列表中所需的模

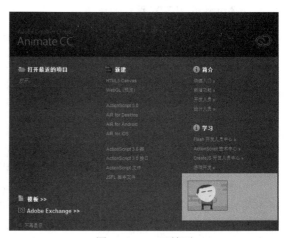

图 1-11-2　开始页

板创建新文件。

（4）Adobe Exchange：链接到 Adobe Animate Exchange Web 站点，可以在其中下载 Animate 的助手应用程序、Animate 扩展功能以及相关信息。

（5）简介与学习：提供快速入门、开发人员、设计人员以及 Animate 开发人员中心、Action Script 技术中心等连接。

2. 菜单栏

Animate CC 的菜单栏包含 11 个菜单，包括"文件""编辑""视图""插入""修改""文本""命令""控制""调试""窗口"和"帮助"，如图 1-11-3 所示。在其下拉菜单中几乎提供了所有的 Animate CC 命令，通过执行这些命令可以满足用户的不同需求。

文件(F)　编辑(E)　视图(V)　插入(I)　修改(M)　文本(T)　命令(C)　控制(O)　调试(D)　窗口(W)　帮助(H)

图 1-11-3　菜单栏

3. 编辑栏

编辑栏（见图 1-11-4）提供了隐藏时间轴、编辑元件、场景的信息和控件。另外，编辑允许用户增加或减少舞台的缩放比例。在以前的 Animate（Flash）版本中，编辑栏叫作"场景和元件"栏。编辑栏也可以隐藏，选择"窗口"→"编辑栏"命令，即可隐藏编辑栏；如果要显示编辑栏，可以再次执行上述的菜单命令。

场景 1　　　　　　　　　　　　　　　　　　　　　　　100%

图 1-11-4　编辑栏

4. "时间轴"面板

舞台下方是"时间轴"面板，用于组织和控制文档内容在一定时间内播放的图层数和帧数。与胶片一样，Animate 文档也将时长分为帧，如图 1-11-5 所示。

图 1-11-5　"时间轴"面板

时间轴的主要组件是图层、帧和播放头。图层就像堆叠在一起的多张幻灯胶片一样，在舞台上一层层地向上叠加。如果上面的一个图层上没有内容，就可以透过它看到下面的图层。Animate 中有普通层、引导层、遮罩层和被遮罩层 4 种图层类型，为了便于管理图层，用户还可以使用图层文件夹。文档中的图层列在时间轴左侧的列中。每个图层中包含的帧显示在该图层名右侧的一行中。时间轴顶部的时间轴标题指示帧编号。播放头指示当前在舞台中显示的帧。播放 Animate 文档时，播放头从左向右通过时间轴。

5. 场景与舞台

场景是指 Animate 工作界面的中间部分，即整个白色和灰色的区域，它是进行矢量图形的绘制和展示的工作区域。在场景中的白色区域（默认）部分又称"舞台"，是创建 Animate 文档时放置图形内容的矩形区域，这些图形内容包括矢量插图、文本框、按钮、导入的位图图形或视频剪辑。Animate 中各种动画活动都发生在舞台上，在舞台上看到的内容就是导出的

Animate 影片中观众看到的内容。在场景中的灰色区域部分又称"工作区"，工作区环绕于舞台，导出的 Animate 影片中观众将看不到工作区的内容。

6. 工具箱

在制作 Animate 动画时往往需要绘制和编辑各种所需形态的图形或对象，因此制作者不但要具有独特的审美观点，还应熟练掌握 Animate 中的绘图工具。工具箱功能强大，是 Animate 中最常用到的一个面板，位于窗口右侧。如果要隐藏工具箱，可选择"窗口"→"工具"命令或按【Ctrl+F2】组合键；如果要显示工具箱，可以再次执行上述的菜单命令。

注意： 在使用工具箱中的工具时，要结合工具箱中选项区域和属性面板使用。

默认情况下，工具箱中包含了绘制和编辑图形的各种工具，分为"工具""查看""颜色"和"选项"4 个区域，如图 1-11-6 所示。各部分功能具体说明如下：

（1）工具区域：Animate 中基本的图像、文字编辑与选择工具等都集中在这一区域，包含选择、绘图、文本和渐变变形工具，常用功能如表 11-1 所示。

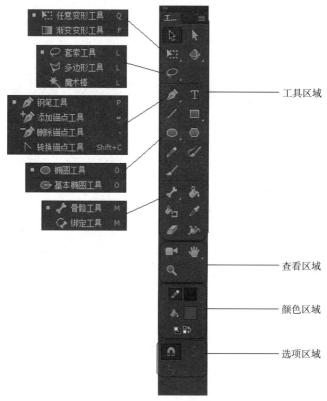

图 1-11-6　工具箱

表 11-1　工具区域中常用工具的功能

类　型	工具名称	按　钮	功　能
选择工具	选择工具		用于选择、移动和变形舞台中的各种对象
	部分选取工具		对舞台中的对象进行移动或变形操作
	套索工具组		可选择舞台中的不规则区域

续表

类 型	工 具 名 称	按 钮	功 能
绘图工具	线条工具		绘制任意方向和长短的直线
	钢笔工具组		可调整曲线的曲率及绘制直线和曲线
	矩形工具组 / 椭圆工具组		绘制任意大小的矩形和椭圆等
	多角星型工具		绘制多边形和多角星形（如五角星）
	铅笔工具		绘制任意形状的曲线
	画笔工具		两种不同形状的画笔工具，分别为画笔工具（A）和画笔工具（B）
文本工具	文本工具		输入和修改文本
填充工具	变形工具组		任意变形工具对对象进行任意变形操作；渐变变形工具对填充颜色进行编辑或变形
	墨水瓶工具		填充对象的边框颜色或改变属性
	颜料桶工具		填充矢量色块或改变颜色属性
	滴管工具		吸取已有对象的色彩属性，并将其应用于当前对象
	橡皮擦工具		擦除舞台中不符合要求的对象

（2）查看区域：包含缩放和移动工具，在查看整个舞台，或要以高缩放比率查看绘图的特定区域，可以更改缩放比率级别。最大的缩放比率取决于显示器的分辨率和文档大小，舞台上的最小缩小比率为 8%，最大放大比率为 2 000%。手形和缩放工具的具体功能如表 11-2 所示。

表 11-2　查看区域工具功能

工 具 名 称	按 钮	功 能
手形工具		按住鼠标左键拖动可移动舞台，便于观察对象
缩放工具		放大或缩小舞台画面的显示，以符合制作的需要
摄像头		虚拟摄像头功能，可模仿摄像头的修改焦点、缩小帧等功能

（3）颜色区域：包含用于设置笔触颜色和填充颜色的各功能图标，具体功能如表 11-3 所示。

表 11-3　颜色区域工具功能

工 具 名 称	按 钮	功 能
笔触颜色		用于更改图形对象的笔触或边框的颜色
填充色		用于更改填充的颜色
黑白		可以设置笔触和填充颜色为黑白两色
交换颜色		可交换矢量图形的填充区域和边框的颜色

（4）选项区域：显示所选工具的设置属性，它随着所选工具的变化而变化。当选择某种工具后，在"选项"区域中将出现相应设置的选项，这些选项会影响工具的填色或编辑操作。读者在实际操作中要注意选项区域和工具的结合使用。

7. 常用的面板

面板是 Animate CC 界面的重要组成部分，使用它们可以查看、组织和更改文档中的元素。面板中可用选项控制元件、实例、颜色、类型、帧和其他元素的特征。可以通过显示特定任务所需的面板并隐藏其他面板来自定义 Animate 界面。现在介绍一些最常用的面板。

（1）属性面板：一般称为属性检查器，它允许用户轻松地访问文档最常用的属性。它可用于访问任何给定对象（如文字、形状、按钮、影片剪辑或组件）的属性，因此使文档创建过程变得更加简单。用户不必通过菜单或面板就可以立即在属性面板中修改文档的属性。

属性面板位于 Animate 软件窗口的右侧，如图 1–11–7 所示。各项功能如下：

- 大小：设置舞台的大小，以像素为单位。默认的舞台大小为 550 像素 × 400 像素。
- 发布：设置发布属性，可以设置使用哪个版本的 Animate 影片播放器发布影片。
- 背景颜色：设置舞台的背景色。
- 帧频：每秒钟播放多少帧动画。默认的帧频为 24 帧（FPS）。

属性面板是动态的，因为它所显示的属性将根据所选择的对象而变化。例如，如果选择文本，就可以更改字体、大小和颜色等；如果选择形状图形，则可以更改图形的笔触颜色、填充颜色和尺寸等。因此，属性检查器是一个功能强大和非常有用的工具。选择"窗口"→"属性"命令或按【Ctrl+F3】组合键就可以访问属性检查器。

（2）"库"面板：选择"窗口"→"库"命令或按【Ctrl+L】组合键，可以打开"库"面板，这个面板为用户存储 Animate 影片所创建的元件或影片所要使用的元件及图像的地方。不管是图片、影片剪辑、图形元件还是按钮，库中都有，如图 1–11–8 所示。

图 1–11–7 文档属性检查器

图 1–11–8 "库"面板

（3）颜色面板：选择"窗口"→"颜色"命令或按【Shift+F9】组合键，可以打开"颜色"面板，这个面板可以创建 RGB、HSB 或十六进制代码的颜色，并可以保存到"样本"面板中。"颜色"面板还可以将颜色指派给笔触或填充，如图 1–11–9 所示。同时，Animate 软件中可以创建纯色、线性渐变、径向渐变等多种填充方式。

（4）"对齐"面板：选择"窗口"→"对齐"命令或按【Ctrl+K】组合键，可以打开"对齐"面板，这个面板可以根据一系列预置的标准来对齐对象。每一种预置的标准都被表示为一个按钮，如图 1–11–10 所示。

（5）"信息"面板：选择"窗口"→"信息"命令或按【Ctrl+I】组合键，可以打开"信息"面板，这个面板为用户提供了通过数字更改选定对象的尺寸和位置的方法。在"信息"面板的底部提供了鼠标当前所处位置的相关信息，左下角显示鼠标当前位置的颜色（为 RGB 模式），右下角则显示鼠标当前位置的精确定位，如图 1–11–11 所示。

图 1-11-9　"颜色"面板

图 1-11-10　"对齐"面板

图 1-11-11　"信息"面板

（6）"场景"面板：选择"窗口"→"场景"命令或按【Shift+F2】组合键，可以打开"场景"面板，这个面板为用户提供了在场景之间切换、重命名场景、添加场景和删除场景等功能，如图 1-11-12 所示。

（7）"历史记录"面板：选择"窗口"→"历史记录"命令或按【Ctrl+F10】组合键，可以打开"历史记录"面板，面板中显示了当前操作文档自创建或打开以来曾经执行的操作。可以使用历史记录面板重新执行或撤销单个步骤，或一次执行或撤销多个步骤。另外，可以将历史记录面板上的步骤应用到文档中同样的对象或不同对象上。除了在同一个文档中使用历史记录的步骤外，还可以将步骤保存为命令，以便在其他文档中使用，如图 1-11-13 所示。

图 1-11-12　"场景"面板

图 1-11-13　"历史记录"面板

11.1.5　Animate 文件基本操作

在 Animate CC 中，对文件的基本操作主要包括新建、保存、关闭和打开等，这些操作也是一般软件的基本操作，下面分别进行讲解。

1. 新建文件

制作 Animate 动画之前必须新建一个 Animate 文件，这也是制作动画的第一步，通常新建 Animate 文件可以在启动 Animate CC 后，在"新建"栏中单击"Animate 文件（ActionScript 3.0）"选项即可新建一个 Animate 文件；或者选择"文件"→"新建"命令或按【Ctrl+N】组合键，新建一个基于模板的 Animate 文件。

2. 保存文件

对于制作过程中的 Animate 文件，要不间断地进行保存，便于当软件或计算机出现异常时 Animate 文件的数据不丢失。制作完 Animate 文件，应进行保存，便于以后使用。保存 Animate 文件可以选择"文件"→"保存"命令或按【Ctrl+S】组合键。Animate 文档的默认文件名为 *.fla。

3. 关闭文件

当不需要使用当前的动画文件时，需要将其关闭，关闭 Animate 有"关闭当前文档"和"关闭软件"两方面。

（1）关闭当前文档：选择"文件"→"关闭"命令或按【Ctrl+W】组合键或单击文档窗口右上角的 按钮将其关闭。如果此文档没有保存，将打开 Adobe Animate CC 对话框让用户确认是否需要保存当前文档。

（2）关闭软件：选择"文件"→"退出"命令或按【Ctrl+Q】组合键或单击软件窗口右上角的 █ 按钮将退出软件程序。如果此文档没有保存，将打开 Adobe Animate CC 对话框让用户确认是否需要保存当前文档。

4. 打开文件

如果要编辑或查看一个已有的 Animate 文件，只需要打开此 Animate 文件即可。打开 Animate 文件可以选择"文件"→"打开"命令或按【Ctrl+O】组合键。

5. 测试影片

在 Animate 动画制作过程或完成动画制作后，要对动画进行效果测试，这就是通常所说的发布动画。对于动画文件的测试，最简单的方法就是按【Ctrl+Enter】组合键或选择"控制"→"测试"命令。

按【Ctrl+Enter】组合键或选择"控制"→"测试"命令后，除了测试动画文件的效果外，还将在保存源文件的目的文件夹下生成一个扩展名为 .SWF 的文件。

 ## 11.2　Animate 动画制作的一般过程

要制作出一个出色的 Animate 动画作品，应该用心把握每个环节，其制作过程大致可分为以下 5 个步骤。

1. 策划主题

策划主题就是确定作品的中心思想、风格、角色形象、素材类型和格式等，有必要绘制一些草图，还可以考虑音乐、色彩、风格等是否协调，以及场景舞台的布置。

2. 收集材料

因为 Animate 的制图能力非常有限，所以完成前期策划之后，应开始对动画中所需的素材进行搜集与整理。搜集素材时应注意素材的格式是否为 Animate 支持的格式，不要盲目收集，而要根据前期策划的风格、目的和形式有针对性地搜集素材，这样就能有效地节约制作时间。

3. 创作动画

创作动画中比较关键的步骤就是制作 Animate 动画，这是最关键的一步，因为动画质量的好坏直接影响动画最终效果的优劣。前期策划和素材的搜集都是为制作动画而做的准备。要将之前的想法完美地表现出来，需要制作者细致地制作。动画的最终效果很大程度上取决于动画的制作过程。

4. 测试优化

动画制作完毕后，为了使整个动画看起来更加流畅、紧凑，必须对动画进行测试。测试动画主要是针对动画对象的细节、分镜头和动画片段的衔接、声音与动画播放是否同步等进行调整，以此保证动画作品的最终效果与质量，以达到优化效果。

每个用户的计算机软硬件配置都不尽相同，而 Animate 动画的播放是通过计算机对动画中的各矢量图形、元件等的实时运算来实现的，所以在测试时应尽量在不同配置的计算机上测试动画。然后，根据测试后的结果对动画进行调整和修改，使其在不同配置的计算机上均有很好的播放效果。

5. 发布动画

Animate 动画制作的最后一步就是发布动画，用户可以对动画的格式、画面品质和声音等进行设置。在进行动画发布设置时，应根据动画的用途和使用环境等进行设置，不要把各项都设置成最佳效果，这样会影响 Animate 影片文件容量的大小和网络传输的速度。

 ## 11.3　应 用 举 例

【案例】本例利用 Animate CC 制作动画的基本工具，制作出字符特殊的动画效果，最终效果如图 1–11–14 所示。

【设计思路】添加背景、添加文本、创建动画。

【设计目标】通过本案例，掌握设置舞台场景、导入素材、插入图层、使用工具箱、设置动画效果、预览和测试动画等操作。

图 1–11–14　实例平面效果

【操作步骤】

1. 设置舞台场景

场景是指 Animate 工作界面的中间部分，即整个白色和灰色的区域，它是进行矢量图形的绘制和展示的工作区域。在场景中的白色区域（默认）部分又称"舞台"，是创建 Animate 文档时放置图形内容的矩形区域，这些图形内容包括矢量插图、文本框、按钮、导入的位图图形或视频剪辑。

具体操作步骤如下：

（1）启动 Animate CC，按【Ctrl+N】组合键，打开"新建文档"对话框，选择"Animate 文件（ActionScript 3.0）"选项，单击"确定"按钮，新建一个 Animate 文件。

（2）在"属性"面板中，设置背景"尺寸"为 300 px×200 px，"背景颜色"为"白色"（默认），"帧频"为 12 fps。

2. 导入素材

在使用 Animate 时，经常要向文档中导入资源。各种资源包括：声音、视频、位图图像和其他图形格式（如 PNG、JPEG、AI 和 PSD）。

导入的图形将存储到文档的"库"中。文档的"库"中既存储导入到文档中的资源，又存储 Animate 中创建的元件。元件是指创建一次即可多次重复使用的矢量图形、按钮、字体、组件或影片剪辑。

具体操作步骤如下：

（1）选择"文件"→"导入"→"导入到舞台"命令或按【Ctrl+R】组合键，打开如图 1–11–15 所示的"导入"对话框。选择实际的路径，选择"雪景 .jpg"图像文件，单击"打开"

按钮，导入图像到舞台。

图 1-11-15 "导入"对话框

（2）选中"雪景"图片，在"属性"面板中，设置"宽"为300，"高"为200，"X、Y"坐标均为"0"（见图 1-11-16），目的是使素材图片与舞台对齐。效果如图 1-11-17 所示。

图 1-11-16 "位图"属性面板

图 1-11-17 位图与舞台位置效果

（3）在"时间轴"面板中，双击"图层 1"的名称，更改名称为"雪景"，按【Enter】键，确认更改，如图 1-11-18 所示。

3. 插入图层

"时间轴"面板用于组织和控制文档内容在一定时间内播放的图层数和帧数，与胶片一样，Animate 文档也将时长分为帧。图层就像堆叠在一起的多张幻灯胶片一样，在舞台上一层层地向上叠加。如果上面一个图层上没有内容，就可以透过它看到下面的图层。

图 1-11-18 "雪景"图层

具体操作步骤如下：

（1）在"时间轴"面板中，单击左下角的"新建图层"按钮 4 次，如图 1-11-19 所示。

（2）在"时间轴"面板中，双击各图层的名称，更改成新的名称，依次为"中国欢迎您！""China""to"和"Welcome"，如图 1-11-20 所示。

图 1-11-19　新建图层

图 1-11-20　更改图层名称

4. 使用工具箱

在制作 Animate 动画时往往需要绘制和编辑各种所需形态的图形或对象，因此制作者不但要具有独特的审美观点，还应熟练掌握 Animate 中的绘图工具。利用工具箱中的工具可以选择、绘图、填充和修改图形，以及改变舞台视图。

具体操作步骤如下：

（1）在"时间轴"面板中，单击"锁定/解除锁定所有图层"按钮🔒，锁定所有图层，如图 1-11-21 所示。锁定图层是为了防止出现误操作。

（2）在"时间轴"面板中，单击"Welcome"图层中🔒按钮，解除该图层锁定。在"工具箱"中，选择文本工具🅣，选中"Welcome"图层的第 1 帧，如图 1-11-22 所示。在舞台合适的位置输入"Welcome"，并且每两个字符之间空一格；设置属性面板中文字的"字体"为 Amazone BT，"大小"为 30，"颜色"为 FF0000，如图 1-11-23 所示。

（3）在"Welcome"图层的第 3、5、7、9、11、13 帧分别按【F6】键，插入关键帧。选择"Welcome"图层的第 1 帧，双击文字框，删除后 6 个字母，只留下"W"。同样的方法，第 3 帧留下"We"，第 5 帧留下"Wel"，第 7 帧留下"Welc"，第 9 帧留下"Welco"，第 11 帧留下"Welcom"，第 13 帧留下"Welcome"。选择"Welcome"图层和"雪景"图层的第 30 帧，分别按【F5】键，插入普通帧，表示从第 13 帧到第 30 帧，"Welcome"图层和"长城"图层不会发生任何变化。完成后的时间轴如图 1-11-24 所示。

图 1-11-21　锁定所有图层

图 1-11-22　选中第 1 帧

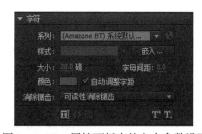

图 1-11-23　属性面板中的文本参数设置

图 1-11-24　Welcome 图层时间轴效果

（4）锁定"Welcome"图层，解除"to"图层的锁定。在"to"图层的第14帧处按【F6】键，插入关键帧。在"工具箱"中，选择文本工具 **T**，修改文字"颜色"为"#000099"，输入"to"，并且每两个字符之间空一格；利用"选择工具" ▶ 将"to"移到舞台外，如图1–11–25所示。

（5）在"to"图层的第20帧处按【F6】键，插入关键帧，并将"to"移到舞台的中间，如图1–11–26所示。这时，单击第14帧，"to"应该在舞台外的左下侧，单击第20帧，"to"应该在舞台的中间。选择"to"图层的第30帧，按【F5】键，插入普通帧。

图 1–11–25　将"to"移到舞台外　　　　　　图 1–11–26　将"to"移到舞台的中间

（6）锁定"to"图层，解除"China"图层的锁定。在"China"图层的第21帧处按【F6】键，插入关键帧。在"工具箱"中，选择文本工具 **T**，修改文字"颜色"为"#C37E16"，输入"China"，并且每两个字符之间空一格；利用"选择工具" ▶ 将"China"移到舞台外，如图1–11–27所示。

（7）在"China"图层的第30帧处按【F6】键，插入关键帧，并将"China"移到舞台的中间，如图1–11–28所示。这时，单击第21帧，"China"应该在舞台外的右上侧，单击第30帧，"China"应该在舞台的中间。

（8）在所有图层的第50帧处，按【F5】键，插入普通帧。锁定"China"图层，解除"中国欢迎您！"图层的锁定。在"中国欢迎您！"图层的第31帧处按【F6】键，插入关键帧。在"工具箱"中选择矩形工具 ■，并将"笔触颜色" ✏■ 关闭 ⊿，"填充颜色" ♦■ 设置为"#FFFFFF"，在舞台的上方拖动绘制一个矩形，如图1–11–29所示。

图 1–11–27　将"China"移到舞台外　　　　　图 1–11–28　将"China"移到舞台的中间

（9）在"中国欢迎您！"图层的第40帧处按【F7】键，插入空白关键帧，利用工具箱中的文本工具 **T** 在舞台的中央输入"中国欢迎您！"，修改"字体"为"汉仪菱心体简"，"颜色"为"#D62720"，"大小"为"40"，单击"切换粗体"按钮，使字符不加粗；按两次【Ctrl+B】组合键，打散对象（见图1–11–30），可以看到文字"中国欢迎您！"上面有一些透明的小点。锁定"中国欢迎您！"图层。

图 1-11-29　绘制矩形

图 1-11-30　打散对象

5. 设置动画效果

具体操作步骤如下：

（1）右击"to"图层的第 14 帧，在弹出的快捷菜单中选择"创建传统补间"命令，这时可以发现"to"图层的第 14 帧到第 20 帧之间出现了茄子色背景的黑色箭头，"to"图层的时间轴如图 1-11-31 所示。

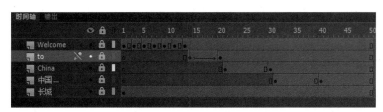

图 1-11-31　"to"图层的时间轴

（2）右击"China"图层的第 21 帧，选择"创建传统补间"命令，并在属性面板的"旋转"下拉列表框中选择"顺时针"，在其后的文本框设置"2 次"，这时可以发现"China"图层的第 21 帧到第 30 帧之间也出现了茄子色背景的黑色箭头。

（3）右击"中国欢迎您！"图层的第 31 帧，创建补间形状。这时可以发现"中国欢迎您！"图层的第 31 帧到第 40 帧之间出现了淡绿色背景的黑色箭头，"中国欢迎您！"图层的时间轴如图 1-11-32 所示。

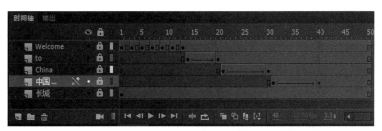

图 1-11-32　"中国欢迎您"图层的时间轴

（4）选择"文件"→"保存"命令或按【Ctrl+S】组合键，打开"另存为"对话框，选择实际要保存的路径，文件名为"我的第一个动画.fla"，单击"保存"按钮。

至此，整个实例动画制作完成，下面要进行预览并测试动画。

6. 预览和测试动画

预览动画的方法：直接在工作区按【Enter】键，可以看到刚才制作完成的动画效果。

测试动画的方法：按【Ctrl+Enter】组合键，测试过程一般是检验交换功能的过程。本实例的最终效果如图 1-11-14 所示。

第12章
绘制、编辑和填充图像

本章导读

制作动画的过程中，需要绘制出动画角色和图形。要使作品具有艺术感和创新感，创作者不但应具有审美修养，还应有熟练的制作技巧，善于使用 Animate 中的各种绘图工具。当绘制的对象比较单调或不符合要求时，可以使用工具栏中的选择等工具对绘制的图形进行线条、色彩和形状等属性的编辑。本章将介绍基本图形绘制工具、编辑工具和填充工具的具体使用方法，包括线条工具、铅笔工具、钢笔工具、椭圆工具、矩形工具、多角星形工具、选择工具、部分选取工具、任意变形工具、橡皮擦工具、墨水瓶工具、颜料桶工具、滴管工具和渐变变形工具等，以提高读者的手绘和编辑矢量图的能力。

学习目标

◎ 了解 Animate 的绘图基础。
◎ 熟练掌握 Animate CC 基本绘图工具的使用。
◎ 理解掌握编辑图像的技巧及工具的使用。

学习重点

◎ 各种绘图工具的使用。
◎ 图像的填充。

 12.1　图像绘制基础

本节讲述了在 Animate 动画制作过程中图形图像的种类，并且阐述了 Animate 的绘图模式。

12.1.1　矢量图和位图

根据计算机显示原理，大致把计算机上显示的图像分为两类：矢量图和位图。Animate 允许用户创建并产生动画效果的是矢量图形。Animate 也可以导入和处理其他应用程序中创建的矢量图形和位图图像，了解这两种图形格式之间的差别有助于用户更好地了解 Animate 的工作原理以及它的优越性。

1. 矢量图形

矢量图形使用直线和曲线来描述图像,它由一个个单独的点构成,每一个点都有各自的属性,如位置、颜色等。例如,同样大小的花瓣图像可以由创建花瓣的线条所经过的点来描述。花瓣的颜色由轮廓的颜色和轮廓包围区域的颜色决定,如图 1-12-1 所示。即每个矢量都具有两个属性:笔触(或轮廓)和填充。这两个属性决定了矢量图形的轮廓和整体颜色。

在编辑矢量图形时,实际上是在修改描述图形形状的直线和曲线的属性。矢量属性还包括颜色和位置属性。移动图形、重新调整图形的大小和形状,以及改变图形颜色并不会影响矢量图形的外观质量。矢量图形与分辨率无关,这就意味着它可以显示在各种不同分辨率的输出设备上而丝毫不影响品质。

2. 位图

位图使用像素点来描述图像,并将它们安排在网格内。例如,同样大小的花瓣图像可以由网格中不同位置的像素填充不同颜色而产生的。创建图像的方式就好比马赛克拼图一样,如图 1-12-2 所示。

编辑位图时,修改的是像素而不是直线和曲线。位图和分辨率有关,因为描述图像的数据被固定到特定大小的网格中。编辑位图可以改变其外观质量,尤其是调整位图的大小会使图形的边缘产生锯齿,这是因为像素被重新分配到网格中的缘故。在比图像本身分辨率低的输出设备上显示图像时,也将导致图像的外观质量下降。

图 1-12-1 矢量图形   图 1-12-2 位图

在 Animate 动画制作过程中,会大量地运用到矢量图形。虽然有一系列功能强大的专门矢量图制作软件,如 Corel 公司的 CorelDRAW 软件、Adobe 公司的 Illustrator、FreeHand 软件等,而运用 Animate 自身的矢量绘图功能将会更方便,更快捷。

12.1.2 绘图模式

在 Animate 中有两种绘图模型,即"合并绘制"模式和"对象绘制"模式,为绘制图形提供了极大的灵活性。

1. "合并绘制"模式

"合并绘制"模式时,重叠绘制图形时,会自动进行合并。如果选择同一个图层中的图形与另一个图形合并,移动它则会永久改变其下方的图形。例如,如果绘制一个圆形并在其上方叠加一个矩形,然后选取此矩形并移动它,则会删除矩形覆盖的那部分圆形,如图 1-12-3 所示。默认情况下,Animate 使用的是"合并绘制"模式。

2. "对象绘制"模式

"对象绘制"模式允许将图形绘制成独立的对象,且在叠加时不会自动合并。分离或重排重叠图形时,也不会改变它们的外形。Animate 将每个图形创建为独立的对象,可以分别进行处理。

要使用"对象绘制"模式绘制图形,只需选择一个支持"对象绘制"模式的绘图工具,如线条工具、钢笔工具、椭圆工具、矩形工具、多角星形工具、铅笔工具,然后单击"工具箱"中"选项"下的"对象绘制"按钮▇或按【J】键,就可以从"合并绘制"模式切换到"对象绘制"模式。

选择"对象绘制"模式绘制图形时，Animate 会在图形上自动添加外框。可以使用"选择工具" 移动该对象，只需单击边框后拖动图形到舞台的合适位置即可，如图 1-12-4 所示。

图 1-12-3 "合并绘制"模式时移动矩形

图 1-12-4 "对象绘制"模式时移动矩形

12.2 绘制图形图像

一幅完美的图画，需要由合适绘图工具进行绘制。Animate 为用户提供了各种工具来绘制自由形状或准确的线条、形状和路径。绘制直线的工具有线条工具、钢笔工具和铅笔工具；绘制曲线和路径的工具有钢笔工具；绘制形状图形的工具有矩形工具、椭圆工具、基本椭圆工具、多角星形工具等。

12.2.1 线条工具

线条工具 用来绘制矢量线条。

在 Animate 中，绘制直线的工具有多种，线条工具是其中最简单的工具，可以直接绘制所需直线。

选择工具箱中的线条工具 ，然后将鼠标指针移动到舞台上，这时鼠标光标变为十字形状，在希望直线开始的地方按住鼠标左键向任意方向拖动，如图 1-12-5 所示。当线条的长度和位置都达到所需要求时，释放鼠标左键即可绘制出一条直线，如图 1-12-6 所示。

图 1-12-5 拖动鼠标

图 1-12-6 绘制的直线

注意：拖动鼠标时，按住【Shift】键可以限制绘制以 45° 的倍数的线条。

线条工具相应的选项区域，如图 1-12-7 所示。其中有对象绘制按钮 和贴紧至对象按钮 ，其功能分别如下：

（1）单击"对象绘制"按钮 或按【J】键后，在舞台上绘制的是一条带蓝色边框的直线，但它并不是组合对象，当两个对象绘制的线条重叠时，它们不会因联合在一起而分不开。如果未单击"对象绘制"按钮 而直接绘制线条或图像，则是"合并绘制"模式，所绘制的图形重叠放置会联合在一起而不能分开。

（2）"贴紧至对象"按钮 ，可以使舞台上的对象与舞台上的其他对象彼此贴紧，从而设置对象彼此对齐。

线条工具能画出许多风格各异的线条。打开"属性"面板，在其中可以定义直线的颜色、粗细和样式，如图 1-12-8 所示，线条工具的"属性"面板中的线条颜色即为工具箱中的"笔触"颜色，通过"笔触"颜色可以改变线条颜色。线条工具默认设置是"黑色、实线、1"。如果线条的颜色、样式及粗细等不符合要求，选中的线条可以通过"属性"面板进行设置。

图 1-12-7　线条工具选项　　　　　　　　图 1-12-8　线条工具"属性"面板

线条工具的"属性"面板中各项功能具体说明如下：

（1）"笔触"颜色：设置线条的颜色。

（2）线条宽度 1.00：设置线条的宽度（粗细），其默认单位为 1 像素。

（3）样式：设置线条的类型（实线、虚线、点线等）。

（4）编辑笔触样式按钮：单击此按钮，打开"笔触样式"对话框，如图 1-12-9 所示，在此对话框中可设置线条的缩放、类型和点距等。

（5）缩放：　水平：设置被制作的对象在 Player 播放中的缩放样式。

12.2.2　钢笔工具

利用钢笔工具可以绘制各种线条和任意形状的图形，也可作为选取工具使用。

按住按钮不放，在弹出的列表中有钢笔工具、添加锚点工具、删除锚点工具和转换锚点工具，如图 1-12-10 所示。其中，添加锚点工具的功能是添加锚点，删除锚点工具的功能是删除锚点，转换锚点工具的功能是使锚点变成折点。

图 1-12-9　"笔触样式"对话框

图 1-12-10　钢笔工具

钢笔工具具有以下几种功能：

（1）绘制直线：单击工具箱中的钢笔工具，将光标移动到舞台上，当光标变成为时，单击即可确定所绘制直线的起始点位置。此时，舞台中出现一个锚点（荧光绿色小圆圈），继续在其他位置单击将生成多个锚点，线条就一直延续下去，在线段终点处双击即可完成线段的绘制。

（2）绘制曲线：单击工具箱中的钢笔工具 ，将光标移动到舞台上，当光标变成为 时，单击即可确定所绘制直线的起始点位置。在确定第 2 个锚点时，按住鼠标左键不释放，可以上下或左右拖动鼠标调节手柄改变线条的曲度，还可以伸缩调节手柄的长短。图 1-12-11 所示为利用钢笔工具绘制的曲线。

（3）绘制封闭图像：单击工具箱中的钢笔工具 ，在舞台上确定所有的节点后，将光标移到起始点上，当光标变成 时，单击起始点即可绘制一个封闭的图像。

图 1-12-11　利用钢笔工具绘制曲线

【例 12.1】利用钢笔工具绘制一片树叶，效果如图 1-12-12 所示。

具体操作步骤如下：

（1）启动 Animate CC，按【Ctrl+N】组合键，新建一个 Animate 文档，场景设置为默认。

（2）在工具箱中，设置"笔触"颜色 为"#009900"，选择钢笔工具 ，在舞台上绘制如图 1-12-13 所示的不闭合的图形。

（3）调整曲线弧度。在工具箱中，选择部分选取工具 ，按住【Alt】键，把光标放到下方的锚点左边的控制点上，按住鼠标左键折断控制点并拖动鼠标，使曲线的弧度达到满意为止，如图 1-12-14 所示。把光标放到下方的锚点右边的控制点上，按住鼠标左键并拖动鼠标，也使曲线的弧度达到满意为止，如图 1-12-15 所示。

图 1-12-12　树叶

图 1-12-13　绘制图形　　　图 1-12-14　拖动左边控制点　　　图 1-12-15　拖动右边控制点

（4）闭合锚点。把光标放到上方的左边锚点上，按住鼠标左键并向右拖动鼠标，使上方的两个锚点重合（见图 1-12-16），一片树叶的基本形状已经完成。

（5）在工具箱中，选择线条工具 ，在上、下两端点间画直线，如图 1-12-17 所示。利用选择工具 ，双击直线，选中直线，按住鼠标左键向右拖动直线到树叶边缘外，如图 1-12-18 所示。

图 1-12-16　闭合锚点　　　图 1-12-17　绘制直线　　　图 1-12-18　移动直线

（6）选择部分选取工具，选取直线，直线应该只有两个锚点，如果直线中间有多余的锚点，利用删除锚点工具删除多余的锚点。利用选择工具，把光标放到直线上，当光标变成时（见图 1-12-19），按住鼠标左键拉成如图 1-12-20 所示的曲线。

（7）利用选择工具，选中拉好的曲线，按住鼠标左键移动曲线到左边的树叶上，使其形成一条叶脉，如图 1-12-20 所示。选择线条工具，绘制如图 1-12-21 所示的叶脉。

图 1-12-19　选择工具变形

图 1-12-20　拉成曲线

图 1-12-21　移动曲线

（8）在工具箱中，设置填充颜色为"#00CC00"，选择颜料桶工具，填充各叶脉之间的空白区域，如图 1-12-22、图 1-12-23、图 1-12-24 所示。

（9）选择"文件"→"保存"命令或按【Ctrl+S】组合键，打开"另存为"对话框，选择实际要保存的路径，文件名为"树叶 .fla"，单击"保存"按钮。

图 1-12-22　绘制叶脉

图 1-12-23　填充空白区域

图 1-12-24　完成填充

12.2.3　铅笔工具

使用铅笔工具可以随意地绘制线条和形状，就像在纸上用真正的铅笔绘图一样，但 Animate 会根据所选择的绘图模式，对线条自动进行调整，使之更笔直或平滑。选择工具栏中的铅笔工具，在舞台中按住鼠标左键随意拖动即可绘制任意线条和形状。按住【Shift】键拖动鼠标可绘制垂直或水平方向的线条。

选择铅笔工具，工具箱中的选项区域如图 1-12-25 所示。单击"铅笔模式"按钮，在弹出的下拉列表中有 3 种选项，用于设置线条的平滑度，如图 1-12-26 所示。

图 1-12-25　铅笔工具选项区域

图 1-12-26　铅笔模式及效果

下面对铅笔工具的 3 种模式进行详细的介绍：

（1）"直线化"选项：选择此选项，绘制的曲线效果比较规则，可以利用它绘制一些相对规则的几何图形。

（2）“平滑”选项：选择此选项，绘制的线条效果比较平滑、流畅，可以利用它绘制一些相对柔和、细致的图形。

（3）“墨水”选项：选择此选项，绘制的线条效果是未经任何修改的线条，最接近手绘的原笔迹。

12.2.4 矩形工具和基本矩形工具

使用矩形工具和基本矩形工具可以绘制矩形、正方形和圆角矩形。

选择矩形工具，在舞台中按住鼠标左键向任意方向拖动即可绘制一个矩形。按住【Shift】键，同时按住鼠标左键拖动可绘制一个正方形。

矩形工具的选项区域、属性面板与线条工具的选项区域、属性面板相同。

基本矩形工具也称为图元矩形工具，使用基本矩形工具可以绘制图元矩形。

12.2.5 椭圆工具和基本椭圆工具

使用椭圆工具可以绘制椭圆和圆。选择工具箱中的椭圆工具，在舞台中按住鼠标左键向任意方向拖动即可绘制一个椭圆；按住【Shift】键，同时按住鼠标左键拖动可绘制一个圆。

使用默认设置绘制好椭圆后，选择工具栏中的选择工具，在舞台中单击椭圆内部，会看见其中有许多小点，表示已选中了椭圆内部，如图 1–12–27 所示。这时并没有选中整个椭圆，一般使用默认设置绘制的椭圆除了内部的矢量色块外，还有作为边框的矢量边框。将鼠标光标移到椭圆外围，当鼠标光标变为形状时单击即可选中矢量边框，如图 1–12–28 所示。双击椭圆，则可以选择整个椭圆（椭圆内部和边框），如图 1–12–29 所示。

利用椭圆工具可以绘制出生动有趣的图形或动画角色。图 1–12–30 所示为由一个不同的圆和椭圆组成的标志。

图 1–12–27 选中色块

图 1–12–28 选中边框

图 1–12–29 全选椭圆

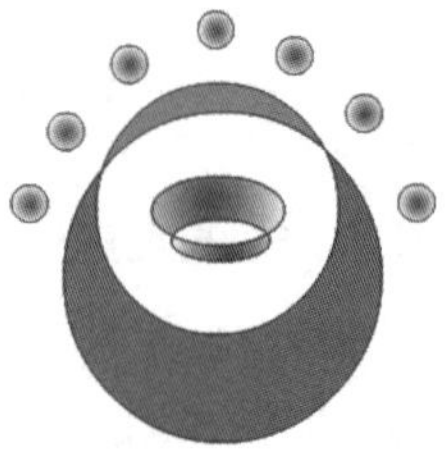

图 1–12–30 绘制标志

基本椭圆工具也称为图元椭圆工具，使用基本椭圆工具可以绘制图元椭圆。基本椭圆工具的操作方法与椭圆工具相同。

基本椭圆工具的选项区域只有“贴紧至对象”按钮。而“属性”面板与椭圆工具的“属性”面板相同。

12.2.6 多角星形工具

使用多角星形工具，在舞台上按住鼠标左键向任意方向拖动即可绘制一个多边形或星形，如图 1–12–31 所示。

多角星形工具“属性”面板与线条工具的“属性”面板相比多了“选项”按钮 选项... ，单击 选项... 按钮，可以打开“工具设置”对话框（见图 1–12–32），可以设置样式为“多边形”或“星形”，设置“边数”一般介于 3 ~ 32 之间的数值，设置“星形顶点大小”一般介于 0 ~ 1 之间的数值以指定星形顶点的深度，此数值越接近 0，创建的顶点就越深（如针）。如果是绘制多边形，应保持此设置默认（也就是数值为 0.50），它不会影响多边形的形状。图 1-12-33 所示为不同设置下的多边形和星形绘制效果。

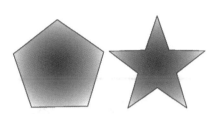

图 1-12-31　多边形和星形

图 1-12-32　"工具设置"对话框

（a）多边形，边数为 7

（b）星形，边数为 10，顶点大小为 0.30

图 1-12-33　不同设置的多边形和星形效果

12.2.7　画笔工具

不同于以往的 Flash 软件，Animate CC 软件提供两种不同形状的画笔工具，分别是画笔工具（Y）和画笔工具（B）。

画笔工具(Y)可能是所有绘图工具中功能最多的，是绘制根基图形的工具，利用画笔工具(Y)可以描绘出各种各样的图形。

画笔工具（B）类似于以前 Flash 软件中的刷子工具，能绘制出刷子般的笔触，就像在涂色一样。它可以创建特殊效果，包括书法效果。

画笔工具（B）相应的选项区域如图 1-12-34 所示，包括"对象绘制"功能、锁定填充和设置画笔的模式、大小和形状。

单击"画笔模式"按钮，在弹出的下拉列表中有 5 种模式可供选择，如图 1-12-35 所示。

图 1-12-34　选项区域图

图 1-12-35　画笔模式

其中各项说明如下：

（1）"标准绘画"：没有用画笔工具前的原始图如图 1-12-36（a）所示，可对同一层的线条和填充涂色，如图 1-12-36（b）所示。

（2）"颜料填充"：对填充区域和空白区域涂色，不影响线条，如图 1-12-36（c）所示。

（3）"后面绘画"：在舞台上同一层的空白区域涂色，不影响线条和填充，如图 1-12-36（d）所示。

（4）"颜料选择" 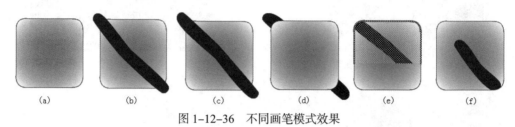：当在"填充"功能键或"属性"面板的"填充"框中选择填充时，"颜料选择"会将新的填充应用到选区中，此选项就同简单地选择一个填充区域并应用新填充一样，如图 1-12-36（e）所示。

（5）"内部绘画" ：只能在完全封闭的空间内进行绘画，但不对线条涂色，如图 1-12-36（f）所示。这种做法很像一本智能色彩书，不允许在线条外面涂色。如果在空白区域中开始涂色，该填充不会影响任何现有填充区域。

(a)	(b)	(c)	(d)	(e)	(f)

图 1-12-36　不同画笔模式效果

【例 12.2】绘制树枝，利用例 12.1 中的树叶组合成一棵树，效果如图 1-12-37 所示。

图 1-12-37　树效果

具体操作步骤如下：

（1）启动 Animate CC，按【Ctrl+O】组合键，打开例 12.1 保存的"树叶 .fla"文件。

（2）选择"图层 1"的第 1 帧，选取整片树叶，按【F8】键，打开"转换为元件"对话框，设置"名称"为"树叶"，"类型"选择"图形"，如图 1-12-38 所示，单击 确定 按钮。此时在"库"中就生成一个名为"树叶"的图形元件，如图 1-12-39 所示。删除舞台中的树叶，有关元件和库的操作将在后续章节中讲解。

图 1-12-38　"转换为元件"对话框

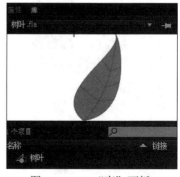

图 1-12-39　"库"面板

（3）双击"库"面板中的"树叶"图形元件的图标，打开"树叶"图形元件。选择"图层1"的第1帧，选取整片树叶，按【Ctrl+C】组合键，复制"树叶"。单击"时间轴"面板左下角的"新建图层"按钮，新建"图层2"。选择"图层2"的第1帧，按【Ctrl+V】组合键，粘贴"树叶"到"图层2"的第1帧上。效果如图1-12-40所示。

（4）在工具箱中，选择任意变形工具，此时会出现如图1-12-41所示的效果，这时树叶被一个方框包围着，中间有一个小圆圈，这就是变形点。当进行缩放、旋转时，就以变形点为中心，这个点是可以移动的。将光标移近它，光标下面多了一个圆圈，按住鼠标拖动，将它拖到叶柄处，本例需要它绕叶柄旋转，如图1-12-42所示。再把鼠标指针移到方框的右上角，鼠标变成状圆弧状，表示这时就可以进行旋转，向下拖动鼠标，叶子绕控制点旋转，到合适位置松开鼠标并调整树叶到合适位置，效果如图1-12-43所示。

   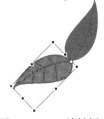

图1-12-40　粘贴树叶　图1-12-41　选择任意变形工具　图1-12-42　移动变形点　图1-12-43　旋转树叶

（5）单击"时间轴"面板左下角的"新建图层"按钮，新建"图层3"。 选择"图层3"的第1帧，再次按【Ctrl+V】组合键，粘贴"树叶"到"图层3"的第1帧上。效果如图1-12-44所示。利用第（4）步的方法，旋转"图层3"中的树叶，如图1-12-45所示。

（6）现在要变形树叶。把鼠标放到"任意变形工具"的黑色小方形的控制点上，对树叶进行缩放，效果如图1-12-46所示。

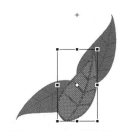 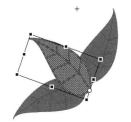 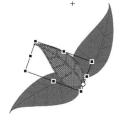

图1-12-44　粘贴树叶　　　图1-12-45　旋转树叶　　　图1-12-46　缩放树叶

（7）现在要回到场景绘制树枝。单击"编辑栏"中的"场景1"按钮，回到场景1。

（8）在工具箱中，设置"填充颜色"为"#660000"。选择画笔工具（B），在"选项"区域设置"画笔模式"为"标准绘画"，"画笔大小"自定，"画笔形状"为"圆形"，移动鼠标指针到场景中，画出如图1-12-47所示树枝形状。锁定"图层1"。

（9）单击"时间轴"面板左下角的"新建图层"按钮，新建"图层2"。在"库"面板中，单击"树叶"图形元件，将其拖放到场景的树枝图形上，用"任意变形工具"进行调整。"库"里的元件可以重复使用，只要改变它的长短大小方向就能表现出纷繁复杂的效果，完成效果如图1-12-48所示。

（10）选择"文件"→"另存为"命令或按【Ctrl+Shift+S】组合键，打开"另存为"对话框，选择实际要保存的路径，文件名为"树.fla"，单击"保存"按钮。

图 1-12-47　绘制树枝

图 1-12-48　完成后的树枝效果

12.3　编辑图形图像

要对图形进行编辑，必须先选中图形；Animate CC 提供了各种选择方法，包括选择工具、套索工具及键盘快捷命令。在图形的绘制和编辑过程中，需要使用查看工具来辅助用户进行操作；Animate CC 提供了各种查看方法，包括手形工具、缩放工具及显示比例的设置。

1. 选择工具

选择工具 是最常用的绘图辅助工具，可以选择、移动和编辑对象。

（1）选择对象：单击工具箱中的"选择工具"按钮 ，单击需要编辑的对象可将其选中。

- 如果是分离的带有边框的图像，单击填充部分，只选中填充部分，如图 1-12-49 所示；单击边框部分，只选中边框部分，如图 1-12-50 所示。
- 如果要全选该图像，可在图像上要双击，如图 1-12-51 所示。
- 如果要选中部分图像，可以把光标放到图像外，按住鼠标左键，拖动鼠标即可选中部分图像，如图 1-12-52 所示。
- 如果要选择多个对象，可按住【Shift】键不放，依次单击所要选取的对象，即可同时选中多个对象。

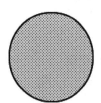

　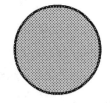

图 1-12-49　选中填充　　　图 1-12-50　选中边框　　　图 1-12-51　全选图像　　　图 1-12-52　选中部分

> **注意：** 在键盘上按【Ctrl+A】组合键，将全选舞台中未被锁定图层的所有对象。

（2）移动对象：单击选中要编辑的对象，然后按住鼠标左键拖动鼠标便可以把要编辑的对象移动到场景的任意位置，当位置确定后，释放鼠标即可。

如果移动一个分离的对象，单击填充部分只移动填充部分，如图 1-12-53 所示；单击边框部分只移动边框部分，如图 1-12-54 所示。在对象上要双击，全选该对象并移动即可。在移动对象时，可以结合键盘上的【↑】、【↓】、【←】、【→】方向键，进行微移 1 个像素的距离，按住【Shift】键并结合方向键移动 4 个像素的距离；也可以单击选项区域的"贴紧至对象"按钮使之成弹起状态，这样就可以移动更细微的距离。

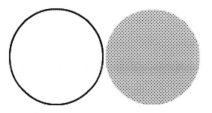

图 1-12-53　只移动填充部分

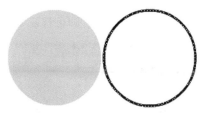

图 1-12-54　只移动边框部分

（3）编辑对象：使用选择工具可以改变线条或分离图像的形状，还可以编辑"对象绘制"模式图像的边缘。

单击工具箱中的"选择工具" ，将光标移动到需要修改的线条或图像的边缘，当光标变成 形状时，单击并拖动鼠标即可修改对象边缘的形状，如图 1-12-55 所示。

如果将光标移动到需要修改的图像的边角处，当光标变成 形状时，单击并拖动鼠标即可修改对象边角的形状，如图 1-12-56 所示。

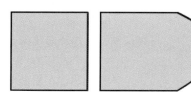

图 1-12-55　修改图像的边缘

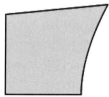

图 1-12-56　修改图像的边角

2. 套索工具

利用套索工具 可以精确地选择对象，并且可以选择对象的任意区域图像，前提是图像是打散（分离）的状态。套索工具在工具箱中是一个工具组，包括"套索工具" 、"多边形工具" 和"魔术棒" ，如图 1-12-57 所示。当选择魔术棒选项后，可以在属性面板中设置魔术棒的阈值和平滑参数，如图 1-12-58 所示。

图 1-12-57　套索选项区域

图 1-12-58　"魔术棒设置"对话框

【例 12.3】利用套索工具选取如图 1-12-59 所示不规则的图像区域。

具体操作步骤如下：

（1）启动 Animate CC，新建 Animate 文档。

（2）按【Ctrl+R】组合键，打开"导入"对话框，在"查找范围"下拉列表中选择图像所在的位置，在列表框中选中需要导入的图像文件"天鹅 .jpg"。单击 打开⑩ 按钮，即可将图像导入到 Animate 的元件的舞台中。

（3）在舞台中选择图像，选择"修改"→"分离"命令或按【Ctrl+B】组合键，打散图像。

（4）在工具箱中，选择套索工具组中的多边形工具 ，利用多边形套索套取如图 1-12-60 所示的天鹅范围的图像。

（5）双击鼠标左键，即可选取天鹅。

　　　　图 1-12-59　导入图像　　　　　　　　　　　图 1-12-60　套取图像

3. 手形工具

在 Animate 动画的制作过程中，如果舞台设置显示比例较大，超出场景范围，可能无法看到整个舞台及其图像的边缘，此时可以利用手形工具 移动舞台，方便用户查看编辑对象。手形工具无相应的"属性"面板和选项区域。

选择工具栏中的手形工具 ，将鼠标光标移动到舞台中，当鼠标光标变为 形状时，按住鼠标左键向任意方向移动即可移动场景在舞台中的位置。

在使用其他工具时要移动图像，则可按住空格键切换到手形工具，不影响当前工具的使用。

4. 缩放工具

在 Animate 场景中如果图形太小，就不能看清图形内容，并且无法编辑对象的细节；如果图形太大，则难以看到图形的整体，这时可以使用缩放工具 来放大或缩小图形。

选择缩放工具 ，无相应的"属性"面板，其选项区域包括"放大"按钮 和"缩小"按钮 。单击"放大"按钮 ，再在场景中单击即可放大显示场景；单击"缩小"按钮 ，再在场景中单击则可缩小显示场景。

> **注意：** 按住【Alt】键，缩放工具可以在"放大"和"缩小"按钮之间转换。利用缩放工具双击可以使舞台 100% 显示。

缩放比例取决于显示器的分辨率和文档大小，一般情况下舞台上的最小缩小比例为 8%，最大放大比例为 2 000%。

使用缩放工具设置舞台大小的比例值于"编辑栏"右侧的"窗口显示"项 `100%` 内的值是同步变化的。

5. 任意变形工具

在 Animate CC 中，使用任意变形工具是最常用的方法。根据所选的元素，可以任意变形、旋转、倾斜、缩放和扭曲该元素。实现对对象的变形的方法有使用任意变形工具和"修改""变形"菜单中子菜单命令。这些操作都可以对对象、组、实例或文本块任意进行变形。可以单独执行变形操作，也可以将诸如移动、旋转、缩放、倾斜和扭曲等多个变形操作组合在一起执行。

　　任意变形工具是一个功能强大的编辑工具，利用它可以对对象进行 4 种变形设置，分别是旋转与倾斜、缩放、扭曲和封套操作，制作出特殊的效果。选择工具栏中的任意变形工具后，其"选项"区域如图 1-12-61 所示。其中各按钮的作用如下：

图 1-12-61　选项区域

　　（1）旋转与倾斜：用于对对象进行旋转和倾斜操作。

　　（2）缩放：用于对对象进行缩放。单击该按钮，将光标移动到对象的任意一角，当其变成双向箭头时按住鼠标左键可以按比例缩放对象，而不会使对象产生变形。如果要等比缩放，可按住【Shift】键，将光标移动到对象的任意一角，按住鼠标左键拖动鼠标即可。

　　（3）扭曲：用于对对象进行扭曲变形，可以增强对象的透视效果。

　　（4）封套：用于对对象进行弯曲或扭曲。封套是一个边框，其中包含一个或多个对象。更改封套的形状会影响该封套内对象的形状。可以通过调整封套的点和切线手柄来编辑封套形状。

　　在使用任意变形工具改变对象的形状时，按住【Alt】键可以使对象的一边保持不变，便于用户定位。和功能只对矢量图有效，而对位图和文字无效。

6. 群组对象

　　群组又称组合，是将多个元素组合为一个对象来处理。例如，创建了一幅绘画后（如树或花），可以将该绘画的元素组合成一组，这样就可以将该绘画当成一个整体来选择和移动。当选择某个组时，"属性"面板会显示该组的 x 和 y 坐标及其像素尺寸。

　　群组对象的方法是先用选择工具选择需要群组的多个对象，如图 1-12-62 所示。然后，选择"修改"→"组合"命令或按【Ctrl+G】组合键，即可将多个对象组合成一个整体。群组后这几个对象就变为一个对象，在群组对象外围有一个蓝色边框，如图 1-12-63 所示。

　　可以对组进行编辑而不必取消其组合。还可以在组中选择单个对象进行编辑，不必取消对象组合。

　　选择"修改"→"取消组合"命令或按【Ctrl+Shift+G】组合键，可以取消组合。

7. 打散对象

　　打散又称分离，是指将位图、文字或群组后的图形打散成一个一个的像素点，以便对其中的一部分进行编辑。

　　打散位图会将图像中的像素分散到离散的区域中，可以分别选中这些区域并进行修改。

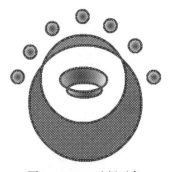

图 1-12-62　选择对象

图 1-12-63　组合对象

　　在选择位图过程中，用选择工具框选位图时，会发现不能选中其中的一部分，只能用鼠标单击选中整个位图（见图 1-12-64），位图四周会出现灰色边框，此时选择"修改"→"分离"命令或按【Ctrl+B】组合键即可打散位图，如图 1-12-65 所示。用选择工具框选位图的一部分，会发现这部分出现许多像素点，这时就可以对这部分进行编辑。

图 1-12-64　选中对象

图 1-12-65　打散对象

 12.4　填充图形图像

在 Animate CC 中，色彩处理是一个相当重要的因素。Animate CC 提供了多种应用、创建和修改颜色的方法。使用默认调色板或者自己创建的调色板，可以选择应用于要创建的对象或舞台中已有对象的笔触或填充的颜色。将笔触颜色应用于形状将会用这种颜色对形状的轮廓涂色。将填充颜色应用于形状将会用这种颜色对形状的内部涂色。

使用"颜色"面板，可以轻松地在 RGB 和 HSB 模式下创建和编辑纯色和渐变填充，一般使用 RGB 模式较多。使用"样本"面板可以导入、导出、删除和修改文件的调色板。可以在颜色中以十六进制模式选择颜色，也可以从工具栏或"属性"面板的"笔触和填充"弹出窗口中选择颜色。

可以从工具箱、形状"属性"面板或颜色内的"笔触颜色"或"填充颜色"控件中访问系统颜色选择器。

使用颜料桶、墨水瓶、滴管和渐变变形工具，以及刷子或颜料桶工具的"锁定填充"功能键，可以用多种方式修改笔触和填充的属性。

1. 使用"颜色"面板

"颜色"面板提供了更改笔触和填充颜色以及创建多色渐变的选项。可以使用渐变达到各种效果，如赋予二维对象以深度感。例如，可以用渐变将一个简单的二维圆形变为球体，从一个角度用光照射该表面并在球体对面投下阴影即可。

选择"窗口"→"颜色"命令或按【Shift+F9】组合键，可以打开"颜色"面板，如图 1-12-66 所示。

在"颜色"面板中，填充类型包括"无""纯色""线性渐变""径向渐变"和"位图填充"5 种。"纯色"，可以为图形内部填充一种纯色。渐变色是一种多色填充，即由一种颜色逐渐转变为另一种颜色。使用 Animate，可以多达 15 种颜色应用于渐变，从而创作出某些令人震撼的效果。Animate 可以创建两类渐变，即线性渐变和径向渐变。线性渐变是沿着一条轴线（水平或垂直）改变颜色，径向渐变是从一个中心焦点向外改变颜色。

图 1-12-66　纯色"颜色"面板

同时，Animate 还可以用可选的位图图像平铺所选的填充区域。

2. 使用墨水瓶工具填充笔触

墨水瓶工具![icon]可以更改线条或者形状轮廓的笔触颜色、宽度和样式。对直线或形状轮廓只能应用纯色，而不能应用渐变或位图。使用墨水瓶工具而不是选择个别的线条，可以更容易地一次更改多个对象的笔触属性。

在工具箱中，选择墨水瓶工具![icon]后，在"属性"面板（见图 1–12–67）中单击"笔触颜色"按钮![icon]，在打开的调色板中单击某个颜色块拾取线条颜色，然后设置线条样式。最后，在要填充线条颜色的图形中单击，即可将设置的线条颜色和样式应用到单击的图形线条上。墨水瓶工具没有"选项"区域，它和线条工具的"属性"面板用法相似，各项说明参见 12.2.1 使用线条工具中的相关部分。

【例 12.4】利用墨水瓶工具对图片添加边框，效果如图 1–12–68 所示。

图 1–12–67　墨水瓶"属性"面板

图 1–12–68　添加边框效果

具体操作步骤如下：

（1）启动 Animate CC，新建一个 Animate 文档，文档属性保持默认。

（2）按【Ctrl+R】组合键，打开"导入"对话框，选择"白虎.jpg"图像文件，单击 打开(O) 按钮，以便将图像导入到舞台。

（3）按【Ctrl+B】组合键，将该图片打散。按【Ctrl+Shift+A】组合键，取消选择。

（4）在工具箱中，选择墨水瓶工具![icon]，在"属性"面板中设置"笔触颜色"![icon]为"#006600"，"笔触高度"为"10"，"笔触样式"为![icon]，如图 1–12–69 所示。

（5）移动光标到舞台的图像上，单击图像，则图像的四周增加一个浪漫的花边，如图 1–12–70 所示。

图 1–12–69　笔触样式

图 1–12–70　添加边框

（6）选择"文件"→"保存"命令或按【Ctrl+S】组合键，打开"另存为"对话框，选择实际要保存的路径，文件名为"添加边框 .fla"，单击  按钮。

3. 使用颜料桶工具填充颜色

墨水瓶工具用于更改对象的笔触特性，而颜料桶工具 则用于更改对象的填充颜色。颜料桶工具 可以用颜色填充封闭区域。此工具既可以填充空的区域，也可以更改已涂色区域的颜色。用户可用颜料桶工具和"颜色"面板配合设置出纯色、渐变填充以及位图填充进行涂色，制作出绚丽的色彩效果。用户可以使用颜料桶工具填充未完全封闭的区域，并且可以让 Animate 在使用颜料桶工具时闭合形状轮廓中的空隙。

颜料桶工具的"属性"面板只有"填充颜色"按钮 ，这里不再赘述。颜料桶工具相应的"选项"区域如图 1–12–71 所示。各项的功能如下：

（1）空隙大小 ：选择设置空隙的大小模式。"空隙大小"有 4 种模式："不封闭空隙"模式 ，选择此项后，颜料桶工具只填充完全封闭的区域，有任何小空隙的区域都不能填充；"封闭小空隙"模式 ，选择此项后，颜料桶工具可以填充完全封闭的区域，也可以填充有很小空隙的区域；"封闭中等空隙"模式 ，选择此项后，颜料桶工具可以填充完全封闭的区域、有很小空隙的区域和有中等大小空隙的区域；"封闭大空隙"模式 ，选择此项后，颜料桶工具可以填充完全封闭的区域、有很小空隙的区域、有中等大小空隙的区域和有较大空隙的区域。如图 1–12–72 所示。

（2）锁定填充 ：此按钮是一个开关按钮，其功能是锁定设置好的渐变色和位图图像。

颜料桶工具的使用在前面的章节实例中已大量的使用，这里不再举例。

图 1–12–71　"选项"区域

图 1–12–72　空隙大小

4. 使用渐变变形工具编辑颜色

渐变变形工具 是和任意变形工具 放置在一起的，是为了使填充的渐变色彩更丰富而设置的，利用该工具可以对所填的渐变颜色的范围、方向和角度等进行设置，以获得丰富的特殊效果。

渐变色彩可以分为线性渐变和径向渐变两种。对于不同的渐变方式，渐变变形工具 有不同的处理方法。

（1）使用渐变变形工具可以对线性渐变色彩的填充方向、渐变色中各纯色之间的距离以及填充位置等进行设置。用渐变变形工具调整线性渐变颜色的方法为：选中填充了线性渐变色彩的填充颜色块，此时填充颜色块周围将出现两个控制手柄、一个旋转中心和两条青色的竖线，如图 1–12–73 所示。

（2）使用渐变变形工具可以对径向渐变色彩的填充方向、缩放渐变范围及填充位置等进行设置。用渐变变形工具调整径向渐变颜色的方法为：选中填充了径向渐变色彩的填充颜色块，此时填充颜色块周围将出现两个圆形的控制手柄、一个方形的控制手柄和一个旋转中心，如图 1–12–74 所示。

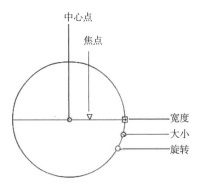

图 1-12-73　调整线性渐变的编辑手柄　　　　　图 1-12-74　调整径向渐变的编辑手柄

当使用位图填充时，用渐变变形工具单击会得到一组不同形状的控制手柄，分别能够控制位图填充的长度、宽度、旋转及中心点，如图 1-12-75 所示。

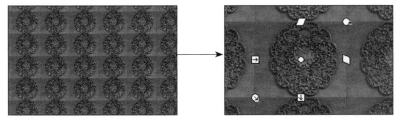

图 1-12-75　调整位图填充的编辑手柄

【例 12.5】绘制一个网页上经常可以看到的水晶按钮，如图 1-12-76 所示。

具体操作步骤如下：

（1）启动 Animate CC，新建一个 Animate 文档，文档属性保持默认。

（2）在工具箱中，设置"笔触颜色" 为"红色"，关闭"填充颜色" ；选择椭圆工具 ，按住【Shift】键，在舞台中绘制一个正圆，如图 1-12-77 所示。

（3）按【Shift+F9】组合键，打开"颜色"面板，单击"填充颜色"按钮 ，设置"类型"为"径向渐变"，设置径向渐变左侧滑块颜

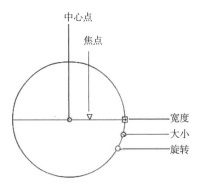

图 1-12-76　水晶按钮

色值为"#D9C8FD"，右侧滑块颜色为"#5407E4"，从浅紫色到深紫色渐变，如图 1-12-78 所示。

（4）在工具箱中，选择颜料桶工具 ，单击正圆中心偏下进行填充，效果如图 1-12-79 所示。

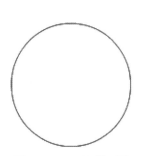

图 1-12-77　绘制正圆

图 1-12-78　"颜色"面板

图 1-12-79　填充正圆

（5）在工具箱中，利用选择工具 将正圆的边框选中，按【Delete】键，删除正圆的边框。

（6）在工具箱中，选择渐变变形工具 ，单击正圆会出现一个带有 3 个手柄的环形边框，如图 1-12-80 所示；将光标放到 控制手柄，按住鼠标左键，向圆心处拖动改变渐变的手柄，使中间的高光缩小一些，如图 1-12-81 所示；将光标放到 控制手柄，按住鼠标左键，向外拉使高光变得扁一点，如图 1-12-82 所示。

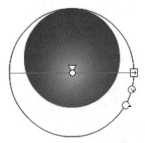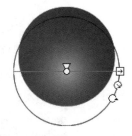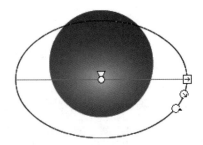

图 1-12-80　显示控制手柄　　　图 1-12-81　调整大小　　　图 1-12-82　调整宽度

（7）在工具箱中，设置"笔触颜色" 为"红色"，关闭"填充颜色" ；选择椭圆工具 ，在舞台中绘制一个小一点的椭圆，并移动到如图 1-12-83 所示的位置。

（8）打开"颜色"面板，单击"填充颜色"按钮 ，设置"类型"为"线性"，这时填充类型就变成了线性渐变；设置线性渐变左侧滑块颜色值为"白色"，右侧滑块颜色为"#5407E4"；把左侧滑块颜色的"Alpha"值设置为"0%"，并把右侧滑块向左滑动一定距离，如图 1-12-84 所示。

（9）在工具箱中，选择颜料桶工具 ，单击小椭圆中进行填充。选择选择工具 ，单击椭圆的边框将其选中，按【Delete】键，删除椭圆的边框，如图 1-12-85 所示。

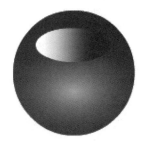

图 1-12-83　绘制椭圆　　　图 1-12-84　"颜色"面板　　　图 1-12-85　删除边框

（10）在工具箱中，选择渐变变形工具 ，单击小椭圆，如图 1-12-86 所示，将光标放到 控制手柄，按住鼠标左键，顺时针旋转手柄 90°，如图 1-12-87 所示。

（11）将光标放到中心点 ，按住鼠标左键，向上略提一点；将光标放到 控制手柄，按住鼠标左键，向上拖动使渐变色缩小一点，如图 1-12-88 所示。单击图形外部，取消选择，这样就绘制好了按钮。

（12）选择"文件"→"保存"命令或按【Ctrl+S】组合键，打开"另存为"对话框，选择实际要保存的路径，文件名为"水晶按钮 .fla"，单击"保存"按钮。

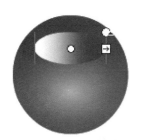

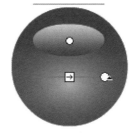

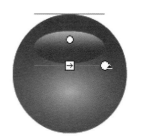

图 1-12-86　显示控制手柄　　　图 1-12-87　旋转填充颜色　　　图 1-12-88　缩小填充颜色

5. 使用滴管工具采样

使用滴管工具![](可以从一个对象复制、填充和应用笔触属性，然后立即将它们应用到其他对象。滴管工具还允许从打散的位图图像取样用作填充。滴管工具没有相应的"选项"区域和"属性"面板。

如果要用滴管工具复制和应用笔触或填充属性，可以执行以下操作：

（1）选择滴管工具![](，然后单击要将其属性应用到其他笔触或填充区域的笔触或填充区域。当单击一个笔触时，该工具自动变成墨水瓶工具。当单击已填充的区域时，该工具自动变成颜料桶工具，并且打开"锁定填充"功能键。

（2）单击其他笔触或已填充区域应用新属性即可。

6. 使用橡皮擦工具擦除对象

橡皮擦工具![](可以擦除笔触颜色和填充颜色，可以擦除整个对象或对象中不需要的部分，它只能应用于打散后的图形。橡皮擦工具无相应的"属性"面板，选中对象后按【Ctrl+B】组合键打散位图，选择橡皮擦工具![](，其"选项"区域如图 1-12-89 所示。从"擦除模式"![]下拉列表中选择一种模式，并确认"水龙头"按钮![]没有被按下，在对象上拖动鼠标光标进行所需的擦除操作，释放鼠标左键完成擦除操作。

选择橡皮擦工具，单击"选项"区域中"擦除模式"按钮![]，可以设置橡皮擦工具的擦除模式，如图 1-12-90 所示。各种模式具体含义如下：

（1）标准擦除![]：擦除同一层上的笔触和填充。

（2）擦除填色![]：只擦除填充，不影响笔触。

（3）擦除线条![]：只擦除笔触，不影响填充。

（4）擦除所选填充![]：只擦除当前选定的填充，不影响笔触（无论笔触是否被选中）。以这种模式使用橡皮擦工具之前，需要选择擦除的填充。

（5）内部擦除![]：只擦除从封闭曲线内部向外部填充，橡皮擦起点必须在内部。如果从空白点开始擦除，则不会擦除任何内容。以这种模式使用橡皮擦并不影响笔触。

选择橡皮擦工具，单击"选项"区域中"橡皮擦形状"按钮![]，可以设置橡皮擦的形状和大小，如图 1-12-91 所示。

图 1-12-89　橡皮擦选项区域　　　图 1-12-90　擦除模式　　　图 1-12-91　橡皮擦形状

选择橡皮擦工具，单击"选项"区域中"水龙头"按钮，将光标移动到需要清除的对象，单击鼠标左键即可将所有相连的笔触线段或填充区域删除。

12.5 应用举例

【案例1】绘制漂亮的小花。本案例将介绍如何利用简单的方法在 Animate 作品中表现漂亮的小花，效果如图 1–12–92 所示。

【设计思路】绘制花瓣、绘制叶子和枝干。

【设计目标】卡通造型的花在 Animate 作品中出现频率非常高，应用非常广泛。通过本案例了解简单小花的基本画法，使用"钢笔工具""线条工具"绘制花朵形状，使用"渐变变形工具"、"任意变形工具"调整图像的颜色和大小。

图 1–12–92　漂亮的小花

【操作步骤】

1. 绘制花瓣

（1）启动 Animate CC，新建一个 Animate 文档，保持默认文档属性。

（2）在工具箱中，设置"笔触颜色"为"红色"，关闭"填充颜色"，如图 1–12–93 所示。选择矩形工具，在舞台中绘制一个矩形，如图 1–12–94 所示。

（3）在工具箱中，选择选择工具，将鼠标指针移动到矩形垂直的两边直线的位置，当光标变成形状时，按住鼠标左键拖动两边直线向斜上方移动，最终效果如图 1–12–95 所示。在这个过程中可以结合部分选取工具来改变形状。

（4）用同样的方法，利用选择工具将矩形上方的直线进行调整，然后选择线条工具，为花瓣加上两条直线，利用选择工具对两条直线进行调整，如图 1–12–96 所示。

  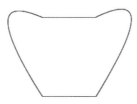 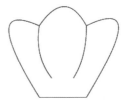

图 1–12–93　设置颜色　图 1–12–94　绘制矩形　图 1–12–95　拖动直线　图 1–12–96　添加直线

（5）按【Shift+F9】组合键，打开"颜色"面板，单击"填充颜色"按钮，设置"类型"为"径向渐变"，这时填充类型就变成了径向渐变；设置径向渐变右侧滑块颜色值为"#FF20CE"，左侧滑块颜色为"白色"，如图 1–12–97 所示；在工具箱中，选择颜料桶工具，单击花瓣的下方进行填充，效果如图 1–12–98 所示。

（6）在工具箱中，选择选择工具，框选整个花瓣，按【F8】键，打开"转换为元件"对话框，设置"名称"为"花瓣"，"类型"为"图形"，如图 1–12–99 所示。单击　确定　按钮，将绘制的花瓣转换为图形元件。

图 1-12-97 "颜色"面板　图 1-12-98 利用渐变色填充　　图 1-12-99 "转换为元件"对话框

（7）在工具箱中，选择任意变形工具，将花瓣元件的旋转中心向下方移动，如图 1-12-100 所示。

（8）按【Ctrl+T】组合键，打开"变形"面板，设置"旋转角度"为 72°，如图 1-12-101 所示；然后单击"复制选区和变形"按钮 4 次，就可以创建漂亮的五花瓣，如图 1-12-102 所示。

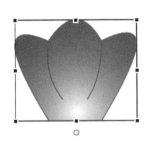  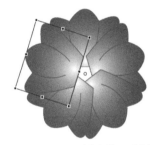

图 1-12-100 移动旋转中心　　图 1-12-101 "变形"面板　　图 1-12-102 漂亮的五花瓣

（9）在"时间轴"面板中，单击按钮，插入"图层 2"，锁定"图层 1"。在工具箱中，选择画笔工具（B），设置"填充颜色"为"#FFCC00"，绘制花心，如图 1-12-103 所示；再设置"填充颜色"为"#FFFF00"，将"画笔大小"调小一点，绘制花蕊，如图 1-12-104 所示。

（10）在"时间轴"面板中，解除"图层 1"的锁定，按住【Shift】键，单击"图层 1"和"图层 2"，选中两个图层中的全部图像。按【F8】键，打开"转换为元件"对话框，设置"名称"为"花"，"类型"为"图形"，如图 1-12-105 所示。单击 确定 按钮，此时"花"图形元件在"图层 2"上。在工具箱中，选择任意变形工具，按住【Shift】键，把鼠标光标放到右上角的控制点上，适当调整缩放一下花的大小，锁定"图层 2"。

 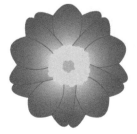 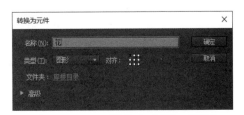

图 1-12-103 绘制花心　　图 1-12-104 绘制花蕊　　图 1-12-105 "转换为元件"对话框

2. 绘制叶子和枝干

（1）在"时间轴"面板中，单击"插入图层"按钮，插入"图层3"。在工具箱中，设置"笔触颜色"为"#006600"，选择线条工具，绘制一条直线，利用选择工具调整为一条曲线，再利用添加锚点工具在叶尖处增加一个节点，如图1-12-106所示。

（2）在工具箱中，选择部分选取工具，调整曲线使叶尖处弧形向下，如图1-12-107所示。

（3）在工具箱中，选择线条工具，绘制另一条直线，然后利用选择工具调整为另一条曲线，如图1-12-108所示。

图1-12-106　绘制叶片上半部分　　　图1-12-107　调整叶尖的曲线　　　图1-12-108　调整另一条曲线

（4）在工具箱中，选择线条工具，再绘制一条直线（见图1-12-109），然后利用选择工具调整为一条曲线并调整组合到上半部分的叶片中，如图1-12-110所示。

（5）按【Shift+F9】组合键，打开"颜色"面板，单击"填充颜色"按钮，设置"类型"为"线性"，这时填充类型就变成了线性渐变；设置线性渐变右侧滑块颜色值为"#216B21"，左侧滑块颜色为"#63F773"；在工具箱中，选择颜料桶工具，填充叶脉，效果如图1-12-111所示。然后选择渐变变形工具，对渐变色进行调整，效果如图1-12-112所示。

图1-12-109　绘制直线　　　　　图1-12-110　调整下半部分叶片　　　图1-12-111　填充叶脉

（6）利用选择工具选中叶片，按【F8】键，打开"转换为元件"对话框，设置"名称"为"叶"，"类型"为"图形"（见图1-12-113），单击　确定　按钮，将绘制的叶片转换为图形元件。锁定"图层3"，此时"时间轴"面板如图1-12-114所示。

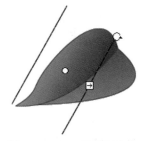  

图1-12-112　调整渐变色　　　　图1-12-113　"转换为元件"对话框　　　图1-12-114　锁定图层

（7）解除所有图层的锁定，最后在"图层2"上复制两朵小花，在"图层3"上复制一片叶片，并利用任意变形工具调整位置和形状。利用线条工具在"图层1"上绘制连接小花和叶片的枝条并进行调整。最终效果如图1-12-92所示。

（8）选择"文件"→"保存"命令或按【Ctrl+S】组合键，打开"另存为"对话框，选择实际要保存的路径，文件名为"漂亮的小花 .fla"，单击"保存"按钮。

【案例 2】绘制美丽新世界。本案例将介绍如何绘制一个美丽新世界场景，效果如图 1-12-115 所示。

【设计思路】绘制花朵、绘制小鸭、绘制白云、绘制蓝天、绘制太阳、绘制湖面。

【设计目标】本案例利用椭圆工具、矩形工具、多角星形工具、钢笔工具、铅笔工具、任意变形工具、渐变变形工具、"颜色"面板等，绘制和填充包括蓝天、白云、太阳、翠绿的山峰、波光闪烁的湖面上飘浮着美丽的花儿、小鸭在水面快乐地游泳等，如图 1-12-115 所示。要做出这个漂亮的场景并不难，造型简单，色彩艳丽，是 Animate 中很典型的创作方法。

图 1-12-115　美丽新世界

【操作步骤】

1. 绘制花朵

（1）启动 Animate CC，新建一个 Animate 文档，保持默认文档属性。

（2）按【Ctrl+F8】组合键，打开"创建新元件"对话框，设置"名称"为"花瓣 1"，"类型"为"图形"（见图 1-12-116），单击 确定 按钮，将创建一个名为"花瓣 1"的图形元件。

（3）在工具箱中，设置"笔触颜色" 为"红色"，关闭"填充颜色" 。选择椭圆工具 ，在场景中绘制出一个椭圆，利用选择工具 将圆形调整成花瓣形状，如图 1-12-117 所示。

> 注意：要让图形下端靠近场景中心的十字符号。

（4）按【Shift+F9】组合键，打开"颜色"面板，单击"填充颜色"按钮 ，设置"类型"为"径向渐变"，这时填充类型就变成了径向渐变；设置径向渐变右侧滑块颜色值为"#FA5F38"，左侧滑块颜色为"白色"，如图 1-12-118 所示；在工具箱中，选择颜料桶工具 ，单击花瓣的下方进行填充，效果如图 1-12-119 所示。利用选择工具 选择花瓣图形的边框，按【Delete】键，删除边框框线条，如图 1-12-120 所示。

图 1-12-116　创建"花瓣 1"元件　　　图 1-12-117　绘制花瓣　　图 1-12-118　"颜色"面板

（5）按【Ctrl+F8】组合键，打开"创建新元件"对话框，设置"名称"为"花朵"，"类型"为"图形"，如图 1-12-121 所示，单击 确定 按钮，将创建一个名为"花朵"的图形元件。在"花朵"图形元件的编辑场景中，将刚刚绘制好的"花瓣 1"图形元件从"库"面板中拖放到场景中。在工具箱中，选择任意变形工具 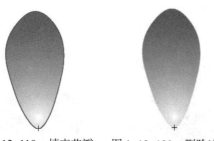，将这个图形实例的旋转中心移动到花瓣图形的下端，如图 1-12-122 所示。

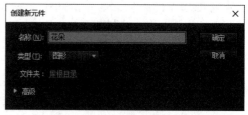

图 1-12-119　填充花瓣　图 1-12-120　删除边框　　　　图 1-12-121　创建花朵元件

（6）按【Ctrl+T】组合键，打开"变形"面板，设置"旋转角度"为 72°，如图 1-12-123 所示。然后单击"复制选区和变形"按钮 4 次，就可以创建漂亮的五花瓣，如图 1-12-124 所示。如果对花瓣形状不太满意，可以随时打开"花瓣 1"元件进行调整，花朵形状会随之而发生变化。至此花朵绘制完毕。

　　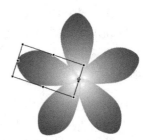

图 1-12-122　移动中心　　图 1-12-123　"变形"面板　　图 1-12-124　旋转复制花瓣

2. 绘制小鸭

（1）按【Ctrl+F8】组合键，打开"创建新元件"对话框，设置"名称"为"小鸭"，"类型"为"图形"（见图 1-12-125），单击 确定 按钮，将创建一个名为"小鸭"的图形元件。

（2）在工具箱中，设置"笔触颜色" 为"#FFCC00"，关闭"填充颜色" 。选择椭圆工具，在场景中绘制出一个椭圆，作为小鸭的身体，利用选择工具将圆形调整成椭圆的形状，如图 1-12-126 所示。

（3）在工具箱中，选择椭圆工具，在小鸭身体的下方绘制出一个小椭圆，作为小鸭的一只翅膀，利用选择工具将圆形调整成椭圆的形状并删除多余的线条。用同样的方法绘制小鸭身体上方的翅膀，如图 1-12-127 所示。

图 1-12-125　创建小鸭元件　　图 1-12-126　绘制小鸭身体　图 1-12-127　绘制小鸭翅膀

（4）在"时间轴"面板中，单击"新建图层"按钮 ，插入"图层 2"，为防止破坏"图层 1"中原有的图形，锁定■"图层 1"。 在工具箱中，选择椭圆工具 ○，绘制小鸭的头部，如图 1-12-128 所示。利用选择工具 将圆形调整成椭圆的形状，如图 1-12-129 所示。

（5）在"时间轴"面板中，单击"新建图层"按钮 ，插入"图层 3"，为防止破坏"图层 2"中原有的图形，锁定■"图层 2"。在工具箱中，选择铅笔工具 ，在"选项"区域中设置"平滑"，在小鸭尾部和头部绘制鸭嘴和鸭尾，用选择工具 和部分选取工具 调整形状，如图 1-12-130 所示。此时"时间轴"面板如图 1-12-131 所示。

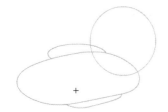 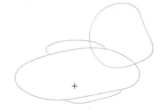 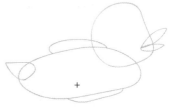

图 1-12-128 绘制小鸭的头部　　图 1-12-129 调整小鸭头部曲线　　图 1-12-130 绘制鸭嘴和鸭尾

（6）在工具箱中，设置"笔触颜色" 为"黑色"，"填充颜色" 为"黑色"。利用椭圆工具 ○、橡皮擦工具 和画笔工具（B） 绘制小鸭的眼睛，如图 1-12-132 所示。

（7）解除"图层 1"和"图层 2"的锁定。按【Shift+F9】组合键，打开"混色器"面板，单击"填充颜色"按钮 ，设置"类型"为"径向渐变"；设置径向渐变右侧滑块颜色值为"#F99D06"，左侧滑块颜色为"#FDFC62"，如图 1-12-133 所示；在工具箱中，选择颜料桶工具 ，对小鸭的头部、身体、鸭尾和翅膀进行填充，效果如图 1-12-134 所示。

 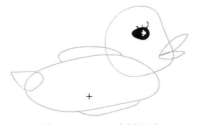 

图 1-12-131 "时间轴"面板　　　　图 1-12-132 绘制眼睛　　　　图 1-12-133 "颜色"面板

（8）在"颜色"面板中，设置"类型"为"线性"，这时填充类型就变成了线性渐变；设置线性渐变右侧滑块颜色值为"#F99D06"，左侧滑块颜色为"#FF0000"。在工具箱中，选择颜料桶工具 ，对小鸭的鸭嘴进行填充并利用渐变变形工具 调整渐变颜色，效果如图 1-12-135 所示。至此小鸭绘制完毕。

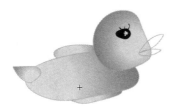 

图 1-12-134 填充图形　　　　　　　　　图 1-12-135 填充鸭嘴

3. 绘制白云

（1）按【Ctrl+F8】组合键，打开"创建新元件"对话框，设置"名称"为"白云"，"类型"为"图形"（见图 1-12-136），单击 确定 按钮，将创建一个名为"白云"的图形元件。

（2）为了使白云形状丰满，线条圆滑，使用钢笔工具✒描绘白云的轮廓。在工具箱中，设置"笔触颜色"✒为"黑色"，"填充颜色"为"白色"。选择钢笔工具✒，绘制如图 1-12-137 所示的白云。为了改动方便，在使用钢笔工具时，除第一点向内拖动外，其余各点均向外拖动。如果对绘制的白云不满意，可以利用部分选取工具，按住【Alt】键，调节节点手柄。

图 1-12-136　创建白云元件

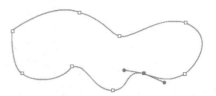

图 1-12-137　绘制白云

（3）在工具箱中，选择选择工具，单击白云的边框，按【Delete】键，删除白云的边框，至此白云绘制完毕。

4. 绘制太阳

（1）按【Ctrl+F8】组合键，打开"创建新元件"对话框，设置"名称"为"太阳"，"类型"为"图形"（见图 1-12-138），单击 确定 按钮，将创建一个名为"太阳"的图形元件。

（2）在工具箱中，"笔触颜色"为"白色"，"填充颜色"为"黄色"，选择多角星形工具，打开"属性"面板，单击 选项 按钮，打开"工具设置"对话框，设置"样式"为"星形"，"边数"为 6，"星形顶点大小"为 0.50（见图 1-12-139），单击 确定 按钮。利用多角星形工具在舞台上绘制如图 1-12-140 所示的图形。

图 1-12-138　创建太阳元件

图 1-12-139　"工具设置"对话框

（3）在工具箱中，选择选择工具，调整星形的边框效果，如图 1-12-141 所示。锁定🔒"图层 1"。

（4）在"时间轴"面板中，单击"新建图层"按钮，插入"图层 2"。在工具箱中，关闭"笔触颜色"✒，设置"填充颜色"为"红色"，选择椭圆工具，按住【Shift】键，在舞台上绘制如图 1-12-142 所示的红色圆。至此太阳绘制完毕。

图 1-12-140　绘制星形　　　　图 1-12-141　调整星形

图 1-12-142　绘制圆

5. 绘制蓝天

（1）现在要回到"场景 1"绘制图形。单击"时间轴"面板左上角的"场景 1"按钮 场景 1 ，回到场景 1。

（2）按【Shift+F9】组合键，打开"颜色"面板，关闭"笔触颜色" ，单击"填充颜色"按钮 ，设置"类型"为"线性渐变"；设置线性渐变右侧滑块颜色值为"#669BFB"，左侧滑块颜色为"白色"；在工具箱中，选择矩形工具 ，在舞台上绘制与舞台等大小的无框矩形，效果如图 1-12-143 所示。

（3）在工具箱中，选择渐变变形工具 ，选择矩形，逆时针旋转填充颜色使蓝色区域在上方，缩放填充颜色使下方的白色区域增加，如图 1-12-144 所示。

（4）锁定 "图层 1"，并双击"图层 1"的名称输入"蓝天"，按【Enter】键确认，即命名"图层 1"为"蓝天"。 至此蓝天绘制完毕。

图 1-12-143　绘制矩形

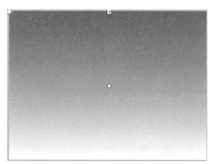

图 1-12-144　变形填充颜色

6. 绘制湖水

（1）按【Shift+F9】组合键，打开"颜色"面板，关闭"笔触颜色" ，单击"填充颜色"按钮 ，设置"类型"为"径向渐变"；单击渐变栏两次，使增加两个滑块，设置径向渐变自左向右的滑块颜色值为"#162FD8""#83BDF5""#47EFF8"和"#E1FDFC"，如图 1-12-145 所示。

（2）在"时间轴"面板中，单击"新建图层"按钮 ，插入"图层 2"，并命名"图层 2"为"湖水"。

（3）在工具箱中，选择矩形工具 ，在舞台上绘制一个无框矩形，效果如图 1-12-146 所示。利用渐变变形工具 ，将长方形的填充颜色调整为如图 1-12-147 所示的效果。锁定 并隐藏 "湖水"图层。至此湖水绘制完毕。

图 1-12-145　"颜色"面板

图 1-12-146　绘制矩形

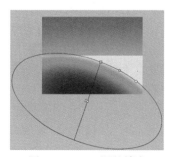

图 1-12-147　调整填充

7. 绘制波浪

（1）在"时间轴"面板中，单击"新建图层"按钮，插入"图层3"，并命名"图层3"为"波浪"。

（2）在工具箱中，设置"笔触颜色"　　为"#DEFEFD"，选择钢笔工具，按照斜上、斜下的方向，绘制出如图1-12-148所示的波浪线。

（3）利用选择工具选中图1-12-149所示的线条，选择"修改"→"形状"→"将线条转换为填充"命令，把转换过来的波浪线条"填充颜色"设置为浅蓝色，再选择"修改"→"形状"→"优化"命令，打开"最优化曲线"，保持默认设置，单击　确定　按钮。优化后的效果如图1-12-149所示。

图1-12-148　绘制波浪图　　　　　　　　　图1-12-149　优化波浪

（4）在工具箱中，选择选择工具，框选波浪，按住【Alt】键并拖动鼠标，可以很快地进行对象复制，复制出来的波浪使用任意变形工具调整为合适大小，并从近到远，错落有致地排列，单击"湖水"层上的✕按钮，使其上图形显示出来，这时舞台效果如图1-12-150所示。锁定"波浪"图层。至此"时间轴"面板如图1-12-151所示，波浪绘制完毕。

图1-12-150　排列波浪　　　　　　　　　图1-12-151　"时间轴"面板

8. 绘制山峰

（1）在"时间轴"面板中，单击"新建图层"按钮，插入"图层4"，并命名"图层4"为"山峰"。

（2）在工具箱中，选择铅笔工具，设置"选项"区域为"平滑"模式，在舞台湖水图形上画出山的形状，如图1-12-152所示。

（3）按【Shift+F9】组合键，打开"颜色"面板，单击"填充颜色"按钮，设置"类型"为"线性渐变"；设置线性渐变右侧滑块颜色值为"#0AD62D"，左侧滑块颜色为"#0A4B22"；在工具箱中，选择颜料桶工具，填充山峰，利用渐变变形工具调整填充效果，

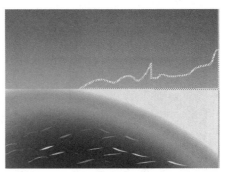

图2-152　绘制山峰

利用选择工具选择山峰的边框并将其删除，效果如图1-12-153所示。锁定"山峰"图层。

（4）在"时间轴"面板中，在"山峰"图层上按住鼠标左键，拖动到"湖水"图层的下方，

释放鼠标左键，如图 1-12-154 所示。至此山峰绘制完毕。

图 1-12-153　填充山峰

图 1-12-154　调整"山峰"图层

9. 组合对象

（1）在"时间轴"面板中，单击"新建图层"按钮，在"波浪"图层的上方插入"图层5"，并命名"图层 5"为"花朵"。

（2）在工具箱中，选择选择工具，在"库"面板中拖动"花朵"图形元件到舞台，按住【Alt】键并同时用鼠标拖放"花朵"实例，复制出一些花朵，然后使用任意变形工具将其进行适当的缩放和旋转，效果如图 1-12-155 所示。

（3）选中一朵花朵，打开"属性"面板，在"色彩效果"下拉列表中选择"高级"，可以设置相对应的色彩和透明度（Alpha）值，如图 1-12-156 所示。将舞台上的花朵调整出不同的色彩及透明度，效果如图 1-12-157 示。锁定"花朵"图层。

图 1-12-155　拖放花朵

图 1-12-156　"色彩效果"设置

（4）在"时间轴"面板中，单击"插入图层"按钮 4 次，分别插入"图层 6""图层7""图层 8"和"图层 9"，并分别命名为"白云""太阳""小鸭"和"漂亮的小花"。分别在各自的图层放相应的图形元件，并利用任意变形工具将其进行适当的缩放和旋转，效果如图 1-12-158 示。分别锁定"白云""太阳"和"小鸭"图层。

图 1-12-157　调整花朵色彩

图 1-12-158　放置对象

（5）按【Ctrl+O】组合键，打开"打开"对话框，选择实际要打开的路径，打开"漂亮的小花.fla"文件，如图 1-12-159 所示。利用选择工具 ▶ 选择场景中的全部图像，按【Ctrl+C】组合键，复制图像，切换到刚才制作实例的文档中，选择"漂亮的小花"图层，按【Ctrl+V】组合键粘贴图像到"漂亮的小花"图层中。按【F8】键将图像转换为"漂亮的小花"图形元件。利用任意变形工具将其进行适当的缩放和移动到如图 1-12-115 所示的位置。锁定 🔒 "漂亮的小花"图层。至此"时间轴"面板如图 1-12-160 所示，组合对象完毕。

（6）选择"文件"→"保存"命令或按【Ctrl+S】组合键，打开"另存为"对话框，选择实际要保存的路径，文件名为"美丽新世界.fla"，单击"保存"按钮。

图 1-12-159　"打开"对话框

图 1-12-160　"时间轴"面板

第13章
动画制作基础

本章导读

如何组织通过基本知识构建素材来制作动画是 Animate 中一项重要工作。本章将学习动画制作基础方面的有关知识。帧和图层的概念是动画中最基本的元素，也是学习动画制作的基础。元件对文件的大小和交互能力起着重要作用。任何一个复杂的动画都是借助元件完成的。元件存储在元件库中，不仅可以在同一个 Animate 作品中重复使用，也可以在其他 Animate 作品中重复使用。当把元件从元件库中拖至舞台时，实际上并不是把元件自身放置于舞台上，而是在舞台上创建了一个被称为实例的元件副本，因此可以在不改变原始元件的情况下，多次使用和更改元件实例。同时，本章还将介绍场景在动画中的作用和使用方法。

学习目标

◎ 熟悉帧的基本操作。
◎ 熟悉图层的基本操作。
◎ 熟练掌握元件的创建和引用。
◎ 了解元件库和场景的应用。

学习重点

◎ 帧和图层的基本操作。
◎ 元件的创建和引用。

 ## 13.1 帧 的 操 作

在 Animate 中帧又称为 Frame。帧是影像动画中最小单位的单幅影像画面，相当于电影中的一条胶片。在时间轴标尺上，每一个小方格为一帧，一帧代表一个画面，影片中的画面随着时间的变化逐个出现。为了对动画中的元件进行控制，还可以对特定的帧添加帧标签或 Action 语句。

13.1.1 帧的类型

在 Animate 中，帧主要有两种类型：普通帧和关键帧。其中关键帧又分为关键帧和空白关键帧，如图 1-13-1 所示。

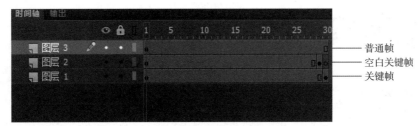

图 1-13-1 帧的类型

1. 普通帧

在动画制作中，常在关键帧后插入一些普通帧，其内容与这一关键帧的内容完全相同，目的是用来延长动画的播放时间。

2. 关键帧

任何动画要表现运动或变化，至少前后要给出两个不同的关键状态，而中间状态的变化和衔接可以自动完成。在 Animate 中，表示关键状态或者内容的帧叫作关键帧。关键帧又分为有内容的关键帧和没有内容的空白关键帧。空白关键帧用于在画面与画面之间形成间隔。

13.1.2 插入帧

1. 插入普通帧

插入普通帧有以下 3 种方法：

（1）在时间轴上需要创建帧的位置右击，从弹出的快捷菜单中选择"插入帧"命令，将会在当前位置插入一帧，如图 1-13-2 所示。

（2）选择需要创建的帧，选择"插入"→"时间轴"→"帧"命令，如图 1-13-3 所示。

（3）在时间轴上选择需要创建的帧，按【F5】键。

2. 插入关键帧

（1）在时间轴上需要创建帧的位置右击，从弹出的快捷菜单中选择"插入关键帧"命令，将会在当前位置插入一帧。

（2）选择需要创建的帧，选择"插入"→"时间轴"→"关键帧"命令。

（3）在时间轴上选择需要创建的帧，按【F6】键。

图 1-13-2 通过快捷菜单插入帧

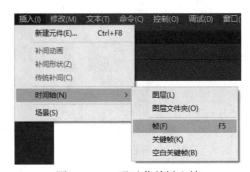

图 1-13-3 通过菜单插入帧

3. 插入空白关键帧

（1）在时间轴上需要创建帧的位置右击，从弹出的快捷菜单中选择"插入空白关键帧"命令，将会在当前位置插入一帧。

（2）选择需要创建的帧，选择"插入"→"时间轴"→"空白关键帧"命令。

（3）在时间轴上选择需要创建的帧，按【F7】键。

13.1.3　选择帧

在对帧进行操作前，必须先选中该帧，选中的方法如下：

（1）选择单个帧时，单击需要选中的帧。

（2）选择多个不相邻的帧时，按下【Ctrl】键单击其他帧。

（3）选择多个相邻的帧时，按下【Shift】键单击选择范围的始帧和末帧。

（4）选择时间范围所有的帧时，选择"编辑"→"时间轴"→"选择所有帧"命令。

13.1.4　编辑帧

1. 删除帧

若已经创建的帧不需要时，可以将该帧删除，删除帧有多种方法：

（1）在需删除的帧上右击，选择"删除帧"命令，当前帧将会删除。

（2）在需删除的帧上右击，选择"清除帧"命令，当前帧将会变为一个空白关键帧。

（3）选中需删除的帧，然后选择"编辑"→"时间轴"→"删除帧"命令，当前帧将会删除。

2. 移动帧

若需要移动关键帧或者序列，操作方法如下：

（1）将该关键帧或者序列拖到所需移动的位置。

（2）在需移动的关键帧上右击，选择"剪切帧"命令，然后在所需移动的目标位置右击，选择"粘贴帧"命令。

3. 复制帧

（1）按下【Alt】键，将要复制的关键帧拖动到需复制的位置，即可完成复制操作。

（2）在需要移动的关键帧上右击，选择"复制帧"命令，然后在所需移动的目标位置右击，选择"粘贴帧"命令。

4. 翻转帧

翻转帧可以使得影片逆序播放，翻转帧时，帧序列的起始位置必须有关键帧，具体操作方法：选择需翻转的帧序列，右击，选择"翻转帧"命令，如图 1–13–4 所示。

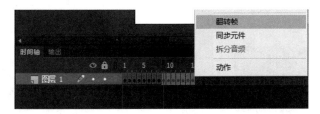

图 1–13–4　翻转帧

13.1.5　设置帧频

帧频即动画的播放速度，以每秒播放的帧数为度量。帧频太慢会使动画看起来有停顿现象，而帧频太快会使动画的细节变得模糊。在 Web 上，每秒 12 帧（fps）的帧频通常会得到最佳的效果，但是标准的运动图像速率是每秒 24 帧。

一个 Animate 文档只有一个帧频，因此最好在创建动画之前设置帧频。设置方法如下：

（1）选择"修改"→"文档"命令，打开"文档设置"对话框，在"帧频"后的文本框中输入所需设置的帧频，单击"确定"按钮即可，如图 1-13-5 所示。

（2）单击空白区域，不需要选择任意对象，在属性面板的帧频处直接修改帧频。

图 1-13-5　"文档设置"对话框

13.2　图层的应用

大部分图像处理软件中，都引入了图层（Layer）的概念，灵活地掌握与使用图层，不但能轻松制作出各种特殊效果，还可以大大提高工作效率。图层就像多张重叠在一起的透明薄片，薄片上可以绘制任何对象，所有的图层叠合在一起，就组成了一幅完整的画面。

Animate 文档中的每一个场景都可以包含任意数量的图层。创建动画时，可以使用图层和图层文件夹来组织动画序列的组件和分离动画对象，图层中，除了画有图形或文字的地方，其他部分都是透明的。也就是说，下层的内容可以通过透明的部分显示出来，而图层又是相对独立的，修改其中的一层，不会影响到其他层。

13.2.1　创建图层

当创建一个新的 Animate 文件时，系统会自动创建一个默认图层，即"图层 1"，如图 1-13-6 所示。

为了便于在文档中组织和管理图形、动画和其他元素，可以添加其他图层。以下方法都将会在现有图层上方添加一个新的图层：

（1）单击图层窗口左下角的新建图层█按钮，如图 1-13-7 所示。

（2）选择"插入"→"时间轴"→"图层"命令，如图 1-13-8 所示。

图 1-13-6　系统自动创建默认图层

图 1-13-7　新建图层

图 1-13-8　通过菜单新建图层

（3）右击时间轴中的任何一个层，从弹出的快捷菜单中选择"插入图层"命令。

13.2.2　选择图层

在对图层内容进行操作前，必须先选中该图层。选中的方法如下：

（1）选择单个图层时，单击需要选中的图层。

（2）选择多个不相邻的图层时，按下【Ctrl】键单击其他图层。

（3）选择多个相邻的图层时，按下【Shift】单击选择范围的始图层和末图层。

13.2.3　编辑图层

1. 移动图层

上层的内容会遮盖下层的内容，下层内容只能通过上层透明的部分显示出来，因此，经常需要有重新调整层的排列顺序的操作。改变场景中各个对象叠放顺序的方法如下：选中要移动的图层，按住鼠标左键拖动，此时出现一条横线，然后向上或向下拖动，当横线到达到图层需放置的目标位置释放鼠标即可。

2. 删除图层

若某层已经不需要时，可以将该层删除，以下方法都会删除所选中的图层：

（1）选择需删除的层，单击 🗑 按钮。

（2）选择需删除的层，左键拖动鼠标至 🗑 按钮后释放。

（3）在需要删除的层上右击，在弹出的快捷菜单中选择"删除图层"命令。

3. 重命名图层

创建图层时，Animate 会给新图层生成一个默认的名字，如"图层 1""图层 2"等，为了标识图层的内容，可为各图层重命名一个有含义的名字。重命名图层的方法如下：

（1）双击某个图层，即可对图层名进行编辑，如图 1-13-9 所示。

（2）双击图层名前的 🔲 按钮，打开"图层属性"对话框，如图 1-13-10 所示，在"名称"文本框中输入新的图层名，单击"确定"按钮即可。

图 1-13-9　修改图层名

图 1-13-10　"图层属性"对话框

13.2.4　图层的属性

每一图层均有一系列属性，可通过相应图标进行更改，如图 1-13-11 所示。

1. 编辑状态

图层名后的图标 标志此图层处于活动状态，可以对该图层进行各种操作，单击某一图层名，该图层就处于活动状态。

2. 显示、隐藏图层

（1）处于隐藏状态的图层不能进行任何修改。一般要对某个图层进行修改又不想被其他图层的内容干扰时，可以先将其他图层隐藏起来。方法如下：单击 按钮下图层的 • 按钮，可将该图层设置为隐藏状态，此时该层 按钮下的 • 图标将变为 。

图 1-13-11　图层状态

（2）显示图层：单击 按钮下图层的 按钮，可将该图层设置为显示状态。

若需同时显示所有图层，只需单击 按钮，重复单击 按钮，将会隐藏所有图层。

3. 锁定、解锁图层

（1）锁定图层：被锁定的图层无法进行任何操作。单击 按钮下图层的 • 按钮，可将该图层设置为锁定状态，此时该层 按钮下的 • 图标将变为 。

（2）解锁图层：点击单击 按钮下图层的 按钮，可将该图层设置为解锁状态。

若需锁定所有图层，只需单击 按钮，重复单击 按钮，将会解锁所有图层。

4. 轮廓显示图层

处于外框模式的图层，其上的所有图形只能显示轮廓。对几个图层的对象进行比较准确的定位时，可以利用外框模式下的轮廓分布来准确地判断图层中对象的相对位置。单击 按钮下图层的 按钮，可将该图层设置为轮廓模式，此时该层 按钮下的 图标将变为 ；反之，单击 按钮下图层的 按钮，可取消该图层的轮廓模式。

13.3　元件的创建

在制作 Animate 动画的过程中，经常会重复使用一些相同的素材和动画片段。如果总是重复地制作相同的动画和素材，不但会降低工作效率，也会使动画的数据过大。通过使用元件，就不再需要进行这样的重复操作，只要将在动画中重复出现的元素制作成元件即可。

13.3.1　元件概述和类型

元件实际上就是一个小的动画片段，它是可以在整个文档中重复使用的一个小部件，并可以独立于主动画进行播放。元件是构成动画的基础，可以重复使用。每个元件都有一个单独的时间轴、舞台和图层。元件包括 3 种类型：图形元件、影片剪辑元件和按钮元件。

1. 图形元件

图形元件可以包含文字内容和图像内容，它有自己独立的场景和时间轴，经常用于静态的图形或简单的动画中。图形元件与影片的时间轴同步运行，不能带有音频效果和交互效果。

2. 影片剪辑元件

影片剪辑元件其实就是一个独立的动画片段，它们的时间轴独立于主时间轴，可以在一个影片剪辑元件中添加各种元件以创建嵌套的动画效果。与图形元件不同的是，影片剪辑元件可以带有音频效果和交互效果。

3. 按钮元件

按钮元件用于创建动画的交互控制按钮，有鼠标"弹起""指针经过""按下"和"点击"4

种状态；支持音频效果和交互效果，能与其他元件嵌套使用，功能十分强大。

13.3.2　创建图形元件

当需要重复使用某个图形时，为了避免每次都重新绘制或导入图形，可以将其创建为图形元件。创建图形元件的方法大致有以下几种：

（1）选择"插入"→"新建元件"命令或者按【Ctrl+F8】组合键，打开"创建新元件"对话框，如图 1-13-12 所示。在"名称"文本框中输入元件的名称，在"类型"栏中选择"图形"选项。单击 确定 按钮打开图形元件编辑窗口，如图 1-13-13 所示。中间的"+"为舞台的中心点，可直接在舞台上绘制对象，操作完成后单击 场景 1 按钮，即可回到主场景中。

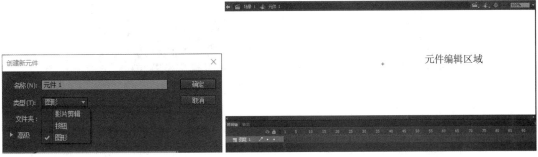

图 1-13-12　"新建新元件"对话框　　　　图 1-13-13　图形元件编辑窗口

（2）把现有的已制作完成的图形或文字转换成"图形元件"。利用工具箱中的选择工具选中要转换的对象，选择"修改"→"转换为元件"命令或右击选择"转换为元件"命令，打开"转换为元件"对话框，在"名称"栏中输入元件名称，在"类型"栏中选择"图像"选项，单击 确定 按钮即可将所选对象转换成"图形元件"，如图 1-13-14 所示。选择"窗口"→"库"命令，打开"库"面板，在"库"面板中可找到刚才转换的图形元件。

（3）选择"窗口"→"库"命令，打开"库"面板，单击左下角的"新建元件"按钮，打开"创建新元件"对话框，后面的操作与第（1）种方法相同。

【例 13.1】创建一个名为"四季更替"的动画。

具体操作步骤如下：

（1）新建一个 Animate 文件，设置文档宽为 400 px，高为 300 px，背景颜色为白色，帧频为 8 帧 /s。

（2）选择"文件"→"导入"→"导入到库"命令，将素材中的春、夏、秋、冬四幅图像导入到库，如图 1-13-15 所示。

图 1-13-14　"转换为元件"对话框

图 1-13-15　导入到库

（3）双击图层 1，将其重命名为"春天"，然后从"库"面板中拖动春天美景图片到舞台中，并将其缩放至舞台大小，如图 1-13-16 所示。

（4）选中刚才拖入舞台的图片，按【F8】键，将其转换为名为"春"的图形元件。

图 1-13-16　拖入图片

（5）分别单击"春天"图层的第 6、11 和 16 帧，按【F6】键插入关键帧，然后分别选中图层中的所有关键帧，右击，在弹出的快捷菜单中选择"创建传统补间"命令，创建关键帧间的补间动画。最后选中第 1 帧处的图形元件，在属性面板中设置其 Alpha 值为 30%，同理设置第 16 帧的 Alpha 值为 20%，效果如图 1-13-17 所示。

（6）新建一个名为"夏天"的图层，在该图层的第 15 帧处按【F7】键插入空白关键帧，然后从"库"面板中将夏天美景图片拖动至舞台中，将其调整为舞台大小，居中放置，并将其转化为名为"夏"的图形元件。

（7）在"夏天"图层的第 15 帧上右击，在弹出的快捷菜单中选择"创建传统补间"命令，然后分别在第 19、24 和第 29 帧按【F6】键插入关键帧，再将第 15 帧的 Alpha 设置为 30%，第 29 帧的 Alpha 设置为 20%。

图 1-13-17　创建传统补间

（8）用同样的方法，创建名为"秋天"和"冬天"的两个图层，在"秋天"图层的第 28、33、38 和 43 帧中拖入元件，并创建传统补间，设置该图层的起始关键帧的 Alpha 值为 30%，终点关键帧的 Alpha 值为 20%；在"冬天"图层的第 42、47、52 和 57 帧中拖入元件，并进行与前面相同的操作，此时的"时间轴"面板如图 1-13-18 所示。

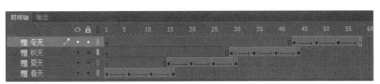

图 1-13-18　创建传统补间

（9）按【Ctrl+Enter】组合键或选择"控制"→"测试影片"命令，测试动画效果。

13.3.3　创建影片剪辑元件

利用影片剪辑元件可以创建反复使用的动画片段，且可独立播放。创建影片剪辑元件与创建图形元件的方法相同。

【例 13.2】创建一个名为"滑雪"的影片剪辑元件，如图 1-13-19 所示。

具体操作步骤如下：

（1）选择"文件"→"导入"→"导入到舞台"命令，导入素材文件中的"滑雪"素材文件，此时在舞台上已有绘制完成的位图文件。

图 1-13-19　　"滑雪"影片剪辑元件

（2）在工具箱中选择选择工具 ，选中图片文件，右击，选择"转换为元件"命令，打开"转换为元件"对话框，输入元件名称为"滑雪 1"，选择"图形"作为元件类型，如图 1-13-20所示。

（3）选择"插入"→"新建元件"命令，打开"创建新元件"对话框，设置"类型"为影片剪辑，输入名称为"滑雪 2"，单击"确定"按钮，如图 1-13-21 所示。

图 1-13-20　"转换为元件"对话框　　　　图 1-13-21　"创建新元件"对话框

（4）选择"窗口"→"库"命令，打开"库"面板，可以看到刚才创建的"滑雪 1"图形元件和"滑雪 2"影片剪辑元件都已经放到库中。将"滑雪 1"图形元件拖入到影片剪辑元件的场景中，如图 1-13-22 所示。

图 1-13-22　编辑"滑雪 2"影片剪辑元件

（5）选择影片剪辑元件场景中时间轴的第 2 帧，右击，在弹出的快捷菜单中选择"插入关键帧"命令，并且选择第 2 帧，将"滑雪 1"元件移到下面的合适位置。依次在第 3 帧 ~ 第 10 帧处插入关键帧，并将"滑雪 1"元件移动到各自合适的位置，形成滑雪效果，如图 1–13–23 所示。

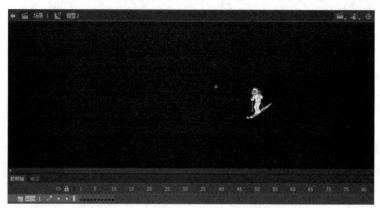

图 1–13–23   "滑雪 2"影片剪辑元件效果图

（6）返回场景 1，将影片剪辑元件拖至图层 1 的第 1 帧，按【Ctrl+Enter】组合键，可以观察到"滑雪 2"影片剪辑元件播放的效果图。

13.3.4   创建按钮元件

按钮元件可以响应鼠标事件，用于创建动画的交互控制按钮，如动画中的"开始"按钮、"结束"按钮、"重新播放"按钮等都是按钮元件。按钮元件包括"弹起""指针经过""按下"和"点击" 4 个帧，创建按钮元件的过程实际上就是编辑这 4 个帧的过程。这 4 个状态分别说明如下：

（1）弹起：光标不在按钮上的一种状态。

（2）指针经过：当光标移动到按钮上的一种状态。

（3）按下：当光标移动到按钮上并单击时的状态。

（4）点击：运用此项制作出的按钮不显示颜色、形状，常用来制作"隐形按钮"效果。

【例 13.3】制作一个名为"笑脸"的按钮元件。

具体操作步骤如下：

（1）新建 Animate 文档，选择"插入"→"新建元件"命令，在打开的"创建新元件"对话框中输入名称"笑脸"，在"类型"选项中选择类型为"按钮"，单击 确定 按钮，打开"笑脸"的编辑窗口。此时，时间轴上有"弹起"、
"指针经过""按下"和"点击" 4 个状态的帧，如图 1–13–24 所示。

（2）单击时间轴上的"弹起"帧，选择工具箱中的椭圆工具，在工具箱颜色区中设置笔触颜色为黑色，填充颜色为灰色（CCCCCC），在舞台上绘制一个笑脸轮廓。

图 1–13–24   "笑脸"编辑窗口

（3）利用线条工具在椭圆内绘制三条短线，构成一个哭脸形状，如图 1–13–25 所示。

（4）在"指针经过"帧上右击，在弹出的快捷菜单中选择"插入关键帧"命令，此时，"指针经过"帧在舞台上自动创建了刚才的哭脸形状，利用选择工具将椭圆内的直线变成曲线，构成笑脸形状，如图 1–13–26 所示。

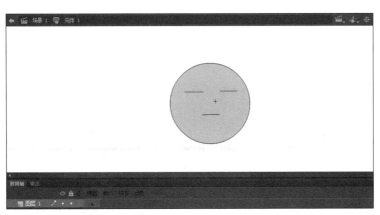

图 1-13-25　绘制哭脸

图 1-13-26　将哭脸变成笑脸

（5）按照第（4）步的方法，在"按下"帧中插入关键帧，将椭圆的填充颜色设置为红色，曲线重新拉伸为直线，笑脸变成哭脸的形状，如图 1-13-27 所示。

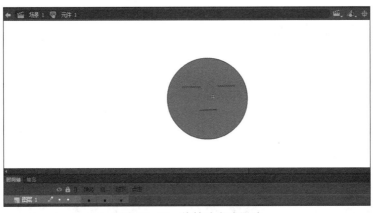

图 1-13-27　将笑脸变成哭脸

（6）单击时间轴上的 场景 1 按钮回到场景 1 中。选择"窗口"→"库"命令，打开"库"面板，选择面板中的"笑脸"按钮元件，将其拖动到舞台上。

（7）按【Ctrl + Enter】组合键，弹出影片测试窗口。当光标移动到按钮上时，按钮由哭脸变为笑脸；当鼠标按下时，按钮由灰色变为红色。

13.4 元件实例和元件库的使用

将元件从库中拖放到舞台上时，实际上并不是将元件本身放置到舞台上，而是创建了该元件的一个副本，称为"实例"或"实例引用"。虽然实例来源于元件，但是每一个实例都是有其自身的、独立于元件的属性。通过"属性"面板，可以调整实例的亮度、色彩、透明度、实例名称和循环次数等属性。但改变舞台中实例的属性，并不会改变库中元件的属性，而改变元件的属性，该元件的所有实例的属性都将随之变化。

13.4.1 元件的实例属性

这里以图形元件为例，选中舞台中图形元件的实例，其"属性"面板如图1-13-28所示。各选项的含义如下：

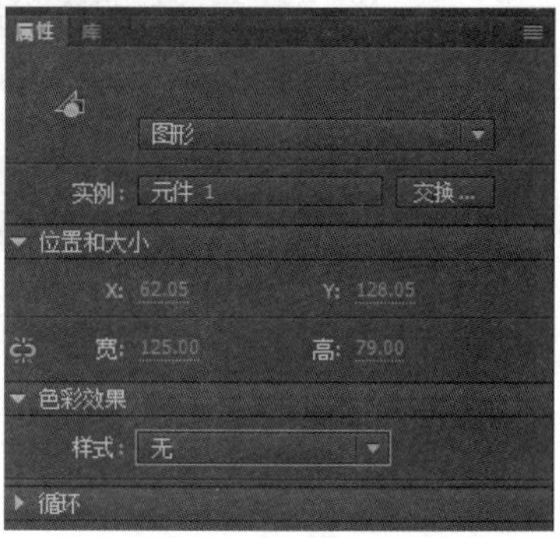

（1）实例：用于设置放置在舞台上的元件实例的名称。

（2）位置和大小：用于设置放置在舞台上的元件实例的位置和大小。

（3）样式：无：该下拉列表框中有5个选项，分别是"无""亮度""色调""Alpha"和"高级"选项。

图1-13-28 图形元件实例的"属性"面板

- 选择"无"选项，表示不使用任何颜色效果。

- 选择"亮度"选项，可以调整实例的明暗度（亮度），可以在–100%～+100%之间进行取值。值越大，实例对象越亮，直到白色；值越小，实例对象越暗，直到黑色，如图1-13-29所示。

- 选择"色调"选项，可以调整实例对象的色调，可以在色彩选择框中选择相应的色彩来改变实例对象原来的色调，也可调整R、G、B的数值来改变色相，如图1-13-30所示。

图1-13-29 "亮度"选项

图1-13-30 "色调"选项

- 选择"Alpha"选项，可以调整实例的透明度，在0%～100%之间进行取值。图1-13-31（a）和13-31（b）所示为对应元件实例Alpha值分别为80%和40%的效果。

- 选择"高级"选项：可以对实例对象的色彩、明度和透明度进行综合调整，如图1-13-32所示。

（a）Alpha值为80%　（b）Alpha值为40%

图1-13-31 改变元件实例的Alpha值

图1-13-32 "高级"选项

13.4.2　元件库的使用

"库"面板可以存放和组织在 Animate 中创建的各种元件，还可以存储和组织导入的文件，包括位图图形、声音文件和视频剪辑。当需要元件时，直接从库中调用即可。在 Animate 中，选择"窗口"→"库"命令或者按"F11"键即可打开"库"面板，如图 1–13–33 所示。

图 1–13–33　　"库"面板

"库"面板中各按钮的含义如下：

🔲：新建元件，单击该按钮将打开"创建新元件"对话框。

🗂：新建元件文件夹。

🔘：单击此按钮，可打开"属性"对话框，在其中可对元件的名称和类型进行重新设置。

🗑：删除"库"面板中选中的元件或元件文件夹。

1.　向舞台上添加元件

要将元件添加到舞台上，可按下面的步骤进行：

（1）选择"窗口"→"库"命令或按【F11】键，打开"库"面板。

（2）在"库"面板中选中要添加的元件，并将其拖动到舞台上。

2.　重命名元件

在创建元件时可以对元件命名，在元件的使用过程中也可对元件进行重命名。打开"库"面板，选中要重命名的元件后，选择下列任意一种操作方法都可实现对元件重命名：

（1）右击元件，从弹出的快捷菜单中选择"重命名"命令，当元件的名称在"库"面板中突出显示时，输入新的名称即可。

（2）双击元件名称并输入新名称即可。

（3）从"库"面板的按钮区域中选择"属性"选项，打开"属性"对话框，在对话框的"名称"文本框中输入新名称即可。

3.　复制元件

在 Animate 中，经常需要将现有元件作为创建新元件的起点。可以直接赋值现有元件，然后在现有元件的基础进行加工。

使用"库"面板可以直接复制元件，练习程序参见"男人物 .fla"文件。

（1）该程序的元件库中有一个已经制作好的图形元件"男人物"，选中该元件，右击，从弹出的快捷菜单中选择"直接复制"命令。

（2）在打开的"直接复制元件"对话框中，输入复制元件的名称"男人物 2"，并选择"类型"为"图形"，单击"确定"按钮，如图 1–13–34 所示。

（3）复制元件后的元件库如图 1–13–35 所示。

（4）在库中双击"男人物 2"元件进入该元件的编辑模式，利用各种绘图工具完成人物的身体部分，最终的效果如图 1–13–36 所示。

也可以通过选择实例来直接复制元件，主要的步骤如下：

（1）在舞台上选择元件实例。

（2）选择"修改"→"元件"→"直接复制元件"命令，打开"直接复制元件"对话框，进行元件的复制工作。

图 1-13-34 "直接复制元件"对话框　　图 1-13-35　元件库　　图 1-13-36　绘制的元件效果

4. 使用已有动画中的库

除了可以使用自己创建的元件外，用户还可以将其他动画中的元件调用到当前动画中。

调用已有动画中对象的操作步骤如下：

（1）打开需要引用的动画文件。

（2）选择"窗口"→"库"命令，打开"库"面板。选择"库"面板中需要引用的动画库窗口。

（3）回到正在编辑的动画文件，选择相应的元件，将其拖动到待编辑动画的场景中。

 ## 13.5　场景的应用

在制作动画的过程中，可以使用场景来按照主题组织文档。例如，可以使用单独的场景来介绍出现的消息以及片头尾字幕等。当发布包含多个场景的 Animate 文档时，文档中的场景将按照它们在 Animate 文档"场景"面板中的排列顺序进行播放。文档中的帧都是按场景顺序连续编号的。

13.5.1　场景的创建

在制作动画的过程中，有时需要创建其他场景作为背景。创建新的场景的方法主要有以下两种：

（1）选择"窗口"→"场景"命令，打开"场景"面板，单击"添加场景"按钮，即可新建一个场景，如图 1-13-37 所示。

（2）选择"插入"→"场景"命令，即可插入新的场景，如图 1-13-38 所示。

图 1-13-37　新建场景　　　　图 1-13-38　插入场景

13.5.2　场景的编辑

在"场景"面板中可以对创建的场景进行修改或编辑场景的属性，如删除场景、更改场景名称、重制场景和更改场景在文档中的播放顺序等。

（1）删除场景：选择"窗口"→"其他面板"→"场景"命令，打开"场景"面板，选中要删除的场景，再单击"场景"面板中的"删除场景"按钮将其删除。

（2）更改场景名称：在"场景"面板中双击场景名称，然后输入新的名称即可。

（3）复制场景：选中要复制的场景，然后单击"场景"面板中的"复制场景"按钮█。

（4）更改场景在文档中的播放顺序：在"场景"面板中将场景拖到不同的位置进行排列。

13.6　应用举例

【案例 1】山中作诗。本案例制作的是一个诗句漂移的动画，最终效果如图 1-13-39 所示。

图 1-13-39　"山中作诗"最终效果

【设计思路】设置背景、导入图片、图形元件、影片剪辑元件、传统补间动画。

【设计目标】熟练掌握图形元件、影片剪辑元件的制作方法和传统补间动画的创建。

【操作步骤】

（1）新建一个 Animate 文档，设置舞台大小为 400 像素 ×300 像素，背景颜色为灰色（#CCCCCC），帧频为 12 帧 /s。

（2）按【Ctrl+F8】组合键，新建一个名为"诗行 1"的图形元件，并进入该图形元件的编辑模式。单击工具箱中的文本工具，在属性面板中设置字体为"华文行楷"，文本颜色为黑色，在元件的编辑区输入文字，如图 1-13-40 所示。

图 1-13-40　输入文本

（3）用同样的方法，创建名称为"诗行 2""诗行 3""诗行 4"和"诗行 5"的图形元件，并在各元件编辑区内输入对应的诗句，其中"诗行 5"中的内容为诗的名称。

（4）按【Ctrl+F8】组合键，新建一个名为"图片"的图形元件，然后选择"文件"→"导入"→"导入到舞台"命令，导入素材图片，如图 1-13-41 所示。

（5）新建一个名为"诗行"的影片剪辑元件，并在元件内部的编辑区新建图层 1、图层 2、图层 3 和图层 4，将"库"面板中的"诗行 1""诗行 2""诗行 3"和"诗行 4"元件分别放置在图层 1、图层 2、图层 3 和图层 4 的第 1 帧，如图 1-13-42 所示。

图 1-13-41 导入图片

图 1-13-42 拖入元件

（6）在"图层 1"的第 20 帧处按【F6】键插入关键帧，将该图层对象移至编辑区的右上角，然后在第 1 帧处右击，选择"创建传统补间"命令，创建传统补间动画，再选中第 65 帧，按【F5】键插入普通帧。将"图层 2"的第 1 帧移至第 10 帧，"图层 3"的第 1 帧移至第 20 帧，"图层 4"的第 1 帧移至第 30 帧，依次将其他图层制作成一样的动画效果，然后选中"图层 4"的第 60 帧，按【F6】键插入关键帧，将"库"面板中的"诗行 5"元件拖动至四句诗的右下方，如图 1-13-43 所示。

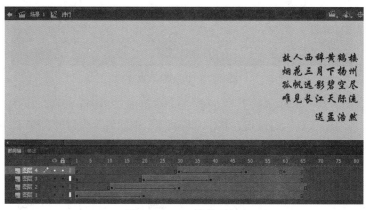

图 1-13-43 编辑元件

（7）返回场景 1，单击"图层 1"的第 1 帧，从"库"面板中将"图片"元件拖动至舞台中，并利用"对齐"面板将元件大小与舞台大小一致。在第 65 帧处按【F5】键插入普通帧，在第 30 帧处按【F6】键插入关键帧，单击工具箱中的任意变形工具，按住【Shift】键，向外拖动图片右上角的控制点，适当放大图片；单击第 1 帧，按住【Shift】键，将图片调整得更大一些，然后选中第 1 帧，右击，在弹出的快捷菜单中选择"创建传统补间"命令。

（8）新建"图层 2"，从"库"面板中将"诗行"的影片剪辑元件拖动至舞台中，并在第 60 帧处按【F5】键插入普通帧，如图 1-13-44 所示。

图 1-13-44　拖入"诗行"元件

（9）按【Ctrl+Enter】组合键测试动画效果。

【案例 2】制作礼貌用语动画。利用所学的制作动画的知识，制作一个号召大家使用礼貌用语的动画，效果如图 1-13-45 所示。

【设计思路】添加背景、制作元件、创建动画。

【设计目标】通过本案例，掌握设置舞台场景、导入素材、插入图层、制作元件、制作传统补间动画等操作。

图 1-13-45　礼貌用语动画效果

【操作步骤】

（1）新建一个 Animate 空白文档，并设置文档大小为 370 像素 ×210 像素，背景颜色为"黑色"。

（2）按【Ctrl+F8】组合键，打开"创建新元件"对话框，创建一个名为 Dear 的图形元件，单击"确定"按钮，进入元件编辑模式。

（3）单击工具箱中的文本工具，在其"属性"面板中设置字体为"隶书"，字体大小为 30，颜色为白色，然后在编辑区中输入"Dear, Good Morning！"和"亲爱的，早上好！"字样。效果图如图 1-13-46 所示。

（4）参照（2）~（3）的步骤，创建一个名为 Baby 的图形元件，在编辑区输入所需文字，如图 1-13-47 所示。

（5）按【Ctrl + F8】组合键，创建一个名为"小熊 1"的图形元件，并进入该元件编辑模式。选择"文件"→"导入"→"导入到舞台"选项，将一幅小熊图片导入到编辑区，如图 1-13-48 所示。

图 1-13-46 Dear 元件的内容

图 1-13-47 Baby 元件的内容

图 1-13-48 "小熊 1"元件

（6）用同样的方法，创建一个名为"小熊 2"的图形元件，并导入另外一张小熊图片，如图 1-13-49 所示。

图 1-13-49 "小熊 2"元件

（7）单击 场景 1 按钮，回到场景 1。双击"图层 1"，将其重名为"背景"，然后选择"文件"→"导入"→"导入到舞台"命令，导入一幅背景图片，如图 1-13-50 所示。

图 1-13-50　导入背景图片

（8）在"背景"图层的第 45 帧处插入普通帧，然后单击"插入图层"按钮 4 次，并依次命名为 Dear、Baby、小熊 1、小熊 2。

（9）在 Dear 图层的第 20 帧处插入关键帧，然后从"库"面板中拖动 Dear 元件到舞台的中上方。

（10）选中 Dear 图层的第 31 帧，然后按住【Shift】键，再单击第 45 帧，选中两个帧格间的所有帧，右击，在弹出的快捷菜单中选择"删除帧"命令，将选取的帧删除。

（11）在 Baby 图层的第 35 帧处插入关键帧，从"库"面板中拖动 Baby 元件到舞台的中上方。

（12）选中"小熊 1"图层，将"小熊 1"元件拖动到舞台的左下方，如图 1-13-51 所示。在"小熊 1"图层的第 60 帧处插入一个关键帧，然后选中该帧中的"小熊 1"，将其移动到舞台的右下角。

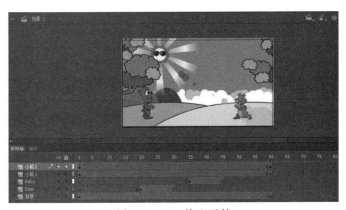

图 1-13-51　拖入元件

（13）选中"小熊 2"图层，将"小熊 2"元件拖动到舞台的右下方，然后在"小熊 2"图层的第 60 帧处插入关键帧，选中该帧中的小熊 2，将其移动到舞台的左下角。

（14）分别在"小熊 1"图层和"小熊 2"图层的第一帧上右击，在弹出的快捷菜单中选择"创建传统补间"命令，创建传统补间动画。然后，在"背景"图层的度 60 帧处插入普通帧，此时的"时间轴"面板如图 1-13-52 所示。

图 1-13-52　"时间轴"面板

（15）选择"控制"→"测试影片"命令，测试动画效果。

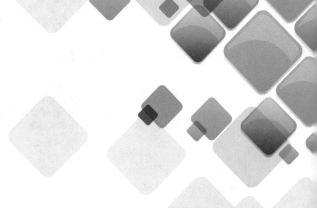

第14章
制作简单动画

 本章导读

Animate 提供多种方式用来创建动画和特殊效果，例如补间动画、逐帧动画等，为创作精彩的动画内容提供了多种可能。

学习目标

◎ 了解动画的基本类型。
◎ 熟练掌握逐帧动画的制作方法。
◎ 熟练掌握形状补间动画的制作方法。
◎ 熟练掌握传统补间动画的制作方法。
◎ 熟练掌握补间动画的制作方法。

学习重点

◎ 形状补间动画的制作。
◎ 传统补间动画的制作。
◎ 补间动画的制作。

 14.1　动画的基本类型

在 Animate 中根据动画的生成原理和制作方法可以将动画分为两大类：逐帧动画和补间动画。

14.1.1　逐帧动画

逐帧动画由一系列关键帧组成，它是通过修改每个关键帧的内容而产生动画，由于每个关键帧都要进行编辑操作并独立存储，所以逐帧动画所需的存储空间较大。一般逐帧动画适用于较复杂的、要求每帧图像都有变化的动画。

14.1.2　补间动画

补间动画又称渐变动画，是创建随时间移动或更改的动画的一种有效方法，在动画生成时，只需在时间轴上设置动画开始关键帧和动画结束关键帧，中间的过渡帧由 Animate 帮助补充计算出来。由于 Animate 只保存帧之间更改的值，所以它最大限度地减小了所生成的文件大小。补间动画分 3 种：形状补间动画、传统补间动画和补间动画。

1. 形状补间动画

形状补间动画主要实现两个形状之间的变化，或一个形状的大小、位置、颜色等的变化。此时的动画对象必须是分离的图形或文字，如果使用图形元件、按钮、文字，则必须先打散再变形。产生形状补间动画的关键帧之间用淡绿色背景的黑色箭头表示，如图 1-14-1 所示。

2. 传统补间动画

传统补间动画主要实现一个元件的大小、位置、颜色、透明度等的变化等。此时的动画组成元素必须为元件（包括影片剪辑、图形元件、按钮），要求在起始关键帧上放置一个元件，然后在结束关键帧改变这个元件的大小、颜色或位置等，Animate 将自动生成两者之间的过渡帧。产生传统补间动画的关键帧之间用淡紫色背景的黑色箭头表示，如图 1-14-2 所示。

图 1-14-1　形状补间动画

图 1-14-2　传统补间动画

3. 补间动画

创建补间动画时，在起始关键帧中放置动画对象，之后，在时间轴所需位置插入属性关键帧，改变属性关键帧中对象的属性，如位置、颜色、大小等。可以添加多个属性关键帧（黑色菱形），如图 1-14-3 所示。

图 1-14-3　补间动画

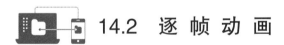

14.2　逐 帧 动 画

逐帧动画是最基本的一类动画，也就是一帧一帧地按照时间顺序将动作的每个细节都描绘出来。当影格快速移动的时候，利用人的视觉残留现象，形成流畅的动画效果。

逐帧动画更改每一帧中的舞台内容，最适合于每一帧图像都在更改而不是仅仅简单地在舞台中移动的复杂动画。逐帧动画增加文件大小的速度比补间动画快得多，因为在逐帧动画中，Animate 会保存每个完整帧的值。

创建逐帧动画的步骤如下：

（1）单击图层名称使之成为活动层，然后在动画开始播放的图层中选择一个帧。

（2）如果该帧不是关键帧，可选择"插入"→"时间轴"→"关键帧"命令使之成为一个关键帧。

（3）在序列的第一个帧上创建插图，可以使用绘画工具、从剪贴板中粘贴图形，或导入一个文件。

（4）插入下一个关键帧。

（5）在舞台中改变该帧的内容。

（6）完成逐帧动画序列，重复第（4）步和第（5）步，直到创建完所需的动作。

（7）测试动画序列。

下面以两个具体实例介绍逐帧动画的制作方法：

【例14.1】草原上奔跑的豹子。

具体操作步骤如下：

（1）新建一个Animate文档，设置舞台大小为550像素 ×350像素。

（2）将图层1重命名为"背景"。选中第1帧，选择"文件"→"导入"→"导入到舞台"命令，将素材名为"背景1.jpg"的图片导入到舞台，如图1-14-4所示。修改图片大小为550像素 ×350像素，选择"窗口"→"对齐"命令，打开"对齐"面板后选中图片，分别单击▣、▣和▣按钮设置图片的对齐方式，如图1-14-5所示。

图1-14-4　导入图片　　　　　　　　图1-14-5　"对齐"面板

（3）在第8帧插入普通帧使得帧的内容延续，按🔒锁定"背景"图层。

（4）新建图层2，并将其重命名为"豹子"，选中第1帧，选择"文件"→"导入"→"导入到舞台"命令，将素材中名为"豹子1.png"的图片导入到舞台，此时会弹出一个对话框，如图1-14-6所示。单击"是"按钮将导入序列中所有的图形，Animate会自动按序以逐帧形式导入到舞台的左上角位置，如图1-14-7、图1-14-8所示。

图1-14-6　序列图片导入对话框

图1-14-7　导入序列中所有图形　　　　图1-14-8　导入图片初始位置

（5）依次调整第1～8帧图片的位置和角度。

（6）按【Ctrl+Enter】组合键，测试动画效果，如图1-14-9所示。

图 1-14-9　动画最终效果

14.3　形状补间动画

形状补间动画中，在一个时间点绘制一个形状，然后在另一个时间点更改该形状或绘制另一个形状，Animate 会对两者之间的帧的值或形状来创建动画。如果要对组、实例或位图图像应用形状补间，首先必须分离这些元素。

14.3.1　创建形状补间动画

创建形状补间动画有以下几种方法：

（1）创建动画的起始关键帧和末尾关键帧，选择需创建补间动画的起始关键帧，选择"插入"→"补间形状"命令。

（2）右击需创建动画的起始关键帧，在弹出的快捷菜单中选择"创建补间形状"命令。

在时间轴"形状补间动画"的起始帧上单击，帧属性面板会变成如图 1-14-10 所示。各项功能如下：

（1）"缓动"选项：右侧可填入具体的数值，形状补间动画会随之发生相应的变化。

在 1 ~ 100 的负值之间，动画运动的速度从慢到快，朝运动结束的方向加速度补间。 在 1 ~ 100 的正值之间，动画运动的速度从快到慢，朝运动结束的方向减慢补间。默认情况下，补间帧之间的变化速率是不变的。

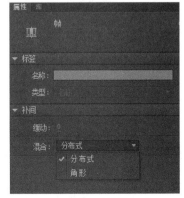

图 1-14-10　形状补间动画
"属性"面板

（2）"混合"选项：其中有两项供选择。

● "角形"选项：创建的动画中间形状会保留有明显的角和直线，适合于具有锐化转角和直线的混合形状。

- "分布式"选项：创建的动画中间形状比较平滑和不规则。

下面以一个简单实例介绍形状补间动画的创建方法。

【例14.2】美女变脸。

具体操作步骤如下：

（1）新建一个Animate文档，设置舞台大小为350像素×350像素。

（2）将图层1重命名为"背景"，选择"文件"→"导入"→"导入到舞台"命令，将素材中的"背景2.jpg"导入。

（3）选择"文件"→"导入"→"导入到库"命令，将准备好的5个对象导入，如图1-14-11所示。

（4）选择"插入"→"新建元件"命令，建立名为"1"的图形元件，把图片1从库中拖出，在属性面版中将"1"的尺寸改为128像素×128像素，打开"对齐"面板，分别水平、垂直居中对齐。

（5）用同样的方法建立同样大小的图形元件2、3、4、5。

（6）回到场景1，新建图层2并重命名为"人物"，选择第1帧，将元件1拖入舞台，打开"对齐"面板，分别水平、垂直居中对齐。重复按【Ctrl+B】组合键，将元件1打散。

（7）在第10帧插入关键帧，第20帧插入一个空白关键帧，在第20帧处将元件2拖入舞台，打开"对齐"面板，分别水平、垂直居中对齐。重复按【Ctrl+B】组合键，将元件2打散。

（8）在第30帧插入关键帧，第40帧插入一个空白关键帧，在第40帧将元件3拖入舞台，打开对齐面板，分别水平、垂直居中对齐。重复按【Ctrl+B】组合键，将元件3图片打散。

（9）重复上面2个步骤，直到将所有元件放入舞台并打散。

（10）右击第10帧，在弹出的快捷菜单中选择"创建补间形状"命令，按照同样的方法在第30、50、70帧分别设置补间形状，如图1-14-12所示。

图1-14-12　生成形状补间动画

（11）按【Ctrl+Enter】组合键，测试动画效果，如图1-14-13所示。

图1-14-13　动画最终效果

14.3.2　制作颜色渐变动画

颜色渐变动画的制作方法与形状补间动画类似。下面以一个简单实例介绍颜色渐变动画的创建方法。

【例 14.3】色彩变化的彩球。

具体操作步骤如下：

（1）新建一个 Animate 文档，设置舞台大小为 550 像素 × 350 像素，将背景色设置为黑色。

（2）将图层 1 重命名"彩球"，在第一帧使用椭圆工具绘制 10 个不同填充色、大小不一的圆，如图 1-14-14 所示。

（3）在第 10 帧插入关键帧，并逐个改变这 10 个圆的填充色。

（4）在第 20、30 帧插入关键帧，按照同样的方法将 10 个圆填充为其他颜色。

（5）选择第 1 帧，在弹出的快捷菜单中选择创建补间形状，按照同样的方法在第 10、20、30 帧分别将补间设置为"形状"，如图 1-14-15 所示。

图 1-14-14　绘制彩球

图 1-14-15　生成形状补间动画

（6）按【Ctrl+Enter】组合键，测试动画效果。

14.3.3　添加形状提示创建动画

要控制更加复杂或罕见的形状变化，可以使用形状提示。形状提示会标识起始形状和结束形状中的相对应的点。

形状提示包含字母（a ~ z），用于识别起始形状和结束形状中相对应的点。最多可以使用 26 个形状提示。起始关键帧上的形状提示是黄色的，结束关键帧的形状提示是绿色的，当不在一条曲线上时为红色。使用形状提示创建动画的步骤如下：

（1）选择补间形状序列中的第一个关键帧。

（2）选择"修改"→"形状"→"添加形状提示"命令。

（3）起始形状提示会在该形状的某处显示为一个带有字母 a 的红色圆圈。

（4）将形状提示移动到要标记的点。

（5）选择补间序列中的最后一个关键帧。

（6）结束形状提示会在该形状的某处显示为一个带有字母 a 的绿色圆圈。

（7）将形状提示移动到结束形状中与标记的第一点对应的点。

（8）测试效果，若不符合要求移动形状提示，对补间进行微调。

重复这个过程，添加其他的形状提示。此时，将出现新的提示，所带的字母紧接之前字母的顺序（b、c 等）。

下面在舞台中画两个矩形，让它们同时变形，一个加形状提示，一个不加形状提示，看一下这两个变形有何不同。

【例 14.4】矩形大变身。

具体操作步骤如下：

（1）新建 Animate 文档，设置舞台大小为 500 像素 × 350 像素，将图层 1 重命名为"添加形状提示"。

（2）在第 1 帧舞台左边绘制一边框为黑色、笔触高度为 3.5、填充为黄色的矩形。

（3）在图层"添加形状提示"第 25 帧插入一空白关键帧，绘制一边框为黑色、笔触高度为 3.5、填充为红色的圆。

（4）单击 按钮新建图层 2，将图层 2 重命名为"未添加形状提示"。按照同样的方法分别在第 1 帧和 25 帧绘制矩形和圆形，如图 1-14-16、图 1-14-17 所示。

图 1-14-16　不同图层的两个矩形

图 1-14-17　不同图层的两个圆形

（5）分别选择图层"添加形状提示"和图层"未添加形状提示"的第 1 帧，右击创建补间形状。

（6）选择图层"未添加形状提示"的按钮 ，将图层"未添加形状提示"上的对象设置为隐藏，如图 1-14-18 所示。

图 1-14-18　设置隐藏

（7）选择图层"添加形状提示"中的矩形，选择"修改"→"形状"→"添加形状提示"命令，如图 1-14-19 所示。此时，在矩形中心出现形状提示：一个标注"a"的红色圆圈，如图 1-14-20 所示。

图 1-14-19　添加形状提示菜单

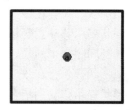

图 1-14-20　添加第一个形状提示

（8）将光标移动到形状提示上，当光标变为 形状时，拖动鼠标直至将形状提示拖到矩形左上角顶点。选择第 25 帧，按照同样的方法将形状提示移动到圆的正上方，此时第一帧矩形上的红色小圆圈变为黄色小圆圈，第 25 帧圆上的红色小圆圈变为绿色小圆圈，如图 1-14-21 所示。

图 1-14-21　改变形状提示位置

（9）用同样的方法为矩形添加其他 3 个形状提示并调整位置。

（10）单击图层"未添加形状提示"上的按钮✖，将图层"未添加形状提示"设置为显示状态。

（11）按【Ctrl+Enter】组合键，测试动画效果，比较添加形状提示和未添加形状提示的动画效果的不同之处。

14.4　传统补间动画

传统补间动画也是 Animate 中非常重要的表现手段之一，与形状补间动画不同的是，传统补间动画的对象必须是元件或成组对象。运用传统补间动画，可以设置元件的大小、位置、颜色、透明度、旋转等属性的动画。

构成传统补间动画的元素是元件，包括影片剪辑、图形元件、按钮等，除了元件，其他元素包括文本都不能创建传统补间动画。

创建传统补间动画有以下几种方法：

（1）创建动画的起始关键帧和末尾关键帧，选择需创建补间动画的起始关键帧，选择"插入"→"传统补间"命令。

（2）右击需创建动画的起始关键帧，在弹出的快捷菜单中选择"创建传统补间"命令。

在时间轴"传统补间动画"的起始帧上单击，帧属性面板会变成如图 1-14-22 所示。各项功能如下：

图 1-14-22　传统补间动画属性面板

（1）"缓动"选项：传统补间动画的默认行为是在整个动画过程中匀速前进。动画运动瞬间从 0 升至某一速度，缓动动画可以实现使动画缓慢加速的效果。通过添加缓动值，可以让补间动画的开始或结束舒缓地过渡。

在 1～−100 的负值之间，动画运动的速度从慢到快，朝运动结束的方向加速补间。在 1～100 的正值之间，动画运动的速度从快到慢，朝运动结束的方向减慢补间。默认情况下，补间帧之间的变化速率是不变的。

（2）"旋转"选项：有 4 个选择，选择"无"（默认设置）禁止元件旋转；选择"自动"可以使元件在需要最小动作的方向上旋转对象一次；选择"顺时针"或"逆时针"，并在后面输入数字，可使元件在运动时顺时针或逆时针旋转相应的圈数。

（3）"调整到路径"：将补间元素的基线调整到运动路径，此项功能主要用于引导线运动。

（4）"同步"复选框：使图形元件实例的动画和主时间轴同步。

下面以一个简单实例介绍创建传统补间动画方法。

【例 14.5】制作篮球动画，效果如图 1-14-23 所示。

具体操作步骤如下：

（1）启动 Animate CC 软件，打开"制作篮球动画源文件 .fla"文件。

（2）按【Ctrl+F8】组合键，创建一个名为"篮球运动"的影片剪辑元件，如图 1-14-24 所示。

（3）进入"篮球运动"影片剪辑元件，在"库"面板中，将元件 1 图形元件拖入到舞台中，并利用"对齐"面板设置该图形元件"水平中齐"。在属性面板中，将"色彩效果"组中的样式设置为 Alpha 值 15%，如图 1-14-25 所示。

图 1-14-23 篮球动画效果图

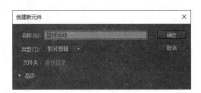

图 1-14-24 创建新元件

（4）新建图层 2，将元件 2 图形元件拖入到舞台中，在变形面板中设置缩放宽度和缩放高度值为 50%；单击"对齐"面板中的"水平中齐"按钮，调整元件 2 图形元件的水平位置，然后适当调整其垂直位置。

（5）在图层 1 和图层 2 的第 25 帧处插入关键帧。在图层 1 和图层 2 的第 10 帧处插入关键帧，选中元件 1 图形元件，在属性面板中将 Alpha 的设置为 80%，然后选中元件 2 的图形元件，将其垂直向下进行移动，如图 1-14-26 所示 .

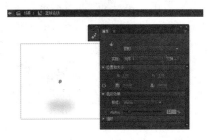

图 1-14-25 设置样式 Alpha 的值为 15%

图 1-14-26 设置关键帧动画

（6）在图层 2 的第 13 帧处插入关键帧，选中元件 2 图形元件，在变形面板中将缩放高度设置为 35%，然后垂直调整其位置。在图层 2 的第 17 帧处插入关键帧，选中图形元件，在变形面板中将缩放高度设置为 50%，然后垂直调整其位置。在图层 1 的第 15 帧处插入关键。在两个图层中的关键帧之间都创建传统补间动画，如图 1-14-27 所示。

（7）返回场景 1，新建图层 2，将"篮球运动"的影片剪辑元件拖入到舞台中，并调整其位置。选中"篮球运动"影片剪辑元件，按【Ctrl+C】和【Ctrl+V】组合键，对齐进行复制并粘贴，选中复制的对象，在变形面板中，将缩放宽度和缩放高度设置为 200%，然后调整其位置，最终效果如图 1-14-28 所示。

图 1-14-27 创建传统补间动画

图 1-14-28 最终效果图

【例 14.6】制作高速旋转的风轮。

具体操作步骤如下：

（1）新建一个 Animate 文件，设置舞台背景颜色为白色，帧频 12 帧 /s。

（2）新建一个名为"风轮"的图形元件，利用两个椭圆相切的办法生成一个半月牙形，利用任意变形工具，将中心点设置到底端的一角，如图 1-14-29 所示。

（3）打开"窗口"→"变形"面板，设置旋转角度为 30°，然后单击右下角的"重置选区和变形"按钮，生成一片风轮形状，如图 1-14-30 所示。

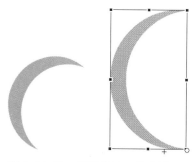

图 1-14-29　月牙形的一片叶子　　　　　　　　图 1-14-30　风轮

（4）返回场景 1，在第 1 帧处拖入"风轮"元件，按【F6】键在第 60 帧插入关键帧，设置第 1 帧的传统补间动画，效果如图 1-14-31 所示。

（5）新建一个图层，复制图层 1 中的图形，将其粘贴到图层 2 中，并对图层 2 中的图形进行变形，如图 1-14-32 所示。

图 1-14-31　创建传统补间动画　　　　　图 1-14-32　高速旋转的风轮效果图

（6）选中图层 2 中的图形，旋转 180°，设置成传统补间动画。在面板属性中选择"旋转"，将图层 1 设置成"顺时针"，将图层 2 设置成"逆时针"。反之，则相反。最后完成高速旋转的风轮的制作。

14.5　补 间 动 画

补间动画与传统补间动画类似，使用补间动画可以设置运动对象的属性，如位置、颜色、大小等变化，还可以进行曲线运动。但是，补间动画是通过属性关键帧来定义属性的，并因为不同的属性关键帧所设置的对象属性不同而产生不同的动画。

制作补间动画的主要步骤如下：

（1）新建一个图层，向第一个关键帧添加元件，右击该帧，在弹出的快捷菜单中选择"创建补间动画"命令。

（2）选择后面某个帧，按【F6】键添加属性关键帧（黑色菱形）。

（3）修改属性关键帧处元件的属性，如位置、颜色、倾斜等。舞台中 2 个关键帧的对象之间将产生运动路径。

（4）使用编辑工具修改运动路径。

【例 14.7】利用补间动画创建气球上升效果。

具体操作步骤如下：

（1）打开 Animate 文档"气球 .fla"，新建图层"气球"，将库中的图形元件"气球"移入舞台下方，并修改其大小，在起始关键帧上右击，选择"创建补间动画"命令。

（2）在第 40 帧处按【F6】键插入属性关键帧（属性关键帧的图形为黑色菱形），并用移动工具将气球往左上移动，舞台中将出现一条路径。接着在第 75 帧处按【F6】键插入属性关键帧，并用移动工具将气球往另一个方向向上移动，在第 100 帧处按【F6】键插入属性关键帧，并用移动工具将气球拖出舞台，如图 1-14-33 所示。

（3）使用选择工具或部分选取工具将路径变光滑，如图 1-14-34 所示。此时时间轴面板显示如图 1-14-35 所示。

图 1-14-33　添加属性关键帧的原始路径　　　图 1-14-34　编辑后的气球运动路径

图 1-14-35　补间动画时间轴面板

（4）按【Ctrl+Enter】组合键测试动画。

从上面的实例中，可以总结出传统补间动画与补间动画之间的差异：

（1）一个传统补间动画有起始关键帧和结束关键帧，而补间动画只有一个起始关键帧，后面都是属性关键帧。

（2）传统补间动画起始关键帧和结束关键帧中的对象可以不同，而补间动画在整个补间范围内只能是同一个运动对象。

（3）传统补间动画的运动路线是直线，而补间动画可以是曲线运动。

（4）在同一个图层中可以有多个传统补间动画或补间动画，但是同一图层中不能同时出现2 种补间类型。

（5）补间动画和传统补间动画都只允许对特定类型的对象进行补间。若应用补间动画，则在创建补间时会将所有不允许的对象类型转换为影片剪辑元件；而应用传统补间动画时会将这些对象类型转换为图形元件。

14.6 应 用 举 例

【案例】本案例利用 Animate CC 制作完成蝙蝠在月夜里飞翔的效果，如图 1-14-36 所示。

【设计思路】添加背景、绘制月亮、绘制蝙蝠、创建动画。

【设计目标】通过本案例，掌握设置舞台场景、绘制图形、填充和变形工具、传统补间动画等操作。

图 1-14-36　蝙蝠在月夜里飞翔效果图

【操作步骤】

（1）新建 Animate 文件，将图层 1 命名为"背景"。

（2）选中矩形工具，在"颜色"面板中将填充设为由深蓝到黑色的线性渐变。用渐变变形工具调整渐变为由下至上从蓝到黑，如图 1-14-37 所示。

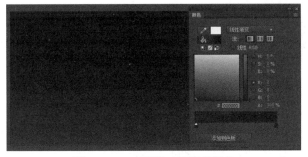

图 1-14-37　矩形工具填充颜色

（3）选中矩形，在"对齐"面板中选中"与舞台对齐"复选框，再在匹配大小区域中单击"匹配高和宽"，最后单击"垂直中齐"和"水平中齐"。这样矩形就铺满了整个画布，如图 1-14-38 所示。

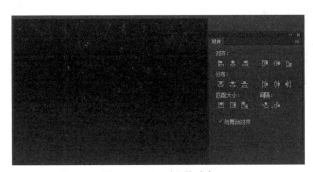

图 1-14-38　矩形对齐

（4）新建一个图层，命名为 moon，选择椭圆工具，按住【Shift】键画出一个正圆。在颜色面板中将填充设为由黄色（透明度 100%）到白色（透明度 0%）的渐变，类型为"径向渐变"，注意渐变条上黄色色块的位置。用渐变变形工具调整渐变到如下大小，形成带着光晕的月亮，如图 1-14-39 所示。

（5）画蝙蝠。按【Ctrl+F8】组合键新建一个元件，命名为 bat，用椭圆工具画一个黑色的正圆，如图 1-14-40 所示。

（6）画耳朵。先用钢笔工具画一个小三角形，钢笔工具在任意两点上单击就可以画出直线，如图 1-14-41 所示。

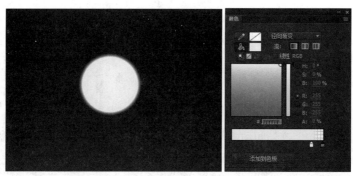

图 1-14-39　形成带光晕的月亮

图 1-14-40　画正圆　　　　　　　　　　图 1-14-41　画耳朵

（7）将三角形填充黑色，并用选择工具或部分选取工具调整到如图 1-14-42 所示的形状。

（8）按【Ctrl+D】组合键复制一个耳朵，选择"修改"→"变形"→"水平翻转"命令。调整两个耳朵的位置，将两个耳朵对齐后放在蝙蝠的头上，如图 1-14-43 所示。

图 1-14-42　左耳朵　　　　　　　　　　图 1-14-43　右耳朵

（9）画翅膀。用钢笔工具先画出如下直线轮廓，如图 1-14-44 所示。将翅膀填充黑色，并用选取工具调整到如图 1-14-45 所示的形状。

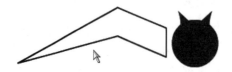

图 1-14-44　绘制翅膀　　　　　　　　　图 1-14-45　填充翅膀

（10）选中翅膀，按【F8】键转换为元件，命名为 wing。双击翅膀进入元件编辑界面，在前 4 帧上都按【F6】键插入关键帧，如图 1-14-46 所示。

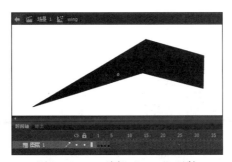

图 1-14-46　编辑"wing"元件

（11）选中第 2 帧，用任意变形工具将翅膀调整到向下折的形状，如图 1-14-47 所示；再选中第 4 帧，将翅膀调整到向上折的效果，如图 1-14-48 所示。

图 1-14-47　第 2 帧翅膀形状

图 1-14-48　第 4 帧翅膀形状

（12）在库面板中双击 bat 元件的预览图进入蝙蝠的编辑界面，将翅膀调整到合适的大小和位置。在库面板中再次将 wing 元件拖进来，选择"修改"→"变形"→"水平翻转"命令后放在另外一边，完成蝙蝠的绘制，如图 1-14-49 所示。

图 1-14-49　编辑蝙蝠 bat 元件

（13）回到"场景 1"，新建一个图层，命名为 bat，在第 100 帧处的 3 个图层都按【F5】键插入帧，使得 3 个图层全部都沿用到第 100 帧处。选择 moon 层，按【F6】键在第 20 帧处插入关键帧，拖动第 1 帧处的月亮到画布下方，然后创建第 1 帧至第 20 帧间的补间形状，如图 1-14-50 所示。

（14）选择 bat 层，在第 21 帧处插入关键帧，将 bat 元件拖进来，并调整到如图 1-14-51 所示的大小和位置。在第 35 帧处也插入关键帧。选择第 21 帧，将蝙蝠垂直拖放到画

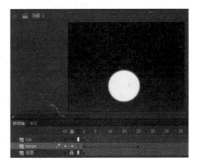

图 1-14-50　编辑 moon 图层

布以外，并用任意变形工具将蝙蝠拉大，创建第 21 帧至第 35 帧处的传统补间动画，完成蝙蝠飞入的动画，如图 1-14-52 所示。

图 1-14-51 蝙蝠终点位置

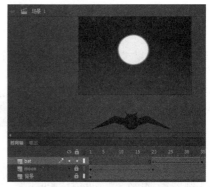

图 1-14-52 蝙蝠起始点位置

（15）在第 45 和 60 帧处分别再插入关键帧。选择第 60 帧，用任意变形工具将蝙蝠缩小到几乎看不见为止，代表蝙蝠越飞越远。创建第 45 帧至第 60 帧间的传统补间动画，如图 1-14-53 所示。

（16）在第 61 帧处按【F7】键插入一个空白关键帧，代表蝙蝠完全消失。右击第 60 帧，选择"复制帧"命令，在第 70 帧和 90 帧处分别再右击，选择"粘贴帧"命令，使得第 70 帧和第 90 帧处的图像跟第 60 帧的图像相一致。选择第 90 帧，将蝙蝠拖到画布以外的位置，并用任意变形工具将蝙蝠拉大，完成蝙蝠飞出的动画。创建第 70 帧和第 90 帧之间的传统补间动画，如图 1-14-54 所示。

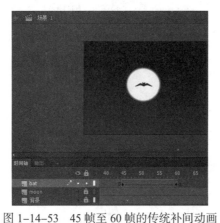

图 1-14-53 45 帧至 60 帧的传统补间动画

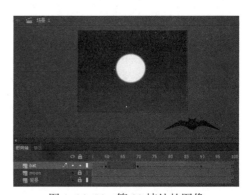

图 1-14-54 第 90 帧处的图像

（17）按【Ctrl+Enter】组合键，测试动画。

第 *15* 章
制作图层特效动画

本章导读

　　学习 Animate 不能局限于前面所讲的简单动画的制作方法，本章将介绍 Animate 中特殊动画的制作方法，主要包括引导动画和遮罩动画的制作。从制作原理上来说，它们都是由第 14 章所讲的几种基本动画演变而来的。但是，这两种动画都需要由至少两个图层共同构成，因此制作方法相对基本动画而言比较复杂。使用引导动画可以使对象沿设置的路径运动；使用遮罩动画可以制作不同的画面显示效果。

学习目标

　　◎掌握引导动画的制作方法。
　　◎掌握遮罩动画的制作方法。

学习重点

　　◎引导动画的制作方法。
　　◎遮罩动画的制作方法。

15.1　制作引导动画

　　Animate 提供了一种简便方法来实现对象沿着复杂路径移动的效果，这就是引导层。带引导层的动画又称轨迹动画。引导层可以实现如树叶飘落、小鸟飞翔、蝴蝶飞舞、星体运动、激光写字等效果的制作。

15.1.1　引导动画的制作原理

　　一个最基本的"引导动画"由两个图层组成，上面一层是引导层，图标为 ，下面一层是被引导层，图标为 ，同普通图层一样。引导层是用来指示元件运行路径的，所以引导层中的内容可以是用钢笔、铅笔、线条、椭圆工具、矩形工具或画笔工具等绘制出的线段。而被引导层中的对象是跟着引导线走的，可以使用影片剪辑、图形元件、按钮、文字等，但不能应用形状。

创建引导动画的方法有如下 2 种：

1. 利用菜单命令创建引导层

选取要创建引导层的图层，右击，在弹出的快捷菜单中选择"添加传统运动引导层"命令，即可在该图层上方创建一个空白的引导层，并与其建立链接关系，如图 1-15-1 所示。

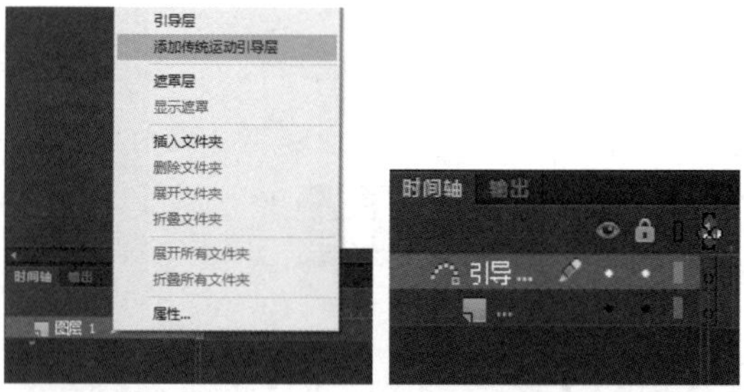

2. 将已知图层变为引导层

制作引导动画时，可以利用快捷菜单先创

图 1-15-1　利用菜单命令创建引导层

建空白引导层，然后在引导层中绘制引导路径，也可以在普通图层中绘制路径后再将该图层转换为引导层。将普通图层转换为引导层的具体操作步骤如下：

（1）双击要转换为引导层的图标🗒，打开"图层属性"对话框。

（2）在"类型"栏中选中 ⦿引导层(G) 单选按钮，单击 确定 按钮。此时图层图标由🗒 变为🗡，如图 1-15-2 所示。

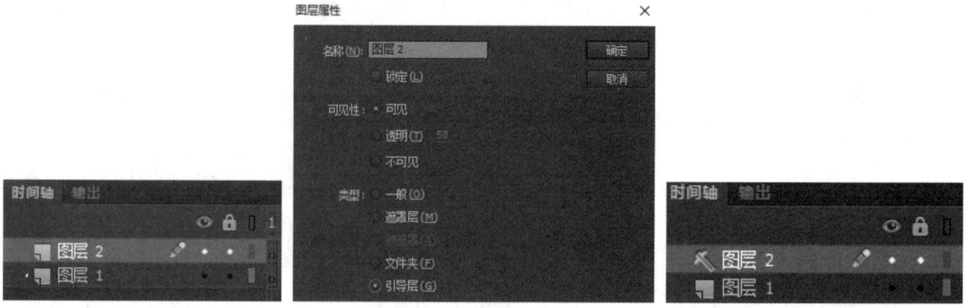

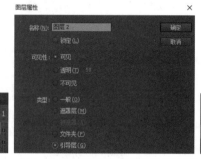

图 1-15-2　将已知图层变为引导层

（3）拖动引导层下面图层的位置到引导层的前面，然后再次拖动该图层到引导层的下方，即可在引导层与其下的图层之间创建链接关系，如图 1-15-3 所示。

在制作引导动画的过程中，如果制作过程不正确，将会造成创建引导动画失败，而使被引导的对象不能沿引导路径运动。下面将介绍在制作引导动画过程中应注意的几个方面：

（1）被引导层中的对象在被引导运动时，还可进行更细致的设置，比如运动方向，在"属性"面板上，选中"路径调整"

图 1-15-3　创建引导层的链接关系

复选框，对象的基线就会调整到运动路径。如果选中"对齐"复选框，元件的注册点就会与运动路径对齐。

（2）引导层中的内容在播放时是看不见的，利用这一特点，可以单独定义一个不含被引导层的引导层，该引导层中可以放置一些文字说明、元件位置参考等，此时，引导层的图标为🗡。

（3）在做引导路径动画时，按下工具箱中的"对齐对象"按钮🧲，可以使"对象附着于引导线"的操作更容易成功，拖动对象时，对象的中心会自动吸附到路径端点上。

（4）过于陡峭的引导线可能使引导动画失败，而平滑圆润的线段有利于引导动画成功制作。

（5）向被引导层中放入元件时，在动画开始和结束的关键帧上，一定要让元件的注册点对准线段的开始和结束的端点，否则无法引导。如果元件为不规则形，可以单击工具箱中的"任意变形工具" ，调整注册点。

（6）如果想解除引导，可以把被引导层拖离"引导层"，或在图层区的引导层上右击，在弹出的快捷菜单中选择"属性"命令，在打开的对话框中选择"正常"，作为正常图层类型。

15.1.2　引导动画制作的一般步骤

引导动画制作的一般步骤如下：

（1）在普通层中创建一个元件。

（2）选择"添加传统运动引导层"命令，在普通层上方新建一个引导层。

（3）在引导层中绘制引导路径，然后将引导层中的路径沿用到某一帧。

（4）在被引导层中将元件的中心控制点移动到路径的起始点。

（5）在被引导层的某一帧插入关键帧，并将元件移动到引导层中路径的最终点。

（6）在被引导层的两个关键帧之间创建传统补间动画，这时引导动画制作完成。

【例 15.1】制作一个"游动的小鱼"动画，练习引导动画的制作方法。最终效果如图 1-15-4 所示。

具体操作步骤如下：

（1）新建一个文件，将场景大小设为 550 像素 ×400 像素，背景颜色设置为蓝色，并将文档命名为"游动的小鱼"。

（2）选择"文件"→"导入"→"导入到舞台"令，导入"水"图片（见图 1-15-5），并将图层 1 命名为"背景"。

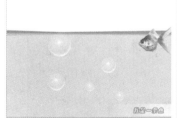

图 1-15-4　"游动的小鱼"最终效果　　　　　　图 1-15-5　导入图片到舞台

（3）按【Ctrl+F8】组合键，新建一个影片剪辑元件，并命名为"水泡"。

（4）在影片剪辑元件编辑区的图层 1 中绘制一个 30 像素 ×30 像素无边框的圆，填充颜色白色，然后在"颜色"面板中选择"径向渐变"，添加两个色标，颜色全为白色，Alpha 值从左向右依次为 100%、40%、10%、100%，如图 1-15-6 所示。选择"颜料桶工具"，在画好的圆的中心偏左上的地方单击，如果对填充的颜色不满意，可以用"渐变变形工具"进行调整。

（5）右击图层 1，在弹出的快捷菜单中选择"创建传统运动引导层"命令，在图层 1 的上方添加一个引导层，并绘制引导路径，在图层 1 的第 1 帧和第 60 帧之间创建传统补间动画，再将第 60 帧的对象移到引导路径的另一端，并将对象的 Alpha 改为 50%，如图 1-15-7 所示。

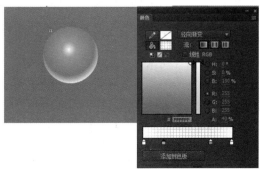

图 1-15-6　水泡（400%）

（6）按【Ctrl+F8】组合键，新建一个影片剪辑元件，并命名为"一组水泡"。在影片剪辑元件编辑区，将数个"水泡"影片剪辑元件从库中拖入场景中，任意改变大小和位置，如图 1-15-8 所示。

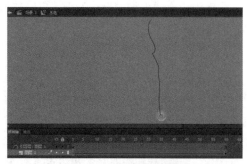

图 1-15-7　创建引导动画

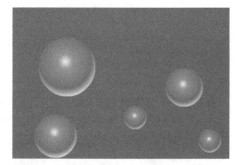

图 1-15-8　一组水泡

（7）单击场景左上方的 ![场景 1] 按钮，回到场景中，新建图层 2，并命名为"水泡"，将"一组水泡"影片剪辑元件拖入场景中，如图 1-15-9 所示。

（8）新建图层 3，并命名为"游鱼"，选择"文件"→"导入"→"导入到舞台"命令，导入"鱼"图片，并将"鱼"图片拖入场景的右边。

（9）为"游鱼"图层新建一个引导层，在引导层中绘制路径，作为鱼儿游动时的路径，如图 1-15-10 所示。在游鱼的第 1 和第 100 帧创建传统补间动画，再将第 100 帧的对象移到引导路径的另一端。

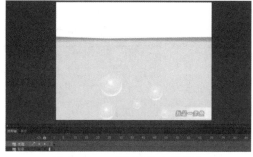

图 1-15-9　将元件拖入场景中

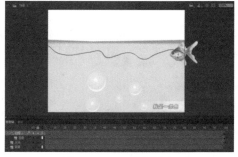

图 1-15-10　编辑游鱼

（10）按【Ctrl+Enter】组合键测试动画，最终效果如图 1-15-4 所示。

15.1.3　多层引导动画的制作

多层引导动画实际就是利用一个引导层同时引导多个被引导层中的对象。

在制作引导动画时，系统一般只对引导层下的一个图层建立链接关系，如果要使引导层能够引导多个图层，可通过拖移图层到引导层下方或更改图层属性的方法添加需要被引导的图层。在 Animate 中为引导层添加多个被引导层时，如果需要被引导的图层位于引导层上方，可以选取该图层，将其拖移至引导层下方，如图 1-15-11 所示。

图 1-15-11　拖移图层到引导层下方

【例 15.2】制作"星空文字"动画，效果图如图 1-15-12 所示。

具体操作步骤如下：

（1）新建一个 Animate 文件，将图层 1 更名为"背景"图层，将"星空背景"图片导入到舞台上，并利用"对齐"面板将图片与舞台相匹配。延长背景图层到第 80 帧。

（2）新建一个"星"的图形元件，利用文字工具，输入文字"星"，大小 60，隶书，白色。以同样的方法新建一个"空"的图形元件。

（3）返回场景 1，新建图层"星 100"，将"库"面板中的"星"图形元件拖动至舞台的左侧外围。

（4）为"星 100"图层添加传统运动引导层，在引导层中利用铅笔工具，在平滑模式下绘制一条运动轨迹线，并将"星 100"图层第 1 帧中的"星"图形元件的中心点放置在引导线的起始点。

（5）在"星 100"图层的第 50 帧处插入关键帧，并将"星"图形元件的中心点放置在引导线的终点，创建第 1～50 帧的传统补间动画，如图 1-15-13 所示。

图 1-15-12　星空文字效果图

图 1-15-13　创建传统补间动画

（6）在"图层"面板中选中"星 100"图层，单击面板下方的"新建图层"按钮，新建一个名为"星 90"的新图层（此时"星 90"图层也是被引导层），在该图层的第 3 帧处插入一个空白关键帧，将"星 100"图层中的第 1 帧至第 50 帧复制到"星 90"图层的第 3 帧至第 52 帧。将"星 90"图层的第 3 帧和第 52 帧中的"星"图形元件的透明度均设置为 90%，删除"星 90"图层第 53 帧及之后的所有帧。

（7）在"星 90"图层上的上方新建"星 80"图层，在该图层第 5 帧处插入一个空白关键帧，将"星 100"图层中的第 1 帧至第 50 帧复制到"星 80"图层的第 5 帧至第 54 帧，并将第 5 帧和第 54 帧中的"星"图形元件的透明度设为 80%，删除"星 80"图层第 55 帧及之后的所有帧。

（8）以同样的方法创建"星 70""星 60""星 50""星 40""星 30""星 20""星 10"图层，其中的"星"图形元件的透明度分别为 70%、60%、50%、40%、30%、20% 和 10%。完成的效果图如图 1-15-14 所示。

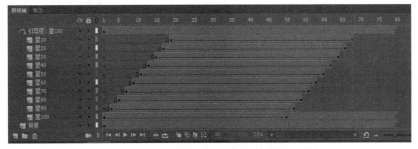

图 1-15-14　"星"字动画"时间轴"面板

（9）同理，制作"空"字的汇聚效果，整个动画制作完成后的"时间轴"面板如图1-15-15所示。

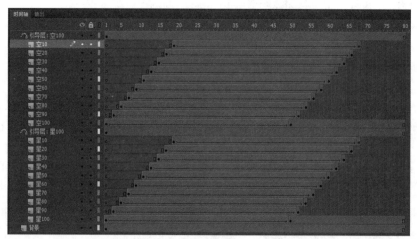

图1-15-15　时间轴面板效果图

15.2　制作遮罩动画

遮罩动画是Animate中的一个很重要的动画类型，很多效果丰富的动画都是通过遮罩动画来完成的。"遮罩"主要有2种用途：一种用途是在整个场景或一个特定区域，使场景外的对象或特定区域外的对象不可见；另一种用途是用来遮罩住某一元件的一部分，从而实现一些特殊的效果。

15.2.1　遮罩动画的制作原理

遮罩层是一个特殊的图层，能够透过该图层中的对象看到"被遮罩层"中的对象及其属性（包括它们的变形效果），但是遮罩层对象中的许多属性如渐变色、透明度、颜色和线条样式等却是被忽略的。

在Animate中没有一个专门的按钮来创建遮罩层，遮罩层其实是由普通图层转化的。只要在某个图层上右击，在弹出的快捷菜单中选择"遮罩层"命令，使命令的左边出现一个小勾，该图层就会生成遮罩层，层图标就会从普通层图标 变为遮罩层图标 ，系统会自动把遮罩层下面的一层关联为"被遮罩层"，在缩进的同时图标变为 ，如图1-15-16所示。

图1-15-16　创建遮罩层

15.2.2　遮罩动画的制作步骤

遮罩动画的制作步骤如下：

（1）创建一个图层或选取一个图层，在其中设置出现在遮罩中的对象。

（2）选取该图层，再单击图层区域的新建图层 按钮，在其上新建一个图层。

（3）在遮罩层上编辑图形、文字或元件的实例。

（4）选中要作为遮罩层的图层，右击，在弹出的快捷菜单中选择"遮罩层"命令。

（5）锁定遮罩层和被遮住的层，即可在 Animate 中显示遮罩效果。

【例 15.3】制作一个"图片切换"动画，练习遮罩动画的制作方法。最终效果如图 1-15-17 所示。

图 1-15-17　"图片切换"最终效果

具体操作步骤如下：

（1）新建一个 Animate 文档，设置场景大小为 300 像素 ×200 像素，背景色为黑色，并命名为"图片切换"。

（2）选择"文件"→"导入"→"导入到舞台"命令，导入"小男孩 1.jpg"图片，并适当调整其大小与位置，使其刚好覆盖整个舞台，如图 1-15-18 所示。单击 "图层 1"的第 30 帧，按【F5】键插入普通帧，然后锁定该图层。

图 1-15-18　导入图片 1 到舞台

（3）按【Ctrl+F8】组合键新建一个名为"五角星"的图形元件。

（4）用多角星形工具在场景中绘制一个没有边框的黄色五角星形。

（5）单击场景左上方的 场景1 按钮，新建图层 2，从"库"面板中将"五角星"图形元件拖入图层 2 中，并将图形元件移动至舞台中间，如图 1-15-19 所示。

图 1-15-19　拖放到舞台

（6）单击"图层 2"的第 30 帧，按【F6】键插入关键帧，在该帧中将五角星对象放大至整个舞台大小，使其完全覆盖图像，再在图层 2 的第 1 帧和第 30 帧的任意一帧上右击，在弹出的快捷菜单中选择"创建传统补间"命令，创建传统补间动画。然后，在"图层 2"上右击，在弹出的快捷菜单中选择"遮罩"命令，效果如图 1-15-20 所示。

（7）新建"图层 3"，并将其拖入到"图层 1"的下方，选择"文件"→"导入"→"导入到舞台"命令，导入"小男孩 2"图片，并适当调整其大小与位置，使其刚好覆盖第一副图像，如图 1-15-21 所示。

（8）单击图层 1 的第 31 帧，插入一个空白关键帧。选择"文件"→"导入"→"导入到舞台"命令，导入"小男孩 3"图片，并适当调整其大小与位置，使其与前两幅图片大小相同，如图 1-15-22 所示。在图层 1 的第 60 帧按【F5】键，插入普通帧。

图 1-15-20　创建遮罩层

（9）单击图层 2 的第 31 帧，插入一个空白关键帧，用矩形工具绘制一个没有边框的黑色矩形，将其置于第三幅图像的左边，如图 1-15-23 所示。然后，单击该图层的第 60 帧，继续插入一个空白关键帧，然后在该帧中绘制一个刚好将舞台完全覆盖的，没有边框的黑色矩形。

（10）单击图层 2 的第 31 帧～60 帧间的任意一帧，在弹出的快捷菜单中选择"创建补间形状"命令，添加形状补间；单击图层 2 的第 31 帧，选择两次"修改"→"形状"→"添加形状提示"命令，添加两个形状提示，然后

图 1-15-21　导入图片 2 到舞台

分别将其移动至矩形右侧的两个顶点上，单击第 60 帧，调整形状提示标记的位置，将其置于该帧中矩形对象左侧的两个顶点上，如图 1-15-24 所示。

图 1-15-22　导入图片 3 到舞台

图 1-15-23　绘制矩形

图 1-15-24　添加形状提示

（11）单击图层 1 的第 1 ~ 30 帧，将这两个帧间的所有帧选中，然后在选中的帧上右击，在弹出的快捷菜单中选择"复制帧"命令，再在图层 3 的第 31 帧上右击，在弹出的快捷菜单中选择"粘贴帧"命令，如图 1-15-25 所示。

图 1-15-25　最终的图层显示

（12）按【Ctrl+Enter】组合键测试动画，最终效果如图 1-15-17 所示。

15.2.3　多层遮罩动画的制作

多层遮罩动画实际就是利用一个遮罩层同时遮罩多个被遮罩层的遮罩动画。

一般在制作遮罩动画时，系统只对遮罩层下的一个图层建立遮罩关系，如果要使遮罩层能够遮罩多个图层，可通过拖移图层到遮罩层下方或更改图层属性的方法添加需要被遮罩的图层。在 Animate 中为遮罩层添加多个被遮罩层的方法主要有以下两种：

如果需要被遮罩的图层位于遮罩层上方，可以选取该图层，将其拖移至遮罩层下方，如图 1-15-26 所示。

如果需要添加的图层位于遮罩层下方，双击该图层上的图标，在打开的"图层属性"对话框中选中 被遮罩(A) 单选按钮即可。

图 1-15-26　拖动图层到遮罩层下方

【例 15.4】制作多层遮罩 - 古诗诵读效果。利用多层遮罩动画实现古诗诵读的效果，如图 1-15-27 所示。

具体操作步骤如下：

（1）打开"古诗诵读源文件.fla"文件，将图层 1 重命名为"背景图层"，导入"古诗背景"图片，利用"对齐"面板将背景图片与舞台大小、位置相匹配。

（2）新建图层"诗句背景"，在该层第 1 帧绘制一个白色矩形，并将"库"面板中的"荷花""荷叶"等图形元件拖动到舞台上，调整大小、方向和位置等，如图 1-15-28 所示。

（3）新建图形元件"诗句"，利用文本工具输入诗句，要求字体大小"30""黑色""隶书"，如图 1-15-29 所示。

图 1-15-27 拖动图层到遮罩层下方

图 1-15-28 "背景"和"诗句背景"图层内容

（4）返回场景 1，新建"诗句"图层，将"库"中的"诗句"图形元件拖至第 1 帧，并在第 80 帧处插入关键帧，分别设置第 1 帧和第 80 帧处的元件透明度分别为 0% 和 100%，创建第 1 帧至第 80 帧的传统补间动画。

（5）新建"蜻蜓"图层，将"库"中的"蜻蜓"影片剪辑元件拖至第 1 帧，创建补间动画，分别在第 40 帧和第 80 帧处插入属性关键帧，改变这两帧中"蜻蜓"元件的位置，并修改路径线，使得蜻蜓沿曲线慢慢飞到中间最高的一朵荷花上，如图 1-15-30 所示。

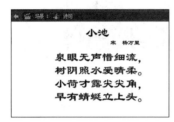

图 1-15-29 "诗句"图形元件

图 1-15-30 修改后的"蜻蜓"图形元件

（6）新建图形元件"卷轴"，如图 1-15-31 所示。绘制细长矩形，填充 #993300 到 #CCFF33 的从左到右的线性渐变。将这个矩形复制一个，调整宽度略宽、高度略短，填充色改为 #666666，放在渐变矩形的下面，制作出阴影效果。再绘制两个渐变色小矩形，分别放在上下两端。

（7）返回场景 1，新建图层"左卷轴"，将"库"中的卷轴图形元件拖至第 1 帧舞台中央，制作第 1 帧至第 80 帧的传统补间动画，实现卷轴从舞台中央水平移动到舞台左侧的运动效果；新建图层"右卷轴"，同理制作第 1 帧至第 80 帧的传统补间动画，实现右卷轴从舞台中央水平移动到舞台右侧的运动效果。

（8）新建图层"矩形"，将该图层拖至"左卷轴"和"右卷轴"图层之下，其他图层之上，在该图层的第 1 帧两个卷轴之间的位置绘制一个细条矩形，颜色任意，如图 1-15-32 所示。

（9）在"矩形"图层的第 80 帧处插入关键帧，利用任意变形工具，改变矩形大小，大小与舞台上的白色矩形大小一致，创建第 1 帧至第 80 帧的形状补间动画，如图 1-15-33 所示。

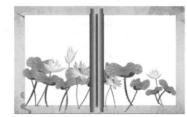

图 1-15-31 "卷轴"元件　　图 1-15-32 起始时刻的矩形

图 1-15-33 结束时刻的矩形

（10）在时间轴面板，右击"矩形"图层，在弹出的快捷菜单中选择遮罩层命令，将"矩形"图层设置为遮罩层，分别将"诗句""诗句背景""蜻蜓"图层设置为"被遮罩层"，同时锁定所有遮罩层和被遮罩层，延长所有图层到第 100 帧，完成后的"时间轴"面板如图 1-15-34 所示。

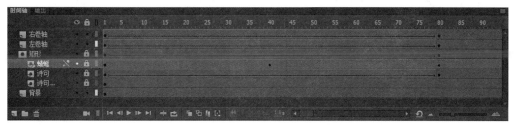

图 1-15-34　完成后的"时间轴"面板

15.3　应 用 举 例

【案例 1】花飘落。制作一个"花漂亮"的引导动画案例，效果如图 1-15-35 所示。

【设计思路】添加背景、制作元件、创建引导动画。

【设计目标】通过本案例，掌握设置舞台场景、导入素材、插入图层、制作元件、制作引导动画等操作。

【操作步骤】

（1）新建一个 Animate 文档，设置场景大小为 550 像素 ×400 像素，背景色为黑色，并命名为"花飘落"。

（2）选择"文件"→"导入"→"导入到舞台"命令，导入"花 .jpg"图片，并适当调整其大小与位置，使其刚好覆盖整个舞台，如图 1-15-36 所示。

（3）选择"文件"→"导入"→"导入到库"命令，导入"小花 .jpg"图片，将位图"小花"导入到库中。

（4）按【Ctrl+F8】组合键新建一个名为"hua"的图形元件，并将"小花 .jpg"位图拖入场景中，如图 1-15-37 所示。

图 1-15-35　"花飘落"最终效果　　图 1-15-36　导入图片 1 到舞台　　图 1-15-37 导入图片 2 到舞台

（5）选中"小花 .jpg"，按【Ctrl+B】组合键将其打散，并选择魔术棒工具，选择图片的白色区域，并按【Delete】键将其删除，如图 1-15-38 所示。

（6）按【Ctrl+F8】组合键新建一个名为 hua1 影片的剪辑元件。

（7）在影片剪辑元件编辑区的图层 1 中拖入 hua 图形元件，右击图层 1，选择"创建传统运动引导层"命令，在图层 1 的上方添加一个引导层，并绘制引导路径，在图层 1 的第 1 帧和第 40 帧创建传统补间动画，再将第 40 帧的对象移到引导路径的另一端，如图 1-15-39 所示。

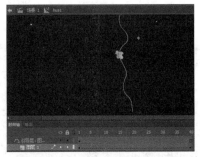

图 1-15-38　编辑图片 2　　　　　　　　图 1-15-39　创建引导动画

（8）按【Ctrl+F8】组合键新建一个名为 hua2 的影片剪辑元件。在影片剪辑元件编辑区的图层 1 中拖入 3 个 hua1 影片剪辑元件，在第 40 帧插入普通帧。

（9）新建图层 2，在第 9 帧处插入关键帧，拖入 3 个 hua1 影片剪辑元件，在第 48 帧插入普通帧。

（10）新建图层 3，在第 16 帧处插入关键帧，拖入 3 个 hua1 影片剪辑元件，在第 56 帧插入普通帧，如图 1-15-40 所示。

（11）单击场景左上方的 ▦ 场景 1 按钮，回到场景中，新建图层 2，并命名为"花飘落"，将 5 个 hua2 影片剪辑元件拖入场景中的不同位置进行缩放、旋转，如图 1-15-41 所示。

图 1-15-40　拖入元件 hua1　　　　　　　图 1-15-41　拖入元件 hua2

（12）按【Ctrl+Enter】组合键测试动画，最终效果如图 1-15-35 所示。

【案例 2】水中倒影。本案例制作的是一个水中倒影的动画，最终效果如图 1-15-42 所示。

【设计思路】制作倒影、制作元件、遮罩动画。

【设计目标】通过本案例，掌握制作倒影效果、制作元件、制作遮罩动画等操作。

【操作步骤】

（1）新建一个 Animate 文档，设置场景大小为 550 像素 ×400 像素，背景色为黑色，并命令为"水中倒影"。

（2）选择"文件"→"导入"→"导入到舞台"命

图 1-15-42　"水中倒影"最终效果

令，导入"房子 .jpg"图片，并调整其大小为 550 像素 ×250 像素，使其覆盖舞台的上半部分，如图 1-15-43 所示。

（3）选中房子图片，按【F8】键打开"转换为元件"对话框，将其转换为图形元件"水中倒影"，将"图层 1"的名称改为"房子"，选中房子图片，按【Ctrl+C】组合键将其复制。

（4）在"房子"层上新建一个图层，双击图层名称，将其改为"房子倒影"，按【Ctrl+Shift+V】组合键，将房子图片在原来的位置上粘贴。

（5）选中复制的房子图片，依次选择"修改"→"变形"→"垂直翻转"命令，将图片垂直翻转，用鼠标将其拖动到原房子图片的下方。

（6）单击工具箱中的任意变形工具，在房子倒影图片上显示变形控制点，将鼠标指针移到下方中央的控制点上，按住【Alt】键的同时，向上拖动鼠标，以保持图片上底边位置不变，减小图片的高度，如图 1-15-44 所示。

图 1-15-43　导入图片 1 到舞台　　　　图 1-15-44　新建房子倒影图层

（7）选中房子倒影图片，按【Ctrl+C】组合键将其复制。

（8）在"房子倒影"层上新建一个图层，双击图层名称，将其改为"被遮罩的房子倒影"，按【Ctrl+Shift+V】组合键，将房子倒影图片在原来的位置上粘贴。

（9）单击被遮罩房子倒影图片，用方向键向下向左分别移动 2 个像素，如图 1-15-45 所示。

图 1-15-45　新建被遮罩的房子倒影图层

（10）按【Ctrl+F8】组合键新建一个名为"水波"的图形元件。

（11）单击"绘图"工具栏上的"椭圆工具"按钮，在"属性"面板上，设置"笔触颜色"为无颜色，"填充色"为白色，在舞台上绘制一个大的椭圆图形，如图 1-15-46 所示。

（12）选中椭圆图形，依次选择"窗口"→"变形"命令，弹出"变形"面板，在这里设置水平缩放和垂直缩放都为 90%，单击"拷贝并应用变形"按钮，复制出一个较小的椭圆。在属性面板上，设置"填充色"为橙色，为小椭圆填充橙色，如图 1–15–47 所示。

图 1–15–46　绘制椭圆

图 1–15–47　制作圆环

（13）在舞台的空白区域单击，取消对小椭圆的选中状态，再次选中橙色椭圆，按【Delete】键将其删除，使大椭圆图形变成圆环形状。

（14）选中椭圆环图形，在"变形"面板中，设置水平缩放和垂直缩放均为 80%，单击"拷贝并应用变形"按钮 7 次，复制出 7 个较小的椭圆环，如图 1–15–48 所示。

（15）单击场景左上方的 场景 1 按钮，回到场景中，在"被遮罩的房子倒影"图层上新建一个图层，双击图层名称，将其改为"水波"。

（16）将"水波"图形元件放在舞台的中间，

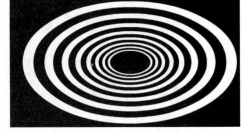

图 1–15–48　复制圆环

如图 1–15–49 所示。单击"水波"图层的第 60 帧，按【F6】键新建一个关键帧，在该帧中将"水波"图形元件拖到房子倒影图形的下方，在该图层的第 1 帧和第 60 帧创建传统补间动画，如图 1–15–50 所示。

图 1–15–49　拖入场景

图 1–15–50　创建传统补间动画

（17）分别单击"被遮罩的房子倒影""房子倒影""房子"图层的第 60 帧，按【F5】键延长帧。在"水波"图层上右击，选择"遮罩层"命令，将该图层设置为遮罩层，其下层的"被遮罩的房子倒影"图层自动设置为被遮罩层，如图 1–15–51 所示。

（18）按【Ctrl+ F8】组合键新建一个名为"水面"的图形元件。

（19）单击"绘图"工具栏上的"矩形工具"按钮，在属性面板，设置"笔触颜色"为无，绘制一个蓝、黑渐变的无框矩形，其高度恰好能覆盖房子倒影图形。

（20）选中该矩形，用"渐变变形工具"按钮，使矩形的填充为上蓝下黑。

（21）选中该矩形，在"属性"面板，设置"颜色样式"为 Alpha，Alpha 值为 30%，如图 1–15–52 所示。

图 1-15-51　创建遮罩动画

图 1-15-52　绘制矩形

（22）单击场景左上方的 场景 1 按钮，回到场景中，在"水波"图层上新建一个图层，双击图层名称，将其改为"水波效果"，将"水面"图形元件拖入场景中，如图 1-15-53 所示。

图 1-15-53　拖入场景

（23）按【Ctrl+Enter】组合键测试动画，最终效果如图 1-15-42 所示。

第16章
合成声音

本章导读

音效和音乐，对于任何一个 Animate 动画都是非常重要的，几乎所有出色的动画，其所挑选的音乐都是精选的，甚至有很多 Animate 的音效都是由专门人士特意制作的，可见一个 Animate 的好坏有一大部分因素涉及音乐挑选的好坏。在 Animate 中，不论是对声音文件的编辑还是对声音输出的压缩都提高了，而对声音的编辑更成为 Animate 动画制作不可缺少的一个重要组成部分。

学习目标

◎ 熟悉 Animate 支持的音频文件。
◎ 熟练掌握为动画添加声音的方法。
◎ 独立完成制作出完整的 Animate 动画作品。

学习重点

◎ 声音的添加。
◎ 声音的编辑。

 16.1 添 加 声 音

在制作动画时，常需要为故事动画添加声音，为 MTV 和动态按钮添加音乐等。声音有传递信息的作用，为 Animate 动画添加恰当的声音，可以使 Animate 作品更加完整。下面将介绍在 Animate 动画中添加声音的方法。

16.1.1　Animate 支持的声音格式

Animate 的声音分为事件声音和音频流两种。如果要把声音文件加入到 Animate 中，可以先将声音文件导入到当前文档的库。Animate 可以导入的声音文件格式很多，一般情况下，在 Animate 中可以直接导入 MP3 格式和 WAV 格式的声音文件。

1. MP3 格式

MP3 格式体积小，传输方便，音质较好。虽然采用 MP3 格式压缩音乐时对文件有一定的损坏，但由于其编码技术成熟，音质还是比较接近 CD 的水平。同样长度的音乐文件，用 MP3 格式存储比用 WAV 格式存储的体积小 1/10。现在的 Animate 音乐大都采用 MP3 格式。

2. WAV 格式

WAV 格式是 PC 标准声音格式。WAV 格式的声音直接保存声音数据，没有对其进行压缩，因此音质非常好。Windows 系统音乐都使用 WAV 格式，但是因为其数据没有进行压缩，所以体积相当庞大，占用的空间也就随之变大。但是，由于其音质很好，一些 Animate 动画的特殊音效也经常使用 WAV 格式。

> **注意**：除了 MP3 和 WAV 格式外，在 Animate 中还可以导入 ASF 和 WMV4 格式的声音文件。一般情况下，使用 AIFF 和 AU 格式声音文件的频率并不高。

16.1.2 在动画中添加声音

在 Animate 动画中添加声音，可以增强 Animate 作品的吸引力。Animate 本身没有制作音频的功能，但可以在制作动画过程中导入声音素材或用其他音频编辑工具录制一段声音文件后再将其加入到 Animate 作品中。

1. 为按钮添加声音

在制作交互动画时，经常会使用到按钮元件。在 Animate 中，可以为按钮的每种状态添加声音，从而制作出生动的动画效果。

【例 16.1】为"开始"按钮元件"指针经过"帧和"按下"帧添加声音。

具体操作步骤如下：

（1）打开"开始"按钮元件，并进入元件编辑区，如图 1–16–1 所示。

（2）选择"文件"→"导入"→"导入到库"命令，打开"导入到库"对话框。在该对话框中选择需要的声音文件 button1.wav、button2.wav，单击"打开"按钮导入声音文件。

（3）在"指针经过"帧"属性"面板的"声音"下拉列表框中选择要导入的声音文件 button1.wav，在"效果"下拉列表框中选择"淡入"选项，在"同步"下拉列表框中选择"事件"选项，即可给"指针经过"帧添加声音文件，如图 1–16–2 所示。

图 1–16–1 按钮元件编辑区

图 1–16–2 为"指针经过"帧添加声音文件

（4）用同样的方法为"按下"帧添加 button2.wav 声音文件。添加音频后的时间轴效果如图 1–16–3 所示。

（5）单击场景上方的 场景 图标回到舞台中。

（6）将"开始"按钮元件拖动到舞台中，按【Ctrl+Enter】组合键测试动画，当鼠标光标经过、按下按钮时，都会听见相应的声音效果。

图 1-16-3 为"按下"帧添加声音效果

2. 为关键帧添加声音

为关键帧添加特殊的声音或背景音乐后，播放动画到该帧时就会开始播放声音或音乐。

【例 16.2】为关键帧添加声音。

具体操作步骤如下：

（1）选取图层 1，单击图层区的"新建图层"按钮█新建图层 2 作为音频层，并命名为"音乐"。在"音乐"图层的第 20 帧上按【F6】键插入关键帧，作为音频播放的开始帧。

（2）选择"文件"→"导入"→"导入到库"命令，打开"导入到库"对话框，导入名为 water1.wav 的声音文件，如图 1-16-4 所示。

（3）在"音乐"图层"属性"面板的"声音"下拉列表框中选择需要的声音文件，这里选择 water1.wav。"效果"和"同步"下拉列表框保持默认选项，如图 1-16-5 所示。

图 1-16-4 "导入到库"对话框

图 1-16-5 选择声音文件

（4）添加声音文件后，"音乐"图层时间轴的效果如图 1-16-6 所示。

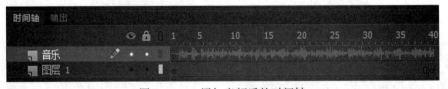

图 1-16-6 添加音频后的时间轴

注意： 导入到库中的声音文件都会出现在"属性"面板的"声音"下拉列表框中。从"库"面板中将声音文件拖放到时间轴的帧或场景中，也可以为当前帧添加声音。

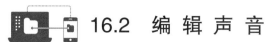 16.2 编 辑 声 音

在 Animate CC 中不但可使动画和一个音轨同步播放，也可使声音独立于时间轴连续播放。为了使音轨更加自然，还可以制作出声音淡入淡出的效果。

将声音导入到动画后，为了使其符合创作需求，可以将导入的声音进行编辑。可以在"属性"面板中编辑声音，也可以在"编辑封套"中编辑声音。

1. 在"属性"面板中编辑声音

在声音图层"属性"面板的"效果"下拉列表框中设置声音效果，如图 1-16-7 所示。

图 1-16-7 声音的"效果"下拉列表框

"效果"下拉列表框中各选项的含义如下：

（1）无：不使用任何效果。选择此选项将删除以前应用过的效果。

（2）左声道：只在左声道播放音频。

（3）右声道：只在右声道播放音频。

（4）向右淡出：声音从左声道传到右声道逐渐减小幅度。

（5）向左淡出：声音从右声道传到左声道逐渐减小幅度。

（6）淡入：会在声音的持续时间内逐渐增加其幅度。

（7）淡出：会在声音的持续时间内逐渐减小其幅度。

（8）自定义：选择此选项将打开"编辑封套"对话框编辑声音。

添加声音后，在"属性"面板的"同步"下拉列表框中包含 4 个选项，各选项的含义如下：

（1）事件：使声音与事件的发生同步开始。当动画播放到声音的开始关键帧时，音频事件开始独立于时间轴播放，即使动画停止，声音也会继续播放直到结束。

（2）开始：当声音正在播放时，可以有一个新的音频事件开始播放。

（3）停止：停止播放指定的声音。

（4）数据流：Animate 自动调整动画和音频，使它们同步，主要用于在互联网上播放流式音频。在输出动画时，流式音频混合在动画中一起输出。

在"重复"下拉列表框中包含 2 个选项，各选项含义如下：

（1）重复：控制导入的声音文件的播放次数，在其后面的数值框中可以输入重复播放的次数。

（2）循环：指让声音文件一直循环播放，不停止。

2. 在"编辑封套"对话框中编辑声音

如果要对声音进行比较精细的编辑，可以在"编辑封套"对话框中设置动画的音频效果。在"属性"的"效果"下拉列表框中选择"自定义"选项或单击其后的"编辑"按钮 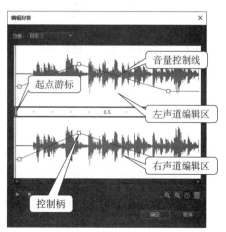，打开"编辑封套"对话框，如图 1-16-8 所示。

图 1-16-8 "编辑封套"对话框

注意：当控制柄和音量控制线位于最上方时，播放的声音音量最大；当控制柄和音量控制线位于最下方时，播放的声音音量为零。

"编辑封套"对话框中各部分的作用如下：

（1）起点游标和终点游标：调整其位置可定义音频开始和终止的位置。

（2）控制柄：上下调整控制柄，可以升高或降低音调。在左右声道编辑区中各有对应的控制柄，可以对左右声道进行独立调整。

（3）音量控制线：控制播放音量与声音的长短。

（4）"放大"按钮 🔍 和"缩小"按钮 🔍：缩放窗口内音频的显示大小。

（5）"秒"按钮 🕐 和"帧"按钮 📊：改变时间轴的单位。🕐 显示的单位为秒；📊 显示的单位为帧。

（6）"播放"按钮 ▶ 和"停止"按钮 ■：控制音频的播放，单击"播放"按钮 ▶ 可以测试效果，单击"停止"按钮 ■ 可以终止播放。

在"编辑封套"对话框中编辑"开始"按钮元件"按下"帧的声音。具体操作步骤如下：

（1）选择添加了声音的"按下"帧，在"属性"面板中单击"编辑"按钮，打开"编辑封套"对话框，在"效果"下拉列表框中选择"淡入"选项，使声音出现淡入效果，这时的"编辑封套"对话框如图 1–16–9 所示。

（2）在音频时间轴上拖动起点游标和终点游标改变音频的起点和终点，这里将起点游标拖到如图 1–16–10 所示的位置。

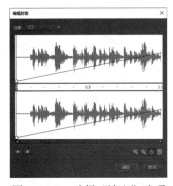

图 1–16–9 选择"淡入"选项

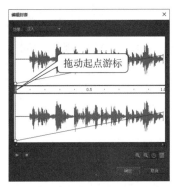

图 1–16–10 改变音频的起点游标

（3）用鼠标光标拖动控制柄，通过改变音量控制线的位置来编辑音量的大小与播放时间的长短，如图 1–16–11 所示。

（4）用鼠标光标拖动音量控制线上的控制柄调整声音的播放范围，这里需要单击音量控制线加入一个控制柄，如图 1–16–12 所示。

（5）在音频时间轴上拖动终点游标到音频的终点，如图 1–16–13 所示位置。完成声音的编辑后，单击"确定"按钮。

注意：默认情况下，音量控制线只在起始位置有控制柄，在音量控制线上单击可添加控制柄。系统最多添加 8 个控制柄。用鼠标光标将控柄向两边拖出声音波形区即可删除控制柄。

图 1-16-11　编辑音量与播放时间　图 1-16-12　调整声音播放范围　图 1-16-13　改变音频的终点游标

16.3　应　用　举　例

【案例】制作网站片头动画。

【设计思路】本例将为网站片头动画添加声音，最终效果如图 1-16-14 所示。本例先制作网站片头的动画，然后将所需的音乐文件导入到库中，并添加到动画中，再对其进行编辑，使声音与动画同步。

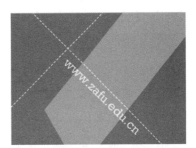

图 1-16-14　"网站片头"最终效果

【设计目标】掌握如何制作多场景动画，为片头动画添加声音。

【操作步骤】

（1）新建一个 Animate 文档，设置大小为 550 像素 ×400 像素，设置"背景颜色"为"红色"，并命名为"网站片头"。

（2）选择矩形工具，绘制一个无边框的黄色的矩形，并用任意变形工具将其倾斜，然后放在场景的右上方，如图 1-16-15 所示。

（3）在第 5 帧处插入关键帧，将矩形拖至场景右边，再在第 1 帧和第 5 帧之间创建传统补间动画，如图 1-16-16 所示。

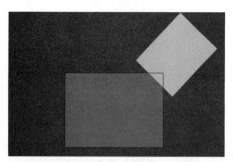
图 1-16-15 绘制矩形

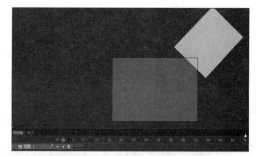
图 1-16-16 创建传统补间动画

（4）新建"图层 2"，并拖至"图层 1"下方，在第 5 帧处插入关键帧，并复制"图层 1"中第 5 帧的矩形，按【Shift+Ctrl+V】组合键粘贴到"图层 2"的第 5 帧场景中。

（5）在"图层 2"的时间轴上右击，在弹出的快捷菜单中选择"创建传统补间"命令，在第 8 帧和第 11 帧中插入关键帧，将第 8 帧的矩形适当放大，然后将其 Alpha 值设置为"29%"，如图 1-16-17 所示；再将第 11 帧的矩形适当放大，然后将其 Alpha 值设置为"0%"，如图 1-16-18 所示。

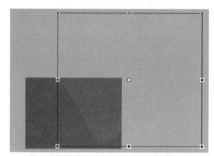
图 1-16-17 第 8 帧的矩形属性

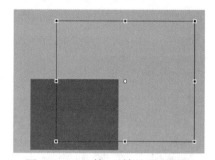
图 1-16-18 第 11 帧的矩形属性

（6）在"图层 1"的第 36 帧处插入关键帧，右击，在弹出的快捷菜单中选择"创建传统补间"命令，然后在第 39、42 和 45 帧处插入关键帧，并分别设置各关键帧的属性，如图 1-16-19 所示。然后，在第 45 帧处右击，在弹出的快捷菜单中选择"删除补间"命令，并在第 50 帧处插入普通帧，时间轴如图 1-16-20 所示。

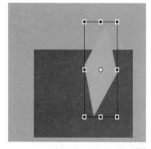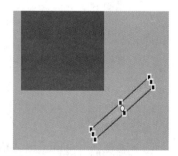
图 1-16-19 第 39、42 和 45 帧的矩形属性

图 1-16-20 时间轴

（7）将"图层 1"和"图层 2"锁定，在"图层 1"上新建"图层 3"，并命名为"文字"，然后在第 1 帧的场景右上方输入"[浙江农林大学]"，设置其格式为"黑体、黄色"，大小设置为"40"，并将它们倾斜，如图 1-16-21 所示。

（8）在第 24、26、28、30、32 和 34 帧处插入关键帧，时间轴如图 1-16-22 所示。

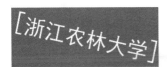

图 1-16-21 输入文本

图 1-16-22 时间轴

（9）将"文字"图层锁定，在"文字"图层上新建"图层 4"，并命名为"线"。在第 13 帧处插入关键帧，在场景左边用线条工具绘制一条斜线，并设置其属性为"虚线、黄色、3"，如图 1-16-23 所示。

（10）在第 16、47 和 50 帧处插入关键帧，然后在第 13 帧和第 16 帧，第 47 和第 50 帧之间创建传统补间动画，并将第 13 帧和第 50 帧中虚线的 Alpha 值设置为"0%"，时间轴如图 1-16-23 所示。

（11）将"线"图层锁定，在"线"图层上方新建图层 5，并命名为 www。在 18 帧处插入关键帧，在场景中绘制一条黄色虚线，并输入 WWW.ZAFU.EDU.CN，设置其格式为"Rockwell、黄色、20"，然后将虚线和 www 语句转化为一个名为 www 的图形元件，如图 1-16-24 所示。

（12）在第 21、47 和 50 帧处插入关键帧，然后在第 18 帧和第 21 帧，第 47 和第 50 帧之间创建传统补间动画，并将第 18 帧和第 50 帧中元件的 Alpha 值设置为"0%"，时间轴如图 1-16-24 所示。

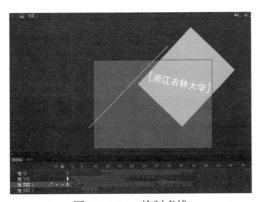

图 1-16-23 绘制虚线

图 1-16-24 绘制虚线和文字

（13）按【Ctrl+F8】组合键打开"创建新元件"对话框，新建一个名为"数字"的影片剪辑元件。在影片剪辑元件编辑区的第 1 帧中输入"9"，并设置其格式为"Microsoft Sans Serif、灰色、200"。

（14）在第 3、5、7、9、11、13、15、17 和 19 帧处插入空白关键帧，并分别输入数字"8、7、6、5、4、3、2、1、0"，然后将所有数字打散，如图 1-16-25 所示。

图 1-16-25 输入数字

（15）按【Ctrl+F8】组合键打开"创建新元件"对话框，新建一个名为"箭头"的影片剪辑元件。在影片剪辑元件编辑区的第 1 帧中选择椭圆工具，绘制白色的无边框圆形组成箭头图形，如图 1-16-26 所示。

（16）选取第 1 帧，右击，在弹出的快捷菜单中选择"创建传统补间动画"命令，在第 6 帧处插入关键帧，然后将第 6 帧的图形向左移动，如图 1-16-27 所示。

图 1-16-26　绘制箭头图形

图 1-16-27　创建传统补间动画

（17）选择"插入"→"场景"命令，插入场景 2，在场景的图层 1 中绘制一个无边框的黄色矩形，并将"数字"影片剪辑元件拖入场景的左下方，如图 1-16-28 所示。

（18）在第 41 帧处插入关键帧，将"数字"影片剪辑元件删除，并将矩形颜色改为黄色，然后在"属性"面板的"补间"下拉列表框中选择"形状"选项，创建形状补间动画。在第 44 帧处插入空白关键帧，并绘制两个无边框的黄色矩形，然后在第 44 帧右击，在弹出的快捷菜单中选择"删除补间动画"命令，再在第 70 帧处插入普通帧，如图 1-16-29 所示。

图 1-16-28　编辑对象

图 1-16-29　创建形状补间动画

（19）在场景 2 中新建图层 2，在第 6 帧处插入关键帧，输入文字 YI DIAN JI TONG，并设置为"Century Gothic、白色、140"，然后打散，拖至场景右边，如图 1-16-30 所示。

（20）选中第 6 帧，右击，在弹出的快捷菜单中选择"传统补间"命令，在第 20 帧处插入关键帧，然后将第 20 帧的图形向左移动，如图 1-16-31 所示。

YI DIAN JI TONG

图 1-16-30　输入文字

图 1-16-31　创建传统补间动画

（21）在图层 1 的上方新建图层 3，在第 1 帧处插入关键帧，输入文字 YI DIAN JI TONG，并设置为"Dutch801 XBd BT、白色、90"，然后打散，将与场景中黄色矩形相交的上方部分填充为明黄色，如图 1-16-32 所示。

（22）在第 25 帧处插入关键帧，右击，在弹出的快捷菜单中选择"创建传统补间"命令，在第 28 帧处插入关键帧，然后将第 28 帧对象的 Alpha 值设置为"0%"，如图 1-16-33 所示。

图 1-16-32　输入文字并编辑

图 1-16-33　创建传统补间动画

（23）在图层 3 的上方新建图层 4，在第 10 帧处插入关键帧，将"箭头"影片剪辑元件拖到场景右边，然后在第 40 帧处插入普通帧。

（24）在图层 4 的上方新建图层 5，在第 43 帧处插入关键帧，输入文字"浙江农林大学"，并将其设置为"楷体、中黄色、80"。

（25）选择第 43 帧，右击，在弹出的快捷菜单中选择"创建传统补间"命令，在第 44 帧和第 47 帧处插入关键帧，然后将第 43 帧的图形放大，将 Alpha 值设置为"0%"；选择第 44 帧，将其 Alpha 值设置为"25%"，如图 1-16-34 所示。将第 47 帧的对象缩小，然后在第 70 帧处插入普通帧，时间轴如图 1-16-35 所示。

图 1-16-34　编辑第 43 帧和第 44 帧

图 1-16-35　时间轴面板

（26）单击场景右上方的 场景 1 按钮，在弹出的下拉菜单中选择"场景 1"，回到场景 1 中。选择"文件"→"导入"→"导入到库"命令，导入"朝气 .WAV"音频文件，在 www 图层上方新建图层 6 作为音频层，在"属性"面板中的"声音"下拉列表框中选择"朝气 .WAV"音频文件。

（27）在"属性"面板中单击"编辑声音封套" 按钮，打开"编辑封套"对话框，在音频时间轴上拖动终点游标改变音频的终点，因为这个动画总共有 120 帧，所以这里将终点游标拖到"120"的位置，如图 1-16-36 所示。

（28）用鼠标光标拖动控制柄，通过改变音量控制线的位置来编辑音量的大小与长短，这里将控制柄拖到"100"的位置，然后单击 确定 按钮，如图 1-16-37 所示。

（29）按【Ctrl+Enter】组合键测试动画，最终效果如图 1-16-14 所示。

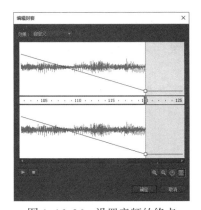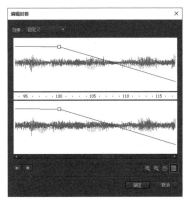

图 1-16-36　设置音频的终点　　　　　图 1-16-37　设置控制柄

第17章
交互动画制作基础

 **本章导读**

Animate 不仅可以用于制作生动有趣、色彩亮丽鲜明的一般动画，还可以实现一些按钮控制、鼠标跟随和动态网页等特殊效果的动画。这些特殊动画效果的实现往往需要使用大量的 ActionScript 语句。ActionScript 语句是 Animate 中提供的一种动作脚本语言，能够面向对象进行编程，具备强大的交互功能。通过 ActionScript 语句的调用，能使 Animate 实现许多特殊的功能，制作交互动画等。

学习目标

◎掌握"代码片段"面板和"动作"面板的使用。
◎了解 ActionScript 语句的语法规则。
◎熟练掌握常用的 ActionScript 语句。

学习重点

◎ "代码片段"面板的使用。
◎ "动作"面板的使用。
◎ ActionScript 语句概述。
◎ ActionScript 语句的语法规则。
◎常用的 ActionScript 语句。

 ## 17.1 "代码片段"面板的使用

"代码片段"面板使得非编程人员能够很快就开始轻松使用简单的 JavaScript 和 ActionScript 3.0。借助该面板，用户可以将代码添加到 FLA 文件以启用常用功能。利用"代码片段"面板，用户可以：

（1）添加能影响对象在舞台上行为的代码。
（2）添加能在时间轴中控制播放头移动的代码。
（3）添加允许触摸屏用户交互的代码（仅限 CS 5.5）。

（4）将创建的新代码片段添加到面板。

选择"窗口"→"代码片段"命令，即可打开"代码片段"面板，如图 1-17-1 所示。

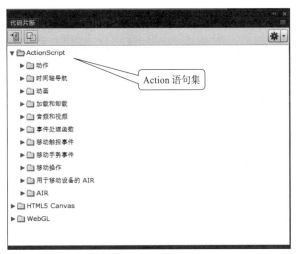

图 1-17-1　"代码片段"面板

17.1.1　准备事项

使用"代码片段"面板时，重要的是理解 Animate 的这些基本原理：

（1）许多代码片段都要求用户对代码中的几个项目进行自定义。在 Animate 中，可以在"动作"面板中执行此操作。每个片段都包含对此任务的具体说明。

（2）包含的所有代码片段都是 JavaScript 或 ActionScript 3.0 代码。

（3）有些片段会影响对象的行为，允许它被单击或导致它移动或消失。对舞台上的对象应用这些代码片段。

（4）某些代码片段在播放头进入包含该片段的帧时引起动作立即发生。对时间轴帧应用这些代码片段。

（5）当应用代码片段时，此代码将添加到时间轴中"动作"图层的当前帧。如果尚未创建"动作"图层，Animate 将在时间轴中的所有其他图层之上添加一个"动作"图层。

（6）为了使 ActionScript 能够控制舞台上的对象，此对象必须具有在属性检查器中分配的实例名称。

（7）可以单击在面板中选择代码片段时出现的"显示说明"和"显示代码"按钮。

17.1.2　将代码片段添加到对象或时间轴

要添加影响对象或播放头的动作，可执行以下操作：

（1）选择舞台上的对象或时间轴中的帧，如果选择的对象不是元件实例，则用户应用该代码片段时，Animate 会将该对象转换为影片剪辑元件；如果选择的对象还没有实例名称，Animate 会在应用代码片段时添加一个实例名称。

（2）在"代码片段"面板中，双击要应用的代码片段：

如果选择的是舞台上的对象，Animate 会将该代码片段添加到"动作"面板中包含所选对象的帧中；如果选择的是时间轴帧，Animate 会将代码片段只添加到那个帧。

17.1.3 认识"动作"面板

"动作"面板是 ActionScript 编程的专业环境，按【F9】键或者选择"窗口"→"动作"命令，将打开"动作"面板，如图 1-17-2 所示。

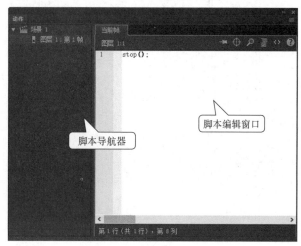

图 1-17-2 "动作"面板

"动作"面板主要由脚本导航器和脚本编辑窗口两部分组成。脚本导航器可显示含有脚本的帧、按钮和影片剪辑等 Animate 元素。使用脚本导航器可以在多个对象之间进行快速切换。在脚本窗口可以看到其上方有一排按钮，可以设置代码格式、查找、插入实例名称等。

【例】为动画中的第 1 帧添加 Actions 语句。

具体操作步骤如下：

（1）选择要添加 Actions 语句的对象，如帧、按钮元件等，这里选择图层 1 的第 1 帧，如图 1-17-3 所示。

图 1-17-3 选择第 1 帧

（2）按【F9】键打开"动作"面板，在"动作"面板的脚本窗口中输入"stop ();"语句，如图 1-17-4 所示。

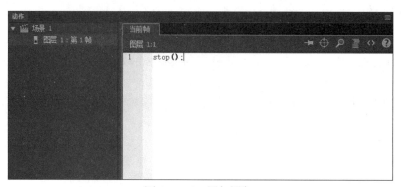

图 1-17-4 添加语句

 **17.2　ActionScript 简介**

ActionScript 语句是 Animate 中提供的一种动作脚本语言，能够面向对象进行编程，具备强大的交互功能，使动画与用户之间的交互性和用户对动画元件的控制加强。

通过 Actions 中相应语句的调用，能使 Animate 实现许多特殊的功能，如控制动画中的音效、对动画的播放和停止进行控制、制作游戏和对网页进行交互性的创建等。

在 Animate CC 中，为了更好地编写脚本动作，系统使用的版本是 Action Script 3.0。

17.2.1　ActionScript 语法基础

ActionScript 语句一般由变量、函数、表达式和运算符等组成。

1. 变量

变量可以看作是用于存储信息的容器，能将数据保存在里面。如果有新数据加入时，旧的数据自动丢失，只保存最新数据。

变量由变量名和变量值组成，变量名用来区分各个不同的变量，变量值就是放入容器的数据，用来确定变量的类型和大小。

一般情况下，在使用变量前，应先指定其存储数据的类型，该类型值将对变量的值产生影响。在 Animate CC 中，变量主要有以下几种类型：

（1）数值型变量：一般用于存储一些特定的数值，如年龄等。

（2）逻辑变量：用于判断指定的条件是否成立，其值有两种，即 True 或 False。

（3）字符串变量：主要用于保存特定的文本信息，如姓名等。

（4）对象型变量：用于存储对象型的数据。

（5）电影片段型变量：用于存储电影片段型数据。

（6）未定义型变量：当一个变量没有赋予任何值时，即为未定义型。

在为变量命名时，必须遵守下面的一些规则：

（1）变量名只能包含字母、数字、下画线和美元符号 $，不能有空格和特殊符号；变量名通常以小写字母开头，不能以数字开头。

（2）变量名必须是唯一的。在保持意义明确的同时尽可能地保持变量名简短。

（3）变量名不能是逻辑变量和关键字，例如 True、False 都是逻辑变量，if、for 等都是关键字，不能用作变量名称。

（4）使用变量前要先定义再使用。

变量都有一个作用范围，在 ActionScript 中变量分为全局变量和局部变量两种。全局变量可以在所有引用到该变量的位置使用，局部变量则只能在其所在的代码块中使用。

定义全局变量可以使用等号"="或 set 语句来实现，语法格式如下：

```
变量名 = 表达式;
set (变量名, 表达式);
```

例如：

```
jim=100;
set (jim, 100);
```

含义：定义全局变量 jim 并复制为数值型数据"100"。

定义局部变量的语法格式有 3 种：

```
var 变量名=表达式;
var 变量名; var 变量名=表达式;
var 变量名;
    变量名=表达式;
```

例如：

```
var jim="zhang";                // 定义局部变量 jim 并赋值为字符型数据"zhang"
var jim; var jim="zhang";       // 同上
var jim;                        // 同上
var jim="zhang";
```

2. 函数

函数是用于对常量和变量等进行某种运算的方法，如求最大值、最小值等，它是 ActionScript 语句的基本组成部分，是一种能够完成一定功能的代码块。

Animate 中函数分为系统函数和自定义函数。系统函数是 Animate 自带的已经编写好的函数，用户只要直接调用即可，如求最大值的 max()、求最小值的 min() 等。自定义函数由用户根据自己的需要自行定义，在 Animate 中可以使用 function 语句定义函数。

定义函数的格式如下：

```
function 函数名 ([参数1,参数2,…,参数N]){
    语句;
}
function ([参数1,参数2,…,参数N]){
    语句;
}
```

例如，下面定义一个名为 tz 的对象，其中有一个参数 a。

```
function tz (a){
    gotoandplay (a);
}
```

当需要从函数中返回值时，可以使用 return 命令。例如：

```
function sqr(m){
    return m*m;
}
```

上述语句的作用是使函数返回参数 m 的平方根。

3. 表达式和运算符

表达式是用于为变量赋值的语句，在 Animate CC 中有数值表达式、字符串表达式和逻辑表达式等。

（1）数值表达式：用于为变量赋予数值，它由数字、逻辑性变量和算术运算符组成。其算术运算符有：+（加）、-（减））、*（乘）、/（除）、%（求模）、<>、<=、>= 和 = 等。

数值表达式的运算法则为：先乘除后加减，括号中的内容优先计算。

（2）字符串表达式：对字符串进行运算的表达式。它由字符串、字符串运算符和以字符串运算符为结构的函数组成。在 Animate CC 中，所有双引号括起来的字符都视为字符串，可以用"&"将两个字符串连接成一个字符串，例如字符串"北京"&"欢迎你"与"北京欢迎你"等效。

字符串表达式的运算符包括：" "（字符串号）、&（连接）、= =（等于）、!=（不等于）、>（大于）、>=（大于等于）、<（小于）、<=（小于等于）、= = =（严格等于）等。

（3）逻辑表达式：进行条件判断的表达式，结果有 True（真）和 Flase（假）两种情况。

逻辑表达式的运算符包括：&&（与）、||（或）、!（非）等。

例如，表达式 a>5 || a<3 表示当满足变量 a 大于 5 或小于 3 的条件时，表达式成立，并执行指定语句。

17.2.2　ActionScript 语法规则

ActionScript 脚本语言和其他语言一样，也有一定的语法规则。在编写 ActionScript 脚本时，一定要遵守这些语法规则，其中常用的语法有点、大括号、圆括号、分号、关键字、字母大小写和注释等。

1. 点

在 ActionScript 中，点"."用来指定对象的相关属性和方法，也可用于标识动画片段或变量的目标路径。

点语法表达式由对象名开始，接着是一个点，最后是要指定的属性、方法和变量。

例如，表达式 man1._y 是指实例 man1 的 _y 属性，_y 表示实例 man1 在舞台中的 Y 轴位置。

2. 大括号

在 ActionScript 中，大括号"{ }"用于将代码分成不同的块。例如：

```
function fl_ClickToGoToAndStopAtFrame_2(event:MouseEvent):void
{
    gotoAndStop(1);
}
```

3. 圆括号

圆括号用于放置使用动作时的参数，如"GotoAndPLay(1);"，而定义一个函数以及对函数进行调用等，都需要使用圆括号。同时，圆括号还可以用于改变 ActionScript 的优先级。

4. 分号

分号";"用在 ActionScript 语句的结束处，用来表示该语句的结束。如果省略分号，Animate CC 仍然可以识别脚本，并对该脚本格式化并自动加上分号。

5. 关键字

在 ActionScript 中保留了一些具有特殊含义的单词，供 ActionScript 调用，这些被保留的单词称为"关键字"。在编写脚本时，系统不允许使用这些特定的关键字作为变量、函数以及标签等的名字，以免发生脚本混乱。在 ActionScript 中主要有如下关键字：

if	for	var	break	new	continue
break	delete	this	else	freturn	with
this	typeof	while	in	function	void

6. 注释

在 ActionScript 脚本的编辑过程中，可以为脚本添加注释，以便脚本的阅读和理解。注释不能被编译执行，只是起到解释说明的作用。在语句中可直接输入"//"，然后输入注释文字即可。例如：

```
function fl_ClickToGoToAndPlayFromFrame_3(event:MouseEvent):void
{
    gotoAndPlay(1);        // 单击以转到帧并播放
}
```

17.2.3 常用的 ActionScript 语句

在 Animate 的制作过程中，经常会使用一些简单的 ActionScript 语句，下面就讲解一些常用的语句。

1. 停止语句 Stop

Stop 语句可将正在播放的内容停止在当前帧。它可在脚本任意位置独立使用，通常用于控制影片剪辑元件。

停止语句 Stop 的语法格式为：

```
stop();
```

2. 播放语句 Play

Play 语句可使停止播放的动画继续播放，它常用于控制影片剪辑元件。

Play 语句的语法格式为：

```
play();
```

3. 跳转并播放语句 gotoAndPlay

gotoAndPlay 语句通常添加在帧或按钮元件上，其作用是当播放到某帧或单击某按钮时，跳转到场景中指定的帧并从该帧开始播放。如果未指定场景，则调整到当前场景中的指定帧。

该语句的语法格式如下：

```
gotoAndPlay([scene,] frame);
```

其中，frame 表示跳转到的帧的编号，或者表示跳转到的标签的字符串；scene 为可选字符串，指定跳转到的场景的名称。

4. 跳转并停止语句 gotoAndStop

gotoAndStop 语句通常添加在帧或按钮元件上，其作用是当播放到某帧或单击某按钮时，跳转到场景中指定的帧并停止播放。如果未指定场景，则跳转到当前场景中的帧。

该语句的语法格式如下：

```
gotoAndStop([scene,] frame);
```

其中，scene 和 frmae 的含义同 gotoAndPlay 语句。

5. 超链接语句 getURL

在某一个按钮上添加 getURL 语句后，单击此按钮可跳到指定网页。

其语法格式为：

```
getURL(url[,window[,"variables"]]);
```

其中，url 表示需要连接到的网页地址；windows 表示用于设置网页打开的位置；variables 表示用于设置发送变量的方式。例如：

```
getURL("http: //www.google.com");          // 小括号内是网页的地址
```

6. 条件语句 if

条件语句 if 主要用于一些需要对条件进行判定的场合，其作用是当条件成立时执行相应的命令，不满足则执行其他命令。if 条件语句有 3 种语法格式：

第一种：

```
if (condition){          // 如果条件成立则执行"{ }"中的命令，condition 为条件表达式
    statements(s);       // 要执行的命令
}
```

第二种：

```
if (condition){          // 如果条件成立，则执行前一个"{ }"中的命令；
                             如果条件不成立，则执行 else 语句后的命令
    statements(s);       // 条件成立时执行的命令
}else{
    statements(s);       // 条件不成立时执行的命令
}
```

第三种：

```
if (condition1){          // 如果 condition1 条件成立，则执行前一个"{ }"中的命令；
                              如果条件不成立，则执行 else if 语句后的命令
    statements(s);        //condition1 条件成立时执行的命令
}else if(condition2) {    // 条件 condition1 不成立时再进行 condition2 条件判断，
                          // 如果 condition2 条件成立则执行下面的语句
    statements(s);        //condition2 条件成立时执行的命令
}else{                    // 上述条件都不成立时，执行下面的语句
    statements(s);
}
```

7. 循环语句 while 和 for

循环语句的作用是重复执行一个命令或语句快，常用的语句有 while 和 for 等。循环语句同样要在执行命令前设置条件，当条件成立时指定的一个或多个语句将被重复执行；当条件不成立时退出循环执行后面的语句。

（1）While 语句：运行 while 语句时系统会对条件进行判断，条件成立时则执行循环体，执行完依次循环后，while 语句会再次对该条件进行判断，如果还成立则再次执行循环体，只到不满足条件为止。

while 语句的语法格式如下：

```
while(condition){          // 如果 condition 条件成立，则执行"{ }"间的命令
    statement(s);          // 要执行的命令，称为循环体
}
```

（2）For 语句：可以限制循环的次数。其语法格式如下：

```
for(init;condition;next){
    statement(s):          // 循环体
}
```

其中，init 为赋值表达式，condition 为条件表达式，next 是指在每次循环后要计算的表达式。For 语句每计算一次 init 表达式，就开始一个循环序列，如果 condition 表达式的计算结果为 true，则执行 statement 并计算 next 表达式，然后循环序列再次从计算 condition 表达式开始。

例如，利用 for 循环实现从 1 到 100 的数字相加，其代码如下：

```
var sum: num=0;
for (var i: number=1; i<=100;i++){
    sum+=i;
}
```

17.3 应用举例

【案例1】 "小可爱"动画。制作名为"小可爱"的动画效果，如图 1–17–5 所示。

图 1–17–5 "小可爱"动画

【设计思路】添加背景、逐帧动画、按钮元件、交互式动画。

【设计目标】单击"开始"按钮后，小人儿开始运动；单击"停止"按钮后，小人儿立即停止动作。

【操作步骤】

（1）新建一个 Animate 文档，并设置其大小为 550 像素 ×400 像素，背景颜色为白色，帧频为 8。

（2）选择"文件"→"导入"→"导入到舞台"命令，将背景图片导入到舞台中，并利用"对齐"面板将图片相对于舞台居中。然后，选中第 30 帧，右击，插入普通帧，如图 1-17-6 所示。

（3）新建图层 2，参照步骤 2 的操作，将素材中的 m1.gif ~ m10.gif 文件分别导入到舞台的第 1 帧到第 10 帧中，并调整图片的位置，使每一张图片相对于舞台居中对齐，形成逐帧动画。选中图层 2 的第 1 帧，右击，在弹出的快捷菜单中选择"插入帧"命令，在第 1 帧后插入一个普通帧。重复该操作再插入一个普通帧。参照类似的操作步骤，在"图层 2"的各关键帧间分别插入两个普通帧，并将第 30 帧后的帧删除，如图 1-17-7 所示。

图 1-17-6 导入背景图片

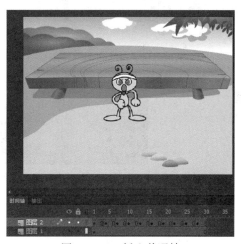
图 1-17-7 插入普通帧

（4）创建一个名为"开始"的按钮元件，进入元件编辑模式。单击工具箱中的椭圆工具，绘制一个无边框的填充椭圆（填充颜色为由黑到绿的放射性渐变）。单击工具箱中的文本工具，在"属性"面板中设置其字体为"华文琥珀"，字体大小为 18，字体颜色为黄色，选中"粗体"按钮，在椭圆的正中心输入文本"开始"，如图 1-17-8 所示。

（5）参照步骤（6）的操作，创建一个名为"停止"的按钮元件，如图 1-17-9 所示。

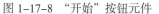
图 1-17-8 "开始"按钮元件

图 1-17-9 "停止"按钮元件

（6）单击 场景 1 按钮，回到场景 1。新建图层 3，然后将"开始"和"停止"按钮从"库"面板拖动到舞台中，如图 1-17-10 所示。

（7）选择图层 3 的第 1 帧，并选中舞台上的"开始"按钮，选择"窗口"→"代码片段"命令，打开"代码片段"窗口，选择"ActionScript"→"时间轴导航"→"单击以转到帧并播放"选项，如图 1-17-11 所示；Animate 会打开如图 1-17-12 所示的 Adobe Animate 对话框，要求将"开始"按钮转换为影片剪辑元件，单击"确定"按钮。

图 1-17-10 动画最终布局效果

图 1-17-11 "代码片段"窗口

图 1-17-12 "转换为影片剪辑"对话框

在弹出的"动作"面板中将"gotoAndPlay(5);"语句改为"gotoAndPlay(1);",此时时间轴上增加了一个"Actions"图层,相应的 ActionScript 代码均放置在该图层中。

同样,为"结束"按钮添加"单击以转到帧并停止"语句,在"动作"面板中将"gotoAndStop(5);"语句改为"gotoAndStop(1);"。

(8)选中图层 2 中的第一帧,按【F9】键打开"动作"面板,为第一帧添加如下 ActionScript 语句:

```
stop();
```

(9)选择"控制"→"测试影片"命令或按【Ctrl+Enter】组合键,测试动画效果。

【案例 2】制作按钮切换图片效果,如图 1-17-13 所示。

【设计目标】通过使用按钮元件和代码来制作按钮切换图片效果。

【设计思路】按钮元件、图片切换、动作语句。

【操作步骤】

(1)打开素材文件"按钮切换图片源文件 .fla",打开"库"面板,选中图层 1 的第 1 帧,将 r1.jpg 图片拖入舞台中,并将素材和舞台相对齐。

(2)在第 2 帧处插入空白关键帧,将 r2.jpg 素材拖入舞台并对齐。

(3)同样在第 3 帧和第 4 帧分别拖入素材 r3.jpg 和 r4.jpg,如图 1-17-14 所示。

(4)新建"图层 2",利用"矩形工具"在舞台上绘制一个与舞台大小一致的矩形,并设置笔触颜色为白色,填充颜色为无,"笔触大小"为 10,"接合"设置为"尖角",如图 1-17-15 所示。

图 1-17-13　制作按钮切换图片效果

图 1-17-14　使用同样的方法制作其他关键帧

图 1-17-15　设置矩形的属性

（5）新建图层 3，按【Ctrl+F8】组合键，创建一个名为"按钮 1"的按钮元件，将"库"面板中的 02 元件拖至按钮舞台中心，并设置 Alpha 值为 30%；在图层 1 的"指针经过"帧处插入关键帧，在舞台中选中元件，设置其样式为无，如图 1-17-16 所示。

（6）使用同样的方法新建按钮元件，将 01 元件拖入舞台中，在不同帧处设置属性。

（7）返回场景 1，在"库"面板中将创建的按钮元件拖入舞台中，并调整位置和大小，效果如图 1-17-17 所示。

图 1-17-16　插入关键帧并设置元件的属性

图 1-17-17　新建图层并拖入元件

（8）选中舞台左侧的按钮元件，在属性面板中将实例名称设置为btn1，选中舞台右侧的按钮元件，在属性面板中将实例名称设置为btn。

（9）新建图层4，给图层4的第一帧添加如下动作语句：

```
// 动画影片初始设置，地球仪影片片段停止播放
stop();
btn.addEventListener(MouseEvent.CLICK,onClick)
    function onClick(me:MouseEvent){
    if(currentFrame==4){
        gotoAndPlay(1);
    }
    else{
        nextFrame();
        stop();
        }
    }

btn1.addEventListener(MouseEvent.CLICK,onClick1)
    function onClick1(me:MouseEvent){
    if(currentFrame==1){
        gotoAndPlay(4);
    stop();
    }
    else{
        prevFrame();
        stop();
    }
}
```

（10）输入完成后，关闭该面板，按【Ctrl+Enter】组合键测试动画。

【案例3】制作放大镜效果。利用动作语句和影片剪辑元件制作放大镜效果，如图1-17-18所示。

图1-17-18　制作放大镜效果

【设计思路】添加背景、制作影片剪辑元件、添加动作语句。

【设计目标】学习如何制作影片剪辑元件和制作放大镜效果的方法，掌握添加脚本代码。

【操作步骤】

（1）启动 Animate CC 软件，打开制作放大镜源文件 .fla 文件。

（2）按【Ctrl+F8】组合键，创建名为"小字画"的影片剪辑元件。将库面板中的 2.jpg 素材图片添加到舞台中，在属性面板中，将"位置和大小"中的 X 和 Y 均设置为 0。

（3）返回场景 1，将库面板中的"小字画"影片剪辑元件添加到舞台中，并将其调整到舞台中央，将其"实例名称"设置为 xzh，如图 1-17-19 所示。

图 1-17-19　添加小字画影片剪辑元件

（4）按【Ctrl+F8】组合键，新建"大字画"的影片剪辑元件，将"库"面板中的 1.jpg 素材图片添加到舞台中，在属性面板中，将"位置和大小"中的 X 设置为 -8，Y 设置为 -3。

（5）按【Ctrl+F8】组合键，新建"放大镜"影片简介元件，将"库"面板中的放大镜素材图片添加到舞台中，在属性面板中，将"位置和大小"中的 X 设置为 -12，Y 设置为 -12。

（6）按【Ctrl+F8】组合键，新建"圆"影片剪辑元件，使用椭圆工具，在舞台中央绘制一个圆形，然后在属性面板中，将笔触颜色设置为无，将填充颜色设置为黄色，将"位置和大小"中的 X 和 Y 都设置为 0，将宽和高都设置为 66.8，如图 1-17-20 所示。

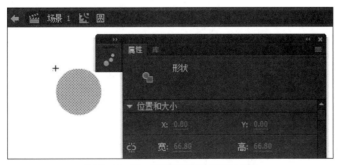

图 1-17-20　新建圆影片剪辑元件

（7）返回场景 1，新建图层 2，将"大字画"影片剪辑元件添加到舞台中，在属性面板中将其实例名称设置为 dzh，然后调整其位置。

（8）新建图层 3，将"圆"影片剪辑元件添加到舞台中，在属性面板中，将其实例名称设置为 yuan。

（9）新建图层 4，将"放大镜"影片剪辑元件添加到舞台中，在属性面板中将其实例名称设置为 fdj，在变形面板中，将缩放宽度和缩放高度都设置为 55%，将其调整至如图 1-17-21 所示的位置。

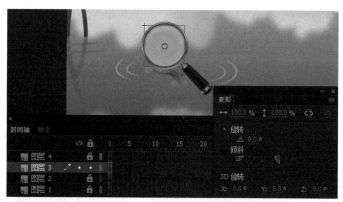

图 1-17-21　添加放大镜影片剪辑元件

（10）将图层 3 设置为遮罩层，图层 2 设置为被遮罩层，然后新建图层 5，在图层 5 的第 1 帧处，按【F9】键打开动作面板，输入如下脚本代码：

```
var porcentajeX:uint=110/(dzh.width/(xzh.width - fdj.width/2));
var porcentajeY:uint=110/(dzh.height/(xzh.height - fdj.height/2));
var distX:uint=0;
var distY:uint=0;
var fdj_fx:Boolean=false;
fdj.addEventListener(MouseEvent.MOUSE_OVER, fdjRollOver);
fdj.addEventListener(MouseEvent.MOUSE_OUT, fdjRollOut);
fdj.addEventListener(MouseEvent.MOUSE_MOVE, fdjMouseMove);
function fdjRollOver(event:MouseEvent):void
{
    fdj_fx=true;
}
function fdjRollOut(event:MouseEvent):void
{
    fdj_fx=false;
}
function fdjMouseMove(event:MouseEvent):void
{
    if (fdj_fx==true){
        calculaDist();
        muevefdj();
        fdj.x=mouseX+10 - fdj.width/2;
        fdj.y=mouseY+10 - fdj.height/2;
        if (fdj.x<xzh.x){
            fdj.x=xzh.x;
        } else if (fdj.x>xzh.x+xzh.width-fdj.width){
            fdj.x=xzh.x+xzh.width-fdj.width+20;
        }
        if (fdj.y<xzh.y){
```

```
                fdj.y=xzh.y;
        } else if(fdj.y>xzh.y+xzh.height-fdj.height){
                fdj.y=xzh.y+xzh.height-fdj.height+18;
        }
        yuan.x=fdj.x;
        yuan.y=fdj.y;
    }
}
function calculaDist():void
{
    distX=(fdj.x-xzh.x)/porcentajeX*100;
    distY=(fdj.y-xzh.y)/porcentajeY*100;
}
function muevefdj():void
{
    dzh.x=yuan.x-distX;
    dzh.y=yuan.y-distY;
}
```

第四部分
音 频 制 作

　　Adobe Audition 最初名为 Cool Edit Pro，2003 年 5 月由 Adobe 公司从 Syntrillium Software 公司收购后，才改名为 Adobe Audition。它是一款功能强大、效果出色的录音和音频处理软件，可用于混合视频、录制播客或广播节目的声音、恢复和修复音频录音等。

　　本部分以 Adobe Audition CC 2017 为对象，介绍其基本功能，通过简单实例深入浅出地阐述音频素材的录制和编辑等。在介绍基本知识点的同时，侧重于操作技巧。通过本部分的学习，读者可轻松掌握音频录音、处理和编辑以及后期合成等操作。

第 *18* 章
Audition 音频制作

 **本章导读**

Adobe Audition CC 2017，可以同时处理多轨的音频信号；可同时处理多个文件，在不同的文件中进行剪切、粘贴、合并、重叠声音操作；提供多种特效，如放大、降低噪声、压缩、扩展、回声、失真、延迟等；可生成多种声音，如噪声、低音、静音、电话信号等。不仅如此，它还支持可选的插件、崩溃恢复、自动静音检测和删除、自动节拍查找、录制等。另外，它还可以在 AIF、AU、MP3、Raw PCM、SAM、VOC、VOX、WAV 等文件格式之间进行转换。通过本章的学习，读者可掌握基本的音频录制、编辑等方法。

学习目标

◎掌握音频的录制操作。
◎掌握音频的编辑操作。
◎掌握音频的效果合成操作。

学习重点

◎音频的效果处理。
◎音频的合成。

 18.1 音 频

人类能够听到的所有声音都称为音频，音频是个专业术语，音频一词通常用于描述音频范围内和声音有关的设备及其作用。音频只是存储在计算机里的声音。

18.1.1 声音的基本概念

声音是人或动物感知的重要媒介，是由物体振动产生的声波，发出振动的物体叫声源。声音以波的形式振动传播，它可以通过介质（如气体、液体和固体）传播连续的振动。声音有如下 3 个重要参数，如图 1-18-1 所示。

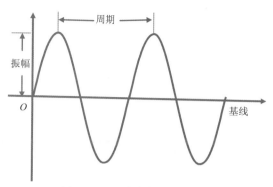

图 1-18-1　声音的 3 个重要指标

1. 振幅

振幅表示波形最高点离开平衡位置（基线）的距离，反映从波形波峰到波谷的压力变化，以及波所携带的能量多少。振幅决定声音的大小，振幅大的波形声音大，振幅小的波形声音较小。常用的振幅单位为分贝（dB），人耳能听到的最低声音为听阈，但振幅增加到某一限度时，引起的将不单是听觉，可能因鼓膜过度振动而引起疼痛感觉，这个限度称为最大可听阈。

2. 频率

频率指单位时间内振动的次数，以赫[兹]（Hz）为单位，表示每秒周期数。频率决定音调的高低，频率越高，音乐音调越高。

以声波频率为标准，可以将其分为可听声波、超声波、次声波三类。20 000 Hz 以上称为超声波，人类能听到的声音频率为 20 ~ 20 000 Hz，20 Hz 以下称为次声波，次声波及超声波都是人类所听不见的。

（1）可听声波：人耳只能听到频率为 20 ~ 20 000 Hz 的声波，在可听声波中，有如下三要素：

- 音强：指声音信号中主音调的强弱程度，是判别乐音的基础，与发音体产生的声波振幅有关。
- 音调：指人耳对声音调子高低的主观感觉，与发音体产生的振动频率有关。频率低的调子给人以低沉、厚实、粗犷的感觉；频率高的调子给人以亮丽、明亮、尖刻的感觉。
- 音色：声音的独特性，与发音体产生的波形有关，不同的乐器、不同的人，包括所有能发声的物体发出的声音，都有一个基音，还有许多不同频率的泛音，这些泛音决定了其不同的音色，使人能辨别是哪种乐器或者是谁发出的声音。

（2）超声波：动物可以捕捉到高于人类所能听到的声波频率，例如，海豚用超声波彼此交流，蝙蝠用超声波避开障碍物等。人类利用超声波方向性好，穿透能力强、在水中传输距离长等特性，将其用于医学、军事、工业、农业等领域，如测距、测速、清洗、焊接、碎石、杀菌消毒等。

（3）次声波：有些动物对低频声波有很好的反应，如大象利用次声波进行交流。次声波的频率很低，大气对次声波的吸收系数小，因此次声波不易衰减，不易被水和空气吸收。因而其穿透力极强，可传播至极远处而能量衰减很小。值得注意的是：某些频率的次声波由于和人体器官的振动频率相近，容易和人体器官产生共振，对人体有很强的伤害性，危险时可致人死亡。

3. 周期

相邻两个波峰或波谷为一个周期。周期与频率互为倒数关系。例如，1 000 Hz 波形每秒有 1 000 个周期。

18.1.2 声音的数字化

计算机能识别并处理的是离散的数字信号，而声音信号是在时间和幅度上都是连续的模拟信号，因此，必须要将模拟的声音信号转换为离散的二进制数字信号，计算机才能对其进行识别和处理，这一转换过程称为声音信号的数字化。一般分为：采样、量化和编码三大步骤。

1. 采样

在时间轴上对信号数字化。一般每隔相等的一小段时间采样一次，这个时间间隔称为采样周期，其倒数称为采样频率。为了不产生失真，采样频率不应低于声音信号最高频率的两倍。因此，语音信号的采样频率一般为 8 kHz 以上，音乐信号的采样则应在 40 kHz 以上。原则上采样率越高，可恢复的声音信号越丰富，其声音的保真度越好，声音的质量越好。

2. 量化

在幅度轴上对信号数字化。在上一步骤的采样中，已经将模拟信号转换为时间离散的信号，但幅度仍然连续。量化将幅度上连续取值（模拟量）的每一个样本转换为离散值（数字值）表示，量化过程有时也称为 A/D 转换（模数转换）。量化的样本用二进制数表示，使用二进制的位数多少称为量化精度。若用 8 位表示，则样本的取值范围是 0~255，精度是 1/256；若用 16 位表示，则声音样本的取值范围是 0~65 536，精度是 1/65 536。量化精度越高，声音的质量越好，需要的存储空间也就越多；量化精度越低，声音质量越差，需要的存储空间也越少。

3. 编码

按一定格式记录采样和量化后的数字数据。编码约定记录数字数据的格式及用来压缩数字数据的算法。编码使音频数据中保证声音质量的前提下数据量尽可能得小，方便声音数字信号的存储和传输。压缩编码的基本指标之一就是压缩比，指声音文件压缩前和压缩后大小的比值，用来简单描述数字声音的压缩效率。压缩算法包括有损压缩和无损压缩。

（1）有损压缩：解压后数据不能完全复原，其利用人类对声波中的某些频率成分不敏感的特性，允许压缩过程中损失次要的信息，牺牲质量减少数据量，虽然不能完全恢复原始数据，但是所损失的部分对理解原始声音的影响缩小，但压缩比较高。例如，MP3、WMA 等格式都是有损压缩格式，相比于作为源的 WAV 文件，都有相当大程度的信号丢失，但压缩比能达到10 %。

（2）无损压缩：对文件本身的压缩，对声音的数据存储方式进行优化，在不牺牲任何音频信号的前提下，减少文件体积的格式，文件完全还原，不会影响文件内容，不会使声音细节有任何损失。常见的无损压缩的音乐格式有 FLAC 等。

18.1.3 音频文件格式

音频格式又称音乐格式，是指在计算机内播放或者处理的音频文件格式。音频文件种类非常多，常见的文件格式有 CDA、WAV、MP3/MP3 Pro、WMA、RA、MIDI、OGG（Ogg Vorbis）、APE、FLAC、AAC 等。

以下列出部分常见的音频文件：

1. CD–DA

CD–DA 文件为标准激光盘文件，扩展名为 .cda，CD 格式的文件音质比较高。标准 CD 格式也就是 44.1 kHz 的采样频率，速率 88 KB/s，16 位量化位数，CD 音轨近似无损，所以音质非常好，但是该格式文件数据量大。

2. WAVE

WAVE 是微软专门为 Windows 系统定义的波形文件格式（Waveform Audio），其扩展名为 .wav，支持多种音频位数、采样频率和声道，标准格式的 WAV 文件采样频率与 CD 一样，为 44.1 kHz，速率 88 KB/s，16 位量化位数 WAV 格式的声音文件音质可以和 CD 媲美，但存储要求高，不便网上传输。

3. MIDI

MIDI（Musical Instrument Digital Interface，乐器数字接口）是一个供不同设备进行信号传输的接口，其文件内容不是波形声音数据，而是一系列指挥声卡如何再现音乐的指令。MID 文件可用作曲软件生成，也可通过声卡的 MIDI 口把外接音序器演奏的乐曲输入电脑生成。

4. MP3

MP3 是一种音频压缩技术，全称为 MPEG Audio Layer3，这种压缩技术可将音乐以 1∶10 甚至 1∶12 的压缩率压缩成容量较小的音乐文件，从而在音质丢失很小的情况下把文件压缩到更小的程度。

5. WMA

WMA 全称为 Windows Media Audio，是微软开发的一种音频格式，同时兼顾了较少的数据存储和高音质，压缩率一般可以达到 1:18，生成的文件比 MP3 小得多。更重要的是 WMA 可以通过 DRM（Digital Rights Management，数字版权管理）加入防止复制、限制播放时间和播放次数，还可进行播放机器的限制，可有力地防止盗版。

6. RA 格式

RA 文件使用有损压缩方式，压缩比相当高，因此文件存储空间小，但音质相对较差。RA 可以随网络带宽的不同而改变声音质量，文件传输的流畅性好，因此 RA 文件适合在互联网上使用。

18.2 Adobe Audition 的基本操作

Adobe Audition 提供了高级混音、编辑、控制和特效处理能力，是一个专业级的音频工具，允许用户编辑个性化的音频文件、创建循环，并引进了 45 个以上的 DSP（Digital Signal Processing，数字信号处理）特效以及高达 128 个音轨。本节讲述 Adobe Audition 的基本操作。

18.2.1 Audition 工作界面

Adobe Audition 允许用户删减和调整窗口的大小，创建方便用户的音频工作窗口。各类窗口管理器可提供先进的音频混合、编辑、控制和效果处理功能。无论是要录制音乐、无线电广播，还是为录像配音，Audition 中的工具均可提供相应功能，以创造尽可能高质量、丰富、细微的音响效果。

Adobe Audition CC 2017 的主界面由标题栏、菜单栏、工具栏、编辑区、状态栏、默认面板等组成，如图 1-18-2 所示。

1. 标题栏

标题栏包括软件图标及名称，最小、还原 / 最大化按钮及关闭按钮。

2. 菜单栏

与 Windows 其他应用程序类似，Audition 的菜单栏几乎包含了软件的所有功能按钮。

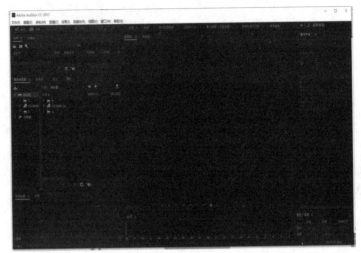

图 1-18-2　Adobe Audition CC 2017 主界面

3. 工具栏

工具栏由 4 部分构成：模式切换按钮、频谱类型显示器按钮、常用工具栏和风格选择栏，如图 1-18-3 所示。

（a）模式切换按钮　　　　　　　　　　　　　　（b）频谱类型显示器按钮

（c）常用工具栏　　　　　　　　　　　　　　　（d）风格选择栏

图 1-18-3　工具栏

4. 默认面板

（1）文件面板：Audition 中，素材导入后都将出现在文件面板中。文件面板的主要作用是对引用素材进行管理，如图 1-18-4 所示。

（2）收藏夹面板：单击"文件"右侧的"收藏夹"按钮■■显示"收藏夹"面板内容，如图 1-18-5 所示。默认情况下，收藏了部分命令组合，用户也能自行创建任何其他收藏，收藏夹能保存并快速重新应用到波形编辑器中的任何文件或选择项的效果、淡化和振幅调整的组合。

图 1-18-4　"文件"面板

图 1-18-5　"收藏夹"面板

（3）"媒体浏览器"面板：其功能类似于 Windows 的资源管理器，在这个面板对文件夹或文件的访问操作如图 1–18–6 所示。

可以对某些常用的文件夹创建快捷方式，以便对文件夹进行快速的定位。具体操作如下：

右击右侧窗格的"名称"中需要创建快捷方式的文件，选择"添加快捷方式"命令（见图 1–18–7），则此文件的快捷方式将会出现在左侧窗格的快捷键中，如图 1–18–8 所示。这样就可以通过快捷方式快速定位并找到对应的对象。

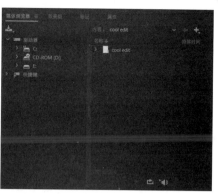

图 1–18–6　"媒体浏览器"面板

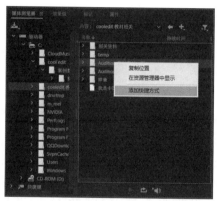

图 1–18–7　选择"添加快捷方式"命令

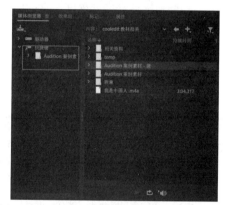

图 1–18–8　添加快捷方式效果

（4）"效果组"面板：单击"媒体浏览器"右侧的"效果组"按钮对音频添加效果，如图 1–18–9 所示。只需要单击■按钮就可以进入设置窗口，也可通过单击■按钮取消 / 应用效果。

（5）标记面板：可对波形中的位置进行定义操作，以便轻松地在波形进行选择、执行编辑或回放音频。可以对波形的点（特定时间位置）或范围（一段从开始时间到结束时间）进行标记。

- 标记点操作方法：切换到双轨，在需要标记的波形时间点上单击，在"标记"面板中，单击"添加提示标记"按钮■，如图 1–18–10 所示。标记完成后，在相应波形上方的相应时间点会标记有白色手柄。

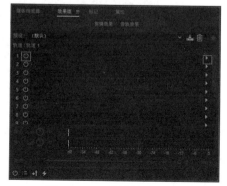

图 1–18–9　"效果组"面板

图 1–18–10　"标记"面板

● 标记范围操作方法：切换到双轨，按住鼠标左键通过拖动选择需要标记的时间范围，接下来的操作与上述标记点操作类似。

标记完成后，在波形顶部的时间轴中，标记有白色手柄（见图1-18-11），可选择、拖动白色手柄以修改定位的时间。右击白色手柄，可选择快捷菜单命令，如图1-18-12所示。

图1-18-11　对波形点或范围标记后

图1-18-12　标记的快捷菜单

（6）"属性"面板：用来显示当前文件基本信息及时间等属性，基本信息包括文件名、持续时间、采样率、位深度、格式、文件路径等。

（7）"历史记录"面板："历史记录"面板如图1-18-13所示。通过历史记录可以查看以前的操作步骤，可对这些操作进行撤销、重做等。

（8）"视频"面板：可显示视频内容，以方便对视频进行配音等操作，如图1-18-14左下角部分所示。

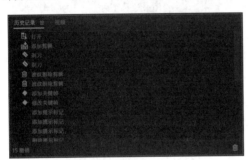

图1-18-13　历史记录面板

图1-18-14　"视频"面板显示视频

（9）编辑器面板：

● 单音轨编辑区：在单轨编辑区（见图1-18-15）中，可进行单轨录音操作，也可对单个音频文件进行编辑和加工处理，修改结果将保存为音频文件。

在单轨或多轨编辑区下方有一排按钮，如图1-18-16所示。左侧显示音频播放指示器位置，中间为录放按钮，右侧为缩放按钮。各按钮功能如下：

● ▮0:12.755▮：其中的值可以通过鼠标拖动修改，也可直接在此输入。

● 录放按钮：

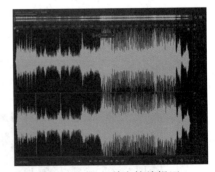

图1-18-15　单音轨编辑区

◆ 停止按钮▮：停止播放或停止录音。

◆ 播放按钮▶：播放当前声音文件。

◆ 暂停按钮▮：暂停播放或暂停录音，再次单击继续播放或继续录音。

图1-18-16　音轨操作按钮

◆ 移到上一个按钮 ◼：将播放指示器移动到上一个提示点或者开头。

◆ 快退按钮 ◼：每单击一次，向回倒带若干毫秒，也可按住不放连续向回倒带。

◆ 快进按钮 ◼：每单击一次，向前进带若干毫秒，也可按住不放连续向前进带。

◆ 移到下一个按钮 ◼：将播放指示器移动到上一个提示点或者结尾。

◆ 录制按钮 ◼：按下开始录音。

◆ 循环播放按钮 ◼：循环播放选中的波形。

◆ 跳过所有项目按钮 ◼：播放时跳过所有的项目。

● 缩放按钮：

◆ 放大振幅按钮 ◼：垂直方向放大波形。

◆ 缩小振幅按钮 ◼：垂直方向缩小波形。

◆ 放大时间按钮 ◼：水平方向放大波形。

◆ 缩小时间按钮 ◼：水平方向缩小波形。

◆ 全部缩小按钮 ◼：水平、垂直方向都缩小波形。

◆ 放大入点按钮 ◼：对入点进行放大波形。

◆ 放大出点按钮 ◼：对出点进行放大波形。

◆ 缩放至选取按钮 ◼：将波形水平缩放至刚好显示选区。

◆ 缩放所选音轨按钮 ◼：对被选音轨进行缩放。

● 多音轨编辑区：在多音轨编辑区（见图 1–18–17）中，可进行多轨录音、配音影视片，也可对多个文件进行混合、编辑、添加效果等操作。多音轨状态的编辑结果不破坏源音频文件，由多轨工程文件管理。多轨工程文件不包括实际的音频文件，仅存储文件的相关位置、包络及效果信息等，扩展名为 .sesx。

为区分不同音轨，在每个轨道头部前标记了不同颜色的色块，在色块部分按下鼠标左键上下拖动，可以调整音轨位置；在轨道头部滚动鼠标滚轮，将对轨道进行垂直方向的拉伸；在轨道显示波形部分滚动鼠标滚轮，对轨道进行垂直方向的滚动；按主键盘的"+"或者"–"对波形进行缩放，也可使用音轨按钮实线缩放功能。

在波形中，有两条线：黄色为音量线，拖动音量线改变音量大小；蓝色为声像线，拖动声像线改变声像。

每个音轨左侧有很多功能按钮。

◼ 从左到右分别为静音按钮、独奏按钮：录音准备按钮和监视输入按钮（需要声卡的支持）。

◼ 中，左侧为音量按钮，右侧为立体声平衡调节按钮，二者都可以通过左键拖动鼠标修改数值，若需恢复到默认值，只需按【Alt】键的同时单击鼠标左键即可（音量按钮调节声音与前述音量线调节声音并不冲突，同样，立体声平衡调节按钮调节声像与前述声像线调节声像并不冲突）。

在多音轨编辑区下方有一排按钮，其功能与单轨类似，在此不再赘述。

（10）"混音器"面板：声音的混合是指将两种或两种以上的音频素材合成，形成新文件。单击"混音器"选项卡可切换到"混音器"面板，如图 1–18–18 所示。由于 Audition 默认显示 6 轨道，因此"混音器"面板可对 6 个轨道进行混音，混音操作完成即可导出混音音频。

（11）"电平"面板：电平表显示当前播放声音的实时电平状态，显示值的单位为 dB，如图 1–18–19 所示。"电平"面板最右侧刻度为 0，通常称为标准量，除 0 以外的其他都是变化值，为负数，若变化值高于标准量 0，则音频可能出现破音或爆音。

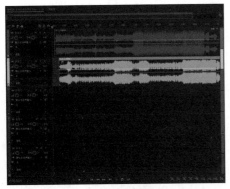

图 1-18-17　多音轨编辑区

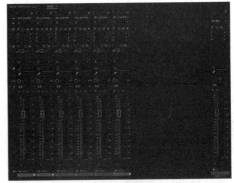

图 1-18-18　混音器面板

图 1-18-19　"电平"面板

（12）"选区 / 视图"面板：显示了当前选区和视图等相关信息，如图 1-18-20 所示。

（13）状态栏：默认在 Adobe Audition 工作区底部，如图 1-18-21 所示。状态栏的左侧显示打开、保存或处理文件所需的时间，以及当前的传输状态（播放、录音或已停止）；状态栏右侧显示可自定义的各种各样的信息。

图 1-18-20　"选区 / 视图"面板

图 1-18-21　状态栏

18.2.2　Audition 基本操作

Adobe Audition 对音频的处理大致流程为：新建文件→录制声音 / 导入音频→编辑音频→导出 / 保存。

1. 选项设置

（1）音频硬件设置。为保证 Audition 能正常使用声音的输入设备和输出设备，需要进行以下音频硬件设置和确认：选择"编辑"→"首选项"→"音频硬件"，打开如图 1-18-22 所示对话框，在对话框中选择正确声卡设备类型，选择所能支持的默认输入、默认输出等选项。

另外，感兴趣的读者也可研究并修改其他选项，如常规、外观、自动保存等。

图 1-18-22　"首选项"对话框

（2）Windows 10 下的录音选项设置。硬件选择正确的情况下，还需要选择正确的音频输入通道才能将声音录入计算机。操作方法如下：右击桌面右下角的小喇叭，在弹出的快捷菜单中选择"录音设备"命令，将出现如图 1-18-23 所示对话框。在"录制"选项卡中，选择录音来源，并在弹出的菜单中选择"设置为默认设备"命令。

　　如果找不到录音来源硬件设备，则在空白位置右击，在弹出的快捷菜单中选择"显示禁用设备"命令，此时的界面如图 1-18-24 所示，后续操作如上述。

图 1-18-23　录音选项

图 1-18-24　录音选项显示禁用设备

2. 文件的新建

　　（1）新建音频文件。常用的方法如下：

　　方法一：选择"文件"→"新建"→"音频文件"命令（见图 1-18-25），将出现如图 1-18-26 所示界面，输入文件名，根据录音文件的要求选择合适的采样率、声道及位深度（又称为比特率），单击"确定"按钮。

图 1-18-25　新建音频文件菜单

图 1-18-26　"新建音频文件"对话框

　　方法二：右击"文件"面板的空白位置，在弹出的快捷菜单中选择"新建"→"音频文件"命令，如图 1-18-27 所示，后续操作同方法一。

　　（2）新建多轨合成项目。只有创建多轨合成项目文件后，在多轨合成的界面中才能对多个声音文件进行合成编辑操作。

　　常用的新建多轨合成项目方法如下：

　　方法一：选择"文件"→"新建"→"多轨会话"命令，（见图 1-18-28），将出现如图 1-18-29 所示界面，输入文件名，

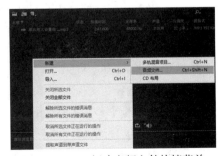

图 1-18-27　新建音频文件快捷菜单

根据录音文件的要求选择合适的采样率、位深度（又称为比特率）及"主控"后，单击"确定"按钮。

图 1-18-28　新建音频文件菜单

图 1-18-29　"新建多轨会话"对话框

方法二：右击"文件"面板空白位置，在弹出的快捷菜单中选择"新建"→"多轨混音项目"命令，如图 1-18-30 所示，后续操作同方法一。

3. 音频文件的打开、保存与关闭

（1）打开音频文件 Audition 通过打开音频文件获取波形的方法如下：

方法一：选择"文件"→"打开"命令，在打开的对话框中选择需要打开的音频文件，单击"打开"按钮，编辑器将直接显示文件波形图。

方法二：右击"文件"面板的空白区域，在弹出的快捷菜单中选择"打开"命令，在打开的对话框中选择需要打开的音频文件后单击"确定"按钮，编辑器将直接显示文件波形图。

（2）保存音频文件。选择"文件"→"保存"命令，打开如图 1-18-31 所示对话框，设置好相应文件名、保存路径、格式等选项，还可修改新建文件时已经设置好的采样类型等，单击"确定"按钮。

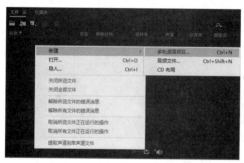

图 1-18-30　新建音频文件快捷菜单

图 1-18-31　"另存为"对话框

（3）关闭文件。关闭文件操作很简单，操作方法如下：

方法一：右击"文件"面板中需要关闭的对象，在弹出的快捷菜单中选择"关闭所选文件"命令，也可关闭全部文件。

方法二：选择"文件"菜单下的相应关闭命令。

4. 音频文件的导入与导出

（1）导入文件到文件面板：

方法一：选择"文件"→"导入"→"文件"命令，在打开的对话框中选择需要打开的音频文件。

方法二：在左侧的文件面板中，单击"导入文件"按钮，在打开的对话框中选择需要打开的音频文件。

> **注意：** 导入文件后，文件仅仅出现在"文件"面板中，双击"文件"面板中的文件后，才会在编辑区显示其波形图。

（2）导出文件：Adobe Audition 可在单轨或多轨模式下，导出 MP3 等可直接播放的格式。

- 在单轨模式下，常用的操作方法如下：选择"文件"→"导出"→"文件"命令（见图 1-18-32），将出现如图 1-18-33 所示界面，设置相应属性后单击"确定"按钮。

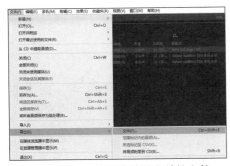

图 1-18-32　使用菜单导出单轨文件

图 1-18-33　导出单轨文件对话框

- 在多轨模式下，常用的操作方法如下：

方法一：在编辑器中选择需要导出的对象，选择"文件"→"导出"→"多轨混音"→"时间选区"/"整个会话"/"所选剪辑"命令（见图 1-18-34），将导出相应对象至音频文件，打开如图 1-18-35 所示对话框，从中设置相应属性后单击"确定"按钮即可。

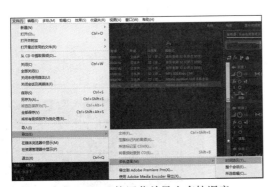

图 1-18-34　使用菜单导出多轨混音

图 1-18-35　"导出多轨混音"对话框

方法二：在多轨模式，在编辑器中选择需要导出的对象，右击选区，选择"导出混缩"→"整个会话"→"时间选区"/"整个会话"/"所选剪辑"命令，如图 1-18-36 所示，后续操作同方法一。

5. 从 CD 中提取音频

Adobe Audition 可以从 CD 轨道中直接提取音频，以便对其进行重新编辑。

在 CD 已经放入光驱的前提下，选择"文件"→"从 CD 提取音频"命令（见图 1-18-37），将打开"从 CD 提取音频"对话框，选择放入 CD 的光驱、读取速度及要导入的轨道等选项，单击"确定"按钮。

图 1-18-36 使用快捷菜单导出多轨混音

图 1-18-37 从 CD 提取音频菜单

18.2.3 Audition 录音

无论在单轨或多轨模式下，Audition 都能对录音进行采样，按照前面章节的描述步骤对选项进行设置。大致原则为：在保证没有爆音的前提下，尽可能提高音量。在降噪完成之后或之前，为使得前后音量平衡，经常需要调整音量。

1. 单轨录音

（1）选择"文件"→"新建"→"音频文件"命令，在新建对话框中输入文件名，根据录音文件的要求选择合适的采样率、声道及位深度（又称为比特率），单击"确定"按钮。

（2）单击"录制"按钮█，就可以开始录制，如图 1-18-38 所示。在录制过程中显示波形图说明录制正常。录制完成后，单击"结束"按钮█结束录音。可点击▶进行播放测试，然后进行保存。

2. 多轨录音

（1）选择"文件"→"新建"→"多轨会话"命令，将出现如图 1-18-39 所示界面，大部分参数设置可参考单轨录音。

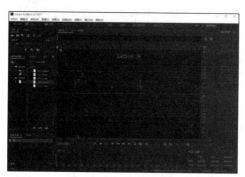

图 1-18-38 单轨录音

图 1-18-39 "新建多轨会话"对话框

（2）新建一个主控为立体声的多轨音频工程文件后的界面如图 1-18-40 所示。

（3）单击需要进行录音轨道上的"录制准备"按钮█变为█图标，则说明该轨道进入录音准备状态。单击"录音"按钮█（若需要多个轨道录音，也可选择多个轨道的"录音轨道按钮"，其他操作同上）开始录音，单击█按钮结束录音，并单击█按钮结束录音准备，然后进行试听和保存。

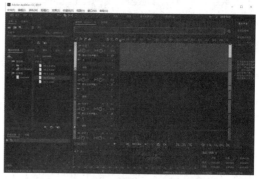

图 1-18-40 多轨录音

18.2.4 Audition 音频编辑

1. 选择操作

若需对某声音文件部分音频进行编辑，应先选取编辑区域，下面介绍在单轨界面中如何选取波形。

（1）选择部分波形：

方法一：用鼠标选取。在工具栏中，选择"时间择"工具 。在"编辑器"面板中，从选择区域的开始时间处拖动至结束时间，高亮部分为选中区域，如图 1-18-41 所示。

方法二：使用时间精确定位。在"选区 / 视图"面板输入精确的开始和结束时间或者开始和持续时间（见图 1-18-42），按【Enter】键确认，高亮部分为选中区域。

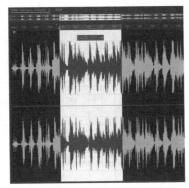

图 1-18-41 用鼠标选取一段波形

图 1-18-42 "选区 / 视图"面板

（2）选择单个声道波形：选择"编辑"→"首选项"→"常规"打开首选项设置对话框，勾选允许相关敏感度声道编辑选项（见图 1-18-43），即可对单独的声道波形进行选取。若需选取左声道某段波形，可在左声道偏上方位置拖动；同理，若需选取左声道某段波形，可在右声道偏下方位置拖动，高亮部分为选中区域。

图 1-18-43 设置允许相关敏感度声道编辑选项

（3）选择单个声道全部波形：操作非常简单，按下键盘的上下方向键即可。

（4）选择全部波形：

方法一：选择"编辑"→"选择"→"全选"命令。

方法二：按【Ctrl+A】组合键。

方法三：双击波形文件。

（5）选择正在查看的区域。如果当前查看的区域仅能显示文件中的部分波形，可对这部分区域进行选取。

方法一：在波形的任意位置双击。

方法二：在波形的任意位置右击，在弹出的快捷菜单中选择"选择当前视图时间"命令。

2. 音频编辑

在 Adobe Audition 中对声音的编辑操作与读者所熟悉的 Word 操作类似，如复制、剪切、粘贴、删除等，此处不再赘述。其他常用操作以下做简单介绍。

（1）单轨模式粘贴波形。一般的粘贴操作同 Word 类似，下面将介绍几种不同的粘贴方式。

- 粘贴到新文件：将自动新建一个文件，并将所复制或剪切的波形内容粘贴于新文件中。方法如下：选择"编辑"→"粘贴为新文件"命令，也可按【Atrl+Alt+V】组合键。
- 混合式粘贴：Adobe Audition 中，与 Word 类似的普通粘贴是将一段音频插入到所需要的地方，在插入点加入一段音频，总的音频时间会变长。而混合式粘贴是将这段音频从插入点开始叠加到原有的音频上，例如，若有一段朗诵和一段背景音乐，在插入点选择混合粘贴就会叠加到音乐上，将二者混合，总音频时间不变。

使用菜单，将波形复制到剪贴板后，在新文件中，选择"编辑"→"混合式粘贴"命令，将弹出"混合式粘贴"对话框，如图 1-18-44 所示。

图 1-18-44　"混合式粘贴"对话框

在"音量"选项组合中，通过拖动滑块或直接输入的方式设置复制的音频和现有的音频音量。"反转"效果可将音频相位反转 180°；"交叉淡化"是指被粘贴的文件起始位置分别带有淡入和淡出效果，设置好所有选项后，单击"确定"按钮。

（2）反相波形："反转"效果可将音频相位反转 180°，不会对个别波形产生听得见的更改。操作方法：选择需要反转波形的范围，选择"效果"→"反转"命令。

（3）翻转波形：翻转效果将从右到左翻转波形，意味着音频会逆向播放。操作方法非常简单：请选择所需反转的范围，选择"效果"→"翻转"命令。

（4）插入静音：如果需要对插入暂停以及从音频文件中删除不重要的噪声，可使用创建静音功能。创建静音的操作如下：

方法一：选择所需静音的内容，然后选择"效果"→"静音"命令，消音将保持持续时间不变。

方法二：首先定位当前时间指示器，或选择现有的音频。然后，选择"编辑"→"插入"→"静音"命令，并输入时间。此时，波形将延长持续时间。

（5）剪辑波形。Adobe Audition 为波形的剪辑提供了非常人性化的操作，方法如下：

在多轨模式下，单击常用工具栏中的"切断所选剪辑"按钮 🔲，鼠标移到需要切断的位置单击即可。

下面分别使用复制、粘贴波形的方法及剪辑波形方法操作以下题目。

【例 18.1】制作手机铃声（使用复制粘贴波形编辑）。

具体操作步骤如下：

（1）打开 Adobe Audition，选择"文件"→"打开"命令，在对话框中选择"let it go.mp3"，单击"打开"按钮打开文件。

（2）单击播放按钮 ▶，试听波形文件，按住鼠标左键拖动，选择喜欢的一段波形，本例所选时间为 1:00.700 至 1:28.000，如图 1-18-45 所示。

（3）选择"编辑"→"复制到新文件"命令，如图 1-18-46 所示。

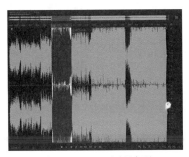

图 1-18-45　选择波形

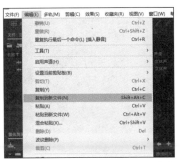

图 1-18-46　"复制到新文件"命令

（4）试听新文件效果，选择"文件"→"保存"命令，在如图 1-18-47 所示"另存为"对话框中设置文件名为"手机铃声"，格式为 mp3，单击"确定"按钮。

【例 18.2】制作手机铃声（使用剪辑波形编辑）。

（1）打开 Adobe Audition，选择"文件"→"新建"→"多轨会话"命令，在弹出的"新建多轨会话"对话框中设置会话名称、文件夹位置等参数，单击"确定"按钮，如图 1-18-48 所示。

图 1-18-47　"另存为"对话框

图 1-18-48　"新建多轨会话"对话框

（2）通过对"媒体浏览器"面板的相关操作，使得其右侧的内容窗口显示存放素材的文件夹，右击此对象，在弹出的快捷菜单中选择"添加快捷方式"命令，如图 1-18-49 所示。

（3）查看媒体浏览器的左侧树形窗口，通过双击展开"快捷方式"项目，出现刚才所创建对象的快捷方式（见图 1-18-50），极大程度地方便了后续查找文件操作。

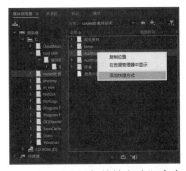

图 1-18-49　"添加快捷方式"命令

图 1-18-50　添加快捷方式效果

（4）通过快捷方式，快速找到文件"let it go.mp3"并将其拖动至文件面板。文件被导入，文件窗口即出现了音频文件（见图 1-18-51），但编辑器的轨道无对象。

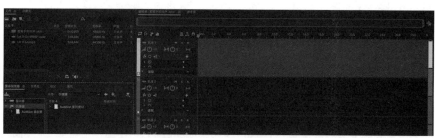

图 1-18-51　导入文件

（5）切换到多轨，将"文件"面板的文件导入轨道 1，操作结果如图 1-18-52 所示。

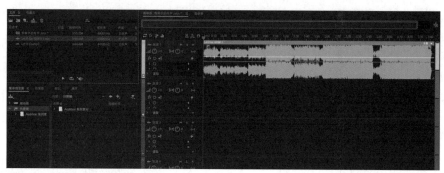

图 1-18-52　文件到轨道 1

（6）单击常用工具栏中的"切断所选剪辑"工具 ，鼠标在波形的 1:00.700 和 1:28.000 单击，将其拆分为 3 段剪辑，如图 1-18-53 所示。

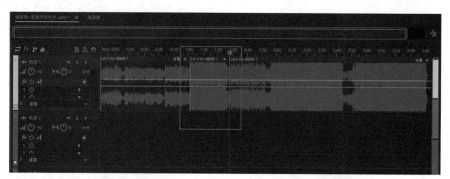

图 1-18-53　"切断所选剪辑"工具拆分波形

（7）切换到"时间选择"工具 ，右击第一段剪辑，在弹出的快捷菜单中选择"波纹删除"→"所选剪辑"命令，如图 1-18-54 所示。用同样的操作删除第三段剪辑。

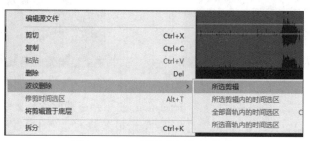

图 1-18-54　删除剪辑快捷菜单

（8）删除剪辑后波形（图1-18-55），试听效果满意后，选择"文件"→"导出"→"多轨混音"→"整个会话"命令，打开"导出多轨混音"对话框，设置相应选项（见图1-18-56），单击"确定"按钮，保存工程。

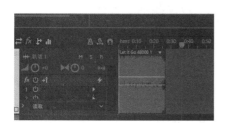

图 1-18-55　删除剪辑后波形　　　　　　　图 1-18-56　导出多轨混音

【例 18.3】用 Adobe Audition 将 "哭不出来 .mp3" "夏洛特烦恼 .mp3" 及 "勇敢的我 .mp3"三首歌曲连接一起，制作为歌曲串烧形式。

具体操作步骤如下：

（1）打开 Adobe Audition，选择"文件"→"打开"命令，在打开的对话框中选择"哭不出来 .mp3" "夏洛特烦恼 .mp3" 及 "勇敢的我 .mp3"，单击"打开"按钮。

（2）选择"文件"→"新建"→"音频文件"命令，在打开的对话框中设置相关参数，单击"确定"按钮，如图 1-18-57 所示。

（3）在"文件"面板中双击"勇敢的我 .mp3"，此时，编辑器将直接显示文件波形图，可单击播放按钮进行播放试听。

（4）采用"选区 / 视图"面板设置选区，参数如图 1-18-58 所示。

图 1-18-57　"新建音频文件"对话框　　　　　图 1-18-58　设置"勇敢的我"选区

（5）选择"编辑"→"复制"命令将波形复制到剪贴板。

（6）在"文件"面板中双击"歌曲串烧"，设置插入点为起始位置，选择"编辑"→"粘贴"命令，将"勇敢的我 .mp3"的部分波形粘贴至"歌曲串烧"中。

（7）在"文件"面板中双击"夏洛特烦恼 .mp3"，参考（4）、（5）步骤，在"选区 / 视图"面板设置选区，参数如图 1-18-59 所示。选择"编辑"→"复制"命令将波形复制到剪贴板。

（8）在"文件"面板中双击"歌曲串烧"，设置播放指示器为波形结尾处，选择"编辑"→"插入"→"静音"，在对话框中设置参数，如图 1-18-60 所示，操作结果如图 1-18-61 所示。

图 1-18-59　设置"夏洛特烦恼"选区

图 1-18-60　"插入静音"对话框

（9）选择"编辑"→"粘贴"命令，将"勇敢的我.mp3"的部分波形粘贴至"歌曲串烧"尾部。

（10）重复执行步骤（7）、（8）、（9），将"哭不出来.mp3"的1分00秒至1分36秒部分波形粘贴至"歌曲串烧"尾部。

（11）试听歌曲"串烧.wav"文件效果，选择"文件"→"保存"命令，在"另存为"对话框中设置参数，如图1-18-62所示。选择"文件"→"导出"→"多轨混音"→"整个会话"命令，在打开的"导出多轨混音"对话框中设置参数，单击"确定"按钮，如图1-18-63所示。

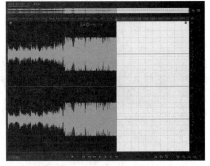

图 1-18-61　插入静音后波形图

图 1-18-62　"另存为"对话框

图 1-18-63　"导出多轨混音"对话框

18.3　Audition 音频特效

Adobe Audition 拥有集成的多音轨和编辑视图、实时特效、环绕支持、分析工具、恢复特性和视频支持等功能，为音乐、视频、音频和声音设计专业人员提供全面集成的音频编辑和混音解决方案。

18.3.1　降噪

在录音设备进行录音时，周围的环境或硬件等可能会产生一些噪声影响效果，因此需要进行降噪，使噪声减弱，但降低噪声会对音频文件产生破坏影响，过度降噪会导致声音失真，破坏原声。因此，要尽量在录音阶段取得较好的音频素材，减少降噪程度，以最大限度地保持高音质。实际降噪程度取决于背景噪声类型和剩余信号可接受的品质损失，一般将信噪比提高 5～20 dB。Adobe Audition 提供了多种降噪方法。

1. 通过捕捉噪声样本降噪

【例18.4】消除"独上西楼.wav"低音部分的电流噪声。操作步骤如下：

具体操作步骤如下：

（1）打开 Adobe Auditio，导入文件"独上西楼.wav"，通过"选区/视图"面板设置选区，如图1-18-64所示。

（2）选择"效果"→"降噪/恢复"→"捕捉噪声样本"命令，如图1-18-65所示。

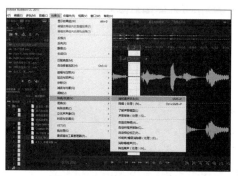

图 1-18-64　设置噪声样本选区　　　　图 1-18-65　捕捉噪声样本

（3）选择全部波形，选择"效果"→"降噪/恢复"→"降噪（处理）"命令，打开降噪效果对话框，如图1-18-66所示。下面将对此对话框做简要说明：

- 振幅：蓝色实线有控制点，可以通过拖动改变控制点位置从而改变不同频率范围中的降噪值。控制点可以自行增加（单击实线）和减少（将其拖动至外部）。
  - ◆ 红色部分为低振幅噪声。
  - ◆ 黄色部分为高振幅噪声。
  - ◆ 绿色部分为阈值，低于该值将进行降噪处理。
- 按钮：⏻为已经打开降噪效果；⏻为已经关闭降噪效果，二者可以单击切换；▶为预览播放/停止按钮；🔁为切换循环按钮。

（4）设置上述参数，通过上述按钮测试降噪效果。一般为达到较好的降噪效果，可以分多次进行取样、降噪处理，每次选取较小的降噪级别，这样对原始损伤程度较小。

2. 自适应降噪

自适应降噪可快速去除宽频噪声，如背景声音、隆隆声和风声等。操作方法十分简单：选择"效果"→"降噪/恢复"→"自适应降噪"命令，打开如图1-18-67所示对话框，设置参数后，单击"应用"按钮。

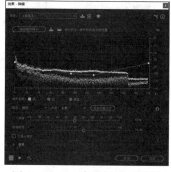

图 1-18-66　降噪效果对话框　　　　图 1-18-67　"自适应降噪"对话框

3. 自动咔嗒声移除

如果需要去除黑胶唱片中的噼啪声和静电噪声，可使用自动咔嗒声移除效果降噪。操作方法：选择"降噪 / 恢复"→"自动咔嗒声移除"命令，打开如图 1-18-68 所示对话框，设置好参数后，单击"应用"按钮。

4. 自动相位校正

如果需要去除未对准的磁头中的方位角误差、放置错误的麦克风的立体声模糊以及许多其他相位相关噪声，可使用自动相位校正效果。操作方法：选择"降噪 / 恢复"→"自动相位校正"命令，打开如图 1-18-69 所示对话框，设置好参数后，单击"应用"按钮。

图 1-18-68　自动咔嗒声移除效果窗口

图 1-18-69　自动相位校正

5. 咔嗒声 / 爆音消除器

如果需要消除麦克风爆音、咔嗒声、轻微嘶声以及噼啪等噪声，可选择"降噪 / 恢复"→"咔嗒声 / 爆音消除器效果"命令，打开如图 1-18-70 所示对话框。可无须关闭"效果"对话框，直到调整选区，并且修复多个咔嗒声。设置好参数后，单击"应用"按钮。

6. 消除嗡嗡声

如果需要去除照明设备和电子设备的电线嗡嗡等窄频段及其谐波，可使用此选项。操作方法：选择"降噪 / 恢复"→"消除嗡嗡声"命令，打开如图 1-18-71 所示对话框。设置好参数后，单击"应用"按钮。

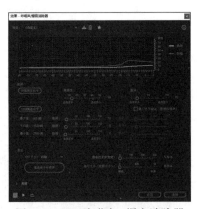
图 1-18-70　咔嗒声 / 爆音消除器

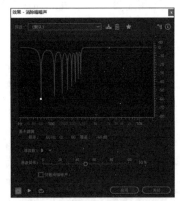
图 1-18-71　消除嗡嗡声

7. 降低嘶声（处理）

此效果只限波形编辑器中处理，可减少录音带、黑胶唱片或麦克风前置放大器等音源中的嘶声。如果某个频率范围在噪声门的振幅阈值以下，使用降低嘶声可以大幅降低该频率范围的振幅。而高于阈值的频率范围内的音频保持不变。操作方法：选择"降噪 / 恢复"→"降低嘶声（处理）"命令，打开如图 1–18–72 所示对话框。设置好参数后，单击"应用"按钮。

18.3.2　音量标准化

图 1–18–72　降低嘶声

音量标准化可以将波形按照比例放大或缩小。

【例 18.5】调整"音量标准化串烧 .wav"音量到合适大小。

具体操作步骤如下：

（1）打开 Adobe Audition，选择"文件"→"打开"命令，在打开的对话框中选择需要打开的音频文件，单击"打开"按钮，可以发现波形图显示部分波形声音过高，如图 1–18–73 所示波形图框选部分。

（2）单击▶播放文件，观察"电平"面板，发现某些变化值高于标准量"0"，音频可能出现破音或爆音，如图 1–18–73 电平框选部分。

（3）音量标准化，选择"效果"→"振幅与压限"→"标准化 (处理)"命令，打开如图 1–18–74 所示对话框。采用默认设置，单击"应用"按钮。

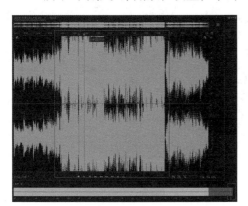

图 1–18–73　某些变化值高于标准量

图 18–74　标准化窗口

（4）设置音量标准化前后波形对比（见图 1–18–75），可以看到变化值高于标准量"0"的波形部分有所变少，若不满意效果，试听后可再次重复操作。

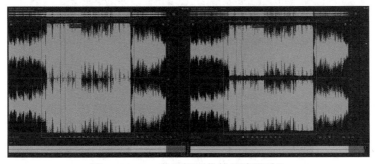

图 1–18–75　音量标准化前后波形对比

（5）导出文件，选择"文件"→"导出"→"文件"命令，在"另存为"对话框中设置相关参考，如图 1–18–76 所示。

18.3.3 淡入淡出

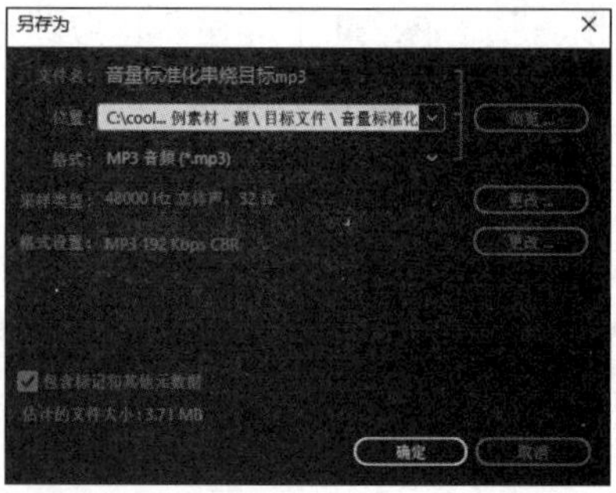

淡入淡出效果是音乐处理上经常用到，使得音乐的进入和结束都有平稳的过渡，不会让人感到很突兀。

【例 18.6】对音频文件添加淡入淡出效果。

具体操作步骤如下：

（1）打开 Adobe Audition，选择"文件"→"新建"→"多轨会话"命令，在打开的对话框中设置会话名称、文件夹位置等参数，单击"确定"按钮，如图 1-18-77 所示。

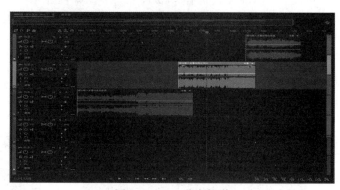

图 1-18-76　导出文件

（2）选择"文件"→"导入"→"文件"命令，在导入文件对话框中选择"淡入淡出音量标准化串烧 .mp3"，将其拖动到轨道 1。

（3）使用常用工具栏中的"切断所选剪辑工具" ，在轨道 1 的 1 分 15 秒、2 分 05 秒处将其切断，将其拆分为 3 段音频。

（4）切换到"移动工具"，拖动第 2 剪辑至第 2 轨道，第 3 剪辑至第 3 轨道，调整好位置，如图 1-18-78 所示。拖动轨道 3 的音量按钮使得轨道 3 的音量稍微增加。

图 1-18-77　新建多轨会话

图 1-18-78　分离轨道

（5）拖动轨道 1 左侧的淡入按钮设置淡入效果，右侧的淡出按钮设置淡出效果。用同样的方法设置轨道 2、轨道 3，如图 1-18-79 所示。

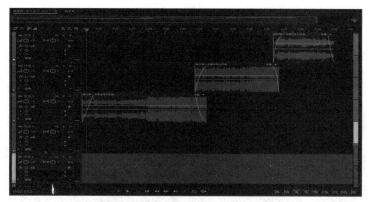

图 1-18-79　设置淡入、淡出效果

（6）设置淡入、淡出效果前后波形对比如图 1-18-80 所示，可以看到音频振幅变化更平缓。

（7）试听后，如果满意，导出文件，选择"文件"→"多轨混音"→"导出多轨混音"命令，在打开的对话框中设置相关参数，单击"确定"按钮，保存工程文件，如图 1-18-81 所示。

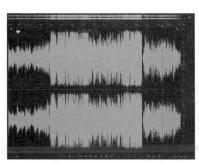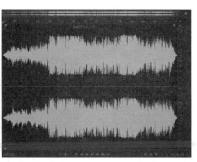

图 1-18-80　设置淡入、淡出效果前后波形

18.3.4　提取中置声道

唱卡拉 OK 需要伴奏的音乐，需要消除歌曲中人的声音，提取伴奏功能完全可由 Adobe Audition 的"提取中置声道"实现。

【例 18.7】对单轨模式音频文件添加淡入、淡出效果。
具体操作步骤如下：

（1）打开 Adobe Audition，选择"文件"→"打开"命令，按照前述步骤打开"挥着翅膀的女孩 .mp3"。

（2）选择"效果"→"立体声声像"→"中置声道提取器"命令，打开如图 1-18-82 所示对话框，设置"预设"为"人声移除"，边听边微调对话框中其他参数，效果满意后单击"确定"按钮。

图 1-18-82　"中置声道提取"对话框

（3）中置声道提取前后波形对比如图 1-18-83 所示，可以看到音频振幅增加，音量变化很小。

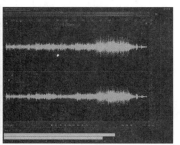

图 1-18-83　中置声道提取前后波形对比

（4）本次操作将对音量进行处理。选择"效果"→"振幅与压限"→"增幅"命令，打开如图 1-18-84 所示对话框。输入增益为 6.56 dB，预览播放，调整参数至合适数值，单击"应用"

按钮应用效果。

（5）中置声道提取前后波形对比，如图 1-18-85 所示，可以看到音频振幅增加，音量变大。

图 1-18-84 增幅对话框

图 1-18-85 声道提取前后波形

（6）试听效果满意后，导出文件，选择"文件"→"导出"→"文件"命令，在"另存为"对话框中设置文件名、路径等参数，单击"确定"按钮。

18.3.5 伸缩与变调

【例 18.8】单轨模式生成快曲效果。

具体操作步骤如下：

（1）打开 Adobe Audition，选择"文件"→"打开"命令，按照前述步骤打开"克罗地亚狂想曲 .mp3"。

（2）选择"效果"→"时间与变调"→"伸缩与变调"命令，打开如图 1-18-86 所示对话框，设置预设为"加速"，边听边微调窗口其他参数，效果满意后单击"应用"按钮。

（3）仔细观察对比，如图 1-18-87 所示，前面为加速前的波形图，后面为加速后的波形图。

（4）导出文件，选择"文件"→"导出"→"文件"命令，在"另存为"对话框中设置文件名、路径等参数，单击"确定"按钮。

图 1-18-86 "伸缩与变调"对话框

【例 18.9】单轨模式下为音乐降调。

具体操作步骤如下：

（1）打开 Adobe Audition，选择"文件"→"打开"命令，打开"克罗地亚狂想曲 .wav"。

（2）选择"效果"→"时间与变调"→"伸缩与变调"命令，打开如图 1-18-88 所示对话框，设置"预设"为"降调"，继续微调其他参数，效果满意后单击"确定"按钮。

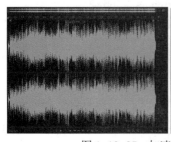
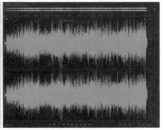

图 1-18-87 加速前后的波形对比

图 1-18-88 "伸缩与变调"对话框

（3）仔细观察对比，如图 1-18-89 所示，前面为添加降调前的波形图，后面为添加降调后的波形图。

（4）导出文件，选择"文件"→"导出"→"文件"命令，在"另存为"对话框中设置文件名、路径等参数，单击"确定"按钮。

图 1-18-89　添加降调前后的波形对比

18.3.6　回声

可向声音添加一系列重复的衰减回声。产生回声效果其操作也很简单。

【例 18.10】添加回声效果。

具体操作步骤如下：

（1）打开 Adobe Audition，选择"文件"→"打开"命令，打开"我曾经爱过你 .wav"。

（2）选择"效果"→"延迟与回声"→"回声"命令，打开如图 1-18-90 所示对话框，设置"预设"为"偶偶细语"，继续微调其他参数，效果满意后单击"确定"按钮。

（3）仔细观察对比，如图 1-18-91 所示，前面为添加回声前的波形图，后面为添加回声后的波形图，波形变化较大。

（4）导出文件，选择"文件"→"导出"→"文件"命令，在"另存为"对话框中设置文件名、路径等参数，单击"确定"按钮。

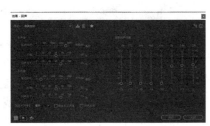

图 1-18-90　"回声"对话框　　　　图 1-18-91　添加回声前后的波形对比

18.4　应用举例

【案例】为朗诵音频文件配乐。

【设计思路】利用多轨会话为一段朗诵音频配上背景音乐并添加特效。

【设计目标】通过本案例，掌握创建多轨会话、导入文件、音频编辑、淡入淡出特效添加等相关知识。

【操作步骤】

（1）打开 Adobe Audition，选择"文件"→"新建"→"多轨会话"命令，在打开的对话框中设置会话名称、文件夹位置等参数，单击"确定"按钮，如图 1-18-92 所示。

（2）选择"文件"→"导入"→"文件"命令，打开"导入文件"对话框，如图 1-18-93 所示。选择文件 Right here waiting for you.mp3 及"You 朗诵版 .wav"，单击"打开"按钮。

（3）分别将"文件"面板的"You 朗诵版 .wav"及 Right here waiting for you.mp3 拖动到轨道 1 和轨道 2 的起始位置，操作结果如图 1-18-94 所示。

图 1-18-92 新建多轨会话

图 1-18-93 导入文件

（4）单击常用工具栏中的"切断所选剪辑工具"，鼠标在轨道 1 的第 20 秒单击，将其拆分为 2 段音频。

（5）单击常用工具栏中的"时间选择工具"，选择前面部分，选择"文件"→"波纹删除"→"所选剪辑"命令，将前部分剪辑删除，此时后部分剪辑会往前移动填补空位。此时编辑器状态如图 1-18-95 所示。

图 1-18-94 多轨编辑器对话框

图 1-18-95 轨道 1 波形剪辑

（6）下面将编辑轨道 2。单击常用工具栏中的"切断所选剪辑工具"，在轨道 2 对齐轨道的结尾处单击，将其拆分为 2 段音频。

（7）单击常用工具栏中的"时间选择工具"，选择轨道 2 后面部分，选择"文件"→"波纹删除"→"所选剪辑"命令，将后部分剪辑删除，如图 1-18-96 所示。

图 1-18-96 轨道 2 波形剪辑

（8）单击轨道 1 波形，向右拖动轨道左侧的音量按钮，如图 1-18-97 所示。

（9）为轨道 1 设置淡入、淡出效果，拖动左侧的（上下或左右拖动）淡入按钮设置淡入效果，拖动右侧的（上下或左右拖动）淡出按钮设置淡出效果。用同样的方法为轨道 2 设置淡入淡出效果，如图 1-18-98 所示。

图 1-18-97 增大音量

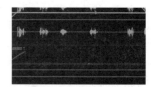

图 1-18-98 设置淡入、淡出效果

（10）单击将播放指示器移到上一个按钮，循环播放按钮，最后单击播放按钮试听效果，调整至满意为止。

（11）选择"文件"→"导出"→"多轨混音"→"整个会话"命令，单击"确定"按钮。保存工程。

第五部分
视频编辑

Adobe Premiere 是一款常用的视频编辑软件，由 Adobe 公司推出。现在常用的版本有 CS4、CS5、CS6、CC、CC 2014、CC 2015 以及 CC 2017。Adobe Premiere 是一款编辑画面质量比较好的软件，有较好的兼容性，且可以与 Adobe 公司推出的其他软件相互协作。目前这款软件广泛应用于广告制作和电视节目制作中。

本部分以 Adobe Premiere Pro CC 2017 作为介绍的主要对象，在讲解的过程中秉承教学的基本理念，突出实用性，从基础功能讲起，几乎每个工具的使用都结合具体实例进行讲解。因此，无论是初学者，还是已有一定基础的读者，都可以按照各自的要求进行有规律的学习，从而提高运用 Premiere 处理视频的能力。

第 *19* 章
Premiere 视频编辑基础

本章导读

随着现代影视与传媒技术的发展，视频剪辑软件成为电影电视必不可少的工具。本章将讲解 Premiere 素材剪辑的基本方法。这里要提醒读者的是剪辑最重要的不是多熟练使用软件，而是剪辑的思路，即先要在头脑里生成画面，第一个镜头是人还是物，以什么样的形式出现，用什么样的音乐，想要营造一个什么样的氛围。素材的准备，也就是拍摄，这个环节也非常重要，要搞清楚自己真正需要什么镜头。此外，还要有美术功底，要懂得最基本的颜色空间转换，懂得 RGB 三原色调色，这就需要长期的练习和积累。

学习目标

◎ 熟悉 Premiere Pro CC 2017 的工作界面。

◎ 掌握视频素材和音频素材的剪辑。

◎ 了解将项目文件输出成影片文件。

◎ 熟悉静态字幕和滚动字幕设计。

学习重点

◎ 视频素材和音频素材的剪辑。

◎ 静态字幕和滚动字幕设计。

 ## 19.1 影视编辑常见的基础概念

在使用 Premiere Pro CC 2017 进行影视内容的编辑处理时，只有准确理解相关概念、术语的含义，才能快速理解和掌握各种视频编辑操作的实用技能。

1. 帧速率

视频帧速率（Frame Rate）是用于测量显示帧数的量度，测量单位为每秒显示帧数（FPS）。由于人类眼睛的特殊生理结构，如果所看画面的帧速率高于 16，就会认为是连贯的，此现象称为视觉停留。高的帧速率可以得到更流畅、更逼真的动画。一般来说 30 帧 /s 就是可以接受的，但是将性能提升至 60 帧 /s 则可以明显提升交互感和逼真感，但是一般来说超过 75 帧 /s 就不容易察觉到有明显的流畅度提升。

2. 电视制式

电视信号的标准简称制式，可以简单地理解为用来实现电视图像或声音信号所采用的一种技术标准。制式的区分主要在于其帧频（场频）的不同、分解率的不同、信号带宽以及载频的不同、色彩空间的转换关系不同等。各国的电视制式不尽相同，中国大部分地区使用 PAL 制式，日本、韩国、东南亚地区、美国以及欧洲国家使用 NTSC 制式，俄罗斯则使用 SECAM 制式。

3. SMPTE 时间码

通常用时间码来识别和记录视频数据流中的每一帧，从一段视频的起始帧到终止帧，其间的每一帧都有一个唯一的时间码地址。根据 SMPTE 使用的时间码标准，其格式是：小时、分钟、秒、帧或者 hours、minutes、seconds、frames。例如，一段长度为 00：02：31：15 的视频片段的播放时间为 2 分钟 31 秒 15 帧，如果以 30 帧 /s 的速率播放，则播放时间为 2 分钟 31.5 秒。

4. 视频格式

（1）AVI：AVI（Audio Video Interleaved，音频视频交错）是由微软公司发表的视频格式，在视频领域是最悠久的格式之一。AVI 格式调用方便、图像质量好，压缩标准可任意选择，是应用最广泛、也是应用时间最长的格式之一。

（2）MPEG：MPEG（Motion Picture Experts Group，运动图像专家组）格式包括 MPEG-1、MPEG-2 和 MPEG-4 在内的多种视频格式。MPEG-1 被广泛地应用在 VCD 的制作和一些视频片段下载的网络应用上，使用 MPEG-1 压缩算法，可以把一部 120 min 长的电影压缩到 1.2 GB 左右。MPEG-2 则是应用在 DVD 的制作，同时在一些 HDTV（高清晰电视广播）和一些高要求视频编辑、处理上也有相当多的应用。使用 MPEG-2 的压缩算法压缩一部 120 min 长的电影可以压缩到 5 ~ 8 GB 的大小，而 MPEG-4 可压缩到 300 MB 左右以供网络播放。

（3）MOV：使用过 Mac 计算机的用户应该多少接触过 QuickTime。QuickTime 是 Apple 公司用于 Mac 计算机上的一种图像视频处理软件，它提供了两种标准图像和数字视频格式，即可以支持静态的 *.PIC 和 *.JPG 图像格式，动态的基于 Indeo 压缩算法的 *.MOV 和基于 MPEG 压缩算法的 *.MPG 视频格式。

（4）FLV：FLV（Flash Video）流媒体格式是随着 Flash MX 的推出而开发出的一种新兴的视频格式。FLV 文件体积小巧，1 min 清晰的 FLV 视频大小为 1 MB 左右，一部电影在 100 MB 左右，是普通视频文件体积的 1/3。再加上其 CPU 占有率低、视频质量良好等特点，使其在网络上非常流行。

（5）DV：DV（Digital Video Format）是由索尼、松下、JVC 等多家厂商联合提出的一种家用数字视频格式，目前非常流行的数码摄像机就是使用这种格式记录视频数据的。它可以通过 IEEE 1394 端口传输视频数据到计算机，也可以将计算机中编辑好的视频数据回录到数码摄像机中。这种视频格式的文件扩展名一般是 .avi，所以又称 DV-AVI 格式。

5. 数字音频格式

（1）WAV：WAV 文件是波形文件，是微软公司推出的一种音频存储格式，主要用于保存 Windows 平台下的音频源。WAV 文件存储的是声音波形的二进制数据，由于没有经过压缩，使得 WAV 波形声音文件的体积很大。通用的 WAV 格式（即 CD 音质的 WAV）采用的是 44 100 Hz 的采样频率、16 bit 的量化位数、双声道，这样的 WAV 声音文件存储 1 min 需要 10 MB 左右，占用空间太大，一般非专业人士不会选择用 WAV 来存储声音。

（2）MP3：MP3（Moving Picture Experts Group Audio Layer III，动态影像专家压缩标准音频层面3），是一种音频压缩技术，可用来大幅度降低音频数据量。利用 MP3 技术，可将音乐以 1：10 甚至 1：12 的压缩率，压缩成容量较小的文件，而压缩后的音质与最初不压缩音频相比没有明显的下降。

（3）WMA：WMA(Windows Media Audio) 是微软公司推出的与 MP3 格式齐名的一种新的音频格式，其压缩比和音质都超过了 MP3，即使在较低的采样频率下也能产生较好的音质。

19.2　在 Premiere 中进行影视编辑的工作流程

在 Premiere 中进行影视编辑的基本工作流程如下：

（1）确定主题，规划制作方案。

（2）收集整理素材，并对素材进行适合编辑需要的处理。

（3）创建影片项目，新建指定格式的合成序列。

（4）导入准备好的素材文件。

（5）对素材进行编辑处理。

（6）在序列的时间轴窗口中编排素材的时间位置、层次关系。

（7）为时间轴中的素材添加并设置过渡、特效。

（8）编辑影片标题文字、字幕。

（9）加入需要的音频素材，并编辑音频效果。

（10）预览检查编辑好的影片效果，对需要的部分进行修改整理。

（11）渲染输出影片。

19.3　熟悉 Premiere Pro CC 2017 的工作界面

打开 Premiere Pro CC 2017 软件，选择"文件"→"打开项目"命令，在打开的对话框中，选取本书配套素材中的"第 19 章 \ 案例 19.1\"示例 19-1.prpro 3"文件，然后单击"打开"按钮，如图 1-19-1 所示。

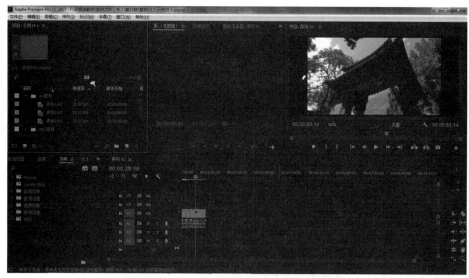

图 1-19-1　Premiere Pro CC 2017 操作界面

1. 菜单栏

菜单栏位于标题栏下面，包括文件、编辑、剪辑、序列、标记、字幕、窗口和帮助 8 个菜单。

2. 项目窗口

项目窗口用于存放创建的序列、素材、和导入的外部素材，可以对素材片段进行查看属性、插入到序列、组织管理等操作，如图 1-19-2 所示。

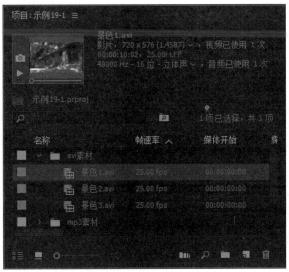

图 1-19-2　项目窗口

（1）素材预览区：主要显示所选素材的相关信息。

（2）列表视图：单击可将项目窗口中素材目录以列表形式显示。

（3）图标视图：单击可将素材目录以图标形式显示。

（4）缩放控制栏：拖动滑块可将素材图标缩小或放大显示。

（5）排序图标：在显示模式下，单击后在弹出的快捷菜单中选择可将素材按照对应顺序进行排序。

（6）自动匹配序列：在项目窗口中选取要加入序列中的一个或多个素材对象时，执行此命令，在打开的"序列自动化"对话框中设置需要的选项，可将所选对象全部加入到目前打开的工作序列中所选轨道对应的位置。

（7）新建素材箱：新建一个素材文件夹，可以放置多个素材、序列或素材箱，也可以执行导入素材等操作。

（8）查找：可以设置相关选项或输入查找对象相关信息。

（9）清除：可清除选中素材，但不会删除源文件。

3. 源监视器窗口

用于查看或播放预览的原始内容，方便观察对其进行编辑后的对比变化。可将项目窗口的素材直接拖到源监视器窗口，或双击已加入时间轴窗口中的素材，如图 1-19-3（a）所示。

4. 节目监视器窗口

可以对合成序列的编辑效果进行实时预览，也可以对素材进行移动、变形、缩放等操作，如图 1-19-3（b）所示。

（1）标记入点：将时间标尺所在位置标记为素材的入点。可跳转到入点。

（2）　标记出点：将时间标尺所在位置标记为素材的出点。　可跳转到出点。

（3）　添加标记：可在时间标尺上方添加标记，除了可以快速定位时间指针外，还可编辑注释信息或章节标记，方便协同人员了解当时编辑意图或注意事项。

（4）　：逐帧后退；　：逐帧前进。

（5）　：播放 / 停止切换。

（6）　插入：可在时间轴后面插入源素材一次。　　　　覆盖：插入源素材一次后覆盖时间轴上素材；提升：将播放窗口中标注的素材从时间轴中提出，时间轴其他素材位置不变；提取：将播放窗口中标注的素材从时间轴中提取，后面素材位置自动对其填补间隙。

（a）　　　　　　　　　　　　　　　　（b）

图 1-19-3　源监视器窗口和节目监视器窗口

（7）　按钮编辑器：用于打开"按钮编辑器"面板，可重新编辑监视器窗口中的按钮，如图 1-19-4 所示。

图 1-19-4　"按钮编辑器"面板

5. 时间轴窗口

时间轴窗口用于按时间先后、上下层次来编排合成序列中的所有素材片段，为素材添加特效等操作。

（1）　00:00:29:19　播放指示器位置：显示时间指针所在位置，将鼠标移到上面，在光标变为手状后，按住鼠标左键左右拖动，可以向前或向后移动时间指针。用鼠标单击该时间码，进入其编辑状态并输入需要的时间码位置，即可将指针定位到需要的时间位置。按下【→】或【←】

键，可以将时间指针每次向前或向后移动一帧。

（2）将序列作为嵌套或个别剪辑插入并覆盖：如果该按钮是按下状态，当序列 B 加入到序列 A 中时，序列 B 将以嵌套方式作为一个单独的素材剪辑被应用；如果该按钮未按下，序列 B 中所有素材剪辑将保持相同的轨道设置添加到序列 A 中。

（3）对齐：在时间轴窗口中移动或修剪素材到接近靠拢时，被移动或修剪的素材将自动靠拢并对齐到时间指针当前的位置，对齐前面或后面的素材，以便通过准确的调整，使两个素材首尾相连。

（4）添加标记：在时间标尺上时间指针当前的位置添加标记。

（5）时间轴显示设置：可在弹出菜单中选中对应命令。

（6）切换轨道输出：可隐藏或显示该轨道所有内容的输出。

（7）切换轨道锁定：可将轨道内容锁定，不能再被编辑和删除。

（8）静音轨道：可将切换成的音频内容变成静音。

（9）独奏轨道：选中状态时只输出该轨道的音频内容，其他未设置的轨道变为静音。

（10）画外音录制：选中状态时可进行录音。

6．工具面板

工具面板包含一些在进行视频编辑操作时常用的工具：

（1）选择工具：对素材进行选择、移动以及调节素材关键帧，为素材设置入点和出点等操作。

（2）剔刀工具：可在素材上需要分割的位置单击，将素材分成两段。

（3）：向后选择轨道工具；：向前选择轨道工具。

（4）外滑工具：用于改变一段素材的入点和出点，保持其总长度不变，并且不影响相邻的其他素材。

（5）内滑工具：可保持当前所操作素材的入点与出点不变，改变其在时间线窗口中的位置，同时调整相邻素材的入点和出点。

（6）波纹编辑工具：可以拖动素材的出点以改变素材的长度，而相邻素材长度不变，项目片段的总长度不变。

（7）钢笔工具：主要用于设置素材的关键帧。

（8）滚动编辑工具：在需要修剪的素材边缘拖动，可以将增加到该素材的帧数从相邻的素材中减去，项目片段的总长度不发生改变。

（9）手形工具：用于改变时间轴窗口的可视区域，有助于编辑一些较长的素材。

（10）比率伸缩工具：可以对素材剪辑的播放速率进行相应调整，以改变素材长度。

（11）缩放工具：调整时间轴窗口显示单位比例。按下【Alt】键，可以在放大和缩小模式间切换。

7．"效果"面板

"效果"面板集合了预设动画特效、音频效果、音频过渡、视频效果和视频过渡类特效。可以很方便地为时间轴窗口中各种素材添加特效，如图 1-19-5 所示。

8．"元数据"面板

"元数据"面板可以查看所选素材编辑的详细文件信息以及嵌入剪辑中的 Adobe Story 脚本内容，通过如图 1-19-6 所示。

图1-19-5 "效果"面板

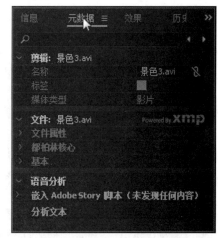

图1-19-6 "元数据"面板

9. "音轨混合器"面板

"音频混合器"面板用于对序列中素材剪辑的音频内容进行各项处理，实现混合多个音频、调整增益等多种针对音频的编辑操作，如图1-19-7所示。

10. "媒体浏览器"面板

使用"媒体浏览器"面板，可以直接在 Premiere 中查看计算机磁盘中指定目录下的素材媒体文件，也可以将素材直接加入当前剪辑项目中的序列中使用，如图1-19-8所示。

11. "信息"面板

"信息"面板用于显示所选素材剪辑的文件名、类型、入点和出点、持续时间等信息，以及当前序列的时间轴窗口中时间指针的位置、各视频或音频轨道中素材的时间状态等信息，如图1-19-9所示。

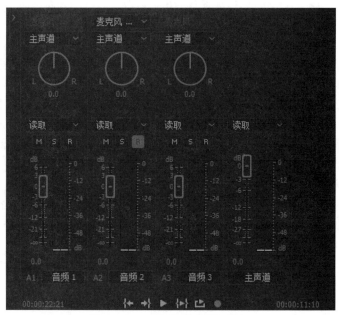

图1-19-7 "音轨混合器"面板

图 1-19-8　"媒体浏览器"面板　　　　　　图 1-19-9　"信息"面板

12."历史记录"面板

"历史记录"面板记录了从建立项目以来的所有操作。如果进行了错误操作，或回到多个操作步骤之前的状态，可单击面板中记录的相应操作名称，返回之前的编辑状态。

19.4　素材的剪辑

Premiere 是 Adobe 公司出品的一款用于进行影视后期编辑的软件，是数字视频领域普及程度最高的编辑软件之一。本节讲述了项目和序列的新建、素材导入、剪辑和编辑等基本操作。

19.4.1　新建项目和序列

使用 Premiere 编辑影视作品时，首先要创建一个新工作项目并进行相关设置，以确保影视作品符合播放标准要求。具体操作步骤如下：

（1）选择"文件"→"新建"→"项目"命令，打开"新建项目"对话框，如图 1-19-10 所示。在"名称"文本框中输入"创建第一个项目"，然后单击"位置"后面的"浏览"按钮，在打开的对话框中选择新建项目的保存路径，如图 1-19-11 所示。单击"确定"按钮，进入工作界面。

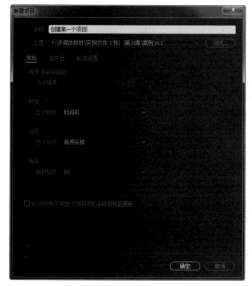

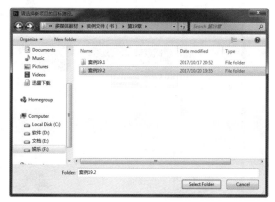

图 1-19-10　新建项目窗口　　　　　　　　图 1-19-11　项目保存路径窗口

（2）选择"文件"→"新建"→"序列"命令，打开"新建序列"对话框，在"可用预设"列表中选择需要的预设项目，例如展开 DV-PLA 文件夹，选择"宽屏 48 kHz"类型，如图 1-19-12 所示。

图 1-19-12 "新建序列"对话框

（3）在"新建序列"对话框中单击"确定"按钮，即可在项目窗口查看到新建的序列对象。

19.4.2 导入外部素材

在制作影片时，包含了大量的素材文件，如静态图像、视频、声音、字幕等，编辑者需要导入素材并加以管理。具体操作步骤如下：

（1）选择"文件"→"导入"命令，或者在项目窗口的空白位置右击选择"导入"命令。

（2）在打开的"导入"对话框中展开素材所在目录，选取本书配套素材中的"第 19 章 \ 案例 19.2"目录下准备的素材，如图 1-19-13 所示。

（3）单击 Open 按钮，即可将选取的素材导入到项目窗口中，如图 1-19-14 所示。

图 1-19-13 素材导入文件路径

图 1-19-14 带素材列表的项目窗口

19.4.3 将素材加入序列

导入的素材要求添加到序列中，才能被编辑。具体操作步骤如下：

（1）在项目窗口中将视频素材"景色 1.avi"拖动到时间轴窗口中视频 1 轨道的开始位置，在释放鼠标后，出现"剪辑不匹配警告"对话框，如图 1-19-15 所示。单击"保持现有设置"按钮即可将其入点对齐在 00:00:00:00 的位置，如图 1-19-16 所示。

图 1-19-15 "剪辑"不匹配警告对话框

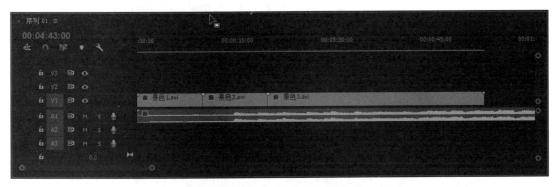

图 1-19-16 序列成功添加到视频轨道 1

（2）在项目窗口中通过按住【Shift】键选择或直接用鼠标框选"景色 2.avi"和"景色 3.avi"，将它们拖入时间轴窗口中的视频 1 轨道上并对齐到"景色 1"的出点位置开始，如图 1-19-17 所示。

图 1-19-17 素材添加到视频轨道 1

（3）按空格键或单击节目监视窗口中的"播放/停止切换"按钮▶，对编辑完成的内容进行播放预览，如图 1-19-18 所示。

（4）选择"文件"→"保存"命令或按【Ctrl+S】组合键保存项目。

图 1-19-18　节目监视窗口

19.4.4　输出影片文件

当影片剪辑编辑完成后，需要对影片进行输出。具体操作步骤如下：

（1）在项目窗口中选择编辑好的序列 01，右击，选择"序列设置"命令，打开"序列设置"对话框，设置预览"文件格式"为"Mirosoft AVI"，单击"确定"按钮，如图 1-19-19 所示。

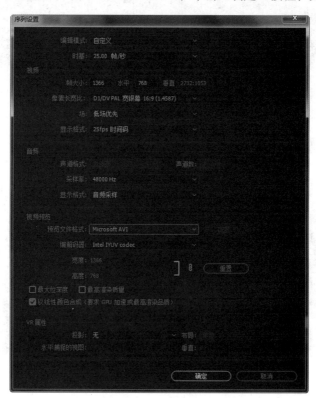

图 1-19-19　"序列设置"对话框

（2）在项目窗口中选择编辑好的序列，选择"文件"→"导出"→"媒体"命令，打开"导出设置"对话框，在预览窗口下面的"源范围"下拉列表中选择"整个序列"。

（3）在"导出设置"对话框中选中"与序列设置匹配"复选框，应用序列的视频属性输出影片，如图 1-19-20 所示，单击"输出名称"后面的文字按钮，打开"另存为"对话框，为输出的影片设置文件名和保存位置，如图 1-19-21 所示。单击 Save 按钮。Premiere Pro CC 2017 将打开导出视频的编码进度窗口，开始导出视频内容。

（4）影片输出完成后，使用视频播放器播放影片的完整效果。

图 1-19-20　"导出设置"对话框

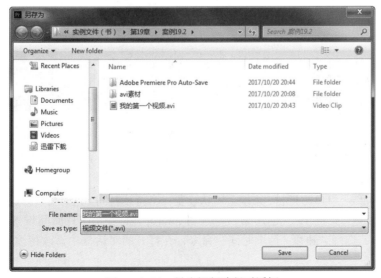

图 1-19-21　导出视频路径对话框

19.4.5 分离视频的音频和影像

实际视频编辑时，需要将摄影时的视频素材和其自带的背景声音素材分离，再根据需要加入背景音频。具体操作步骤如下：

（1）打开本书配套素材中的"第 19 章 \ 案例 19.3\ 创建第一个项目 .prproj"文件。

（2）时间轴窗口中的视频剪辑作为一个整体对象，包含了影像和音频内容。将其选中并选择"剪辑"菜单中的"取消链接"命令，即可将素材剪辑分离为一个音频素材和一个影像素材，才可被单独处理。

（3）分离后，可单独选择音频素材，如本案例景色 1~3 嘈杂的背景噪声。

（4）导入"第 19 章 \ 案例 19.3\mp3 素材 \ 故乡的原风景 – 宗次郎 .mp3"，将其拖入音频轨道"A1"，如图 1–19–22 所示。

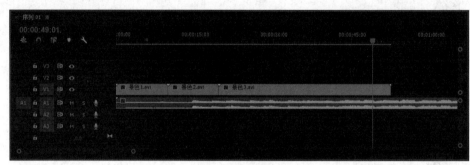

图 1–19–22 分离素材音频和视频后单独处理效果图

（5）按空格键或单击节目监视窗口中的"播放 / 停止切换"按钮▶，对编辑完成的内容进行播放预览。

19.4.6 编辑素材剪辑

在素材的应用过程中，有时只需要素材的某一部分，这时就应该对素材进行修剪。

切割素材一般采用"工具"面板中的"剃刀工具"◆操作。例如，将"第 19 章 \ 案例 19.4\ 创建第一个项目 .prproj"音频保留前面"00：00：52：10"前面的声音。具体操作步骤如下：

（1）只需要将时间码设置到"00：00：52：10"处，单击"剃刀工具"◆，这段素材就被分离成两部分，右击后半部分素材，在弹出的快捷菜单中选择"清除"命令。

（2）"剃刀工具"◆使用完，可直接单击"工具"面板中的"选择工具"▶，再进行其他的操作。

19.4.7 持续时间的修改

1. 修改静态素材持续时间

添加到"时间线"窗口的素材，系统会默认设置一个持续时间，这时需要修改它的持续时间。例如，将"第 19 章 \ 案例 19.5\ 创建第一个项目 .prproj"的静态图片时间设置为 3 s。只需右击轨道上的素材，选择"速度 / 持续时间"命令，在打开的对话框中修改持续时间"00：00：03：00"。

2. 修改动态素材播放速度和持续时间

修改动态素材的播放速度，可以改变它的持续时间；同样，修改动态素材的持续时间，也可以改变它的播放速度。修改方法如下：

方法一：工具法，单击"工具"面板中速率伸展工具按钮，将鼠标移到轨道动态素材"景色 3.avi"结束位置，当指针变成 时，按住鼠标左键左右拖动即可。动态素材长度越长，持续时间越长，播放速度越慢；反之，持续时间越短，播放速度越快。

方法二：右键法，操作方法同静态素材方法。将"景色 3.avi"播放速度提高三倍，对话框如图 1–19–23 所示。

图 1–19–23　"剪辑速度 / 持续时间"对话框

19.5　Premiere 字幕应用技术

在影视后期制作中，字幕的设置是非常重要的步骤。字幕包括文字和图形两种类型，字幕可以制作成静止的，也可以制作成动态的。

19.5.1　字幕窗口

字幕的设置基本都在字幕窗口中完成，如图 1–19–24 所示。字幕窗口主要由"字幕设计"窗口、"字幕工具"面板，"字幕动作"面板、"字幕属性"面板以及"字幕样式"面板几部分组成。

图 1–19–24　字幕窗口

19.5.2　静态字幕

静态字幕多用于配音字幕的创建，创建字幕要进行以下操作：

（1）选择"字幕"→"新建字幕"→"默认静态字幕"命令。

（2）选择"字幕工具"面板中的工具。在设计区内输入文本或绘制图形。

（3）修改字幕属性，也可应用字幕样式。

具体操作步骤如下：

（1）打开本书"第 19 章 \ 案例 19.7\ 字幕源文件 .prproj"。

（2）将时间线定于"景色 1.avi"素材内部。

（3）选择"字幕"→"新建字幕"→"默认静态字幕"命令。修改宽度和高度及名称，单击"确定"按钮，如图 1-19-25 所示。

图 1-19-25 "新建字幕"对话框

（4）选择"矩形工具" ，在视频底部位置画出一条长矩形。在字幕属性中设置"填充色"为"白色"，"不透明度"改为"50"，如图 1-19-26 所示。

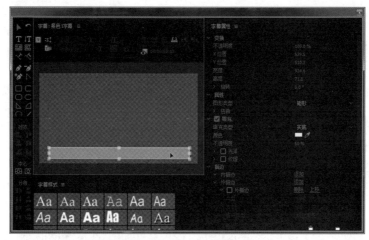

图 1-19-26 绘制矩形

（5）选择"文本工具" ，选择"字幕样式"组第 7 行第 5 列样式；选择"字体系列"为"宋体"；（注意：在输入汉字时，文字可能无法显示，为了确保文字正常显示，应先设置一种有效的中文字体，再输入文字）"字体大小"改为"40.0"。光标定位于透明矩形框前方，输入"北京国子监坐落于安定门内国子监街上，"，如图 1-19-27 所示。关闭"景色 1 字幕"窗口。

（6）选择"项目窗口"已建立好的"景色 1 字幕"素材，右击，选择"复制"命令，此时在项目窗口增加列表项 景色1字幕 复制 01 ，单击，重命名为"景色 2 字幕"。再双击打开"景色 2 字幕"编辑窗口，将文字内容改为"是元、明、清管理教育的最高行政机关。"，如图 1-19-28 所示。

图 1-19-27 添加文字

图 1-19-28 字幕 2

（7）重复步骤（6），新建"景色 3 字幕"素材，将文字内容改为"国子监始建於元大德十年。"。

（8）将项目窗口做好的 3 个字幕素材，分别拖到视频时间轨道"V2"，并分别对齐到 3 个视频素材的起始位置，如图 1-19-29 所示。

（9）按空格键预览效果。

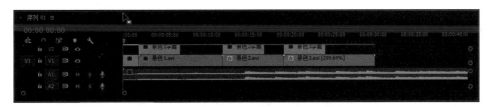

图 1-19-29　视频轨道 2 字幕素材分布

19.5.3　动态字幕

在字幕窗口，输入文字和编辑文字，再利用滚动或游动字幕命令制作出动态的字幕效果。平时在观看影视节目片尾时，屏幕上会显示一些滚动字幕信息，这就是动态字幕。

具操作步骤如下：

（1）打开本书"第 19 章 \ 案例 19.8\ 滚动字幕源文件.prproj"。

（2）选择"字幕"→"新建字幕"→"默认滚动字幕"命令，在"新建字幕"对话框修改宽度、高度及名称，单击"确定"按钮，如图 1-19-30 所示。

图 1-19-30　"新建字幕"对话框

（3）利用文字工具输入如图 1-19-31 所示文字，设置相关属性，选择第 1 个字幕样式，字体为"宋体"，大小为"30"。

图 1-19-31　滚动字幕内容

（4）设置字幕动画，选择文字外框，在"字幕"窗口单击"滚动 / 游动选项" 按钮，在对话框中进行如图 1-19-32 所示的设置。

图 1-19-32 滚动字幕选项

（5）关闭"字幕"窗口，将"项目"窗口的"片尾滚动字幕"素材添加到视频轨道 2。起始位置对齐于视频轨道 1 视频素材"景色 3.avi"结尾处。

（6）按空格键预览效果。

19.6 音频处理与应用

声音是影视节目中不可缺少的部分，如背景音乐可以营造一种氛围，增强节目的感染力；解说，可以帮助观众理解节目内容；声音对白能更好地刻画角色特征，更好地表达主题等。

19.6.1 音频剪辑

音频剪辑与视频剪辑方法大同小异，剪辑音频的方法如下：

方法一：在"时间线"窗口中，利用"剃刀工具"![剪辑音频]剪辑音频。

方法二：在"素材源监视器"窗口，设置素材的入点和出点，使用"插入"![插入]或"覆盖"![覆盖]按钮编辑音频。

方法三：在"节目监视器"窗口，设置素材的入点和出点，使用"提升"或"提取"按钮剪辑音频。

音频素材和视频素材一样，也可以修改其速度或持续时间，操作方法同视频素材。

19.6.2 音频混合器的使用

选择"窗口"→"音频混合器"命令，勾选调音目标序列，就可以打开"音频混合器"面板如图 1-19-33 所示。其数值与时间轴窗口的音频轨迹相对应，用户可以直接通过鼠标拖动面板各调节装置，对多个轨道的音频素材进行调整，也可以边听边调整，Premiere 会自动记录调整的全过程，并在再次播放素材时将调整后的效果应用到素材上。

混合器对应各自轨道上的声音，滑块可以调节音频声音大小，上面的圆形按钮可以调节音频的左右声道。

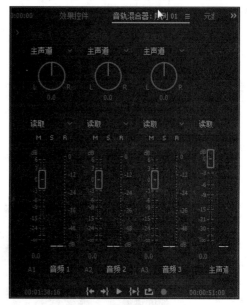

图 1-19-33 "音频混合器"面板

19.6.3 视频配音

视频做好后，后期配音及音频的处理很重要。具体操作步骤如下：

（1）打开本书"第 19 章 \ 案例 19.9\ 配音源文件 .prproj"，将带有录音功能的耳机插入计算机耳机口。

（2）将时间轴定于起始位置，按下音频轨道 2"A2"的"画外音录制"按钮![画外音录制]为红色选中状态。

（3）按照视频中的静态字幕内容字正腔圆地录入配音。

（4）直到时间轴到达视频结尾，再次按下"画外音录制"按钮 为非白色的选中状态 ，即停止录音。此时如图 1-19-34 所示的 A2 轨道出现录制的配音素材波形图。

图 1-19-34　配音轨道波形图

（5）选择"窗口"→"音频混合器"命令，单击"音频混合器"底部的"播放 / 停止切换按钮" 边听声音，边调节音频 1 上方的滑块，将背景音乐声音降低，以突出配音声音。

第 *20* 章

Premiere 特效应用

本章导读

　　特效制作是对视频、音频添加特殊处理，使其产生丰富多彩的视听效果，以便制作出更好的视频作品。在 Premiere Pro CC 2017 中提供了大量视频特效、音频特效、视频切换特效及音频切换特效，可以通过这些特效轻松制作精彩的视频。

学习目标

　　◎ 会使用视频切换特效。
　　◎ 会设置关键帧的运动特效参数。
　　◎ 熟悉抠像合成技术。
　　◎ 了解多个特效同时在一个素材上的应用技巧。

学习重点

　　◎ 视频切换特效。
　　◎ 关键帧的运动特效参数设置。
　　◎ 轨道遮罩键的使用。

20.1　视频切换特效的应用

　　视频切换特效是指从一段视频素材到另一段视频素材切换时添加的过渡效果，为了使素材之间切换更自然、更丰富多彩，需要在素材之间应用适合的切换效果，这样制作出来的作品才会更加自然、流畅、富有艺术感。

　　视频切换效果可以应用在单个素材开始和结束位置，也可以应用在两个相邻素材之间，在"效果"面板中，直接选取视频切换效果，拖到"时间轴"窗口视频轨道中需要添加切换效果的素材之间，或单个素材前后。

　　【例 20.1】制作视频切换效果。

　　具体操作步骤如下：

（1）打开本书"第 20 章 \ 案例 20.1\ 视频切换源文件 .prproj"。

（2）选择"窗口"→"效果"命令使其为选中状态，此时在屏幕左下方打开了"效果"窗口，如图 1-20-1 所示。

（3）将光标定于轨道 1 的"景色 1.avi"的前方，当鼠标变为 景色1.avi 时，双击，此时"节目监视"窗口变为帧修剪状态，如图 1-20-2 所示。单击"+1"，向前修剪 1 帧。用同样的方法，在"景色 2.avi"和"景色 3.avi"各向前修剪 1 帧。

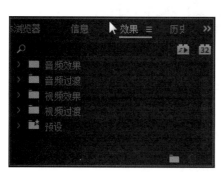

图 1-20-1　"效果"窗口

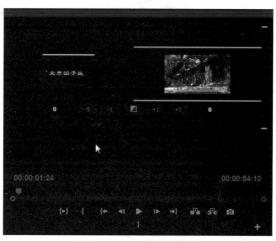

图 1-20-2　素材帧修剪

（4）展开"视频过渡"，找到"过渡"组的"交叉溶解"切换效果，依次拖到"时间轴"窗口的视频 1 和视频 2 轨道中各个素材的开头和结尾处，当指针成 时，释放鼠标，如图 1-20-3 所示。

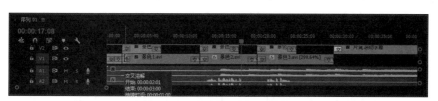

图 1-20-3　视频过渡标签分布图

（5）选择切换位置标签，右击，设置过渡持续时间为"00:00:01:00"。

（6）按空格键预览效果。

20.2　运 动 特 效

Premiere 有很强的运动产生功能。动画效果的设置一般都用到关键帧，动画产生在两个关键帧之间。

创建关键帧的步骤如下：

（1）在"时间轴"窗口选择创建关键帧的素材。

（2）在"时间码"上修改时间，确定要添加关键帧的位置。

（3）选择"窗口"→"效果控件"命令，打开"效果控件"面板，如图 1-20-4 所示。单击某特效或属性左侧的"切换动画" 按钮，用来创建第一个关键帧。

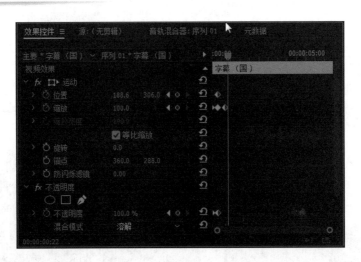

图 1-20-4 "效果控件"面板

（4）若再次创建关键帧，不能再利用该按钮，因为再次单击此按钮时，会删除所有的关键帧。

（5）若再次添加关键帧，要将时间调整到需要的位置，单击"添加 / 删除关键帧" ⬛ 按钮，可在当前时间创建一个关键帧，再改变特效参数或属性值。

（6）删除关键帧，若操作失误，可以选中关键帧，按【Delete】键。

【例 20.2】制作缩放的文字效果。

设计效果：视频文件"第 20 章 \ 案例 20.2\ 效果 \ 序列 01.avi"。

具体操作步骤如下：

（1）打开"第 20 章 \ 案例 20.2\ 缩放文字源文件 .prproj"。

（2）将"字幕（国）"素材拖到视频轨道 2 的起始位置 00:00:00:00，将"字幕（子）"素材拖到视频轨道 3 的位置 00:00:01:00，将"字幕（监）"素材拖到视频轨道 4 的位置 00:00:02:00，调整 3 个字幕素材的持续时间至视频轨道 1 的"国子监主殿 .avi"结束位置。

（3）将时间轴移到 00:00:00:00，选择"字幕（国）"素材，打开"效果控件"面板，将"位置"改为 185 和 288。将时间轴移到 00:00:01:00，选择"字幕（子）"素材，将"位置"改为 185 和 367。将时间轴移到 00:00:02:00，选择"字幕（监）"素材，将"位置"改为 185 和 541。

（4）单击"缩放"和"不透明度"左侧的"切换动画" ⬛ 按钮，各添加 1 个关键帧，修改"不透明度"为 0%。

（5）将时间轴移到 00:00:01:00，在此处给"缩放"和"不透明度"各添加 1 个关键帧，修改"缩放"为 200，"不透明度"为 100%。

（6）将时间轴移到 00:00:02:00，在此处给"缩放"添加 1 个关键帧，改为 100。

（7）将时间轴移到 00:00:01:00 处，选中轨道 2 中"字幕（国）"素材，在"效果控制"面板中按住【Ctrl】键选中所有关键帧，复制。再选中轨道 3 中的"字幕（子）"素材，在"效果控制"面板右侧右击，在弹出的快捷菜单中选择"粘贴"命令即可。

（8）将时间轴移到 00:00:02:00 处，再选中轨道 4 中的"字幕（监）"素材，做粘贴操作。最终效果如图 1-20-5 所示。

（9）按空格键预览效果。

图 1-20-5　缩放文字效果图

 ## 20.3　抠像合成技术

抠像合成技术在视频制作中应用相当广泛。抠像不仅可以编辑素材，还可以将视频轨道上几个重叠的素材键控合成，利用遮罩的原理，制作透明效果。

设置完视频效果后，若发现所加效果不符合要求，只需在"效果控件"面板中选中要清除的效果，按【Delete】键即可。

20.3.1　绿屏抠像合成

视频效果的色度键可将素材的某种颜色及相似颜色范围部分设置透明。该特效应用非常广泛，在实际拍摄中，可用纯绿色作为背景进行拍摄，后期制作中，只要用"色度键"就可轻松去除背景。

【例 20.3】绿屏抠像合成。

具体操作步骤如下：

（1）打开"第 20 章 \ 案例 20.3\ 绿屏抠像源文件 .prproj"。

（2）选择视频轨道 2 的"绿屏美女 .avi"素材，选择"效果"面板"视频效果"中"变换"组的"裁剪"效果，拖动添加到轨道 2 的"绿屏美女 .avi"素材。

（3）将"绿屏美女 .avi"素材左右两侧黑边裁掉，即从"窗口"菜单打开"效果控件"窗口，更改"裁剪"特效参数"左侧"为"5%"，"右侧"为"5%"，如图 1-20-6 所示。

（4）将"绿屏美女 .avi"素材的绿色背景清除。选择"效果"面板"视频效果"中"键控"组的"颜色键"，拖动添加到轨道 2 的"绿屏美女 .avi"素材。在"效果控件"窗口，更改"颜色键"效果参数，将时间指针定位在轨道 2 的"绿屏美女 .avi"素材上。单击"主要颜色"后面的"吸管" 按钮，在节目监视器窗口中视频的绿色背景上单击以拾取要清除的颜色。"颜色容差"参数为"60%"，"边缘细化"为"5"，"羽化边缘"为"5"，效果如图 1-20-7 所示。

（5）按空格键预览效果。

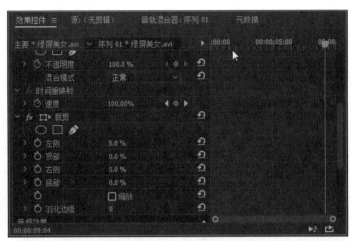

图 1-20-6 "效果控件"面板

图 1-20-7 绿屏原图和抠图结果对比

20.3.2 轨道遮罩键

轨道遮罩键是将素材作为遮罩显示或隐藏另一素材的部分内容。需要两条轨道，并将遮罩素材添加到时间轴窗口的另一轨道上，且必须在原素材（被遮罩）轨道上方。

【例 20.4】添加轨道遮罩键。

具体操作步骤如下：

（1）打开"第 20 章 \ 案例 20.4\ 轨道遮罩源文件 .prproj"。

（2）将"字幕做的遮罩"素材拖入到视频轨道 3，将其结束时间调整至视频轨道 1 结束处。

（3）选中视频轨道 2 的"相框 .jpg"素材，选择"效果"面板"视频效果"中"键控"组的"轨道遮罩键"效果，拖动添加到轨道 2 的"相框 .jpg"素材，设置"效果控件"面板中"轨道遮罩键"效果参数，"遮罩"选择"视频 3"，"合成方式"选择"亮度遮罩"，"反向"为选中状态，如图 1-20-8 所示。

图 1-20-8 轨道遮罩键

（4）此时，作为遮罩层的"字幕做的遮罩"在节目监视窗口可能偏离相框内部，可以选择轨道 3 的"字幕做的遮罩"素材，双击"字幕做的遮罩"出现蓝色位置调整框（见图 1-20-9），拖动鼠标或按下键盘上下左右键将其调整到相框内部，如图 1-20-10 所示。

图 1-20-9　轨道遮罩效果图 1

图 1-20-10　轨道遮罩效果图 2

（5）按空格键预览效果。

20.4　视频特效的应用

视频特效就是为素材文件添加特殊处理，类似 Photoshop 中的滤镜，通过效果的应用，使视频文件更加绚丽多彩。Premiere Pro CC 2017 提供了上百种视频特效，在"效果"面板的"视频效果"组，如图 1-20-11 所示。

1. 添加视频特效

选中轨道素材，将选择的视频效果拖动到素材上方，同一个素材可以添加多个相同或不同的特效。

2. 复制与粘贴视频特效

同一素材不同位置或不同素材之间需要添加相同的特效时，可以在"效果控件"面板采用复制、粘贴操作快速实现。

3. 清除视频特效

设置完视频特效后，若发现所加特效不符合要求，只需在"效果控件"面板中按下删除键清除不需要的特效即可。

4. 视频特效的动画效果

利用视频特效创建动画效果离不开关键帧的应用，在关键帧更改特效参数，可产生动态画面。

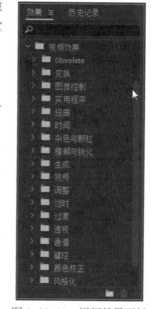
图 1-20-11　视频效果面板

20.5　应用举例

【案例】动态局部马赛克效果。

【设计思路】平时在看影视节目时，有些对象会局部添加遮蔽效果，最常见的是动态局部马赛克效果。

【设计目标】利用字幕设计动态局部马赛克效果。

【操作步骤】

（1）打开"第 20 章 \ 案例 20.5\ 马赛克源文件 .prproj"。

（2）将"采访视频 .avi"素材拖到视频 2 轨道上。选择"效果"面板的"视频效果"，找到"风格化"组的"马赛克"效果，拖入到视频 2 轨道的"采访视频 .avi"素材上。选择 2 轨道的

"采访视频 .avi"素材，设置"效果控件"面板的马赛克效果参数，"水平块"为"30"，"垂直块"为"30"

（3）创建静态字幕，命名为"椭圆遮罩"，如图 1-20-12 所示。利用"椭圆工具"  绘制一个比人脸部稍大的椭圆，再设置字幕背景为黑色，如图 1-20-13 所示。拖放到视频 3 轨道上，调整起始位置为人脸出现的时间，结束位置为人脸消失的时间。

图 1-20-12　"静态字幕"对话框

图 1-20-13　椭圆字幕设计

（4）在视频 2 轨道素材上添加"轨道遮罩键"效果，参数设置如图 1-20-14 所示。

图 1-20-14　轨道遮罩效果参数设置

（5）利用关键帧和运动特效制作轨道 3 的"椭圆遮罩"素材的跟踪效果，这里需要根据动态画面的移动情况，设置多个关键帧，并改变素材位置和大小。

（6）按空格键预览效果。

实践篇

实验 1
图像的基本绘制

实验目的

◎ 熟悉 Photoshop 的操作环境。
◎ 掌握 Photoshop 常用工具的使用。
◎ 熟练掌握图像变换、选取操作。
◎ 掌握图层的基本应用。
◎ 掌握滤镜的基本应用。

实验内容

1. 利用 Photoshop 绘图工具，绘制一个三维锥体，效果如图 2-1-1 所示。
2. 利用 Photoshop 绘图工具及滤镜等，绘制一个毛茸茸的卡通人物，效果如图 2-1-2 所示。

图 2-1-1　三维锥体

图 2-1-2　毛茸茸的卡通人物

操作步骤

1. 绘制三维锥体

（1）新建一个 400 像素 × 400 像素 @200ppi、RGB 颜色模式、白色背景的图像文件；设置前景色为 #727171，背景色为 #efefef，利用"渐变工具"填充"线性渐变"背景。

（2）创建一个名为"三维锥体"图层，利用"矩形选框工具"，在画布的中上方绘制一个矩形选区，如图 2-1-3 所示。

（3）选择"渐变工具"，设置渐变色（#c9caca、白色、#b5b5b6、#898989、#b5b5b6），按住【Shift】键，从左到右填充"线性渐变"效果（见图 2-1-4），取消选区。

图 2-1-3　绘制选区

图 2-1-4　填充选区

（4）选择"编辑"→"变换"→"透视"命令，调整控制点，效果如图 2-1-5 所示；利用"椭圆选框工具"，在图形底部绘制一个椭圆选区，如图 2-1-6 所示。

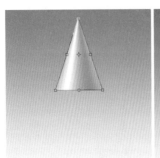

图 2-1-5　透视效果

图 2-1-6　椭圆选区

（5）选择"矩形选框工具"，按住【Shift】键，绘制一个矩形选区，如图 2-1-7 所示；按【Shift+Ctrl+I】组合键，反选选区，并按【Delete】键清除图形，取消选区，如图 2-1-8 所示。

（6）按【Ctrl+J】组合键，复制三维锥体，选择"编辑""变换""垂直翻转"命令，利用"移动工具"调整图形位置，如图 2-1-9 所示；并将"三维锥体 拷贝"图层调整到"三维锥体"图层下方，修改"三维锥体 拷贝"图层的"不透明度"为 35%，最终效果如图 2-1-1 所示。

图 2-1-7　矩形选区

图 2-1-8　圆锥体效果

图 2-1-9　垂直翻转

2. 绘制毛茸茸的卡通人物

（1）新建一个 800 像素 ×600 像素 @150ppi、RGB 颜色模式、白色背景的图像文件；设置前景色为 #eca40c，背景色为"白色"，利用"渐变工具"填充背景。

（2）利用"椭圆选框工具"绘制两个圆形选区，创建一个名为"眼睛底部"的图层，用白色填充该选区，应用"投影"图层样式创建阴影，如图 2-1-10 所示。

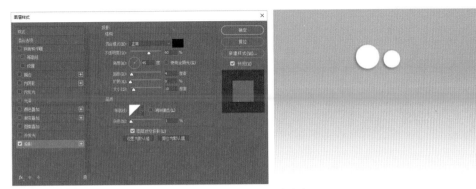

图 2-1-10　眼睛底部

（3）利用"椭圆选框工具"在白色圆圈中间绘制一个圆形选区，新建一个"左眼虹膜"图层，然后用淡蓝色（#0b8aec）填充选区；为了有凹凸效果，为"左眼虹膜"图层添加"内阴影"图层样式；利用"减淡工具"，取消保护色调选项，在"左眼虹膜"图层上减淡颜色，如图 2-1-11 所示。

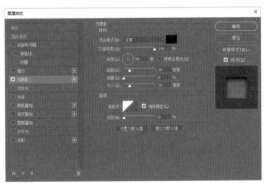

图 2-1-11　左眼虹膜

（4）新建一个"左眼虹膜纹理"图层，用"钢笔工具"创建一条路径；选择"画笔工具"，在工具属性栏上选择"平点中等硬度"笔尖，大小 3 像素，如图 2-1-12 所示；切换到"路径"面板，单击调板菜单，选择"描边路径"，选中"模拟压力"复选框，如图 2-1-13 所示。隐藏除"左眼虹膜纹理"图层外的所有图层，选择"编辑"→"定义画笔预设"命令，命名为"虹膜纹理"。

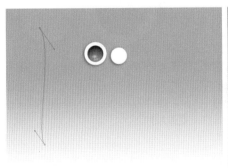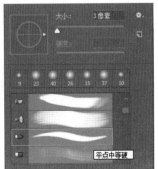

图 2-1-12　绘制路径

图 2-1-13　描边路径

（5）清除"左眼虹膜纹理"图层中的图像，按【F5】键，打开"画笔"面板，设置"画笔笔尖形状"和"形状动态"，绘制一个径向虹膜纹理，如图 2-1-14 所示。

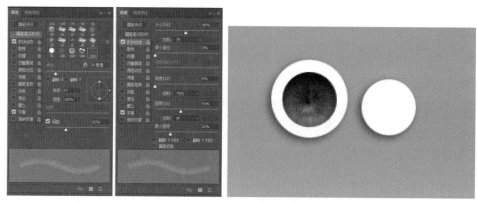

图 2-1-14　左眼虹膜纹理

（6）载入"左眼虹膜"图层的选区，设置前景色为 #07497b，在"左眼虹膜纹理"图层上方新建一个"左眼虹膜 1"图层，选择"编辑"→"描边"命令，描边宽度设为 4 像素，设置混合模式为"叠加"，如图 2-1-15 所示。

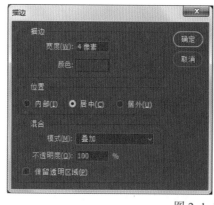

图 2-1-15　左眼虹膜 1

（7）在"左眼虹膜 1"上方新建图层，命名为"左眼虹膜 2"，利用画笔绘制眼球黑暗和光亮区域，如图 2-1-16 所示。链接"左眼虹膜""左眼虹膜纹理""左眼虹膜 1""左眼虹膜 2"，选择"图层"→"新建"→"从图层建立组"命令，命名为"左眼"，如图 2-1-16 所示。

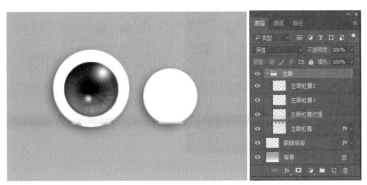

图 2-1-16 左眼虹膜 2

（8）复制"左眼"图层组，重命名为"右眼"，并重命名"右眼"图层组中所有图层为"右眼…"，如图 2-1-17 所示。

图 2-1-17 "右眼"图层组

（9）设置前景色为 #ce8c00，选择"套索工具"，设置羽化值为 5 像素，绘制身体部分；在"背景"图层上方新建"身体"图层，按【Alt+Delete】组合键，填充选区，取消选区，如图 2-1-18 所示；选择"滤镜"→"液化"命令，利用"向前变形工具"的形式更精确地调整手臂、腿、脸和头部的形状，如图 2-1-19 所示。

图 2-1-18 绘制身体　　　　　　　　图 2-1-19 液化身体

（10）选择"滤镜"→"杂色"→"添加杂色"命令，设置数量 25，高斯分布；选择"滤镜"→"模糊"→"高斯模糊"命令，设置半径为 2.0 像素；选择"滤镜"→"模糊"→"径向模糊"命令，设置数量 25，模糊方法缩放，品质好；再利用"涂抹工具"，设置笔尖大小为 5 像素，涂抹"身体"图层边缘部分（可以添加一个图层填充为黑色，作为临时背景，涂抹好后删除此图层），如图 2-1-20 所示。

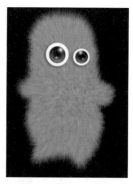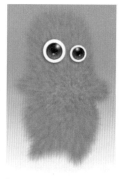

图 2-1-20　毛茸茸的身体

（11）在所有图层的最上方新建"眉毛"图层，设置前景色为 #755000，利用"画笔工具"的喷溅笔尖绘制眉毛，利用"涂抹工具"，设置笔尖大小为 5 像素，涂抹"眉毛"图层，如图 2-1-21 所示；添加"投影"图层样式，样式颜色为 #422d02，如图 2-1-22 所示。

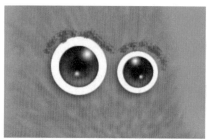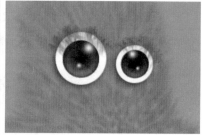

图 2-1-21　画眉毛

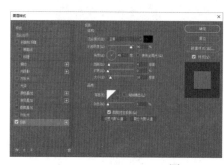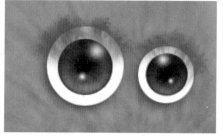

图 2-1-22　添加投影

（12）设置前景色为 #422d02，利用"画笔工具"，选择喷溅笔尖，画嘴巴，如图 2-1-23 所示；利用"添加杂色""高斯模糊""径向模糊"处理嘴巴，如图 2-1-24 所示。

图 2-1-23　画嘴巴　　　　　　　　　　　　　图 2-1-24　最终效果

实验 2
图层的应用

实验目的

◎ 熟悉 Photoshop 的图层面板。
◎ 掌握图层的基本操作。
◎ 掌握图层混合模式的应用。
◎ 熟练掌握图层样式在图层操作的特殊地位。

实验内容

（1）水雾字。以带水的玻璃为背景，通过图层的混合模式展示出一款具有真实水雾效果的字体，效果如图 2-2-1 所示。

（2）通过折扇设计，掌握 Photoshop 在设计中的常用方法和技术，效果如图 2-2-2 所示。

图 2-2-1　水雾字

图 2-2-2　折扇

操作步骤

1. 制作水雾字

（1）打开"雨玻璃.jpg"图像文件，在"图层"面板中，复制"背景"图层为"背景 拷贝"；新建"图层 1"；在工具箱中选择画笔工具，设置画笔笔尖为"硬边圆"，大小为 30 像素，硬度 70%，设置前景色为"黑色"；在"图层 1"上书写英文字母，如图 2-2-3 所示。

（2）选择"滤镜"→"扭曲"→"波纹"命令，设置数量为"140%"，大小为"小"，如图 2-2-4 所示。选择"滤镜"→"扭曲"→"波浪"命令，参数设置如图 2-2-5 所示。

图 2-2-3　添加文字

图 2-2-4　波纹滤镜

图 2-2-5　波浪滤镜

（3）在工具箱中选择涂抹工具，设置画笔笔尖为"软边圆"，大小为 15 像素，硬度 70%，设置前景色为"黑色"；在"图层 1"文字上涂抹，添加流淌的效果，如图 2-2-6 所示。将"图层 1"的混合模式设置为"叠加"，"不透明度"设置为 70%，如图 2-2-7 所示。

（4）复制 |"图层 1"为"图层 1 拷贝"，将"图层 1 拷贝"的混合模式设置为"正常"，"不透明度"设置为 20%，如图 2-2-8 所示。

图 2-2-6　流淌效果

图 2-2-7　叠加

图 2-2-8　复制图层

（5）新建"图层 2"，并填充为白色，"图层 2"的混合模式设置为"柔光"，"不透明度"设置为 30%，如图 2-2-9 所示。

图 2-2-9　最终效果

2. 设计折扇

（1）新建一个 20 厘米 ×18 厘米 @150ppi、RGB 颜色模式、白色背景的图像文件；选择"视图"→"显示"→"网格"命令，打开网格。

（2）新建"图层 1"，利用"钢笔工具"绘制出路径，按【Ctrl+Enter】组合键将路径转换为选区，如图 2-2-10 所示。

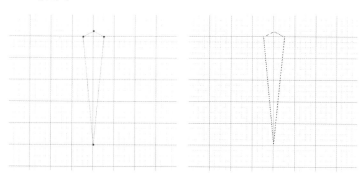

图 2-2-10　路径转换为选区

（3）将前景色设置成灰色（#9e9e9e），按【Alt+Delete】组合键填充颜色，按【Ctrl+D】组合键取消选区，如图 2-2-11 所示。

（4）新建"图层 2"，将前景色设置为黑色（# 000000），在"图层 2"中，利用"画笔工具"在图形的底部画一个小黑点，如图 2-2-12 所示。

（5）选择"图层 1"，选择"多边形套索工具"，添加选区，如图 2-2-13 所示；按【Ctrl+Shift+I】组合键，将选区反选，如图 2-2-14 所示。

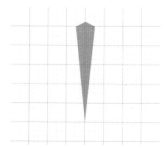 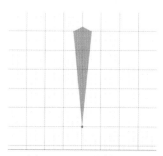 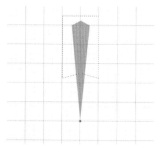

图 2-2-11　填充选区　　　　图 2-2-12　绘制黑点　　　　图 2-2-13　建立选区

（6）选定"图层 1"，按【Delete】键，删除图像，如图 2-2-15 所示；利用"多边形套索工具"，绘制选区，如图 2-2-16 所示。

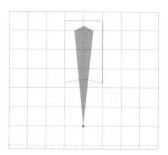 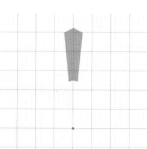 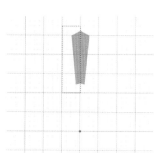

图 2-2-14　反选选区　　　　图 2-2-15　删除图像　　　　图 2-2-16　绘制选区

（7）按【Ctrl+M】组合键，打开"曲线"对话框，设置数值为180、125，如图2-2-17所示；取消选区，用"多边形套索工具"继续绘制选区，调出"曲线"选项，设置为99、163（见图2-2-18），取消选区。

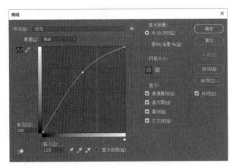

图2-2-17　曲线对话框

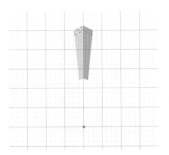

图2-2-18　再建选区

（8）在"图层1"中，按【Ctrl+Alt+T】组合键，复制"图层1"，按【Ctrl+T】组合键，打开自由变换，将中心点移动到"图层2"的点处，旋转"图层1拷贝"，如图2-2-19所示。按【Ctrl+Shift+Alt】组合键，然后依次按【T】键，按12次，效果如图2-2-20所示。

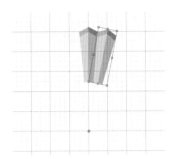

图2-2-19　旋转图像

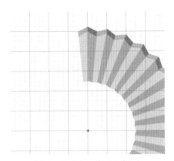

图2-2-20　复制扇叶

（9）按【Ctrl+E】组合键，合并各"图层1拷贝"到图层1，按【Ctrl+T】组合键，打开自由变换，调整到如图2-2-21所示位置。

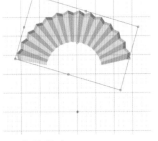

图2-2-21　合并扇叶

（10）按住【Ctrl】键，单击"图层1"的缩略图，单击"调整"按钮，选择"色相与饱和度"，打开"色相与饱和度"窗口，调整颜色，选择"着色"，颜色为178、22，删除图层2，如图2-2-22所示。

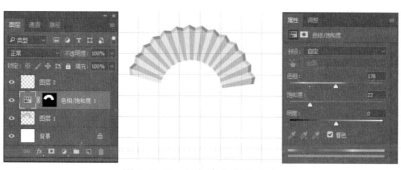

图 2-2-22 添加色相与饱和度

（11）新建"图层 2"，选择"矩形选框工具"，绘制一个矩形选区，设置前景色为 #740606，填充前景色，并设置背景色为 #4d0404，如图 2-2-23 所示。

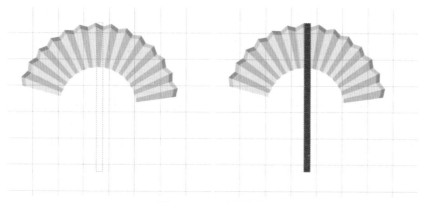

图 2-2-23 绘制扇柄

（12）选择"滤镜"→"渲染"→"纤维"命令，打开"纤维"对话框，设置数值为差异 27、强度 13，如图 2-2-24 所示；取消网格显示，选取"钢笔"工具，在"图层 2"上绘制路径，制作扇茎，如图 2-2-25 所示。

（13）按【Ctrl+Enter】组合键将路径转换为选区，选择"图层 2"，按【Ctrl+Shift+I】组合键反选，按【Delete】组合键删除，按"Ctrl+D"键取消选区，如图 2-2-26 所示。

（14）双击"图层 2"打开"图层样式"对话框，添加"斜面和浮雕"，深度为 144，大小为 8，添加"图层样式"如图 2-2-27 所示。

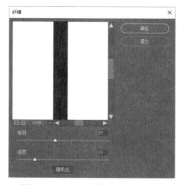

图 2-2-24 "纤维"对话框

图 2-2-25 绘制路径

图 2-2-26 删除图像

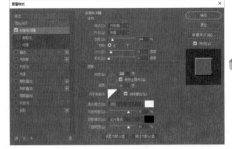

图 2-2-27 斜面和浮雕

（15）按【Ctrl+T】组合键，旋转调整位置，按【Enter】键，如图 2-2-28 所示；复制"图层 2"，按【Ctrl+T】组合键，中心点移动到扇茎下面，旋转到折扇的另一边，调整移动，然后将"图层 2 拷贝"移动到"图层 1"下方，如图 2-2-29 所示；删除"图层 2"和"图层 2 拷贝"上多余的扇茎，如图 2-2-30 所示。

图 2-2-28 旋转扇茎

图 2-2-29 调整扇茎

图 2-2-30 三处多余扇茎

（16）选定"图层 2 拷贝"，新建"图层 3"，选择"矩形选框工具"，绘制矩形选区，填充为红色（前景色为 #740606，背景色为 #4d0404），选择"滤镜"→"渲染"→"纤维"命令，制作出类似的效果，如图 2-2-31 所示。

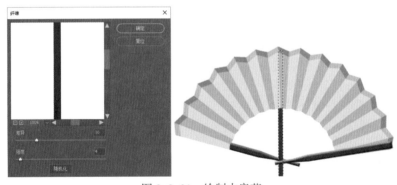
图 2-2-31 绘制内扇茎

（17）将"图层 2 拷贝"的样式复制到"图层 3"中，按【Ctrl+T】组合键调整"图层 3"，取消选区，删除"图层 3"上多余的扇茎，如图 2-2-32 所示。

（18）按【Ctrl+Shift+Alt+T】组合键，进行一次复制，按【Ctrl+T】组合键将中心点调整到交接点，再旋转，如图 2-2-33 所示。

（19）按住【Ctrl+Shift+Alt】组合键，依次按【T】键，再按【Ctrl+E】组合键，把所有的"图层 3 拷贝…"合并图层到"图层 3"，在所有图层最上面新建图层 4，前景色为红色 #ef1a08，选择"画笔工具"，在扇子茎交接的地方单击，添加一个红色小圆点，如图 2-2-34 所示。

图 2-2-32 制作内扇茎

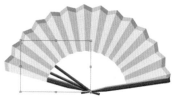

图 2-2-33 旋转内扇茎

图 2-2-34 绘制小圆点

（20）按住【Ctrl】键，单击"图层 1"的缩略图，载入选区，如图 2-2-35 所示。

（21）打开"水墨画 .jpg"文件，按【Ctrl+A】组合键全选，再按【Ctrl+C】组合键复制图像，选择折扇文件，选择"编辑"→"选择性粘贴"→"贴入"命令，将水墨画粘贴到扇子中，调整图像位置，如图 2-2-36 所示；把水墨画所在的图层混合模式设置为"线性加深"，如图 2-2-37 所示。

图 2-2-35 载入选区

图 2-2-36 加水墨画

图 2-2-37 线性加深

（22）打开"挂件 .psd"，利用"移动工具"把挂件移动复制到折扇文件中，调整大小，移动到扇子交接处画的红色小圆点上，把"挂件"图层移至"图层 4"下方，如图 2-2-38 所示。

（23）选择除"背景"图层外的所有图层，链接图层，选择"图层"→"新建"→"从图层新建组"命令，命名为"扇子"，如图 2-2-39 所示。

图 2-2-38 添加挂件

图 2-2-39 新建扇子图层组

（24）在"图层 5"的图层蒙版上右击，在弹出的快捷菜单中选择"应用图层蒙版"命令，把图层蒙版应用到"图层 5"中。选择"扇子"组，利用"移动工具"调整扇子的位置到画布的中间；选定"背景"图层，设置前景色颜色为 #9ebe48，按【Alt+Delete】组合键，填充"背景"图层，如图 2-2-40 所示。

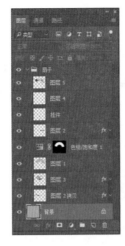 

图 2-2-40　填充背景

实验 3
蒙版与通道应用

实验目的

◎ 了解蒙版、通道的作用。
◎ 熟练掌握蒙版的应用。
◎ 掌握通道的基本操作。

实验内容

（1）利用图层蒙版，合成"层峦叠嶂"的山峰，效果如图 2-3-1 所示。
（2）通过制作五彩缤纷的文字效果，掌握 Photoshop 在设计中通道的常用方法和技术，效果如图 2-3-2 所示。

图 2-3-1　层峦叠嶂的山峰

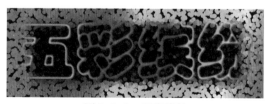

图 2-3-2　五彩缤纷

操作步骤

1. 合成"层峦叠嶂"的山峰

（1）新建一个 16 厘米 ×12 厘米 @150ppi、RGB 颜色模式、白色背景的图像文件；打开"瀑布 .jpg"文件，利用移动工具把图像拖到新建的图像文件中，命名为"瀑布"，调整图像大小，并添加图层蒙版，修饰图像，如图 2-3-3 所示。

（2）打开"山峰 1.jpg"文件，利用移动工具把图像拖到新建的图像文件中，命名为"山峰 1"，调整图像大小，并添加图层蒙版，修饰图像，如图 2-3-4 所示。

图 2-3-3　添加瀑布　　　　　　　　　　　　　图 2-3-4　添加山峰 1

（3）打开"太阳 .jpg"文件，利用移动工具把图像拖到新建的图像文件中，命名为"太阳"，调整图像大小，并添加图层蒙版，修饰图像，如图 2-3-5 所示。

（4）打开"山峰2.jpg"文件，利用移动工具把图像拖到新建的图像文件中，命名为"山峰 2"，调整图像大小，并添加图层蒙版，修饰图像，如图 2-3-6 所示。

图 2-3-5　添加太阳　　　　　　　　　　　　　图 2-3-6　添加山峰 2

（5）打开"山峰3.jpg"文件，利用移动工具把图像拖到新建的图像文件中，命名为"山峰 3"，调整图像大小，并添加图层蒙版，修饰图像，如图 2-3-7 所示。

（6）打开"山峰4.jpg"文件，利用移动工具把图像拖到新建的图像文件中，命名为"山峰 4"，调整图像大小，并添加图层蒙版，修饰图像，如图 2-3-8 所示。

（7）打开"山峰5.jpg"文件，利用移动工具把图像拖到新建的图像文件中，命名为"山峰 5"，调整图像大小，并添加图层蒙版，修饰图像，如图 2-3-9 所示。

（8）打开"楼阁 .jpg"文件，利用移动工具把图像拖到新建的图像文件中，命名为"楼阁"，调整图像大小，并添加图层蒙版，修饰图像，如图 2-3-10 所示。

图 2-3-7　添加山峰 3　　　　　　　　　　　　图 2-3-8　添加山峰 4

图 2-3-9　添加山峰 5

图 2-3-10　添加楼阁

（9）在"图层"面板，在所有图层的最上方，添加"色彩平衡"调整图层，在属性中设置中间调的绿色系为"+15"，如图 2-3-11 所示。"图层"面板图层情况如图 2-3-12 所示。最终效果如图 2-3-1 所示。

图 2-3-11　色彩平衡

图 2-3-12　图层面板

2. 制作五彩缤纷的文字效果

（1）新建一个 900 像素 ×300 像素 @150ppi、RGB 颜色模式、黑色背景的图像文件。

（2）切换到"通道"面板，新建一个名为"Alpha 1"的通道，选择"横排文字工具"，设置字体为"华文彩云"，大小为 100 点，颜色为"白色"。输入"五彩缤纷"，利用移动工具将文字移动至画布中央，取消选区。

（3）选择"滤镜"→"模糊"→"高斯模糊"命令，设置半径为 3.0；复制"Alpha 1"通道，得到"Alpha 1 拷贝"通道，选择"滤镜"→"其他"→"位移"命令，打开"位移"对话框，参数设置如图 2-3-13 所示。

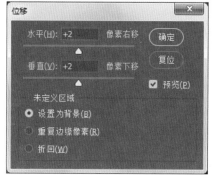

图 2-3-13　"位移"对话框

（4）选择"图像"→"计算"命令，打开"计算"对话框，参数设置如图 2-3-14（a）所示，得到"Alpha 2"通道；再次选择"计算"命令，参数设置如图 2-3-14（b）所示，得到"Alpha 3"通道。

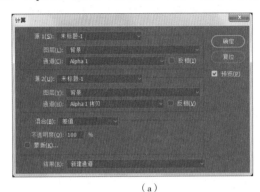

（a）　　　　　　　　　　　　　　　　　（b）

图 2-3-14　计算参数设置

（5）按住【Ctrl】键，单击"Alpha 3"通道缩略图，载入选区；切换到"图层"面板，新建"五彩缤纷"的新图层。

（6）选择"渐变工具"，设置渐变色为预设中的"色谱"，渐变类型为"径向渐变"，模式为"叠加"，从字的中央向右侧拖动鼠标，绘制渐变，如图 2-3-15 所示。

图 2-3-15　绘制渐变

（7）切换到"通道"面板，新建"Alpha 4"通道，利用"矩形选框工具"在中央建立一个矩形选区，填充白色，取消选区。

（8）选择"滤镜"→"模糊"→"高斯模糊"命令，设置半径为 16.0；选择"滤镜"→"像素化"→"点状化"命令，设置单元格大小为 15，如图 2-3-16 所示。

图 2-3-16　"Alpha 4"通道

（9）按住【Ctrl】键，单击"Alpha 4"通道缩略图，载入选区；按【Shift+Ctrl+I】组合键，反选选区；切换到"图层"面板，在"背景"图层上方新建一个名为"彩色背景"的图层。

（10）选择"渐变工具"，设置渐变色为预设中的"色谱"，渐变类型为"线性渐变"，模式为"正常"，从画布左上角向右下角拖动鼠标，绘制渐变，取消选区，最终效果如图 2-3-2 所示。

实验 4
色彩与色调的调整

实验目的

◎ 了解图像色彩的基本属性。

◎ 掌握图像色调调整。

◎ 掌握图像色彩调整。

◎ 熟练掌握校正图像色调的方法。

◎ 熟练掌握调整图像颜色的方法。

实验内容

（1）火红的暮色。通过色调的调整，掌握 Photoshop 在设计中的常用方法和技术，效果如图 2-4-1 所示。

（2）草丛秋色调。通过调整对比度作为主色的铺垫，在此基础上利用色相的调整方法制作出最终的秋色调，效果如图 2-4-2 所示。

图 2-4-1　火红的暮色

图 2-4-2　草丛秋色调

操作步骤

1. 制作火红的暮色

（1）打开"暮色 .jpg"文件，复制"背景"图层为"背景 拷贝"，新建"色彩平衡"调整图层，调整"中间调"和"高光"使图像颜色偏红一点，如图 2-4-3 所示。

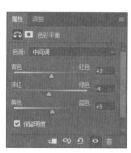

图 2-4-3 新建色彩平衡

（2）新建"曲线"调整图层，调整"亮部"和"暗部"使对比度明显一点，如图 2-4-4 所示。

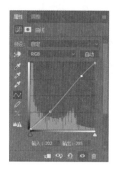
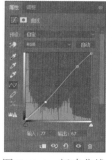

图 2-4-4 新建曲线

（3）新建"色相 / 饱和度"调整图层，调整"全图"和"蓝色"使对比度更强一点，如图 2-4-5 所示。

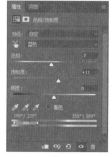

图 2-4-5 新建色相 / 饱和度

（4）新建"颜色查找"调整图层，载入 3DLUT 文件为 Crisp_Warm.look，如图 2-4-6 所示；设置图层"不透明度"为"30%"，如图 2-4-7 所示；最终效果如图 2-4-1 所示。

图 2-4-6 新建颜色查找　　　　　　　　图 2-4-7 设置不透明度

2. 制作草丛秋色调

（1）打开"草丛.jpg"文件；在"图层"面板上创建"可选颜色"调整图层，在属性面板上设置：颜色选择"红色"，青色为 +15%；颜色选择"绿色"，青色为 –60%，洋红为 +20%，黄色为 –15%，黑色为 +16%，如图 2-4-8 所示。

图 2-4-8　可选颜色

（2）在"图层"面板上，创建"色相/饱和度"调整图层，在属性面板上设置：选择"全图"，饱和度为 –15；选择"黄色"，色相为 –33，饱和度为 –10；选择"绿色"，饱和度为 –15，如图 2-4-9 所示。

图 2-4-9　色相/饱和度 1

（3）在"图层"面板上，创建"曲线"调整图层，在属性面板上设置：选择"RGB"通道，调整曲线增加图像亮度；选择"红"通道，调整曲线增加图像中的红色；选择"绿"通道，调整曲线降低图像中的绿色；选择"蓝"通道，调整曲线增加图像中的蓝色，如图 2-4-10 所示。

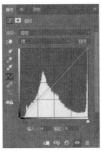

图 2-4-10　曲线 1

（4）在"图层"面板上，创建"色相/饱和度"调整图层，在属性面板上设置：选择"全图"，色相为 +10；选择"蓝色"，色相为 –180，如图 2-4-11 所示。

图 2-4-11　色相／饱和度 2

（5）按【Ctrl+Alt+Shift+E】组合键，盖印可见图层，此时会新建"图层 1"；选择"图层 1"，选择"图像"→"模式"→"Lab 颜色"命令，单击"拼合"按钮，图像转换成"Lab 模式"，同时所有图层合并到"背景"图层，如图 2-4-12 所示。

图 2-4-12　盖印、合并图层

（6）选择"图像"→"应用图像"命令，设置参数如图 2-4-13 所示；按【Ctrl+Alt+2】组合键，载入图像高光区域的选区，在按【Ctrl+Shift+I】组合键，反选选区，如图 2-4-14 所示。

图 2-4-13　应用图像　　　　　　　　　　　图 2-4-14　建立选区

（7）在"图层"面板上，创建"曲线"调整图层，在属性面板上设置：选择"明度"通道，调整曲线降低图像亮度；选择"b"通道，调整曲线增加图像中的暖红色，如图 2-4-15 所示。

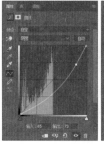  

图 2-4-15　曲线 2

（8）按【Ctrl+Alt+Shift+E】组合键，盖印可见图层，此时会新建"图层 1"；选择"图层 1"，在"图层"面板中，设置图层混合模式为"柔光"，"不透明度"为 30%，如图 2-4-16 所示。

图 2-4-16　盖印图层和柔光模式

实验 5
路径与滤镜应用

 实验目的

◎ 掌握路径绘制方法。

◎ 掌握路径应用方法。

◎ 熟练掌握常用滤镜对图像进行各种特效处理的方法。

实验内容

（1）树叶字。树叶字制作思路就是用设置好的画笔描边文字路径，效果如图 2-5-1 所示。

（2）利用滤镜制作漂亮彩色烟花图案，效果如图 2-5-2 所示。

图 2-5-1　树叶字效果

图 2-5-2　彩色烟花效果

操作步骤

1. 制作树叶字

（1）新建一个 1 024 像素 ×768 像素 @150ppi、RGB 颜色模式、白色背景的图像文件。打开"纹理 .jpg"文件，复制到新建的图像文件中。为"图层 1"添加"颜色叠加"图层样式，模式正片底叠，颜色为 #572306，不透明度为 95%，如图 2-5-3 所示。重命名"图层 1"为"背景"图层。

（2）再新建 500 像素 ×500 像素大小的文档，新建图层，画出一片树叶；给树叶添加"渐变叠加"的图层样式，如图 2-5-4 所示。

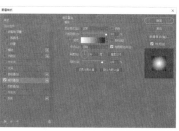

图 2-5-3　处理背景　　　　　　　　　　　图 2-5-4　绘制树叶

（3）选择"编辑"→"定义画笔预设"命令，定义名为"树叶"的画笔；转到"树叶字"窗口。

（4）选择"横排文字工具"，设置字体为 Berlin Sans FB，字号为 150 点，输入"HELLO"；格式化文字图层，并复制两个图层，如图 2-5-5 所示。

（5）按住【Ctrl】键，单击"HELLO"图层的缩略图，载入选区；切换到"路径"面板，单击"从选区生成工作路径"按钮，将选区转换成路径，如图 2-5-6 所示。再把工作路径转换成路径保存。

图 2-5-5　复制图层　　　　　　　　　　图 2-5-6　生成路径

（6）选择"画笔工具"，设置"画笔笔尖形状""形状动态""散布""颜色动态"，如图 2-5-7 所示。

图 2-5-7　设置画笔

（7）在"路径"面板和"图层"面板之间，"HELLO"图层用画笔笔尖大小为 50 像素描边路径，"HELLO 拷贝"图层用画笔笔尖大小为 40 像素描边路径，"HELLO 拷贝 2"图层用画笔笔尖大小为 30 像素描边路径，3 个图层可以多描几次，效果如图 2-5-8 所示。

（8）给"HELLO 拷贝"图层添加"投影"（#472b0f）图层样式，如图 2-5-9 所示；内阴影（#5c2e0f）和内发光（#b0ac3a）图层样式如图 2-5-10 所示。

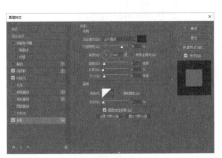

图 2-5-8　描边路径　　　　　　　　　　　图 2-5-9　投影图层样式

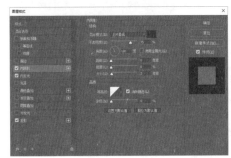

图 2-5-10　内阴影和内发光图层样式

（9）在所有图层最上方，添加"照片滤镜"调整图层，如图 2-5-11 所示；添加"曝光度"调整图层，如图 2-5-12 所示。

图 2-5-11　照片滤镜

图 2-5-12　曝光度

2. 制作漂亮彩色烟花图案

（1）新建一个 15 厘米 × 15 厘米、72 ppi 分辨率、RGB 颜色模式、白色背景内容的新文档。

选择"渐变工具"，设置"色谱"的"线性渐变"，模式"正常"，不透明度为"100%"，效果如图 2-5-13 所示。

（2）按字母键【D】把前、背景颜色恢复到默认黑白颜色；选择"滤镜"→"扭曲"→"极坐标"命令，设置选择"平面坐标到极坐标"，效果如图 2-5-14 所示。

（3）选择"滤镜"→"模糊"→"高斯模糊"命令，设置半径为 20，效果如图 2-5-15 所示；选择"滤镜"→"像素化"→"点状化"命令，设置单元格大小为 15，效果如图 2-5-16 所示。

图 2-5-13　色谱渐变　　　　　图 2-5-14　极坐标 1　　　　　图 2-5-15　高斯模糊

（4）选择"图像"→"调整"→"反相"命令，效果如图 2-5-17 所示；选择"滤镜"→"风格化"→"查找边缘"命令，效果如图 2-5-18 所示。

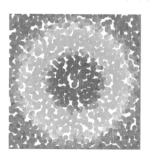

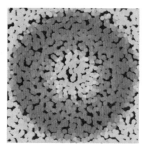

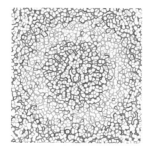

图 2-5-16　点状化 1　　　　　图 2-5-17　反相 1　　　　　图 2-5-18　查找边缘

（5）选择"图像"→"调整"→"反相"命令，效果如图 2-5-19 所示；设置前景色为白色，背景色为黑色；选择"滤镜"→"像素化"→"点状化"命令，设置单元格大小为 5，如图 2-5-20 所示。

（6）创建一个纯色调整图层，颜色设置为黑色。选择"椭圆选框工具"，按【Alt+Shift】组合键拉出如图 2-5-21 所示的选区，然后按【Shift＋F6】组合键羽化，数值为 80。

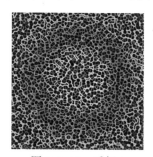

图 2-5-19　反相 2　　　　　图 2-5-20　点状化 2　　　　　图 2-5-21　创建选区

（7）选中蒙版，按【Alt+Delete】组合键，填充选区为"黑色"，取消选区，效果如图 2-5-22 所示；新建一个图层，按【Ctrl+Alt+Shift+E】组合键，盖印图层；把"图层 1"图层混合模式改为"正片叠底"，如图 2-5-23 所示。按【Ctrl+J】组合键，把当前图层复制一层，效果如图 2-5-24 所示。

图 2-5-22 填充蒙版

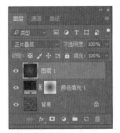

图 2-5-23 "图层"面板

图 2-5-24 盖印图层

（8）按【Ctrl+Alt+Shift+E】组合键，盖印图层；选择"滤镜"→"扭曲"→"极坐标"命令，设置选择"极坐标到平面坐标"，效果如图 2-5-25 所示。

（9）选择"图像"→"图像旋转"→"顺时针 90 度"命令，效果如图 2-5-26 所示；选择"滤镜"→"风格化"→"风"命令，设置方法"风"，方向"从左"；确定后按【Ctrl+F】组合键两次，加强风效果，如图 2-5-27 所示。

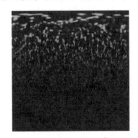

图 2-5-25 极坐标 2

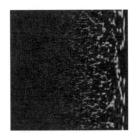

图 2-5-26 旋转 90 度

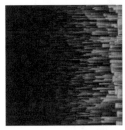

图 2-5-27 风滤镜效果

（10）选择"图像"→"图像旋转"→"逆时针 90 度"命令；选择"滤镜"→"扭曲"→"极坐标"命令，设置选择"平面坐标到极坐标"，效果如图 2-5-28 所示。

（11）创建"色相/饱和度"调整图层，把烟花调成合适的颜色，如图 2-5-29 所示。

图 2-5-28 极坐标 3

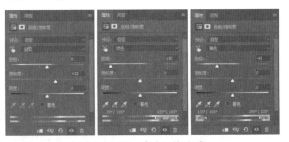

图 2-5-29 色相/饱和度

（12）创建"亮度/对比度"调整图层，稍微调亮一点亮度，如图 2-5-30 所示。

图 2-5-30 亮度/对比度

实验 **6**

图像的修复与合成

实验目的

◎掌握使用修复工具修复图像的方法。

◎掌握图像其他工具的应用。

◎掌握图像的合成操作。

实验内容

（1）水果冰块。先抠出草莓，移到冰块图层下面，修改冰块图层模式；再复制草莓，拖到图层最上面，用蒙版修饰一下即可，如图 2-6-1 所示。

（2）证件照的制作。从镜头校正、校色、处理瑕疵、液化、处理皮肤质感和换背景来处理图像，最后处理成常用的一寸照排版，如图 2-6-2 所示。（2 寸的尺寸为 3.5 厘米 ×5.3 厘米，6 寸的尺寸为 10.2 厘米 ×15.2 厘米）

图 2-6-1　水果冰块效果

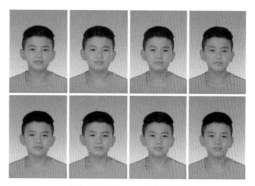

图 2-6-2　一寸照排版

操作步骤

1. 制作水果冰块

（1）打开"草莓 .jpg"图像文件的，复制"背景"图层；选择魔术棒工具，选中图像中的白色，反选；单击"添加图层蒙版"按钮，为"背景 拷贝"图层添加图层蒙版；复制"背景 拷贝"图层，调整两个图层的草莓大小、位置等，合并"背景 拷贝"和"背景 拷贝 2"图层，如图 2-6-3 所示。

（2）打开"冰块.jpg"图像文件，利用移动工具，把处理好的"草莓"素材拖到"冰块"图像文件中，并修改图层为"草莓"，按【Ctrl+T】组合键，调整草莓的大小、位置，如图 2-6-4 所示。

图 2-6-3　处理草莓

图 2-6-4　调整草莓

（3）切换到"图层"面板，把"草莓"图层的图层模式改成"滤色"，如图 2-6-5 所示；此时发现草莓几乎看不清楚，为了更好地表现草莓在冰块中的感觉，按【Ctrl+J】组合键，复制草莓图层，把"草莓 拷贝"图层的图层模式改成"正常"。

（4）单击"添加图层蒙版"按钮，为"草莓 拷贝"图层添加图层蒙版；设置前景色为"黑色"，利用画笔工具调整不同的"不透明度"，把不需要的部分涂抹掉，如图 2-6-6 所示。

图 2-6-5　滤色图层模式

图 2-6-6　修改草莓

（5）打开"橙子.jpg"图像文件，复制"背景"图层；选择魔术棒工具，选中图像中的白色，反选；单击"添加图层蒙版"按钮，为"背景 拷贝"图层添加图层蒙版。利用移动工具，把处理好的"橙子"素材拖到"冰块"图像文件中，并修改图层为"橙子"，按【Ctrl+T】组合键，调整草莓的大小、位置；修改图层模式为"滤色"；按【Ctrl+J】组合键，复制橙子图层，把"橙子 拷贝"图层的图层模式改成"正常"。

（6）选择画笔工具，按【D】键，设置前景色为"黑色"，设置背景色为"黑色"或"白色"，利用画笔工具调整不同的"不透明度"把不需要的部分涂抹掉，如图 2-6-7 所示。

（7）打开"樱桃.jpg"图像文件，处理过程与橙子类似，如图 2-6-8 所示。

图 2-6-7　添加橙子

图 2-6-8　添加樱桃

（8）为了使整体色彩的纯度更亮些，在"图层"面板单击"创建新的填充或调整图层"按钮，创建"色相/饱和度"调整图层，增加饱和度，如图 2-6-9 所示。

图 2-6-9　色相/饱和度

2. 制作证件照

（1）打开"男孩 .jpg"图像文件，复制"背景"图层为"背景 拷贝"图层，选择"滤镜"→"镜头校正"命令，利用"拉直工具"拉一直线，其他参数如图 2-6-10 所示。

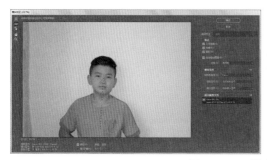

图 2-6-10　镜头校正前后效果

（2）选择"滤镜"→"Camera Raw 滤镜"命令，利用"白平衡工具"在图像左下方背景部分吸取，调整色温，即校色，如图 2-6-11 所示。

（3）新建"图层 1"，选择"修复画笔工具"，在工具属性栏选中"对齐"复选框；源：取样，样本：当前和下方图层，修复脸等部分有瑕疵的部分（如痘痘、黑痣等），如图 2-6-12 所示。按【Ctrl+E】组合键，把"图层 1"合并到"背景 拷贝"中。

图 2-6-11　校色　　　　　　　　　　　　图 2-6-12　处理瑕疵

（4）选择"滤镜"→"液化"命令，设置眼睛大小为 10，"嘴唇"中的微笑为 20，"脸部形状"中的前额为 5、下巴高度为 –50、下颌为 –40，其他参数默认；利用"向前变形工具"，设置画笔工具选项中压力为 40 左右，修理头发，如图 2-6-13 所示。（瘦脸也可以利用"向前变形工具"，配合画笔工具选项中大小和压力等）

图 2-6-13 液化

（5）进行磨皮操作。按两次【Ctrl+J】组合键，复制两个前面处理好的图层，并命名为 low 和 high；隐藏 high 图层，选择 low 图层，选择"滤镜"→"模糊"→"高斯模糊"命令，设置模糊半径为 3 像素；显示 high 图层，选择 high 图层，选择"图像"→"应用图像"命令，设置参数，如图 2-6-14 所示。

图 2-6-14 应用图像

（6）把 high 图层的图层模式改为"线性光"，效果如图 2-6-15 所示；复制 high 图层，修改图层"不透明度"为 50%，效果如图 2-6-16 所示。

图 2-6-15 线性光   图 2-6-16 复制"high"图层

（7）在"图层"面板中，创建"可选颜色"调整图层，对"红色"和"黄色"都进行减青、加黄和减黑设置，如图 2-6-17 所示。

图 2-6-17 可选颜色

（8）按【Ctrl+Alt+Shift+E】组合键，盖印图层，得到"图层 1"，隐藏除"图层 1"外的所有图层，如图 2-6-18 所示；选择"快速选择工具"，单击工具属性栏中的"选择并遮住"按钮，选择视图为"闪烁虚线"，利用"快速选择工具""多边形套索工具"等选取人像部分，如图 2-6-19 所示。

图 2-6-18　盖印图层

图 2-6-19　选取人像

（9）把视图改为"叠加"，尽量放大图像，利用"画笔工具"在发丝处涂抹（选择较小的笔刷，越精细的选择，整个边缘越完善），如图 2-6-20 所示。

（10）在属性面板中，输出设置中将"输出到"设为"新建带有图层蒙版的图层"，如图 2-6-21 所示。

图 2-6-20　精修发丝

图 2-6-21　输出设置

（11）在"图层 1 拷贝"下方新建"图层 2"，并填充黑色，此时发现发丝发白，如图 2-6-22 所示；在"图层 1 拷贝"上方新建"图层 3"，填充模式设置"明度"，并创建剪切蒙版，选择"吸管工具"吸取头发的颜色，再利用"画笔工具"在发丝部分涂抹（设置 50 像素大小笔尖和 50% 的透明度），复制"图层 3"，把"图层 3 拷贝"的图层模式改为"颜色"，如图 2-6-23 所示。

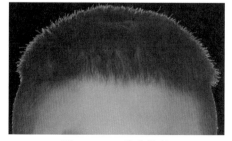

图 2-6-22　发白发丝

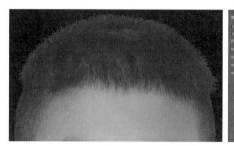

图 2-6-23　修复发丝

（12）把"图层 2"重新填充为"白色"，新建"图层 4"，设置前景色为天真蓝（#438edb），背景色为黑色，按住【Shift】键，利用渐变工具填充前景色到背景色的线性渐变，效果如图 2-6-24 所示。

（13）选择"裁剪工具"，设置裁剪比例为 2.5∶3.5，裁剪图像，如图 2-6-25 所示。选择"图像"→"图像大小"命令，打开"图像大小"对话框，设置分辨率为 300 ppi。

图 2-6-24　设置背景

图 2-6-25　裁剪图像

（14）排版一寸证件照。把文件保存为"证件照制作 2.jpg"，重新打开"证件照制作 2.jpg"；选择"图像"→"图像大小"命令，在打开的"图像大小"对话框中观察具体参数，如图 2-6-26 所示。1 寸证件照的标准是 295 像素 ×413 像素（2.5 厘米 ×3.5 厘米）；要想照片打印出来清晰度高，一般分辨率都要设置成 300 ppi（证件照的打印标准）；本案例当高度改为3.5 厘米时，宽度为 2.5 厘米，分辨率正确；确定后，选择"图像"→"画布大小"命令，查看宽高为 2.5 厘米 ×3.5 厘米，此时像素大小的宽度与高度即为 295 像素 ×413 像素，这是标准的1 寸证件照的打印参数，如图 2-6-27 所示。

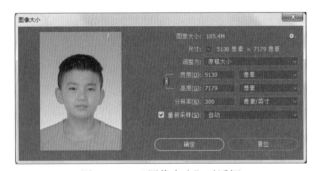

图 2-6-26　"图像大小"对话框

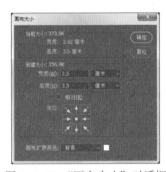

图 2-6-27　"画布大小"对话框

（15）设置白边。选择"图像"→"画布大小"命令，在打开的"画布大小"对话框中，选中"相对"复选框，白边一般预留 0.1 厘米即可，并设置画布的扩展颜色为白色，如图 2-6-28 所示。

（16）选择"编辑"→"定义图案"命令，在打开的图案名称对话框设置图案名称为"证件照 2"，单击"确定"按钮，如图 2-6-29 所示。

图 2-6-28　画布大小 2

图 2-6-29　定义图案

（17）新建一个能够容纳 4×2 共 8 张 1 寸证件照的空白文档，由于预留了白边，因此要观察加了白边后的 1 寸证件照大小，选择"图像"→"图像大小"命令，从"图像大小"对话框中可以观察到加了白边后图像大小为 307 像素 ×425 像素，则计算出 4×2 共 8 张的排版的文档大小为 1228 像素 ×850 像素。

（18）按【Ctrl+N】组合键，新建一个 1228 像素 ×850 像素 @300ppi、RGB 颜色模式、白色背景的图像文件，如图 2-6-30 所示。

（19）选择"编辑"→"填充"命令，在打开的"填充"对话框中，设置内容使用为"图案"，同时在"自定图案"的下拉列表框中选择前面定义好的图案，如图 2-6-31 所示；单击"确定"按钮，应用填充后即可观察到填充后的效果，如图 2-6-2 所示

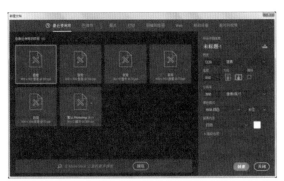

图 2-6-30　新建文件

图 2-6-31　填充图案

实验 7

Animate 对象的绘制和编辑

实验目的

◎ 熟悉 Animate 工作环境。
◎ 掌握 Animate 对象的绘制操作。
◎ 掌握 Animate 对象的编辑操作。

实验内容

利用 Animate 绘图工具，绘制一个鸟语花香的动画，如图 2-7-1 所示。该实验包含"背景""草地""花朵""蘑菇""太阳""文字""小鸟"图层。利用工具箱中的各种绘图工具，分别在各个图层中绘制相应的对象。

图 2-7-1 "鸟语花香"动画效果

操作步骤

（1）新建一个 Animate 文件，保存为"鸟语花香 .fla"文件。

（2）将图层 1 更名为背景层，选择矩形工具▇，将笔触颜色▉▉设置为"黑色"，填充颜色设置如图 2-7-2 所示，填充样式为"线性渐变"，从左至右的色块颜色分别是 #ADCEEF、78E3FE 和白色，绘制一个与舞台大小一致的矩形，利用渐变变形工具改变填充方向，填充白色到浅蓝的渐变，效果如图 2-7-3 所示。锁定背景图层。

图 2-7-2　矩形填充颜色的设置

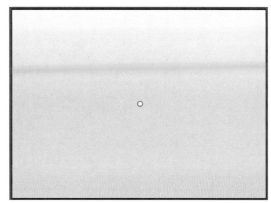

图 2-7-3　调整渐变色方向后的效果

（3）新建"地面"图层，选择线条工具，绘制地平线，利用选择工具将绘制的线条拖动变形，效果如图 2-7-4 所示。利用颜料桶工具分别为 3 个区域填充 #00FF33、#009900 和 #999900 纯色，效果如图 2-7-5 所示。利用墨水瓶工具修改三条地平线的颜色和样式，线条颜色与填充颜色相同，笔触样式如图 2-7-6 所示。双击矩形外边框并进行删除，完成后的舞台效果如图 2-7-7 所示。锁定"地面"图层。

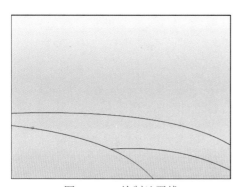

图 2-7-4　绘制地平线

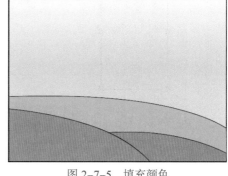

图 2-7-5　填充颜色

图 2-7-6　绘制笔触样式设置

图 2-7-7　完成地平线绘制的舞台效果

（4）添加"花"图层。利用椭圆工具，设置其笔触大小为 1，样式为实线，绘制一个椭圆。按住【Ctrl】键拖动鼠标将椭圆一端变形，形成花瓣状，打开"颜色"面板，设置填充颜色的类型为"径向渐变"，填充白色到 #FEE378 的渐变，删除花瓣外边框线条，绘制一片花瓣，如图 2-7-8 所示，

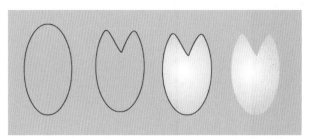

图 2-7-8　绘制花瓣过程

（5）选中花瓣，利用任意变形工具，将变形中心拖动到下方，如图 2-7-9 所示，在"变形"面板中设置旋转角度为 72°，连续单击右下角的"重置选区和变形"按钮，复制出另外 4 朵花瓣，将这 5 朵花瓣进行组合，更改其大小，效果如图 2-7-10 所示。将花朵移至舞台合适位置，再复制出其余花朵，利用任意变形工具，适当调整方向、大小等，舞台效果如图 2-7-11 所示。锁定"花朵"图层。

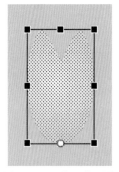

图 2-7-9　中心点下移

图 2-7-10　绘制完成的花朵

图 2-7-11　添加花瓣后的舞台效果

（6）添加"蘑菇"图层，绘制椭圆，笔触颜色为无，填充颜色为红色到 #990000 的径向渐变，用选择工具将椭圆变形。绘制填充效果为白色至 #996600 线性渐变的矩形，也将矩形变形。蘑菇花纹是填充颜色为 #FF6600 的小椭圆，完成后将所有内容组合。蘑菇绘制过程如图 2-7-12 所示。

图 2-7-12　蘑菇绘制过程

将蘑菇移动到舞台合适位置，再复制出其他几个蘑菇，调整大小、位置和方向后，舞台效果如图所 2-7-13 示。锁定"蘑菇"图层。

（7）新建"太阳"图层，利用椭圆工具，按住【Shift】键的同时，拖动鼠标在舞台左上方绘制一个圆，其中笔触颜色为无，填充样式为"径向渐变"，填充颜色的第 1 个和第 2 个色标都是红色，第 3 个色标颜色为 #CCCCCC，设置 Alpha 属性为 0%，如图 2-7-14 所示。锁定"太阳"图层。

图 2-7-13　添加蘑菇后的舞台效果

图 2-7-14　设置太阳内部填充颜色

（8）添加"文字"图层。在舞台中央输入文字"鸟语花香"，字体为"华文行楷"，大小为"70"。选中文字，连续两次按【Ctrl+B】组合键，将文字彻底分离，分别设置文字效果。

复制一个同样的"鸟"字，将底层的文字"鸟"颜色设置为浅红色，将红色的"鸟"覆盖在底层的"鸟"上方，有轻微的错位，形成阴影字效果。

选中"语"字，设置填充颜色为线性七彩渐变色，利用工具箱中的渐变变形工具改变填充方向。

选中"花"字，打开"颜色"面板，设置填充方式为"位图填充"，填充图片为"101. jpg"。

选中墨水瓶工具，设置笔触颜色为蓝色，在文字"香"上单击，为其添加蓝色边框，再将文字内容全部删除，完成空心字制作。文字图层效果如图 2-7-15 所示。

图 2-7-15　文字图层效果图

（9）新建"小鸟"图层，将素材图片"小鸟.jpg"导入到舞台中，调整好大小和位置，最终效果如图 2-7-11 所示。

实验 8
Animate 动画制作基础

 **实验目的**

◎ 掌握帧的基本概念及操作。

◎ 掌握 Animate 对象的绘制操作。

◎ 掌握元件的概念、创建及使用。

实验内容

（1）折扇制作。利用矩形工具、变形面板、元件等制作一个折扇案例，如图 2-8-1 所示。

图 2-8-1　折扇制作效果图

（2）制作完成一个"旋转的色彩"影片剪辑元件，如图 2-8-2 所示。提示：随着时间的推移会选中不同的色彩块。

图 2-8-2　旋转的色彩

操作步骤

1. 制作折扇

（1）新建一个 Animate 文件，设置舞台大小为 720 像素 ×576 像素，帧频为 25 帧 /s，背景颜色为白色。

（2）用矩形工具画一个细长条，填充颜色为褐色（#CC6600），笔触颜色为黑色。利用部分选择工具，选取左边端点，上下各按【↑】【↓】键 3 次（即轻移 3 次），效果如图 2-8-3 所示。

（3）选中细长条，将其转换为"竹片"的图形元件，如图 2-8-4 所示。

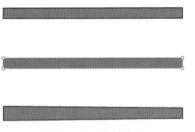

图 2-8-3 绘制竹片

图 2-8-4 转换为元件

（4）利用任意变形工具将竹片的控制点移到右端，如图 2-8-5 所示；选择"窗口"→"变形"命令打开"变形"面板（见图 2-8-6），设置旋转角度为 15°，然后单击复制并应用变形按钮，复制出扇面形状，如图 2-8-7 所示。

图 2-8-5 控制端点位置

图 2-8-6 "变形"面板

（5）给竹片加个转轴，设置填充颜色为黑白的径向渐变，笔触颜色为无，并设置工具箱选项区域对象绘制功能，利用椭圆工具在扇面的交叉点附件添加一个圆形的转轴，如图 2-8-8 所示。

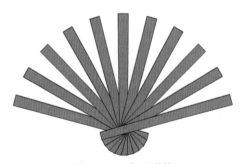

图 2-8-7 扇面形状

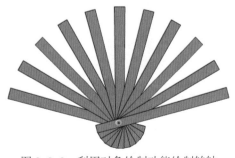

图 2-8-8 利用对象绘制功能绘制转轴

（6）新建"图层 2"，用椭圆工具绘制一个无填充颜色的大圆，圆心刚好在转轴上，半径同竹片辐射半径一致，然后再复制大圆，将其粘贴到当前位置，按【Alt+Shift】组合键将其缩小到合适的位置，并将这两个圆组合成组，如图 2-8-9 所示。

（7）选中"图层 2"，利用线条工具将两个圆沿扇面边界连起来，分离对象后，用橡皮擦工具去掉多余的部分，如图 2-8-10 所示。

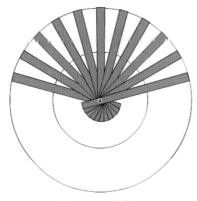

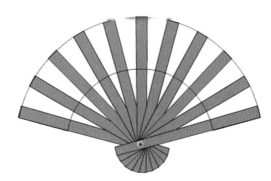

图 2-8-9　辐射圆　　　　　　　　　　　　图 2-8-10　制作扇面骨架

（8）把扇面区域填充颜色。打开"窗口"→"颜色"命令，直接使用位图填充，选择需要的图片导入，然后利用油漆桶工具在扇面区域填充，如图 2-8-11 所示。

图 2-8-11　填充扇面

（9）将整个扇面部分转换为图形元件，并将扇面的 Alpha 值设置为 90%。

2. 制作"旋转的色彩"影片剪辑元件

（1）新建一个 Animate 文件，背景颜色为白色，帧频为 12 帧 /s。

（2）选择"插入"→"新建元件"命令，插入一个名为"旋转的色彩"影片剪辑元件，如图 2-8-12 所示。

图 2-8-12　新建影片剪辑元件

（3）在第 1 帧绘制一个由 9 个绿色矩形构成的九宫格，如图 2-8-13（a）所示；在第 2 帧处插入关键帧，并设置第 2 个矩形颜色为蓝色；第 3 帧处插入关键帧，并将第 3 个矩形设置为黄色，效果分别如图 2-8-13（b）和图 2-8-13（c）所示。

（a）第 1 帧图形   （b）第 2 帧图形   （c）第 3 帧图形

图 2-8-13 第 1～3 帧图形

（4）按照同样的方法分别设置第 4 帧至第 9 帧处九宫格的图形，如图 2-8-14 和图 2-8-15 所示。

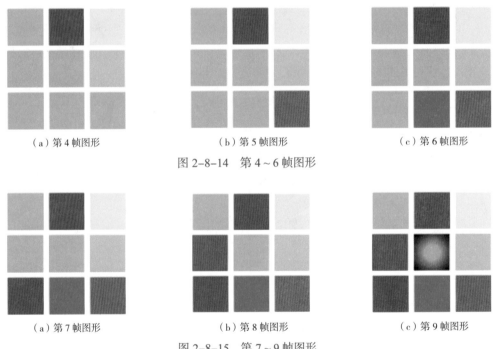

（a）第 4 帧图形   （b）第 5 帧图形   （c）第 6 帧图形

图 2-8-14 第 4～6 帧图形

（a）第 7 帧图形   （b）第 8 帧图形   （c）第 9 帧图形

图 2-8-15 第 7～9 帧图形

（5）选中第 1 帧至第 9 帧，右击选择"复制帧"命令，在第 10 帧处右击，选择"粘贴帧"命令，这样就添加了第 10 帧和第 18 帧的图形；再次选中第 10 帧至第 18 帧，右击选择"翻转帧"命令。影片剪辑元件制作完成。

（6）返回场景 1，将制作完成的影片剪辑元件放置在舞台第 1 帧处，按【Ctrl+Enter】组合键进行测试。

实验 9

Animate 简单动画制作

实验目的

◎掌握逐帧动画的基本概念及操作方法。
◎掌握形状补间动画的基本概念、操作方法及操作技巧。
◎掌握传统补间动画的基本概念、操作方法及操作技巧。
◎掌握补间动画的基本概念、操作方法及操作技巧。

实验内容

（1）"变形的车"动画。利用形状补间动画制作"变形的车"动画，效果如图 2-9-1 所示。

（2）制作"星光四射的莲花效果"动画。利用传统补间动画创建"星光四射的莲花"效果，如图 2-9-2 所示。

图 2-9-1 "变形的车"动画效果

图 2-9-2 "星光四射的莲花"动画效果

（3）制作"美丽蝴蝶飞舞"动画，效果如图 2-9-3 所示。

图 2-9-3 "美丽蝴蝶飞舞"效果

图 2-9-3 "美丽蝴蝶飞舞"效果（续）

操作步骤

1. 制作"变形的车"动画

（1）打开"变形的车 .fla"文件，延长"背景"图层至第 40 帧。

（2）新建"车"图层，将"库"中的图形元件"摩托车"放置在第 1 帧，在第 20 帧处插入空白关键帧，拖入"汽车"图形元件，制作摩托车变成汽车的形状补间动画。注意，摩托车和汽车必须使用【Ctrl+B】组合键进行分离。

（3）在"车"图层制作第 20 ～ 40 帧汽车向左行驶的形状补间动画。可以添加形状提示点的方法，如图 2-9-4 所示，对变形过程进行控制，使得汽车在行驶过程中不会变形，动画具有更好的效果。完成后的"时间轴"面板如图 2-9-5 所示。

图 2-9-4 添加形状提示点

图 2-9-5 完成后的"时间轴"面板

2. 制作"星光四射的莲花效果"动画

（1）新建一个大小为 550 像素 ×400 像素，背景色为黑色，帧频为 24 帧 /s 的空白文档。将默认的"图层 1"更名为"背景"，然后使用"矩形工具"绘制一个没有边框的矩形，打开"颜色"面板，设置类型为"径向渐变"，再设置第 1 个色标颜色为（R:1，G:47，B:152），第 2 个色标颜色为（R:2，G:2，B:100），第 3 个色标颜色为（R:0，G:0，B:0），填充效果如图 2-9-6 所示。

图 2-9-6 制作背景

（2）新建一个"莲花"图层，然后按【Ctrl+R】组合键导入"莲花 .png"文件，如图 2-9-7 所示。

（3）选中"莲花"图层中的莲花，右击，将其转换为影片剪辑（名称为"莲花"），如图 2-9-8 所示。

图 2-9-7　导入素材

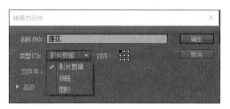

图 2-9-8　创建影片剪辑

（4）选中影片剪辑"莲花"，然后在"属性"面板中为其添加"发光"滤镜，具体参数设置如图 2-9-9 所示。品质设为"高"，并设置其发光颜色为（R:0，G:255，B:255），Alpha 为 100%。

（5）双击影片剪辑"莲花"的编辑区域，再按【F8】键将其转换为影片剪辑，然后在第 40 帧和 75 帧插入关键帧选中第 40 帧，在"属性"面板中进行如图 2-9-10 所示的色彩效果设置，最后创建出传统补间动画，如图 2-9-11 所示。

图 2-9-9　添加"发光"滤镜

图 2-9-10　色彩效果设置

图 2-9-11　添加莲花闪烁效果

（6）在"莲花"图层的上一层新建一个"星光四射"图层，然后按【Ctrl+F8】组合键创建一个新影片剪辑，如图 2-9-12 所示。

图 2-9-12　创新建元件

（7）使用"矩形工具"绘制一个没有边框的矩形，然后设置填充颜色为（R:0，G:255，B:255），并用设置好的颜色填充矩形，再用"选择工具"调整好其形状，并将边框线删除，如图 2-9-13 所示。

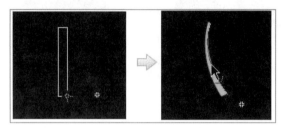

图 2-9-13　调整矩形形状

（8）使用"任意变形工具"选中图形，然后将变换中心点拖动到舞台的中心点上，如图 2-9-14 所示。

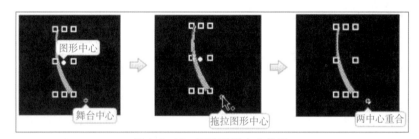

图 2-9-14　调整图形中心位置

（9）使用"选择工具"选中调整好的图形，然后按【Ctrl+T】组合键打开"变形"面板，设置旋转角度值为 30°，单击"重制选区和变形"按钮复制出 11 份图形，如图 2-9-15 所示。

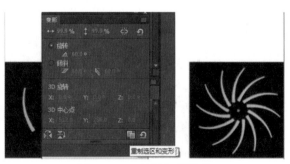

图 2-9-15　旋转复制图形

（10）新建一个"图层 2"，将"图层 1"中的图形复制到"图层 2"中，然后选择"图层 2"中的图形，选择"修改"→"变形"→"水平翻转"命令，再将原图形调整成白色，最后将"图层 2"拖动到"图层 1"的下一层，如图 2-9-16 所示。

图 2-9-16　水平翻转图形

（11）选中"图层 2"的第 1 帧，按【F8】键将其转换为图形元件（名称为"转图图形"），再选中"图层 1"和"图层 2"的第 195 帧，按【F5】键插入帧，再选中"图层 2"第 195 帧，然后按【F6】键将其转换为关键帧，最后将 "图层 1" 转换为遮罩图层，如图 2-9-17 所示。

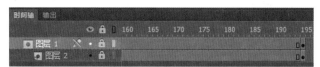

图 2-9-17　添加关键帧

（12）选中"图层 2"的第 1 帧，右击，在弹出的快捷菜单中选择"创建传统补间"命令，然后在属性面板中设置旋转为"逆时针"，如图 2-9-18 所示。

（13）返回到"场景 1"，选中"星光四射"图层中的"星光四射"影片剪辑，然后在属性面板中为其添加"发光"滤镜，具体参数设置如图 2-9-19 所示。图 2-9-20 所示为星光原理图，从图 2-9-20（a）中可以看出白色图形与青色图形交叉部分是一个菱形，将白色图形转换为遮罩层后，显示出来的就只剩下青色菱形，从而达到图 2-9-20（b）所示的菱形效果。

图 2-9-18　创建传统补间动画

图 2-9-19　添加"发光"滤镜

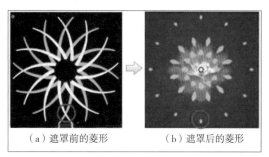

（a）遮罩前的菱形　　　　　（b）遮罩后的菱形

图 2-9-20　星光原理图

（14）新建一个"星光四射小"图层，然后将"星光四射"图层中的影片剪辑复制到该图层中，再使用"任意变形工具"将其缩小到如图 2-9-21 所示的大小。

（15）在"星光四射小"图层的上一层新建一个"蓝色星光四射"图层，然后将"星光四射小"图层中的"星光四射"元件复制到"蓝色星光四射"图层中，再选中该图层中的"星光四射"元件，并在属性面板中设置其色调为（R:255，G:204，B:0），最后使用"任意变形工具"将其旋转到如图 2-9-22 所示的角度。

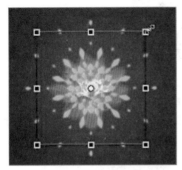

图 2-9-21　复制元件

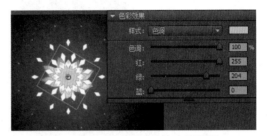

图 2-9-22　调整颜色并选择图形

（16）选中"蓝色星光四射"图层中的影片剪辑，然后在属性面板中为其添加"模糊"滤镜，具体参数设置如图 2-9-23 所示。

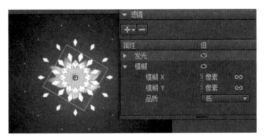

图 2-9-23　添加"模糊"滤镜

（17）按【Ctrl+Enter】组合键发布动画。

3. 制作"美丽蝴蝶飞舞"动画

（1）新建 Animate 文档，将图层 1 重命名为"天空"，设置舞台大小为 550 像素 ×300 像素。

（2）打开"颜色"面板设置线性填充，设置图中第 1 个滑块颜色为 #EDCA3D，第 2 个为 #FFFFFF，如图 2-9-24 所示。选择矩形工具绘制一个一个 550 像素 ×300 像素无边框的矩形，采用对齐工具使得矩形与舞台重合，选择渐变变形工具 改变填充效果，如图 2-9-25 所示。在第 30 帧处插入一个普通帧。

图 2-9-24　"颜色"参数设置

图 2-9-25　线性填充效果

（3）按【Ctrl+F8】组合键新建一个名为"草丛"的图形元件，并绘制草丛图形，效果如图 2-9-26 所示。

（4）新建图层 2 并重命名为"草丛"，将元件"草丛"拖入此图层并底部对齐，如图 2-9-27 所示。在第 30 帧处插入一个普通帧。

图 2-9-26　草丛元件　　　　　　　　　　图 2-9-27　草丛拖入图层中

（5）按【Ctrl+F8】组合键新建一个名为"蝴蝶 1"的图形元件，并绘制草丛图形，按照同样的方法新建名为"蝴蝶 2""蝴蝶 3"的图形元件并绘制蝴蝶图形，效果如图 2-9-28 所示。

（6）回到场景 1，新建图层 3 并重命名为"蝴蝶 1"，将元件"蝴蝶 1"拖入此图层，在第 15 帧插入一个关键帧，改变元件位置，并通过任意变形工具 调整蝴蝶角度。在第 30 帧插入一个关键帧，改变元件位置，并通过任意变形工具 调整蝴蝶角度。

（7）右击图层"蝴蝶 1"的第 1 帧，选择创建"传统补间动画"命令，按照同样的方法在第 15 帧添加传统补间动画。

（8）新建图层 4 并重命名为"蝴蝶 2"，将元件"蝴蝶 2"拖入此图层，按照步骤（6）、（7）的方法生产传统补间动画。

（9）新建图层 5 并重命名为"蝴蝶 3"，将元件"蝴蝶 3"拖入此图层，按照步骤（6）、（7）的方法生成传统补间动画，如图 2-9-29 所示。

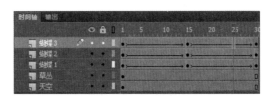

图 2-9-28　新建元件　　　　　　　　　　图 2-9-29　生成传统补间动画

（10）按【Ctrl+Enter】组合键，测试动画效果。

实验 10

Animate 图层特效动画制作

实验目的

◎ 了解引导层、遮罩层的作用。

◎ 理解引导动画和遮罩动画的原理。

◎ 熟练掌握引导路径动画及遮罩动画的制作方法。

实验内容

（1）制作小狗绕着旋转的圆球跑动的动画，效果如图 2-10-1 所示。

（2）利用遮罩动画制作探照灯效果，如图 2-10-2 所示。

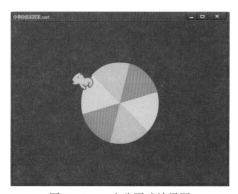

图 2-10-1　小狗圆球效果图

图 2-10-2　探照灯动画效果

操作步骤

1. 制作小狗绕着旋转的圆球跑动的动画

（1）打开"小狗圆球源文件 .fla"文件，设置舞台背景颜色为 #000099，帧频为 10 帧 /s。

（2）图层 1 重命名为"球"，利用椭圆工具，设置笔触颜色无，填充颜色为淡蓝色（#33CCFF），在舞台上绘制一个圆，并利用"对齐"面板将圆的位置设置于相对于舞台、水平和垂直方向均居中对齐。

（3）使用直线工具绘制三条将圆刚好等分六份的直线，如图 2-10-3 所示。使用墨水瓶工具，为 4 个扇形分别填充上粉色和黄色，之后将 3 根直线删除，绘制好的彩球效果如图 2-10-4 所示。

（4）选中整个彩球，按【F8】键，将其转换为图形元件"彩球"。

（5）在"球"图层的第 50 帧处插入关键帧，并创建该图层第 1～50 帧的传统补间动画，同时在属性面板中设置彩球顺时针旋转 2 次。

图 2-10-3　绘制好的圆和直线

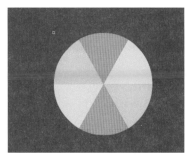
图 2-10-4　绘制好的彩球效果

（6）添加新图层"狗"，将库中的影片剪辑元件"狗"拖动到舞台彩球元件的上方。

（7）为"狗"图层添加传统运动引导层，在该图层的第 1 帧，绘制一个比彩球稍大，笔触颜色为黄色、填充颜色为无的圆。使用橡皮擦工具，在这个圆上擦出一个小缺口（见图 2-10-5），延长该图层到第 50 帧。

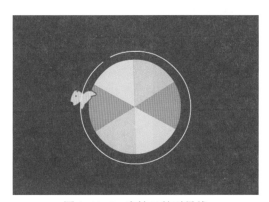
图 2-10-5　有缺口的引导线

（8）将"狗"图层第 1 帧中的小狗元件中心点对准圆线缺口的一端，在第 50 帧处插入关键帧，并将该帧中小狗元件的中心点对准圆线缺口的另一端。创建该图层的传统补间动画，并在属性面板中勾选"调整到路径"选项。"时间轴"面板如图 2-10-6 所示

图 2-10-6　"时间轴"面板

2. 利用遮罩动画制作探照灯效果

（1）新建一个空白的 Animate 文档，保存为"探照灯 .fla"文件，并将舞台背景颜色改为黑色。

（2）图层 1 重命名为"深色夜景"图层，利用矩形工具，绘制一个与舞台大小一致的矩形，笔触颜色无，填充颜色为 #000033～#000066 的从上至下的线性渐变填充。

（3）新建图形元件"圣诞老人"，将"圣诞老人.jpg"图像导入元件内部的舞台上。将圣诞老人的图像打散，选择魔术棒工具，将图像白色背景区域选中，按【Delete】键将背景删除。

（4）返回场景1，将库中的圣诞老人图形元件拖动至舞台合适位置，调整大小。选中该元件后，在属性面板中将其色彩样式中的亮度选项调整至 −50%。

（5）使用文字工具，在舞台上输入文字"圣诞节快乐"，字体设为"黑体"，大小设为"80"，颜色设为 #006600，效果如图 2-10-7 所示。在第 60 帧处插入帧，使得"深色夜景"图层延长到 60 帧处。

（6）新建图层"亮色夜景"，在时间轴上右击"深色夜景"图层的第 1 帧，选择"复制帧"命令，复制这帧的所有内容，然后在"亮色夜景"图层的第 1 帧处按【Ctrl+Shift+V】组合键，将复制的内容原位粘贴到该帧处。隐藏"深色夜景"图层。

（7）选中"亮色夜景"图层为当前层，单击舞台上的"圣诞老人"实例，在属性面板，将其色彩样式中的亮度选项调整至 100%。单击背景矩形，在属性面板，将其填充色改为白色，使用文字工具，选中"圣诞节快乐"，把文字颜色改为 #FF6600，效果如图 2-10-8 所示。完成后，延长该图层至 60 帧，显示"深色夜景"图层。

图 2-10-7　深色夜景图层　　　　　　　　　图 2-10-8　亮色夜景图层

（8）新建图层"圆"，在第 1 帧中、舞台左侧绘制一个圆，颜色任意，大小、位置如图 2-10-9 所示；在"圆"图层的第 60 帧处插入关键帧，将 60 帧处的圆向右水平移动至舞台右侧，如图 2-10-10 所示。

图 2-10-9　圆的起始位置　　　　　　　　　图 2-10-10　圆的结束位置

（9）创建"圆"图层第 1 帧至第 60 帧的形状补间动画。

（10）在"时间轴"面板，右击"圆"图层，在弹出的快捷菜单中选择"遮罩层"命令，将"圆"图层设置为遮罩层，此时"亮色夜景"图层自动设置为被遮罩层。

（11）按【Ctrl+Enter】组合键测试动画。

实验 11
Animate 动画制作综合实验

实验目的

◎ 了解动作代码的作用。

◎ 理解遮罩动画、形状补间动画、传统补间动画的原理。

◎ 熟练掌握 Animate 动画制作的各种技巧。

实验内容

制作宠物网站动画，效果如图 2-11-1 所示。

图 2-11-1　制作宠物网站动画效果

操作步骤

（1）启动 Animate 软件后，单击 ActionScript 3.0 按钮，新建一个 Animate 文件。选择"文件"→"导入"→"导入到库"命令，将 LPLS01.jpg ~ LPLS08.jpg 和 LPLS09.png 素材文件全部导入到库。

（2）打开属性面板，在该面板中将舞台大小设置为 800 像素 ×500 像素，将舞台颜色设置为 #FF9966。在工具箱中选择"矩形"工具，在舞台上绘制矩形，将矩形的笔触颜色设置为 #666666，笔触大小设置为 1.5，将填充颜色设置为 #FF6633，将宽、高分别设置为 137、50，将 X、Y 分别设置为 331.5、225，如图 2-11-2 所示。

（3）单击"新建图层"按钮，新建图层 2，选择图层 2 的第 1 帧，利用矩形工具绘制一个矩形，设置笔触颜色为无，填充颜色设置为 #666666，宽、高分别设置为 137、3，X、Y 分别设置为 331.5、218，如图 2-11-3 所示。

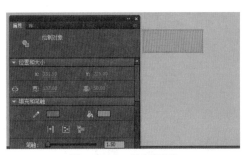

图 2-11-2 绘制矩形

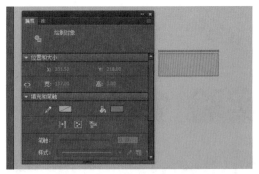

图 2-11-3 绘制矩形并调整

（4）在图层 1 和图层 2 的第 5 帧和第 10 帧处按【F6】键插入关键帧，选择第 10 帧，利用选择工具将舞台中所有对象的 Y 值设置为 272。

（5）在图层 1 和图层 2 的第 5 ~ 10 帧创建形状补间动画，在图层 1、图层 2 的第 15 帧处添加关键帧，选择所有的对象，将 Y 属性值设置为 27，创建图层 1、图层 2 的第 10 ~ 15 帧之间的形状补间动画，如图 2-11-4 所示。

（6）在时间轴上选择图层 2，单击"新建图层"按钮，新建图层 3，将其重命名为 LOADING，利用文本工具输入文字"LOADING……"，设置字体大小为 15，字体为"方正琥珀简体"，颜色为 #66FF00，X、Y 分别设置为 346、244；在"滤镜"卷展栏中单击"添加滤镜"按钮，在弹出的下拉列表中选择"投影"选项，将距离设置为 2，效果如图 2-11-5 所示。

图 2-11-4 调整位置并创建形状补间动画

图 11-5 文字效果

（7）选择文字，将其转换为一个名为"LOADING"的图形元件。

（8）选择 LOADING 图层的第 5 帧，按【F6】键插入关键帧，在场景中选择元件，在属性面板中将色彩效果的样式 Alpha 值设置为 0。

（9）选择 LOADING 图层的第 3 帧，右击，在弹出的快捷菜单中选择"创建传统补间"命令，单击"新建图层"按钮，将该图层重命名为"底矩形"，将"底矩形"图层调整到"图层 1"的下方，选择"底矩形"图层的第 5 帧，按【F6】键插入关键帧。

（10）在工具箱中选择"矩形工具"，在舞台上绘制矩形，打开属性面板，设置矩形宽为 600，高为 1，笔触为无，填充颜色为 #FFCC99，再打开"对齐"面板，单击该面板中的水平中齐和顶对齐按钮。

（11）选择"底矩形"图层的第 15 帧，插入关键帧，在舞台上选择矩形，在属性面板中将"高"设置为 460，选择该图层的第 10 帧，右击，在弹出的快捷菜单中选择"创建补间形状"命令，创建完成后的效果如图 2-11-6 所示。

（12）选择"底矩形"图层的第 180 帧，按【F5】键插入普通帧。选择"图层 1""图层 2"的第 20、25 帧，按【F6】键插入关键帧，选择第 25 帧，在舞台上选择"图层 1""图层 2"的图形，在属性面板中将"宽"设置为 590，在"对齐"面板中单击"水平中齐"按钮。

（13）在"图层 1""图层 2"的第 20～25 帧之间创建形状补间，选择"图层 2"的第 180 帧，按【F5】键插入普通帧。选择图层 1 的第 30 帧，插入关键帧，在舞台上选择"图层 1"的矩形，在属性面板中将"高"设置为 410，选择第 27 帧，右击，在弹出的快捷菜单中选择"创建补间形状"命令，设置完形状补间后的效果如图 2-11-7 所示。

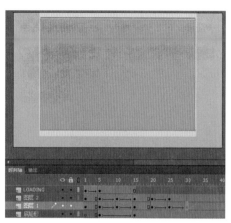

图 2-11-6　创建形状补间动画　　　　　　图 2-11-7　创建补间形状

（14）选择"图层 1"的第 180 帧，按【F5】键插入普通帧，选择"插入"→"新建元件"命令，创建一个名为 Dog1 的按钮元件。

（15）打开"库"面板，将 LPLS01.jpg 拖动到舞台上，打开"属性"面板，单击"将宽度值和高度值锁定在一起"按钮，将宽和高锁定在一起，将"高"设置为 85，再打开"对齐"面板，单击"水平中齐"和"垂直中齐"按钮。

（16）选择图片，按【Ctrl+B】组合键将其打散，选择"钢笔工具"，将笔触颜色设置为1.5，笔触颜色设置为白色，然后选择"墨水瓶工具"，在图片的边缘处单击，为图片描边，效果如图 2-11-8 所示。

（17）选择"指针经过"帧，插入关键帧，在工具箱中选择"矩形工具"，在舞台上绘制矩形，打开"属性"面板，将"笔触"设置为无，"填充颜色"设置为白色，将 Alpha 的值设置为 50，将宽、高分别设置为 100 和 85，将 X、Y 分别设置为 -50、-42.5，如图 2-11-9 所示。

图 2-11-8　墨水瓶工具描边

图 2-11-9　绘制矩形并进行设置

（18）选择"按下"帧，插入关键帧，选择刚刚绘制的矩形，按【Delete】键将其删除，使用同样的方法制作其他按钮，制作完成后，在"库"面板中的表现如图 2-11-10 所示。

（19）返回场景1，选择"LOADING"图层，单击"新建图层"按钮，新建图层"Dog1"，选择该图层的第30帧，插入关键帧，打开"库"面板，将Dog1按钮元件拖动到舞台上，并设置其实例名称为"dog1"，将X、Y分别设置为163.7、85.6，如图2-11-11所示。

图 2-11-10　同样的方法制作其他按钮

图 2-11-11　按钮的位置

（20）单击"新建图层"按钮，新建图层Cat1，选择该图层的第32帧，插入关键帧，将库面板中的Cat1按钮拖动到舞台上，并设置实例名称为Cat1，X、Y分别设置为282、85.6。

（21）使用同样的方法制作其他按钮的动画，制作完成后的效果如图2-11-12所示。

（22）单击"新建图层"按钮，新建图层"矩形1"，选择该图层的第36帧，插入关键帧，在舞台上绘制矩形，将宽、高分别设置为467、305，将X、Y分别设置为112.7、132.05，将"笔触"设置为无，填充颜色设置为#FF9900，如图2-11-13所示。

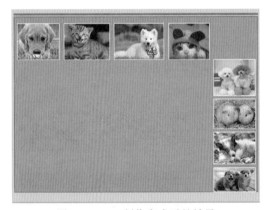

图 2-11-12　制作完成后的效果

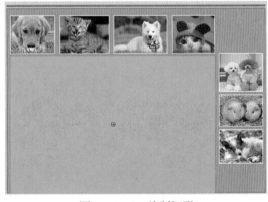

图 2-11-13　绘制矩形

（23）选择矩形，将其转换为一个名为"矩形"的图形元件。

（24）选择"矩形"元件，在属性面板中将样式中的Alpha的值设置为0；选择"矩形"图层的第42帧；按【F6】键插入关键帧，在属性面板中将Alpha的值设置为100；选择第38帧，右击，选择"创建传统补间"命令，创建完传统补间动画的效果如图2-11-14所示。

（25）将"矩形1"图层拖动到"新建图层"按钮上，对"矩形1"图层进行复制，然后新建图层，将图层命名为"矩形2"，选择第36帧插入关键帧，在工具箱中选择"矩形工具"，在舞台上绘制矩形，将宽、高分别设置为600、30，将笔触设置为无，填充颜色设置为#66CC00。

（26）选择刚绘制的矩形，将其转换为"矩形1"的图形元件。

图 2-11-14　创建传统补间动画后的时间轴面板

（27）在属性面板中将 X、Y 分别设置为 395、518，将色彩效果下的样式设置为 Alpha，将 Alpha 的值设置为 0，选择第 42 帧插入关键帧，在属性面板中将 X、Y 分别设置为 400、479，将 Alpha 的值设置为 100。

（28）在第 36 ~ 42 帧之间创建传统补间动画。单击"新建图层"按钮，新建图层"文字 1"，选择第 42 帧插入关键帧，使用"文本工具"在舞台上输入文字，在属性面板中将系列设置为"方正综艺体简"，将大小设置为 18，将颜色设置为白色，如图 2-11-15 所示。

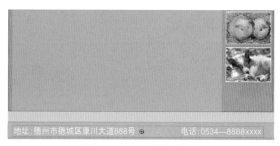

图 2-11-15　添加文字

（29）打开"库"面板，将 LPLS09.png 拖动到"文字 1"图层的第 42 帧中，在属性面板中将宽、高分别设置为 37.1、30，将 X、Y 分别设置为 449.4、464。

（30）选择刚输入的文字和 LPLS09.png，将其转换为名为"文字 1"的图形元件，选择该元件，在属性面板中将 X、Y 分别设置为 401.8、510，将样式中的 Alpha 值设置为 0。

（31）在第 46 帧处插入关键帧，在属性面板中将 Alpha 的值设置为 100，将 X、Y 分别设置为 401.8、479，然后在第 42 ~ 47 帧之间创建传统补间动画，如图 2-11-16 所示。

图 2-11-16　添加文字 1 图层后的动画效果

（32）创建一个 Dog01.jpg 的影片剪辑元件，将"库"面板中的 LPLS01.jpg 拖动到舞台中，在属性面板中将宽、高设置为 467、305，在"对齐"面板中单击水平中齐和垂直中齐按钮，如图 2-11-17 所示。

（33）选择第 15 帧，插入普通帧，单击"新建图层"按钮，新建图层 2。在工具箱中选择"矩形工具"在舞台上绘制矩形，设置宽、高分别为 35、305，X、Y 分别设置为 –233.5、–152.5，将笔触设置为无，填充颜色设置为白色，如图 2-11-18 所示。

图 2-11-17　设置图片

图 2-11-18　设置矩形的属性

（34）选择刚绘制好的矩形，将其转换为名为"白色矩形"的图形元件。

（35）选择图层 2 的第 15 帧，插入关键帧，在"属性"面板中将宽设置为 20，将色彩效果下的样式设置为 Alpha，将 Alpha 值设置为 0，如图 2-11-19 所示。

（36）创建第 0～5 帧之间的传统补间动画。单击"新建图层"按钮，新建图层 3，选择新图层的第 3 帧，插入关键帧，将"库"面板中的"白色矩形"元件拖动到舞台上，在属性面板中将宽设置为 85，将 X、Y 分别设置为 –156、0，如图 2-11-20 所示。

图 2-11-19　设置图层 2 的第 15 帧元件属性

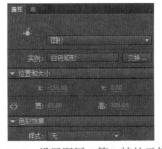

图 2-11-20　设置图层 3 第 3 帧的元件属性

（37）选择图层 3 的第 8 帧插入关键帧，在场景中选择矩形元件，在属性面板中将宽设置为 50，将色彩效果下的 Alpha 值设置为 0，如图 2-11-21 所示。

（38）在第 3～8 帧之间创建传统补间动画，单击"新建图层"按钮，新建图层 4。选择第 6 帧，按【F6】键插入关键帧，打开"库"面板，将白色矩形元件拖动到舞台上，在属性面板中将宽设置为 152，将 X、Y 分别设置为 –37.5、0；选择该图层的第 11 帧，插入关键帧，在场景中选择矩形元件，在属性面板中将宽设置为 125，将色彩效果下的样式设置为 Alpha 的值 0，然后创建传统补间动画，如图 2-11-22 所示。

图 2-11-21　设置图层 3 的第 8 帧元件属性　　　图 2-11-22　图层 4 的第 6 帧和第 11 帧元件属性

（39）再次单击"新建图层"按钮，新建图层 5，使用同样的方法制作该图层动画，制作完成后的效果如图 2-11-23 所示。

（40）单击"新建图层"按钮，新建图层 6，在新图层中选择第 15 帧，插入关键帧，按【F9】键打开动作面板，输入代码"stop()"，将动作面板关闭。

（41）按【Ctrl+F8】组合键创建一个名为 Cat01 的影片剪辑元件。打开"库"面板，将 LPLS02.jpg 拖动到舞台上，打开属性面板，将宽、高设置为 467、305，在"对齐"面板上单击"水平中齐"和"垂直中齐"按钮。

（42）选择第 15 帧，按【F5】键插入帧，在库面板中双击 Dog01 元件，在该元件中选择除图层 1 以外的所有帧，右击，在弹出的快捷菜单中选择"复制帧"命令，返回到 Cat01 元件中，单击"新建图层"按钮，选择新图层的第 1 帧，右击，在弹出的快捷菜单中选择"粘贴帧"命令，将第 15 帧以后的帧选中，右击，在弹出的快捷菜单中选择"删除帧"命令，设置完成后的效果如图 2-11-24 所示。

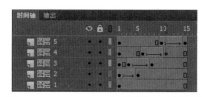
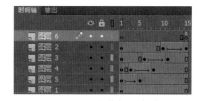

图 2-11-23　Dog01 影片剪辑元件效果　　　图 2-11-24　Cat01 影片剪辑元件完成后的效果

（43）使用同样的方法设置其他的影片剪辑元件，返回到场景 1 中，将"矩形 1 复制"图层先隐藏显示，选择"矩形 1"图层，单击"新建图层"按钮，将新建的图层重命名为"影片剪辑"，选择该图层的第 42 帧，按【F6】键插入关键帧，打开"库"面板，在该面板中将 Gog01 元件拖动到舞台上，在属性面板中将 X、Y 设置为 346.20、284.55，如图 2-11-25 所示。

（44）选择第 57 帧，插入关键帧，在"库"面板中将 Dog01 拖动到舞台上，在属性面板中将 X、Y 设置为 346.25、284.55。选择该图层的第 71 帧插入空白关键帧，选择第 72 帧，按【F6】键插入关键帧，将 Cat01 拖动到舞台上，在属性面板中将 X、Y 设置为 346.25、284.55，如图 2-11-26 所示。

（45）使用同样的方法设置该图层第 87 帧、第 102 帧、第 117 的其他动画，设置完成后将"矩形 1 复制"图层显示，选中该图层，右击，从弹出的快捷菜单中选择"遮罩层"命令。此时"矩形 1 复制"图层为遮罩层，"影片剪辑"图层为"被遮罩层"。

（46）选择"文字 1"图层，单击新建图层按钮，创建新图层"文字 2"，按【Ctrl+F8】组合键，创建名为"文字 2"一个影片剪辑元件。

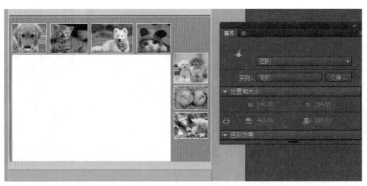

图 2-11-25　将影片剪辑拖动到舞台中并调整位置

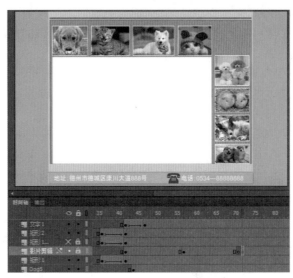

图 2-11-26　设置关键帧

（47）在工具箱中使用文本工具，在舞台上输入文字"宠物之家"，设置字体为"汉仪综艺体简"，大小为 25，颜色为白色。

（48）选择文字按【Ctrl+B】组合键将文字打散，选择"宠"文字，按【F8】键将其转换为名为"宠"的图形元件；选择"物"文字，将其转换为名为"物"的图形元件。

（49）使用同样的方法将其他文字转换为文字，除"宠"元件外，在舞台上将其他元件删除。选择"宠"元件，在属性面板中将 X、Y 设置为 -83、0，如图 2-11-27 所示。

（50）选择第 15 帧，按【F6】键插入关键帧，在"变形"面板中单击"约束"按钮，将缩放宽度设置为 130，如图 2-11-28 所示。

图 2-11-27　设置文字属性

图 2-11-28　设置变形

（51）选择第 17 帧，插入关键帧，在"变形"面板中将"缩放宽度"设置为 100，选择图层 1 的第 23 帧，插入帧。单击"新建图层"按钮，新建图层 2，将"物"元件拖动到舞台中，在属性面板中将 X、Y 设置为 –51.8、0。

（52）选择第 17 帧，按【F6】键插入关键帧，在"变形"面板中将缩放宽度设置为 130，选择第 19 帧插入关键帧，将缩放宽度设置为 100。

（53）使用同样的方法制作其他图层的动画，设置完成后，在"时间轴"面板中的表现如图 2-11-29 所示。

（54）返回到场景 1 中，在工具箱中选择"文本工具"，在舞台上输入文字"Happiness home"，设置字体为"汉仪综艺体简"，大小 11，将颜色设置为白色，按【F8】键打开"转换为元件"对话框，将其转换为"Happiness home"的图形元件。

（55）在舞台上将"Happiness home"元件删除，选择"文字 2"图层的第 36 帧，按【F6】键插入关键帧，在"库"面板中将"文字 2"影片剪辑元件拖动到舞台上，在属性面板中将 X、Y 设置为 793.25、88.2，将样式设置为 Alpha 值 0。

（56）选择第 42 帧，按【F6】键插入关键帧，在舞台上选择元件，在属性面板中将 X 设置为 671，将 Alpha 值设置为 100。选择第 40 帧，右击，创建传统补间动画，完成后的效果如图 2-11-30 所示。

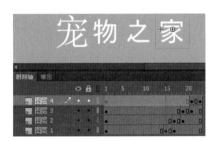

图 2-11-29　"文字 2"影片剪辑元件效果图

图 2-11-30　创建传统补间

（57）单击"新建图层"按钮，新建图层"Happiness home"，选择第 36 帧插入关键帧，从"库"面板中将"Happiness home"元件拖动到舞台上，在属性面板中将 X、Y 设置为 636.45、151，将样式设置为 Alpha 值 0。

（58）选择第 42 帧插入关键帧，在舞台上选中元件，在属性面板中将 Y 设置为 108，Alpha 值设置为 100。创建第 36 ~ 42 帧之间的传统补间动画。单击"新建图层"按钮，新建图层"代码"，选择该图层的第 56 帧插入关键帧。打开动作面板，输入如下代码：

```
stop();
Dog1.addEventListener("click",跳转);
function 跳转(me:MouseEvent)
{
    gotoAndPlay(57);
    stop()
}
Cat1.addEventListener("click",跳转1);
function 跳转1(me:MouseEvent)
{
    gotoAndPlay(72);
```

```
        stop()
}
Dog2.addEventListener("click", 跳转2);
function 跳转2(me:MouseEvent)
{
    gotoAndPlay(87);
    stop()
}
Cat2.addEventListener("click", 跳转4);
function 跳转4(me:MouseEvent)
{
    gotoAndPlay(102);
    stop()
}
Dog3.addEventListener("click", 跳转5);
function 跳转5(me:MouseEvent)
{
    gotoAndPlay(117);
    stop()
}
Hamster.addEventListener("click", 跳转6);
function 跳转6(me:MouseEvent)
{
    gotoAndPlay(132);
    stop()
}
Dog4.addEventListener("click", 跳转7);
function 跳转7(me:MouseEvent)
{
    gotoAndPlay(147);
    stop()
}
Dog5.addEventListener("click", 跳转8);
function 跳转8(me:MouseEvent)
{
    gotoAndPlay(162);
    stop()
}
```

（59）将影片导出进行测试。

实验 *12*

音频的编辑、效果添加、合成操作

实验目的

◎ 熟悉 Adobe Audition 的操作环境。
◎ 掌握 Adobe Audition 编辑操作方法。
◎ 掌握 Adobe Audition 效果添加方法。
◎ 掌握 Adobe Audition 合成操作。

实验内容

（1）新建多轨会话，导入音频素材。
（2）多轨模式下声音的编辑。
（3）单轨模式下进行声音的编辑、效果添加等操作。
（4）添加淡入淡出效果。

操作步骤

1. 打开与新建

（1）选择"文件"→"导入"→"文件"命令，打开"文件"面板（见图 2-12-1），选择文件"掌声 .wav""我不知道风是在哪一个方向吹 .mp3""Right here waiting.mp3"。

（2）单击常用工具栏中的"多轨"　　　　按钮，在打开的"新建多轨会话"对话框中设置会话名称、文件夹位置等参数，单击"确定"按钮，如图 2-12-2 所示。

图 2-12-1 "文件"面板

图 2-12-2 "新建多轨会话"对话框

（3）分别将"文件"面板中的 "我不知道风是在哪一个方向吹 .mp3""Right here waiting.mp3"及"掌声 .wav"、拖入第 1、2、3 音轨，如图 2-12-3 所示。

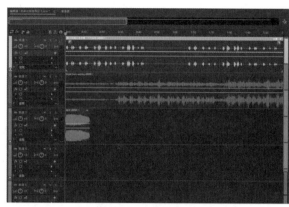

图 2-12-3　多轨模式

2. 多轨模式下编辑"我不知道风是在哪一个方向吹.mp3"

（1）选择第 1 音轨，编辑"我不知道风是在哪一个方向吹"音频，在波形第 0:45.000 时间右击，选择"拆分"命令，同样，在波形第 1:07.000 时间点右击，选择"拆分"命令。这样将整个波形拆分为三段，如图 2-12-4 所示。

（2）右击第 2 段剪辑，选择"波纹删除"→"所选剪辑"命令，删除多余的静音波形部分，删除后的波形如图 2-12-5 所示，此时波形只剩下第 1、2 剪辑部分。

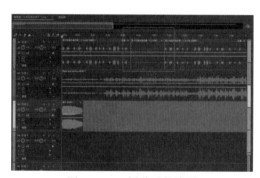

图 2-12-4　拆分后的波形

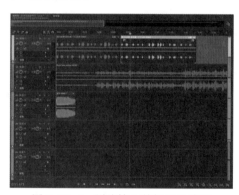

图 2-12-5　删除第 2 剪辑后的波形

（3）选择剩下的 2 段剪辑，右击，在弹出的快捷菜单中选择"合并剪辑"命令，此时波形图如图 2-12-6 所示。

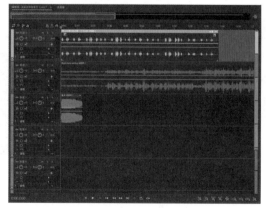

图 2-12-6　合并剪辑后的波形

3. 单轨模式下编辑波形

（1）双击第一音轨，切换到单轨模式。利用"选区/视图"面板（见图 2-12-7）；选择区域 0:15.000 ~ 0:30.000，选择"效果"→"时间与变换"→"伸缩与变调"命令，打开如图 2-12-8 所示对话框，设置预设为"升调"，微调其他选项，单击预览播放按钮试听满意后，单击"应用"按钮。

图 2-12-7 "选区/视图"面板

图 2-12-8 "伸缩与变调"对话框

（2）同样的方式设置波形 0:45.000 ~ 1:03.000 区域以及波形 1:18.000 至结束的升调效果，3 段区域设置升调效果前后波形图如图 2-12-9 所示。

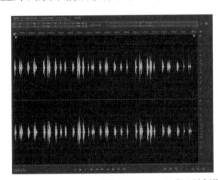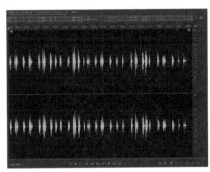

图 2-12-9 3 段区域设置升调效果前后波形图

（3）选择"效果"→"混响"→"环绕声混响"命令，打开如图 2-12-10 所示对话框，设置预设为"中央舞台"，微调其他选项，单击预览播放按钮试听满意后，单击"应用"按钮，设置混响前后声音波形，如图 2-12-11 所示。

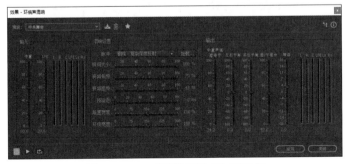

图 2-12-10 "环绕声混响"对话框

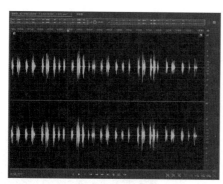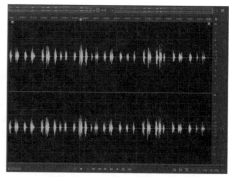

图 2-12-11 混响前后声音波形

4. 添加淡入淡出效果

（1）单击常用工具栏中的 多轨 按钮进入多轨视图，单击音轨 2、3 前的 M 按钮设置其静音状态。单击音轨 1 上部，将其向后拖动 10 s，并拖动其左上侧的"淡入"按钮，设置淡入效果；拖动其右上侧的"淡出"按钮，设置淡出效果。通过轨道前的音量按钮，设置轨道 1 的声音增加 9.9 dB。其操作结果如图 2-12-12 所示。

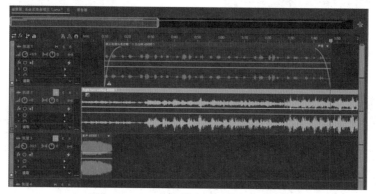

图 2-12-12 多轨模式下编辑第 1 音轨

（2）单击第 2 音轨 按钮取消静音，单击音轨 2 上部，将其向后拖动 5 s。将播放指示器移到音轨 1 的尾部，右击，选择"拆分"命令，将波形拆分为两段。单击第二段剪辑，选择"波纹删除"→"所选剪辑"命令。参照前面步骤为第 2 音轨添加淡入淡出效果，如图 2-12-13 所示。

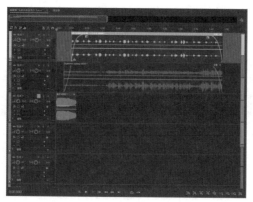

图 2-12-13 添加淡入淡出效果

（3）单击第 3 音轨█按钮取消静音，按照前面的方法删除其第 10 s 以后的波形。通过轨道前的音量按钮，设置轨道声音降低 20 dB。按照前面的方法，设置其淡入淡出效果（若此轨道波形时间太短不方便操作，可以通过缩放按钮，从时间上放大波形），如图 2-12-14 所示。

（4）试听效果满意，选择"文件"→"导出"→"多轨混音"→"整个会话"命令，打开导出多轨混音对话框，设置相应选项，单击"确定"按钮，导出波形如图 2-12-15 所示。选择"文件"→"保存工程"命令，保存工程文件。

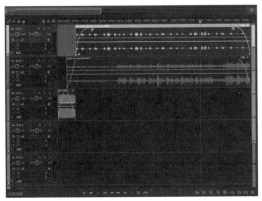

图 2-12-14　混音合成结果

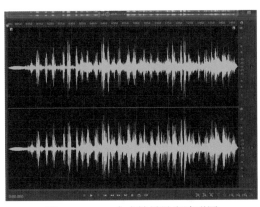

图 2-12-15　合成结果导出波形图

实验 *13*

视 频 制 作

实验目的

◎ 熟悉视频制作流程。

◎ 熟悉 Premiere 工作环境。

◎ 掌握多类素材的导入和管理。

◎ 掌握视频添加及编辑。

◎ 掌握视频特效及运动特效的综合应用。

实验内容

中华茶文化宣传片头制作。

操作步骤

（1）制作和收集素材，将素材进行分类。

（2）创建新项目，命名"中华茶文化片头"，序列参数设置为"DV-PAL""标准 48 kHz"。

（3）导入"实验 13"目录下的"静态素材"和"动态素材"文件夹。

（4）将"项目"窗口的"视频片段 1.avi"拖入到"时间轴"窗口视频 1 轨道起始位置，在出现的提示对话框中选择"保持现有设置"。直接在节目窗口选择素材，调整大小及位置，使其充满整个屏幕。

（5）将时间线移到 00:00:03:06 处，拖动"项目"窗口"静态素材"文件夹到视频 2 轨道时间轴处。按住【shift】键选中这 9 个静态图片素材，右击，设置素材持续时间为 2 s。

（6）设置轨道 2 的前 5 幅图片素材为边缘羽化效果。找到"效果"窗口的"视频效果"中的"变换"文件夹的"羽化边缘"，分别拖动到前 5 幅图片素材上，并在"效果控件"面板分别进行设置，"不透明度"设为"60%"，羽化边缘"数量"设为"50"。

（7）设置 tea013.jpg 素材的运动特效，从左上角向中间移动，并扩大。选中 tea013.jpg 素材，将时间线移到 00:00:17:09 处，单击"效果控件"面板"位置"左侧 按钮，将"等比缩放"取消，单击"缩放高度"和"缩放宽度"左侧的 按钮，添加一个关键帧，在监视器窗口将图片调整至如图 2-13-1 所示位置。再将时间线移到 00:00:18:17 处，分别单击"位置""缩放高度"和"缩放宽度"的右侧 按钮，再添加一个关键帧，将图片调整至如图 2-13-1 所示位置，关键帧设置位置如图 2-13-2 所示。

图 2-13-1 tea013.jpg 大小位置初始和终止状态

图 2-13-2 tea013.jpg 素材运动特效效果控制面板参数设置

（8）在"效果"窗口搜索"翻页"效果拖到 tea013.jpg 和 tea014.jpg 素材之间，切换持续时间为 1 s。调整素材 tea014.jpg 素材大小比例和 tea013.jpg 相同。

（9）添加"视频片段 2.avi"素材到"视频轨道""tea014.jpg"素材后面，调整大小充满屏幕。

（10）利用字幕创建一个白色矩形，用于逐渐展开特效制作。"字幕"菜单创建"静态字幕"，命名为"矩形"，绘制一个与屏幕大小一致的白色矩形。将"矩形"字幕添加到视频轨道 3，起始时间与"视频片段 2.avi"相同，结束时间在"视频片段 2.avi"时间一半的位置。添加"轨道遮罩键视频"视频效果在"视频片段 2.avi"上，在"特效控件"面板设置遮罩为"视频 3"。选中"矩形"素材，利用关键帧在矩形起始时间调整高度为"0"，在结束时间调整高度为"80"。

（11）素材的剪辑。拖动"视频片段 3.avi"素材到视频 4 轨道，起始时间与 tea003.jpg 相同。利用剃刀工具在 00:00:16:17 处切割，将此素材分成两段，并将右边片段移动到"视频片段 2.avi"右侧，将其命名为"剪辑片段"。将两段尺寸都调整到屏幕大小。

（12）制作文字遮罩效果。创建一个名称为"茶"的字幕，字幕窗口输入"茶"。字幕属性设置：字体设为隶书，大小设为 100，色彩设为白色。将"茶"字幕素材拖到视频轨道 5，起始时间和结束时间与视频轨道 4 的"视频片段 3.avi"相同。添加"轨道遮罩键"视频效果到"视频片段 3.avi"素材上，设置遮罩为"视频 5"。利用关键帧和缩放比例制作"茶"文字由小变大的效果。

（13）"中国茶文化"字幕特效制作。新建名为"标题"的字幕，字幕文字为"中国茶文化"。字幕属性设置：字体设为隶书，大小设为 100，字幕样式为 Arial Black yellow orange gradient，如图 2-13-3 所示。

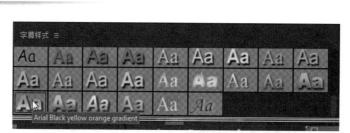

图 2-13-3　字体样式位置

（14）添加"标题"字幕到视频轨道 6 的 00:00:25:06 处，结束时间为 00:00:29:05。

（15）添加"风格化"文件夹中的 Alpha 发光效果，通过添加关键帧上修改发光效果的"发光""亮度""起始颜色"和"结束颜色"等参数值，创建流动光束效果。

（16）视频结尾的处理。在"效果"面板中搜索"渐变擦除"，出现的对话框为默认，分别拖到轨道 6"标题"素材和轨道 2"视频片段"素材结尾处。

参 考 文 献

[1] 王国省，张广群 . Photoshop CS3 应用基础教程 [M]. 北京：中国铁道出版社，2009.
[2] 王国省，夏其表 . Flash CS3 动画制作基础教程 [M]. 北京：中国铁道出版社，2009.
[3] 徐晓华，胡倩，周艳 . 多媒体技术应用教程 [M]. 杭州：浙江大学出版社，2013.
[4] 郭玲，许淑琼，等 . Photoshop 创意设计循序渐进 400 例 [M]. 北京：清华大学出版社，2007.
[5] 曾祥辉 . Photoshop CS 中文版图像处理技能与平面设计应用实例 [M]. 北京：人民邮电出版社，2006.
[6] 叶超，高宁波 . 中文版 Photoshop CS 精美图文设计与制作教程 [M]. 北京：兵器工业出版社，北京希望电子出版社，2005.
[7] 王卫红 . Photoshop CC 特效合成及商业广告设计 [M]. 北京：机械工业出版社，2015.
[8] 唐琳 . Flash CC 动画制作与设计 [M]. 北京：清华大学出版社，2015.
[9] 文杰书院 . Flash CC 中文版动画设计与制作 [M]. 北京：清华大学出版社，2017.
[10] 石雪飞，郭宇刚 . 字音频编辑 Adobe Audition CS6 实例教程 [M]. 北京：电子工业出版社，2013.
[11] 赵君，周建国 . Adobe Audition CS6 实例教程 [M]. 北京：人民邮电出版社，2014.
[12] 尹小港 . Premiere Pro CC 实例教程 [M]. 北京：海洋出版社，2014.
[13] 张元 . 多媒体技术与应用：计算机动漫设计 [M]. 北京：科学出版社，2006.
[14] 王中生，马静 . 多媒体技术应用基础 [M]. 2 版 . 北京：清华大学出版社，2012.
[15] 王松年 . 多媒体技术与应用教程 [M]. 上海：上海交通大学出版社，2004.
[16] 龚沛曾，李湘梅 . 多媒体技术及应用 [M]. 2 版 . 北京：高等教育出版社，2012.